건축계획

남재호 저

도서출판 세진사

머 리 말

건축계획은 하나의 건축물을 계획하고 설계하기 위하여 여러 전문 분야의 기술을 구사함과 동시에 이들 기술 사이의 모순을 해결하고 조정하여 종합하는 종합적 기술로서 건축의 이론적 배경이 되며 모든 건축의 근간이 되는 학문으로서 상당히 많은 분야와 전문 영역이 포함되어 있다.

하루가 다르게 발전하는 현대 건축의 기술적인 면과 복잡한 시대적 상황에 보다 많은 양의 정보와 지식이 요구되고 있는 현실이다.

이에 본서는 광범위한 분량의 건축계획론을 보다 쉽게 이해할 수 있도록 체계적으로 요약정리하고, 그동안의 수집한 강의자료를 정리하였으며 새로운 내용을 보완하여 대학 건축과 및 건축 관련학과의 건축계획 교재로는 물론 국가기술자격시험 및 건축 관련시험에 대비하는 학생, 직장인들에게 학습의 지침서로서 최대한 효과를 얻을 수 있도록 알차게 꾸미고자 노력하였다.

1. 건축계획 전반에 대한 기본적인 이론을 각 장마다 체계적으로 정리하고, 그림과 도표 및 참고 · 예제 · 개념정리 · 학습포인트를 통하여 기본 이론의 확실한 이해를 돕고자 하였다.
2. 건축물을 용도 기능별로 분류하여 각종 건축물을 계획 · 설계하는데 필요한 자료로 활용할 수 있도록 일목요연하게 정리하였다.
3. 건축을 전공하는 건축과 학생들은 물론 실내디자인학과와 관련학과 및 건축사 · 건축기사시험 및 공무원시험 등을 준비하는 수험서로 단시간에 효율적인 학습이 되도록 정리하였다.

끝으로 본서를 통해서 건축계획에 관한 기본적인 이해와 실무에 적응하기를 기대하며, 출판에 도움을 주신 도서출판 세진사 문형진 사장님과 편집부 직원 여러분께 감사를 드린다.

2009년 2월

저자 남 재 호

차 례

제1장 총론 / 7

제2장 주거건축 / 45

제3장 업무시설 / 107

제4장 상업시설 / 157

제5장 교육시설 / 195

제6장 문화시설 / 243

제7장 의료시설 / 279

제8장 숙박시설 / 315

제9장 산업건축 / 343

제10장 스포츠시설 / 371

제11장 종교시설 / 385

제1장

종 론

1. 건축의 3부론적 개념
2. 건축 과정
3. 치수(Scale) 계획
4. 건축 설계 수법(Method)
5. 건축 공간의 성질
6. 공간의 지각
7. 건축 형태의 유형 및 구성 원리
8. 건물의 거주 후 평가(P.O.E : Post Occupancy Evaluation)
9. 현대 건축에서의 Total Design의 필요성
10. 컴퓨터를 이용한 건축설계(CAD)

익힘문제

제1장 총 론

1. 건축의 3부론적 개념

건축이 추구하는 기본적인 목표는 로마시대의 건축가인 비트루비우스(Vitruvius)의 「건축십서」에 잘 나타나 있는데 편리, 견실, 우미의 3가지로 표현한다.

현대적인 의미에서의 건축의 3대 요소는 이탈리아의 건축구조가인 네르비(Pier Luigi Nervi, 1891~1979)가 건축 구성 요소를 기능, 구조, 형태로 정의한 것에서부터 시작된다.

표 1 건축의 정의로서 삼부론

Leon-Battista Alberti	편리(commoditas)	견실(firmitas)	육감(voluptas)
Jacques Francais Blondel	편리(commodité)	견고(solidité)	쾌적(agrément)
Hector Guimurd	조화(harmonie)	논리(logique)	감각(sentiment)
Viturvius	편리(commodity)	견실(firmitas)	미(beauty)
Pier Luigi Nervi	기능(function)	구조(structure)	형태(form)

그림 1 시드니 오페라하우스(요른 웃존, 1957~1962, 시드니) - 세계적으로 시드니 오페라하우스는 시드니의 가장 상징적인 건축물이다.

2 건축 과정

(1) 현대 건축의 요구 사항

1) 건축의 3대 요소

① 구조(structure)

건축은 사람이 거주하는 공간이므로 안전성에 바탕을 두고 건물에 적당한 튼튼한 구조이어야 한다.

㉮ 가구식 구조 : 목재, 강재로 된 가늘고 긴 부재를 이음, 맞춤 및 조립에 의해 뼈대를 만드는 구조

- 목구조, 철골구조

㉯ 조적식 구조 : 벽돌, 블록 및 돌 등의 단위 재료를 교착재를 사용하여 쌓아서 만드는 구조

- 벽돌구조, 블록구조, 돌구조

㉰ 일체식 구조 : 전체 구조체를 일체로 만든 구조

-철근콘크리트구조, 철골철근콘크리트구조

㉱ 입체 구조 : 3차원적으로 외력, 하중을 지지하고 평행되게 하는 구조로 공간적 사고가 요구된다. 높은 강도와 강성을 갖는다.

- 입체 트러스(space frame), 절판(folded plate) 구조, 셸(shell) 구조, 현수(suspension) 구조 등

㉲ 기타 구조 : 막 구조, 공기막 구조, 기포 구조 등

② 기능(function)

건축물의 용도, 설비, 동선 등 사용상의 편리를 의미하는 것으로서 계획 각론의 내용들은 여기에 속한다.

㉮ 기능의 요소

㉠ 공간의 양(quantity)

용도에 알맞은 실의 넓이, 천장 높이 등을 말한다.

㉡ 공간의 질(quality)

공간을 구성하는 치장재, 구조체 등의 형식과 전기, 난방 등의 모든 설비를 말한다.

㉢ 공간 상호간의 동선(circulation)

각 실의 배치와 복도·계단·엘리베이터 등 이동설비 관계를 말하며, 동선에는 수평방향과 수직방향이 있다.

㉯ 기능의 내용

건물의 용도, 동선, 설비 등의 이용상의 편리와 목적에 부합되도록 갖추어야 할 사항들을 말한다.

㉠ 도시 및 지역적 측면의 기능

하나의 건축물이 주변의 환경, 그리고 그 건축물이 포함된 지역 및 도시에 미치는 영향의 검토

㉡ 평면 및 동선의 기능

소요실의 수와 넓이, 그리고 이들의 위치에 따른 상호 관련성과 복도·엘리베이터·계단 등의 위치와 크기를 말한다.

㉢ 단면상의 기능

층고, 천장높이, 천장 내부 덕트 공간의 높이, 창대 및 작업대 높이 등을 말한다.

㉣ 설비상의 기능

냉·난방방식, 환기설비, 위생설비, 전기·조명설비 등의 위치와 수를 말한다.

㉤ 구조상의 기능

기둥, 보, 내력벽 등의 위치, 간격, 치수 등을 말한다.

㉥ 재해 대책상의 기능

피난설비, 방화구획, 소화설비, 헬리포트, 피뢰침 등의 위치와 크기를 말한다.

③ 미(aesthetic)

건축의 미적인 표현을 말하는 것으로 이러한 미적 감정은 주관적인 것이지만 전혀 객관성이 없는 것이 아니며 시대나 지역, 그리고 집단에 따른 공통의 미적 감정을 지닌다. 이와 같은 관점에서 건축에서 고려되어야 할 일반적인 미적 구성 원리와 요소는 다음과 같다.

㉮ 형태 구성의 원리

㉠ 통일성(unity) : 대칭성, 반복성, 균일성

㉡ 변화성(varity) : 균제성, 억양성, 대비성

㉢ 균형성(balance) : 동적 균형, 정적 균형

㉣ 비례(proportion)

㉤ 조화, 대비, 리듬

㉯ 형태의 의미

㉠ 이념적 형태 : 순수 형태(점, 선, 면, 입체 등)

㉡ 현실적 형태 : 자연 형태, 인위적 형태

2) 사상, 즉 건축가로서의 개성이 요구된다.

건축가의 창조 정신은 휴머니즘(humanism)에 바탕을 두어야 한다.

3) 과학적이고 경제적인 분석을 지녀야 한다.

㉮ 과학적 : 보건상 자연 조건 등의 극복

㉯ 경제적

㉠ 건설비(initial cost) : 기계화, M.C 도입, 대량 생산(건축의 공업화)

㉡ 경상비(running cost) : 극소화

㉢ 내구연한(durable life) : 극대화

4) 건축 주위 환경에 대한 고려가 필요하다.

5) 정서가 깃들어야 한다.

6) 기술적 협동이 요구된다.

건축의 고층화, 대형화에 따라 처리되어야 할 제반 정보 및 기술적 물량의 방대함에 따라 기술의 협력 체제가 요구된다.

7) 도시계획적인 검토가 필요하다.

조경계획, 색채계획 등의 검토

8) 미래 지향적이어야 한다.

기술개발과 참신한 생활공간을 창조하는 건축가는 복합적인 이론가이자 실천가로서 vision을 제시하여야 한다.

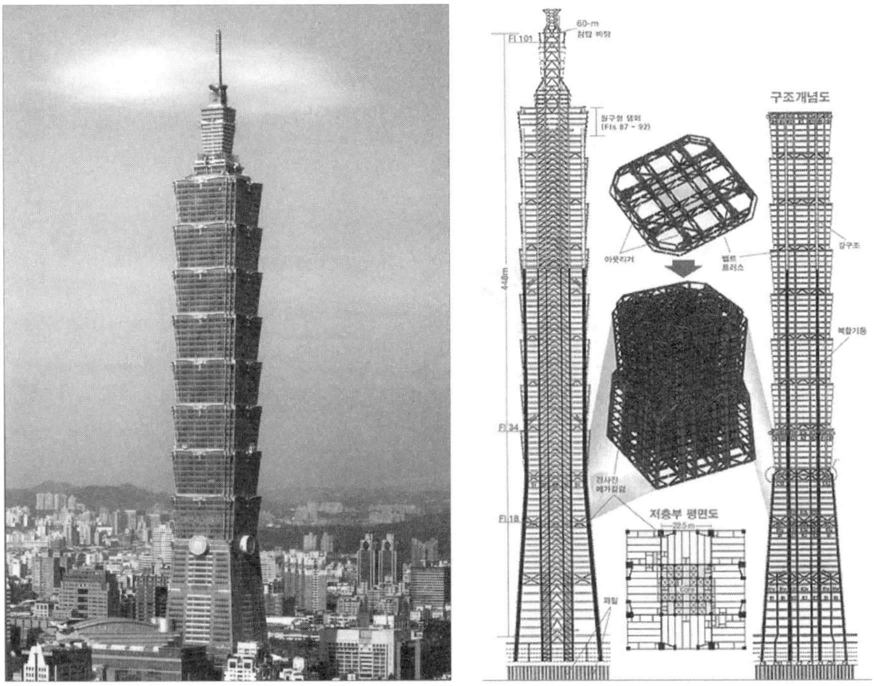

그림 2 Taipei Financial Center(설계자 C.Y.Lee & Partners, 2004년 완공)

(2) 건축계획의 원리

건축물의 본래의 목적을 달성하기 위해서는 구조(structure), 기능(function), 미(aesthetic)에 부합되어야 한다. 이를 위한 구체적인 계획을 진행하기 위해서는 우선 목표를 세우고, 검토가 선행되어야 할 건축물의 여러 조건들을 명확하게 파악할 필요가 있다.

건축계획의 목적은 종합 설계 요소로 작용하는 제반 사항과 주변 환경과의 유기적인 조합으로 다음과 같은 원리에 입각한다.

① 합목적성

건축계획에서 가장 중요한 기본적 요소로 모든 건축물은 그 사용 목적에 적합해야 하며 기능주의와 밀접한 관계가 있다.

② 인본주의

모든 건축은 인간의 생활을 담는 용기이므로 휴머니즘(humanism)에 바탕을 둔 계획과 설계가 이루어져야 한다.

③ 보건성

외부의 자연환경 조건(대기 오염, 소음 등 공해로부터의 보호)과 건물 주위의 환경

조건에 대한 충분한 사전 분석이 요구된다.

④ 구조성

건축물의 자중이나 적재하중은 물론 풍압이나 지진 등의 외력에도 안전하도록 설계되어야 한다.

⑤ 경제성

건축도 일종의 경제활동이므로 건설비, 경상비, 내용연한 등에 대한 사전 검토가 필요하다.

⑥ 건축과 사회

㉮ 건축은 도시를 구성하는 기본 단위이므로 주변 도시환경에 알맞게 계획되어야 한다.

㉯ 대규모 건축물일 때에는 충분한 오픈 스페이스(open sapce)의 확보, 주변의 교통처리 등 공익 적 측면을 우선적으로 고려해야 한다.

⑦ 심미성

건축은 기술과 예술의 종합에 의해 완성되는 관계로 구조와 기능은 물론 건축의 형태와 색채 등의 미적 요소도 만족시켜야 한다.

(3) 건축계획 결정과정

건축계획 과정이란 어떤 목표를 달성하고자 할 때 우선 목적에 필요한 각종 정보 및 자료를 수집, 분석한 후 종합적 평가를 거쳐 계획을 결정하는 일련의 의사 결정 과정을 말한다.

1) 목표 설정

계획 결정의 제 1단계로 정확한 목적을 설정한 다음 그것을 달성하기 위한 여러 가지 수단을 고려해보고 최종적인 결과를 예측해 본 후 목표를 설정한다.

2) 정보 및 자료 수집

① 정보

㉮ 초기 정보 : 목표 설정을 위해 수집하는 정보로 배경 정보와 방향 설정 정보가 있다.

㉯ 기술 정보 : 법규, 조례 등 건축주로부터 얻을 수 없는 정보와 입지조건, 건축물에 요구되는 기능, 규모 등을 말한다.

㉰ 아이디어 정보 : 건축, 도시계획 등에서 단순한 시각적 아이디어 정보를 포함해서 하나의 이미지 스케치 등으로 아주 산발적이고 개성적인 것이 특징이다.

㉱ 평가 정보 : 아이디어나 모델을 평가하는데 필요한 정보를 말한다.

㉲ 프로그램 정보 : 계획의 수행과 실행에 필요한 수단을 결정할 때 필요한 정보로 Network, PERT/CPM 등이 있다.

② 자료 수집 및 조사 분석

㉮ 법규 조건 : 건축법, 국토의 계획 및 이용에 관한 법률, 주차장법 등

㉯ 풍토 조건 : 일조, 풍향, 강수량 등

㉰ 지질 조건 : 지내력, 지하수위, 대지의 고저차 등

㉱ 지리 조건 : 교통, 주변 환경 등

㉲ 공공시설의 조건 : 상・하수도, 전기, 가스 등

③ 조건의 설정

정보와 결정을 연결하는 과정으로 각종 정보를 처리하는 과정이다.

㉮ 기능 설정 : 시설간의 기능도, 동선도, 운영 방식 등

㉯ 규모 설정 : 기능, 예산 등을 고려한 규모의 설정, 장래 규모 예측이나 증축 등

㉰ 성능에 관한 내용 : 내구연한, 실내 환경, 구조 재료, 건물환경 등

㉱ 성격, 주제에 관한 사항 : 건축주나 건축가가 부여하며 의장 조건 등이 포함된다.

④ 모델화

어떤 목표에 대하여 설정된 추상적 단계의 설계 조건을 기준으로 해서 건축공간을 구체화시키는 과정으로 모델을 구성하는 방법이다.

㉮ 아이디어의 도출 방법

㉠ 설계 조건에서 추출 : 공간 상호간의 관계, 입지 조건 등에서 추출한다.

㉡ 아이디어 정보의 참고 : 기존 건축물, 문헌, 옛 건축물 등에서 추출한다.

㉢ 합의에 의한 결정 : 개인차를 줄이고 높은 수준의 아이디어를 얻기 위해 합의 방법을 사용한다.

㉣ 경험, 직관에 의한 방법

㉯ 모델화의 내용

㉠ 동선의 분석

㉡ 평면형의 분석

㉢ 규모에 관한 분석

㉣ 구조, 설비, 조형 등에 관한 분석

⑤ 평가

㉮ 기준 : 모델화하고 그 분석에 따라 얻어진 결과로 모델 상호간의 모순 조정과 보다 종합화된 형태로서의 건축공간을 검토하며, 목표 달성도와 조건 적용의 평가 기준이 되고 이것은 feed back 되는 과정을 되풀이 한다.

㉯ 방법 : 비교법, 단계법, 점수법, 합의법, 직관법 등이다.

⑥ 계획의 결정

선택과 수정의 단계, 항목별 평가 등을 거쳐 최종적인 계획안을 결정한다.

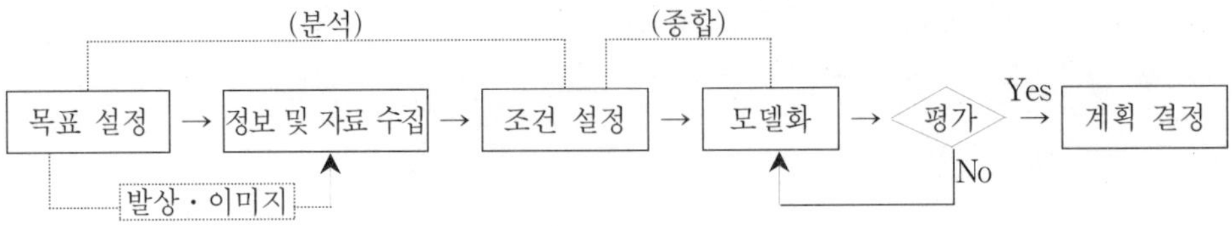

그림 3 계획 결정 프로세스의 흐름도

(4) 디자인 프로세스(Design Process)

1) 단계

① 3단계 : 분석, 종합, 평가

② 5단계 : 착수, 준비, 계획안 작성, 평가, 실행

③ 8단계 : 인식, 정의, 준비, 분석, 종합, 평가, 실행, 재평가

2) 3단계의 디자인 과정

① 분석

㉮ 건물의 목적 : 건축주의 철학, 사명, 임무, 사용 목표, 마스터 플랜상의 목표, 사용자의 요구 조건

㉯ 인적 요소 프로그램 : 건축주 · 사용자의 구성별 수용인원, 장소별 수용인원, 사용자의 특성, 사회적 구조

㉰ 행동 시스템 : 조직의 운영, 생활양식 및 습관, 사용자의 행동, 행동의 변화

㉱ 스페이스 프로그램 : 운영, 임무 시스템, 기능도, 상호 연관표, 공간 상호간의 연관성, 순환 시스템

㉮ 계획 기준 : 건물·시설의 현황, 대지의 조건, 건축주, 사용자의 요구 조건, 법규상 제한 사항, 건물 디자인에 영향을 미치는 물리적 기준

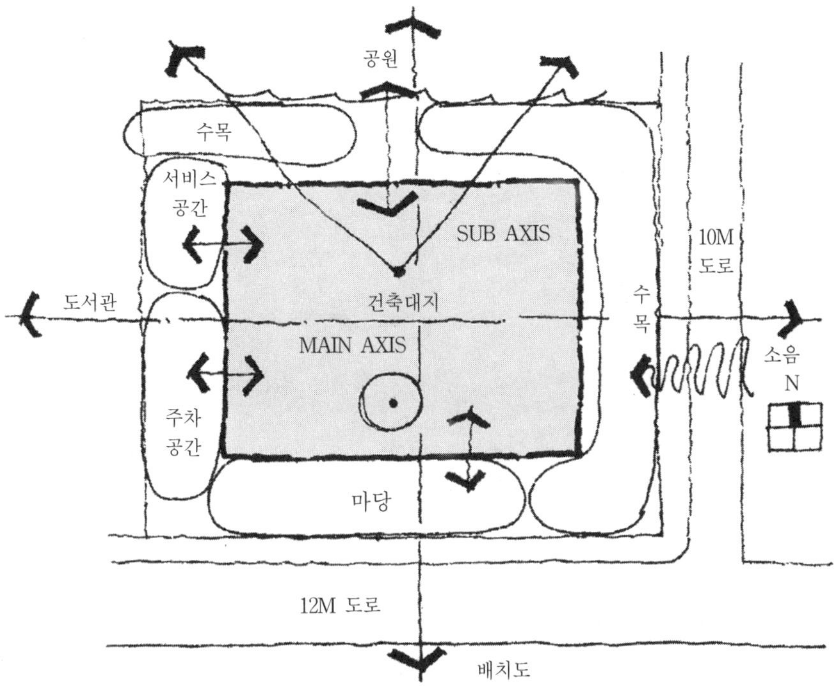

그림 4 대지의 인문자연환경 분석의 예

② 종합(계획안 작성, 제안 작성)

㉮ 디자인 원칙 결정 : 건축의장 연구, 공간의 특성화 접근, 규모(volume) 연구, 옥내·외 공간의 연계성, 이미지 스케치, 건축양식 연구

㉯ 디자인 요소에 의한 완성 : 평면·단면·입면(block mass) 연구, 평면·단면·입면 연구, 전체 치수 및 크기(dimension) 조정, 구조·설비 시스템, 모델 연구, 일반구조 연구

㉰ 대안 Ⅰ, 대안 Ⅱ의 작성

③ 평가

㉮ 최적의 대안 선정

㉯ 표현 : 평면·단면·입면도 작성, 설계 설명서, 구조 계산서, 부하용량 계산서, 공사 시방서, 설비 도면

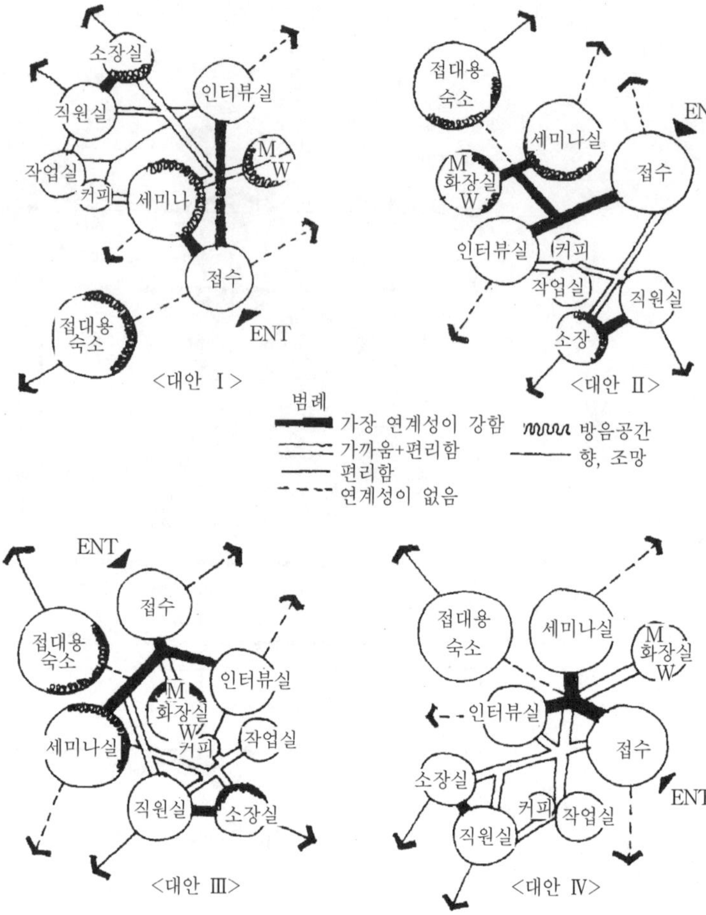

그림 5 대안의 예

(5) 건축물을 만드는 과정

건축물을 만드는 과정은 기획, 설계, 시공의 3단계로 이루어진다.

1) 기획

일반적으로 건축주(공사 발주자)가 직접 행하는 것으로 건설 목적, 건설 의도, 방향 설정, 운영 방법, 예산, 경영 방침, 설계에 대한 요구 사항, 제약 사항 등 건설의 전 과정을 예견하는 작업이다.

2) 설계

기획에 맞추어 건축주의 의도나 요구에 따라 건축에 관한 전문적 지식 및 기술을 이용하여 설계도나 시방서 등 관계 도서를 만드는 과정이다. 이는 설계자를 중심으로 행하여지는 과정으로 기본설계 단계와 실시설계 단계가 있다.

① 기본설계

건축설계시 의도된 것을 분석하고 종합하여 구체적 형태의 기본을 결정하는 단계를 말한다.

㉮ 기본설계도 : 배치도, 평면도, 입면도, 단면도 등 건축물 형태의 개요를 나타내는 도면

㉯ 설계설명서 : 설계자가 생각하는 건축물에 대한 구조 방식, 마감 재료, 설비의 개요 등을 나타내는 서류

㉰ 공사비 계산서 : 공사비의 예정액을 예상하여 산출한 조사내역

② 실시설계

설계단계의 마지막 과정이며, 동시에 건축시공을 가능하게 하는 실행 단계이다. 미리 계획된 마스터플랜(master plan)에 따라서 현지에서 실제로 공사시행 시에 필요한 사항(구조 재질), 형태, 치수, 수량, 시행순서 등)을 상세도면, 기타의 방법으로 명시하는 작업단계를 말한다.

㉮ 실시설계 도서 : 배치도, 평면도, 입면도, 단면도 외에 각종 상세도, 구조 설계도, 급배수 위생, 냉·난방, 공기 조화 등, 전기·기계·설비 설계도, 옥외 시설, 조경 설계도 등

㉯ 계산서 : 구조 계산서, 냉·난방 부하 계산서, 전압강하 계산서, 조명·조도 계산서 등 설계에 필요한 각종 계산서

㉰ 시방서 : 시공자에 대한 지시사항으로서 설계도면에 표시할 수 없는 각종 건축, 기계, 전기, 기타 사항 등을 글이나 도표로 나타낸 것

㉱ 공사비 예산서 : 표준이 되는 공사비로서 설계자가 산출한 조서

3) 시공

건축주로부터 도급받은 시공자가 실시설계 도서에 표현된 내용을 실제의 건물로 만드는 건설공사의 과정으로 건축물을 현장에서 직접 생산해 내는 단계이다.

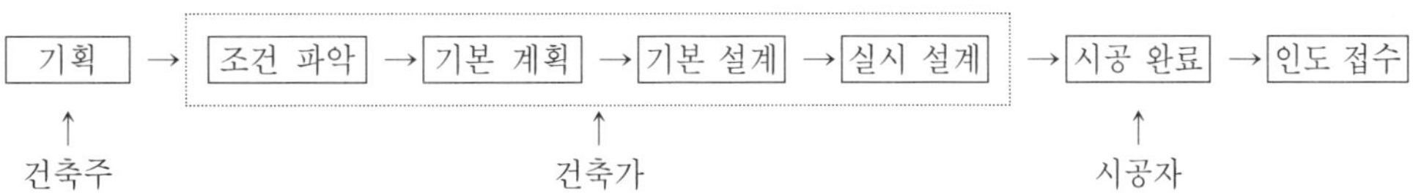

그림 6 건축물을 만드는 과정에서의 설계 진행법

(6) 세부계획

1) 평면계획

① 주어진 기능의 어떤 건물 내부에서 일어나는 활동의 종류, 실의 규모 및 그 상호 관계를 합리적으로 평면상에 배치하는 것이다.

② 평면계획은 단면 및 구조계획, 입면계획은 물론 각종 설비에 이르기까지 건축물에 대한 모든 계획이 수립되고, 그들이 조화를 이루면서 진행되는 것이다.

③ 평면계획은 2차원적인 공간의 구성이지만, 입면 및 형태계획과도 관련이 크다.

④ 환경의 질을 높이기 위해서 일조, 일사, 통풍 등 자연 환경 조건 등을 만족시켜야 한다.

⑤ 실의 배치는 상호 유기적인 관계를 가지도록 하며, 소음 및 악취 등의 사회 환경적 문제를 해결해야 하고, 각 실의 크기가 맞아야 한다.

2) 형태계획

① 형태구성 : 건축물의 형태는 원형과 각형 등 두 가지 요소의 조합이다.

② 근대 이전의 건축에서는 원형이나 곡선을 많이 사용했고, 현대 건축에서는 각형이나 직선을 많이 이용하고 있다.

③ 원형은 자연 형태에서 많은 모방이 응용되는 자연의 근본형 임을 느낄 수 있으며, 각형은 인위적인 형태 개발에서 많이 이용되고 있다.

3) 입면계획

① 건축물은 그 성질이 각기 다른 여러 가지 표면으로 구성되어 있다. 표면을 구성하고 있는 요소는 각종 마감 재료이며, 모든 재료는 명암, 색채, 질감 등의 요소를 가지고 있다.

② 입면 설계 : 평면을 입체화시키면 부피가 있는 건축 공간을 얻을 수 있으며, 이때 건축 공간의 외부를 아름답게 디자인하는 것

4) 구조계획

① 안전하고 내구적이며, 경제적인 구조체를 설계하기 위해서 계획하는 것이다.

② 구조적인 형태, 역학적인 힘, 재료의 특성 등의 요소를 일체적으로 잘 조합하여야 한다.

③ 건축물의 뼈대를 구성하는 재료는 나무, 벽돌, 블록, 돌, 철근 콘크리트, 철골, 철

골 철근 콘크리트 등이 많이 쓰인다.

④ 구조 형태별로는 가구식 구조, 조적식 구조, 일체식 구조가 있으나 그 밖에 외부 형태에 따라서 셸(shell) 구조, 절판 구조, 돔(dome) 구조 등이 이용되고 있다.

5) 환경 및 설비계획

① 건축물이 쾌적하고 능률적이며, 안전하고 위생적인 공간이 되도록 계획하는 것이다. 건축물을 효율적으로 이용하고 쾌적성, 편리성을 향상시키기 위해 기계, 전기 통신, 급・배수 등의 모든 물리적인 환경 요소를 기술적으로 처리하는 것이다.

② 현대 건축에서는 생활의 질적 향상을 통한 쾌적 환경의 추구하고 있다. 더욱 안전하고 쾌적한 생활 공간을 위한 자연환경의 이용과 복잡한 공간 기능에 대응하기 위하여 설비의 중요성이 증대되고 있으며, 건축 공사비 중에서 건축 설비비가 차지하는 비율도 점차 증대되어 있다.

3. 치수(Scale) 계획

(1) 건축 공간과 치수

건축 공간을 편리하게 이용하기 위해서는 실의 크기와 모양, 높이 등이 적당해야 한다. 건축 공간의 가장 기본적인 치수는 실내에 필요한 가구를 배치하고 기능을 수행하는데 적절한 사람의 움직임을 수용할 수 있는 크기이다. 실의 사용시간에 적당한 공기의 부피나 심리적으로 쾌적감을 느낄 수 있는 크기를 만족시키는 것도 중요하다.

1) 물리적 공간과 그 치수 : 인체측정학(anthropometry)

① 최소치+a

문이나 개구부의 높이, 천장 높이, 인동간격 등을 설정할 때 사용된다.

② 최대치−a

계단의 챌판 높이, 야구장 관중석의 난간 높이 등을 설정할 때 사용된다.

③ 목표치±a

출입문의 손잡이 위치와 크기 등을 설정할 때 사용된다.

2) 심리적 공간과 그 치수 : 프로세믹스(proxemics)

① 개인공간 : 친근 거리, 개인 거리, 사회적 거리, 공적 거리 등

② 프라이버시 : 프라이버시의 적정화

③ 영역성 : 1차 영역, 2차 영역, 공적 영역 등

④ 과밀

(2) 모듈(Module)

1) 모듈(module)

구성재의 크기를 정하기 위한 치수의 조직으로서 건축의 계획상, 생산상, 사용상에 편리한 치수 측정 단위이다.

2) 종류

① 기본 모듈 : 기준 척도를 10cm로 하고 이것을 1M으로 표시하여 모든 치수의 기준으로 한다.

② 복합 모듈 : 기본 모듈이 1M의 배수가 되는 모듈이다.

㉮ 20cm : 2M, 건물의 높이 방향의 기준

㉯ 30cm : 3M, 건물의 수평길이 방향의 기준

③ 기타

㉮ 등차수열

㉠ 이웃한 두 항의 차이가 일정한 수열의 비례(1, 2, 3, 4, 5,……또는 5, 10, 15, 20등)

㉡ 「유럽의 10cm 기준 단위」나 미국의 4인치 기본 단위처럼 하나의 기준 단위를 정하고 그 배수를 사용하는 방법으로 작은 단위를 사용하는 데 편리하나 큰 단위의 설정시에는 재고되어야 하며 공업 생산적이 아니다.

㉯ 등비수열

㉠ 수열의 각 항이 그 앞의 항에 일정의 수(공비)를 곱하여 생기는 수열, 모듈(module)로서 가장 중요하게 사용된다.(1, 2, 4, 8,……등)

㉡ 등비수열을 모듈에 적용해서 작은 치수에는 작은 스케일, 큰 치수에는 큰 스케일을 주는 것으로서 면적이나 공간의 표준화에는 편리하지만 두 치수의 합이나 같은 치수를 반복해서 사용하는 배수 모듈에서 벗어나는 결

점이 있다.

㉢ 등차·등비수열을 복합시킨 것 : 각각 장단점이 있는 「㉮, ㉯」의 두 방법을 합한 것으로 건축용으로 우수하다.

㉣ 황금비(golden section, 황금분할)

고대 그리스인들의 창안으로서 선이나 면적을 나누었을 때 작은 부분과 부분의 비율이 큰 부분과 전체에 대한 비율과 동일하게 되는 기하학적 분할 방식으로 1 : 1.618의 비율을 갖는 가장 균형잡힌 비례이다.

즉, 주어진 선분을 대소로 분할하고, 큰 부분과 작은 부분의 비가 큰 부분과 전체의 비와 같게 되는 것을 황금분할(Golden Section)이라 하며, 그 비를 황금비라 한다.

$$a : b = (a+b) : a \quad \therefore a : b = (1+\sqrt{5})/2 \fallingdotseq 1.618$$

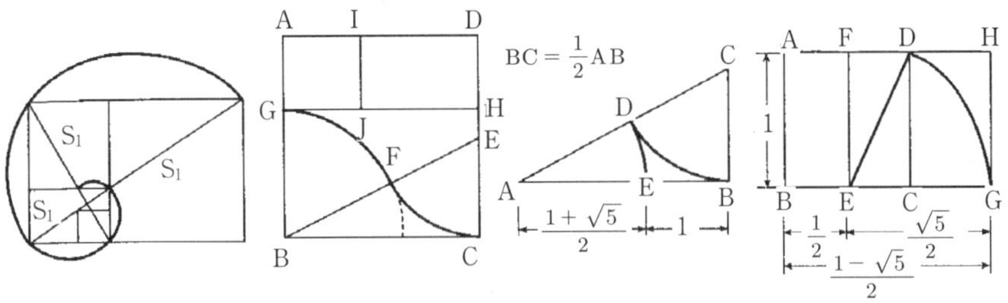

그림 7 황금비

㉤ 피보나치 수열(Fibonacci series)

1부터 시작하여 앞의 두 개의 수를 더한 수를 다음의 항으로 나열한 수열, 1, 2, 3, 5, 8, 13,……등. 이 수열이 서로 인접하는 두 항의 비는 $(1+\sqrt{5})/2$ 즉, 황금비에 가까워진다.(1/1,2/1,3/2,5/3,…….)

㉥ 모듈러(modular)

㉠ 개념

- 르 코르뷔지에(Le Corbusier)는 ϕ수열에 기본을 둔 디자인용의 척도를 고안하여 이것을 모듈이라 이름 붙였다.
- 183cm(6 feet)의 배꼽의 높이 113cm를 기준으로 하여 이것을 2배로 하고(한 손을 위로 높이 들은 위치가 이것에 해당된다) 또 여기에 ϕ를 곱한다든지 ϕ로 나눔으로써 일련의 수법 계열이 구성되고 있다.
- 그의 모듈이 겨냥한 것을 건축 생산의 근대화를 도모하여 건축 design

에 합리적 심미성을 부여하는 데 있다.

㉡ 모듈러의 비례

- 모듈러에서 인간을 넷의 기본 치수로 보고 있다. 즉, 신장 183cm의 인간을 기본으로 하며 바닥에서 배꼽까지 높이는 113cm이고, 손을 둔 위 손가락까지가 226cm가 된다. 배꼽의 높이 113cm를 단위로 하여 113cm의 황금비 183cm는 머리 위까지의 높이가 된다. 또 113cm의 2배인 226cm는 손끝까지의 높이에 해당되고, 226cm의 황금비 140~86cm의 점은 손을 짚은 높이 86cm로 표시된다.

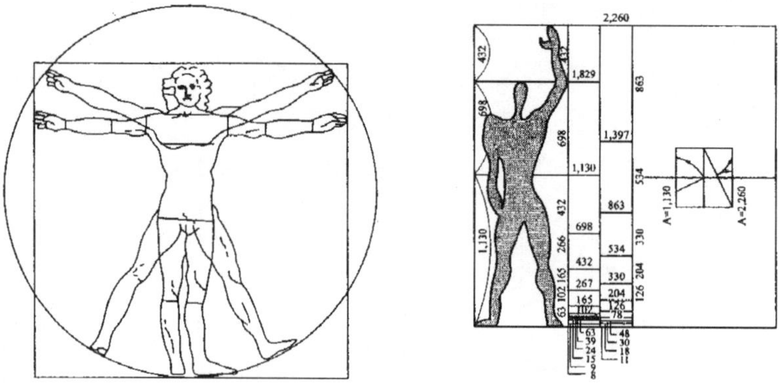

그림 8 르 코르뷔지에의 모듈러

- 그는 113cm를 단위로 하여 만들어진 황금비례의 피보나치 급수를 적색렬(赤色列)이라 칭하고, 그 2배인 226cm를 기본으로 하여 된 것을 청색렬(青色列)이라 하여 기본 모듈을 만들었다.
- 그것을 무한한 조화 요소로 가진 맞춤으로 우리의 필요에 의해 다양한 모듈을 제공할 수 있게 하였다.
- 모듈은 미적 비례이므로 황금척(黃金尺)이며 인간적 기능의 척도이며 생산성을 높이는 척도라 하는 것이다.
- 인체를 황금비로 분석해서 생활에 적합한 건축과 고전적인 비례의 개념을 결부시켜 황금비를 단지 예술적인 문제 해결뿐 만아니라 공업생산이란 목적에도 결부시켰다. 이러한 모듈의 원칙은 마르세이유 아파트 계획에 처음으로 적용시켰다.

3) 모듈의 사용 방법

① 모든 치수는 1M(10cm)의 배수가 되게 한다.

② 건물의 높이는 2M(20cm)의 배수가 되게 한다.

③ 건물의 수평 치수는 3M(30cm)의 배수가 되게 한다.

④ 모든 모듈상의 치수 : 공칭 치수를 말한다. 따라서 제품 치수는 공칭 치수에서 줄눈 두께를 빼야 한다.

⑤ 창호의 치수 : 문틀과 벽사이의 줄눈 중심선간의 치수가 모듈 치수이어야 하고 장막벽 등을 모듈 제품 사용이 가능해야 한다.

⑥ 조립식 건물 : 조립부재 줄눈 중심간 거리가 모듈 치수에 일치해야 한다.

⑦ 고층 라멘 건물 : 층 높이 및 기둥 중심거리가 모듈 치수이어야 하고, 장막벽 등은 모든 모듈 제품의 사용이 가능해야 한다.

4) 건축 척도의 조정(M.C, Modular Coordination)

모듈이란 구성재의 크기를 정하기 위한 치수의 조정을 말하며, 이 모듈을 사용하여 건축 전반에 사용되는 재료의 규격화하는데 이를 건축 척도의 조정이라 한다.

① 기본 사항

M.C의 원리에 맞추어 설계하기 위해서는 건축 평면의 M.C화와 건축 단면의 M.C화로 분류해서 설정할 수 있다.

㉮ 우리나라 지역성을 최대한 고려한다.

㉯ 건물의 종류에 따라 그 성격에 맞추어 계획 모듈을 정한다.

㉰ 가능한 국제적 M.C의 합의 사항에 맞도록 한다.

㉱ M.C화 되더라도 설계의 자유도를 높이도록 한다.

② 장 · 단점

㉮ 장점

㉠ 설계 작업이 단순화되고 간편해진다.

㉡ 건축 구성재의 대량 생산이 용이해지고, 생산 비용이 낮아질 수 있다.

㉢ 건축 구성재의 수송이나 취급이 편리해진다.

㉣ 현장 작업이 단순하므로 공사 기간이 단축될 수 있다.

㉤ 시공의 균질성과 질의 향상을 도모한다.

㉥ 국제적인 M.C를 사용하면 건축 구성재의 국제 교역이 용이해진다.

㉯ 단점

㉠ 건축물 형태에 있어서 창조성 및 인간성의 상실 우려가 있다.

㉡ 동일한 형태가 집단을 이루는 경향이 있으므로 건물의 배치와 외관이 단순해지므로 배색에 신중을 기해야 한다.

③ 적응단계

㉮ 규격화 : 공간 치수의 표준화, 구성부재의 규격화

㉯ 부품화 : 구조체 및 구성재의 부품화

㉰ 조립화

㉠ 개방식 : 유사 건축물 모두에 적용이 가능한 방식

㉡ 폐쇄식 : 자사 건축물에만 적용이 가능한 방식

㉱ 공업화 : 공장생산화

학습 포인트

▸ Le Corbusier

- 르 코르뷔지에의 모듈라(modular)

  인체의 수직 치수를 기본으로 해서 황금비를 적용, 전개하고 여기서 등차적 배수를 더한 것으로서 인체 각 부위의 비례에 바탕을 둔 치수 계열

- modular라는 설계 단위를 설정하고 실천(형태 비례에 대한 학설)
- Le Modular를 적용한 첫 작품 : 마르세이유의 주택 단지
- 작품 : UN 본부 빌딩(Le Modular 실제적으로 적용한 건축), 론샹 교회당

  ※ 르 코르뷔지에의 신건축 5가지 특징

  ㉠ 필로티(pilotis)

  ㉡ 자유스러운 평면구성

  ㉢ 옥상 정원(roof garden)

  ㉣ 자유스러운 입면(free facade)

  ㉤ 연속된 창

▸ M.C(Modular Coordination : 건축 척도 조정)

- 건축 계획상, 생산상, 사용상의 편리한 치수의 통일
- 계획상 : 설계 작업의 단순화
- 생산상 : 대량생산 용이, 공업화 건축
- 사용상 : 현장작업의 단순화, 공기단축

▸ module이 필요한 건축

- 집단주택 : 공동주택의 평면 및 각 부위의 치수(주택법의 주택건설기준)
- 사무소 : 기둥간격, 작업책상 단위
- 백화점 : 기둥간격
- 학교
- 도서관 : 서고 계획
- 병원 : 환자 침대 규격

5) 건축의 공장생산화(prefabrication)

건축의 각 부분을 공장 제품으로 대량생산하여 현장에서 조립함으로써 공기를 단축시켜 짧은 기간 동안에 건축물을 대량 생산하는 데 그 목적이 있다.

① 건축물의 품질이 향상된다.

② 공기가 단축된다.

③ 단가가 저렴해진다.

4. 건축 설계 수법(Method)

최근 건축물의 수명은 구조체(성능)의 수명보다는 이용자측(기능)의 요구 변화, 이용 방법의 변화 등에 의해 크게 좌우되는 경향이다. 이러한 경향에 따라 건축물의 수명을 연장하기 위한 방법으로 Flexibility와 Expansibility의 향상을 도모하기 위한 계획이 요구되고 있는데 통상 Flexibility는 공간의 질(質) 변화에 대응하고, Expansibility는 공간의 량(量) 변화에 대응한다.

이외의 건축설계수법에는 균일화(Uniformity), 표준화・규격화(Standardization), 다용도성(Multi-purpose) 등을 들 수 있다.

(1) 융통성(Flexibility, 가변성)

공간 변화의 요구에 대응하는 가변적인 성질이다.

① 기본 계획

㉮ 목표에 대한 모호성을 밝히고 정보를 검토한다.

㉯ 오차・변동의 종류와 폭을 밝히고 대응책을 마련한다.

② 융통성의 수법

㉮ 내부환경 : 변화에 대응하는 가장 손쉬운 방법이며 예측이 가능한 변화는 내부변경을 전제로 계획한다.

㉯ 유니버설 스페이스(universal space) : 다목적 이용을 가능하게 계획한 무한정 공간으로 가동 가구로 자유로운 사용을 시도하지만 가족간의 프라이버시 유지는 어렵다.

㉰ 그리드 플랜(grid plan) : 어떤 기준치수를 한 격자 위에 간벽을 간단히 이동시킬 수 있으나 그리드 플랜에 구애되어 잘못하면 공간이 균질적으로 된다.

㉱ 모듈러 플랜(modular plan) : 그리드 플랜을 더 규격화 하여 조명, 흡출구, 배기구, 스프링클러 전화 등 각종 설비 시스템을 균등히 배치할 수 있게 하여 임의의

격자상에 간벽을 설치할 수 있게 한 것이다.

㉤ 코어 시스템(core system) : 가변부분과 고정부분 또는 설비부분과 기타부분으로 나누어 각 변화의 성질에 맞게 대응 방법을 시스템화 한 것이다. 예로서 사무소 건축물을 코어 부분과 사무실 부분으로 나누어 사무실 공간의 융통성을 높인다.

㉥ 인터스티셜 스페이스(interstitial space) : 설비에 대한 가변성의 요구에 대응하여 각 설비의 요구를 평면상 임의의 장소에 둘 수 있는 것과 기둥 단면을 될 수 있는 한 작게 하고 평면적으로 자유도가 높은 대 스팬(span) 구조의 이점을 묶은 방법이다. 층고가 높아 초기 투자는 많으나 병원과 같이 설비적 요구의 변화 예측이 어려울 때 적당하다.

(2) 확장성(Expansibility)

발전, 성장 등의 다양한 변화에 대응하는 계획 기법이다.

① 확장성의 수법

㉮ 분할형 : 장래 계획이 분명한 경우 전체 계획을 분할하여 그 일부분을 1차 공사, 2차공사로 나누어 하는 방식으로 증축에 의한 모순을 최대한 줄일 수 있다. 이 방법은 마스터플랜에 의한 계획이 요구되며 설비공동시설을 집중화하려면 선투자가 필요하다.

㉯ 프리엔드(free end)형 : 미리 증축할 것을 고려하여 증축 이음새의 보 형태, 슬래브 형태를 증축에 적합하게 계획하고, 또한 평면 구성은 증축 후에도 그 시스템에 지장이 없도록 계획하는 방법이다.

㉰ 연결형 : 필요에 따라 새롭게 독립한 시설을 연결해 가는 방법으로서 구조적인 문제는 적으나 관리 운영상 기능 분산이 문제이다. 그러므로 복잡한 기능의 건축물에는 부적당하다.

㉱ 증축형 : 계획에서 우선 중심이 되는 핵을 두고 이에 필요한 시설을 추가한다든지 제거하는 방법이다.

② 특성

㉮ 확장 시기에 대한 전망 여하에 따라 계획은 변한다.

㉯ 증축하면 공간적, 구조적, 설비적 기능이 변한다.

㉰ 경제성에 대한 검토가 필요하다.

㉱ 확장 예정의 확정, 불확정을 명확히 구분한다.

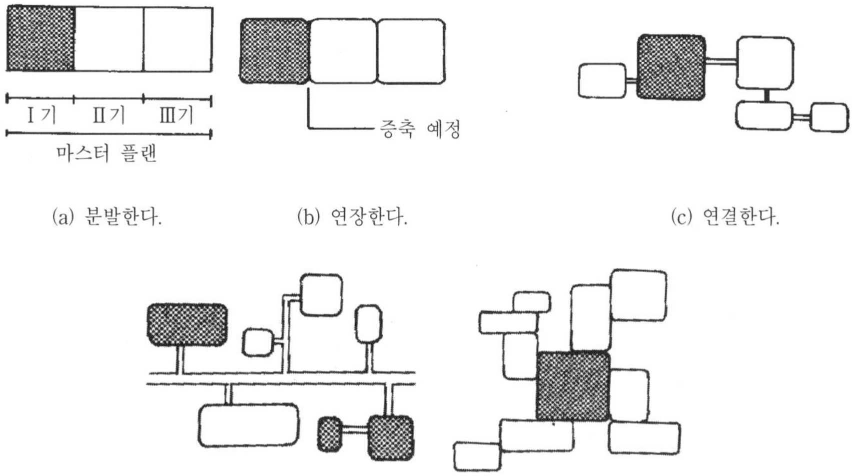

(a) 분발한다. (b) 연장한다. (c) 연결한다.

그림 9 확장성의 여러 가지 수법

(3) 균일화(Uniformity)

여러 개의 복합적인 형태에 대응하기 위한 방법으로 사용된다.

① 계획 수법 (d) 성장한다.(수목형, 樹木型) (e) 증식(增殖)한다.(면적인 성장)

㉮ 가장 안전한 기준에 맞추어 조건을 설정한다.(구조 계산)

㉯ 최소의 조건을 충족시킨다.(지하 주차장의 기둥 간격)

㉰ 가장 일반적으로 쓰이는 치수를 채택한다.(천장고)

㉱ 일정한 폭의 범위 내에서 산정한다.(소요 조도)

② 특성

㉮ 변화나 변경에 대처하기가 용이하다.

㉯ 설계와 시공이 단순화된다.

㉰ 관리가 용이하고 디자인이 명쾌하다.

㉱ 형식적, 획일적 설계가 되기 쉽다.

㉲ 기능 과잉 부분이 생길 수 있다.

㉳ 다소의 선행 투자를 피할 수 없는 경우가 생긴다.

(4) 표준화, 규격화(Standardization)

기준이 되는 단위를 설정하여 조건 변동에 대응하는 방법이다.

① 척도

㉮ 치수, 스케일(길이, 넓이, 공간)로 파악한다 : 부재, 부품 스케일, 건축, 도시 스케일

㉯ 성능을 파악한다 : 공조, 음향, 단열, 강도 등의 성능

㉰ 기능으로 파악한다 : 공간 단위, 작업 단위의 기능

㉱ 생산 방식으로 파악한다 : 프리패브(prefab) 방식

② 특성

㉮ 질적 변화에 대한 대응이 어렵다.

㉯ 단위의 내용에 대한 다각적인 검토가 요구된다.

㉰ 획일적이어서는 다양한 요구에 대응할 수 없다.

㉱ 생산 방식과 연계성을 둔다.

(5) 다용도성(Multi-purpose)

다양한 변화에 대응할 수 있도록 실에 겸용, 복합 등의 기능을 부여하여 다용도 공간을 만든다.

① 계획 수법

㉮ 동종(同種)의 성능 겸용 : 주야간 공조를 1대의 기계로 사용한다.

㉯ 유사 공간 겸용 : 이용 시간을 조정하여 체육관과 강당을 겸용한다.

㉰ 두 가지 이상 기능 복합 : 거실과 식당을 겸용한다.

5. 건축 공간의 성질

(1) 중심(中心)과 축(軸)

① 건축 공간에 있어서의 중심은 여러 요소가 모여 원을 이룸으로써 일정한 장소를 만드는 경우와 탑이나 기념비처럼 주위의 공간에 대하여 핵을 이루는 경우 등 두 가지의 구성 방법에 따라 얻어진다.

② 축은 기본적으로 좌우 대칭의 중심축이 되어 여러 요소를 조직하지만, 동시에 그것은 일직선상을 지나는 운동 또는 방향성을 나타내기도 한다. 특히 이렇게 운동과 방향을 가진 축을 '진로' 또는 '통로'라 부른다. 따라서 축(軸)은 건축 형태의 기하학적인 조직 원리이면서 동시에 인간의 행위를 담고 있는 개념인 것이다.

③ 건축사에 있어서는 이 두 가지의 중심 개념이 반복하여 등장하여 왔으나, 근대 건축에 있어서는 대체로 이러한 중심의 개념을 부정하고, 구성의 요소를 중복시키거나 확산시킴으로써 새로운 공간 개념을 얻으려 하였다.

④ 서양 건축사에서 교회 건축을 예를 들면 비잔틴 건축에서는 집중형 평면과 Dome 등을 이용한 유심화 공간을 추구하였고, 고딕 건축에서는 바실리카식 교회 평면에서 계승된 장축형 평면의 사용으로 방향성을 추구하고 있다.

(2) 계기성(繼起性, Sequence)

① 관찰자가 일정한 방향을 갖는 통로를 움직일 때 건축 형태는 장면으로서 전개된다. 계기성 또는 시퀀스란 이러한 장면의 연속적인 변화를 의미한다.

② 단편적인 여러 건축 형태의 부분이 순차적으로 나타남으로써 얻어지는 전체적인 공간의 체험을 공간의 계기성이라 한다.

(3) 위계성(位階性, Hierarchy)

① 건축 설계에서의 위계성이란 건물을 구성하는 부분의 중요도에 따라 배영ㄹ하는 물리적인 방법을 말하며, 각 요소의 주종 관계, 개방과 폐쇄, 단순과 복잡, 사적인 것과 공적인 것과 같은 질적인 위계와 실제 크기에 따른 양적인 위계가 있다.

② 위계성 기법의 대표적인 예가 우리나라 산지형 사찰 건축 등에서 찾을 수 있다.

(4) 외부 공간(Exterior space)

① 건축의 외부 공간이란 단지 건물을 제외한 나무지 바깥쪽 공간이 아니라 보다 적극적으로 구성하고 인접하는 건물과의 관계를 중요시한다는 입장에서 비롯된 개념이다.

② 건축의 외부 공간은 자연과 확연히 구별되는 어느 정도의 폐쇄된 공간이 필요하다. 실제의 외부 공간 설계는 외부 공간의 높이와 거리의 관계(D/H)등의 이론이 적용된다.

㉮ D/H=0.25, (76°) : 구축물로서의 존재가 강조된다.

㉯ D/H=1, (45°) : 세부가 보인다.

㉰ D/H=2, (27°) : 전체의 형태가 확실히 보인다.

㉱ D/H=3, (18°) : 건물의 배경을 포함하여 동등하게 파악된다.

㉲ D/H=4, (14°) : 건물은 환경의 일부가 된다.

6. 공간의 지각

(1) 게슈탈트(Gestalt)의 원리

1) 개념

① 게슈탈트라는 말은 전체 형태 또는 형을 의미하고 조직이라는 용어를 암시한다.

② Gestalt는 구체적인 개체(individual)의 의미로 특징적인 실재(enticy)의 의미를 지니며, 분리된 사물로 존재하고 그 속성의 하나로서 현상이나 형태를 가진다.

③ Gestalt는 조직화의 산물이며 조직화를 유도하는 과정인데 게슈탈트 심리학은 20C 초 연상 심리학의 요소주의 이론에 반대하여 생겨났다.

(2) 형태의 지각심리(게슈탈트의 지각심리; Gestalt Law)

① 접근성(Factor Of Proximity)

근접한 것끼리의 짝지어지는 법칙으로 보다 더 가까이 있는 두개 또는 그 이상의 요소들(시각 요소)이 패턴이나 그룹으로 보여질 가능성이 크다.

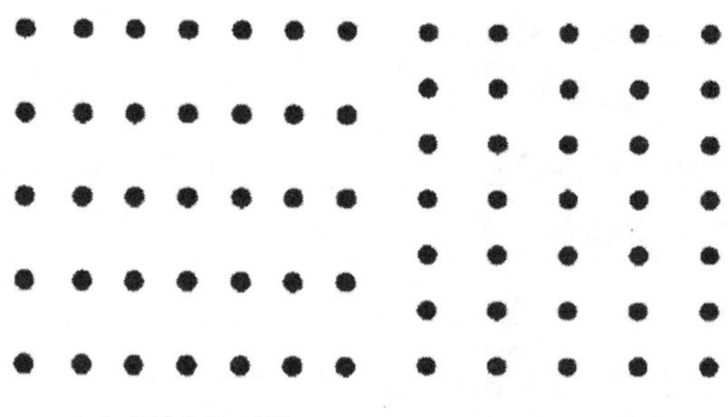

(a) 수평으로 지각 (b) 수직으로 지각

② 유사성(Factor Of Similarity)

㉮ 유동의 법칙이라고도 하며 형태, 규모, 색채, 질감 등에 있어서 유사한 시각적 요소들이 연관되어 보이는 경향이 있다.

㉯ 유사성은 접근성보다 지각의 Grouping에 있어 보다 강하게 나타난다.

그림 10 유사성

③ 연속성

유사한 배열이 하나의 묶음으로 되는 것(예 : 영화는 시각적 이미지의 연속 장면)으로 공동운명의 법칙이라고도 한다.

가장 적은 수의 장애물을 요구하는 시각적 요소들은 연속적 직선이나 곡선을 형성하기 위해 그룹 지워질 것이다.

그림 11 연속성

④ 폐쇄성

시각의 요소들이 어떤 것을 형성하는 것을 허용하는 것으로 폐쇄된 원형이 묶여지는 성질

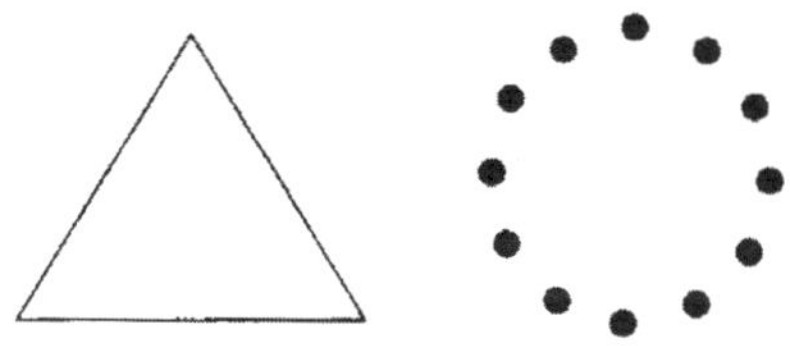

그림 12 폐쇄성

※ 시각적 요소들의 근접성과 유사성은 시각적 평형 즉 균형과 폐쇄를 이루기 위해 찾게 되는 삼각형과 원에 대한 지각을 용이하게 하기 위해 중요하다.

⑤ 단순화 : 어떤 형태를 접했을 때 복잡한 형태보다는 단순한 형태로 지각하려는 심리

8개의 점을 사각형이 교차한 별모양의 정점으로 보기보다는 원주상에 늘어놓은 점으로 본다.

(3) 도형과 배경의 법칙

① 형태 시·지각에 있어서 Gestalt 요인들을 시각 형태에 매우 중요한 의미를 지니게 되며, 1915년 루빈의 반전도형에서 떠오르는 형태를 그림(figure), 배경이 되어 후퇴한 부분을 바탕(ground)이라 생각된다.

② 도형과 배경 간의 우선 조건을 보면 다음과 같다.

㉮ 도형은 통합된 형태를 가지나 배경은 그렇지 못하다.

㉯ 도형은 떠오르고 배경은 가라앉는다.

㉰ 도형은 작은 쪽이며 배경은 큰 쪽이다.

㉱ 도형은 인상이 강하며 기억하기 쉽고 의미적이다.

그림 13 루빈의 항아리

(4) 착시 현상(Optical illusion, Hallucination)

① 인간의 눈은 정도(精度)를 자랑하였으나 그 눈이 잘못 보는 경우가 있다. 정상적인 시력을 갖고서도 있는 그대로를 보지 못하는 현상을 착시라고 한다.

② 여기에는 각도·방향의 착시, 만곡착시(湾曲錯視), 크기의 착시, 다의도형(多義圖形, 두 종류 이상 도형으로 읽혀지는 경우), 모순도형(矛盾圖形, 펜로즈의 삼각형이 그 예) 등이 있으나, 이러한 착시의 요인은 다양하여 아직 통일적인 이론이 확립되어 있지 않다. 파르테논에서의 시각적 교정과 엔터시스 등은 지각의 착시를 역이용한 예이다.

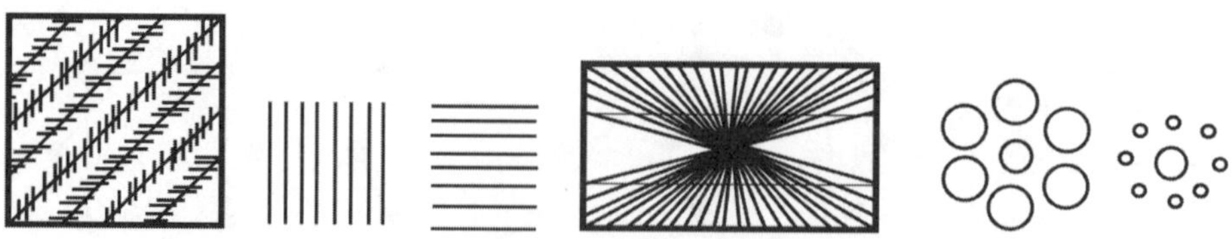

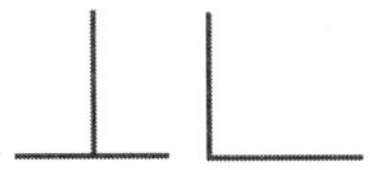
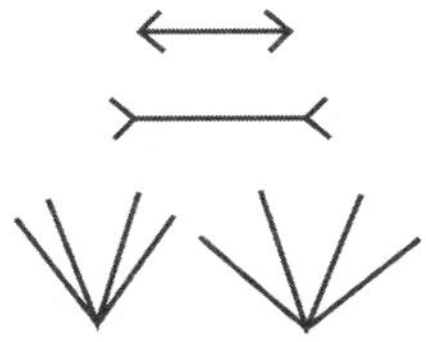

(5) 지각의 항상성(Constancy)

① 자극 조건이 변화하여도 생물체는 사물 자체의 성질이 그다지 변화하지 않은 채로 지각하며, 그렇기 때문에 사물의 성질을 잘 파악할 수 있다는 것을 지각의 항상성(恒常性, constancy)이라 한다.

② 예를 들어 원근법으로 그려진 도형 위에 똑같은 크기로 그려진 3개의 원통형의 경우 먼 것일수록 크게 보이는 현상이 이에 해당된다.

(6) 원근법(遠近法, Perspective)

① 르네상스에 알베르티 등에 의해서 완성된 투시도는 단지 회화의 수법만이 아니라 서구 건축의 중요한 공간 개념으로 발전되어 온 것으로서, 주로 선원근법(線遠近法)에 의한 입체감의 효과가 건축에 이용되어 왔다.

② 예를 들어 깊이 방향으로 열주(列柱)의 간격을 짧게 하여 공간의 깊이를 더한 산타 마리아 노벨라나 베르니니의 스칼라 레지아 계단, 팔라디오의 테아트로 올림피코의 무대 배경이 그것이다.

③ 원근법적인 효과를 나타낸 예는 캄피돌리오 광장, 산 마르코 광장 등의 외부 공간에서도 볼 수 있으며, 로마의 성 베드로 광장은 그 대표적인 예이다.

7. 건축 형태의 유형 및 구성 원리

(1) 건축 형태의 유형

1) 중심형(中心型)

① 기하학적인 주공간을 위주로 하여 2차적인 단위가 규칙적으로 또는 크기와 형상이 리듬을 가지며 부가되는 형태

② 이 경우 중심형의 건물은 닫혀진 성질로서 중심을 집중하는 힘을 표현하며, 주위로부터 분리되어 독립적인 상징성·기념성을 나타낸다.

2) 선형(線型)

① 축(axis)을 따라 형태 또는 공간 단위가 반복적으로 부가되는 유형

② 이 유형은 지형이나 전망 등의 대지 조건에 따라 분절되거나 곡선으로 변형되기도 하며 성장에 쉽게 대응된다.

3) 방사형(放射型)

① 중심형에 밖을 향하는 몇 개의 선형 요소가 결합된 것

② 중심의 핵을 기하학적인 형태를 갖지만 방사상의 선형 요소는 대지나 기능적 조건에 따라 변화될 수 있으므로 회전운동의 동적인 패턴이 표현된다.

4) 군집형(群集型)

① 공통적인 시각적 특성을 가진 공간 또는 형태 요소가 근접성(proximity)에 의하여 결합된 유형으로서 중심형처럼 긴밀하지 않기 때문에 성장과 변화에 융통성이 있다.

② 군집형은 건물의 중심점이나 그것을 관통하는 통로에 따라 배열되기도 하며, 대칭과 축에 의하여 통일성이 강조될 수 있다.

5) 격자형(格子型)

① 일정한 모듈이 3차원적으로 확장된 유형으로서 서로 다른 크기와 기능을 가진 공간이 규칙성과 연속성을 가질 수 있다.

② 기둥과 보의 구조 방식으로 결정되는 이 유형은 격자의 일부를 삭제하거나 서로 다른 방향의 격자를 중합시킴으로써 대지 조건에 대응될 수 있다.

표 2 건축 형태의 유형

유형	도해	실례
중심형	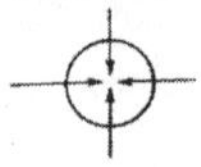	· Palladio의 Villa Capra(1567) · L. Kahn의 방글라데시 국회(1962)
선형		· A. Aalto의 MIT 기숙사(1948) · Le Corbusier의 선형공업도시계획
방사형		· A. Aalto의 파이마오 요양소(1933) · F. L. Wright의 F. Johnson 주택(1937)

유 형	도 해	실 례
군 집 형	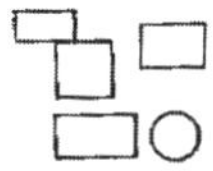	· Borromini의 S. Carlo alle Quattro fontane(1644) · L. Kahn의 Salk 생물학 연구소 집회장(1965)
격 자 형	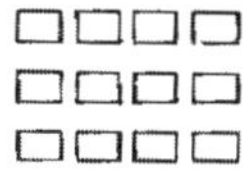	· Mies van der Rohe의 바르셀로나 독일관(1929) · Le Corbusier의 Shodhan 주택(1956)

(2) 건축 구성의 원리

건축 구성의 원리로는 연결시키는 과정으로서 부가(additive)와 중합(overlapping), 감소시키는 과정으로써 분할(division)과 삭제(substractive) 등 4가지가 있다. 이들은 각각 건물과 건물군, 건물의 부분 등 서로 다른 크기에 대하여 적용될 수 있다.

1) 연결(連結)

① 완결된 형태를 가진 독립된 요소의 윤곽을 유지하면서 보다 큰 전체로 구성되는 수법이다.

② 고전주의 건축의 오더를 구성하는 각 부분이 그 대표적인 예이며, A. Aalto의 MIT 기숙사 등에서 볼 수 있다.

2) 중합(重合)

① 공간 단위의 독립성은 연결과 같이 그대로 유지되면서도 서로 융합・변형됨으로써 새로운 공간의 성질을 만들어 내는 수법이다.

② 공간과 형태의 단위가 서로 겹치면서 전체의 패턴을 구성하는 과정이다.

3) 분할(分割)

① 하나의 정해진 전체적인 공간을 나누어 보다 작은 공간의 집합을 얻는 수법이다.

② 이때 구성 요소는 독립적인 성격을 잃고 분절된다.

4) 삭제(削除)

기본적인 도형 또는 기하하적 입체의 일부를 제거하면서도 동시에 도형과 입체가 지니는 성질과 윤곽의 단순성을 유지시키는 수법이다.

8. 건물의 거주 후 평가(P.O.E : Post Occupancy Evaluation)

(1) 개념

거주 후 평가란 건축물이 완공된 후 사용 중인 건축물이 본래의 기능을 제대로 수행하고 있는지의 여부를 인터뷰, 현지답사, 관찰 및 기타 방법들을 이용하여 거주 후 사용자들의 반응을 진단·연구하는 과정을 말한다.

(2) 목적

① 유사 건물의 건축 계획에 직접적인 지침이 된다.

② 앞으로의 건축 계획 및 평가에 필요한 정보를 제공한다.

③ 후에 건물을 개조할 때 좋은 지침이 된다.

(3) 평가 요소

① 환경 장치 : 거주 후 평가의 직접적인 대상이 되는 물리적 환경을 말한다.

② 사용자 : 건축 환경과 인간의 요구와의 상호 관계를 평가하기 위한 실제 사용자 그룹을 정의하는 것으로 거주자가 실제 그 곳에서 무엇을 하는지 알아야 한다.

③ 주변 환경 : 그 지역의 기후, 공기 오염도, 교통, 하수도, 문화시설 등 환경장치에 영향을 미치는 주변의 맥락을 말한다.

④ 디자인 활동 : 건축주, 사용자, 재정가, 전문위원, 공무원 등 여러 가지 방식으로 디자인 활동에 참여하여 그들의 가치, 태도, 선호도 등을 디자인 과정에 반영하는 것을 말한다.

(4) 평가 과정

① 핵심 문제의 정의 : 관련되는 요소들 간의 상호 연관성에 따라 개념화한다.

② 확대 시스템의 파악 : 사회·역사적 맥락, 인접 환경, 디자인 과정 등 환경과 사용자 두 요소에 영향을 미치는 내용을 파악한다.

③ 평가 방법의 결정 : 적절한 시기 및 대상의 선정, 정량적 정성적인 정보 수집 방법, 평가 내용 등의 연구 방법을 결정한다.

④ 자료 분석 방법의 결정 : 자료들 간의 상호 관련성과 구조에 대한 철저한 이해가 필수적이며 그러한 이해가 결여될 경우 중요한 오류를 범하게 된다.

⑤ 정보의 feed back : 모든 정보는 디자이너, 정책 입안자, 건설업자, 건축주 등 디자

인 과정에 관련되는 모든 사람들이 이용할 수 있어야 한다.(완성된 디자인의 적용 및 수정)

(5) 평가 방법

① 객관적 평가 : 물리적 계측기나 계산에 의해 객관적 측정을 한다.

② 주관적 평가 : 주관적 심리 요소를 평가하여 이를 객관화 시킨다.

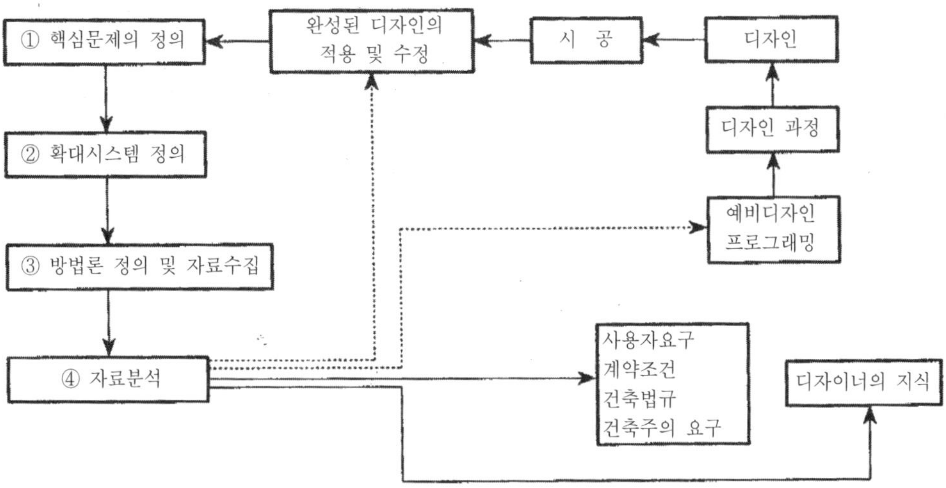

그림 14 평가과정표

9. 현대 건축에서의 Total Design의 필요성

(1) 기본적 개념

① 건물의 세부 설계에서 시공에 이르기까지의 건축 행위에 필요로 하는 구체적인 design 방법과 공사기간 중 건축가가 제공하는 모든 봉사 활동을 의미한다.

② 기능+시각적 요소+심리적 요인 = total design

③ "현대인은 직선에 지쳐 있다"라는 말을 듣는데 이는 사회 구조의 전산화, mechanism 등 속에서 심한 정확성을 강요받고 있으므로 인간성의 상실과 그 유사성에 있다고 할 수 있다. 따라서 현대 건축에서의 total design의 의미는 인간의 기본적 요구에 사회적 요구를 충족하여 전체 환경의 창조에 있다고 할 수 있다.

(2) Total Design의 필요성에 대한 실례

① 선(線)

㉮ 수직선 : 권위, 엄숙 - 관청, 은행

㉯ 수평선 : 평화, 친근 - 아파트, 백화점, 전시장

② arch, dome, 원형 기둥의 도입

③ Illusion(시각적 착각)의 도입

㉮ entasis : 기둥의 착시 보정

㉯ camber(휨) : beam(보)의 deflection(편차·편향)과 심리적인 deflection의 보정

㉰ 충고 - 착시 현상의 보정 : 1층은 다소 높게 한다.

- 건물의 권위성, 엄숙성 등 건물 성격 부여
- 경제성, 자연환기, 공조(기능적, 경제적)

④ 자연공간의 건물 내부로의 연결 도입

유기적 공간 형성 - piloty 개념 도입

⑤ 내부 계단

내부에는 기능적인 면에 목적을 다했으나 오늘날에는 시각적 심리적인 면에서 공간 구성에 주요한 의미와 point가 되고 있다. 즉 하나의 공간 속에서 서로 인간이 공유하고 있고, 서로 움직이고 있다는 사실을 보고 확인한다는 것은 좋은 인간애를 느낄 수 있다.

[예] 백화점의 에스컬레이터 - 수송 능력이 엘리베이터의 약 10배

- 매장 진열 효과의 극대화

⑥ 전시장의 평면 동선

주방에서의 주방 가구 배치는 시계바늘 방향 배치이나 전시장은 인간의 심리상 오른쪽에서 왼쪽을 보고자 하는 심리를 이용한, 우에서 좌로 방향 배치가 이루어지고 있다.

⑦ 색채 심리

㉮ 병원

- 녹색 계통의 이용
- 흰색은 인간의 심리적인 면에서 허무를 느낀다고 분석되고 있다.

10. 컴퓨터를 이용한 건축설계(CAD)

(1) CAD의 적용 분야

① 문제의 해결을 위한 산출 시스템

② 입체감 파악을 위한 3차원 모델링과 애니메이션

③ 분위기 파악을 위한 투시도 및 표현 도면

④ 치수나 형태를 나타낸 실시 도면과 시방서

⑤ 디자인 대안의 분석 및 평가를 위한 시뮬레이션

(2) 도형의 처리

① 기본 도형(primitive)

② 그룹(group)

③ 레이어(layer)

④ 라이브러리(library)

⑤ 변환

(3) 3차원 모델링(Modelling)

① 와이어 프레임 모델링(wire-frame modelling)

꼭지점과 모서리, 즉 능선, 윤곽선, 교선 등 형상의 특징선을 사용하여 모델을 표시하는 방식

㉮ 특성

㉠ 형상을 점과 점을 연결하는 직선과 2차 곡선에 의해서만 표시하게 되므로 정밀도가 떨어지고 곡면이나 입체 내부의 식별이 불가능하다.

㉡ 모델이 간단하고 계산량이 적다.

㉢ 조작이 간편하다.

② 서피스 모델링(surface modelling)

모델의 표면을 와이어 프레임으로 분할한 다음 각각의 분할 표면을 원통면이나 구면 등의 간단한 곡면으로 간주하여 이들의 집합으로 해석하는 방식

㉮ 특성

㉠ 와이어 프레임 모델링과 솔리드 모델링을 중간적 성격을 지닌다.

㉡ 건축 디자인에서 가장 많이 이용하는 방식이다.

③ 솔리드 모델링(solid modelling)

셀 또는 기본 도형으로 불리는 구, 원주, 삼각추 등의 입체 요소들을 결합하여 모델을 구성하는 방식으로 실물과 가장 근접하는 컴퓨터의 모델 구축이 가능한 방식

㉮ 방식

㉠ CGS(Constructive Solid Geometry) : 입체 요소의 조합에 의하여 모델을 표시한다.

㉡ B-Reps(Boundary Representation) : 경계가 닫힌 서피스의 조합에 의하여 모델을 구성한다.

① 와이어 프레임 모델 ② 서피스 모델 ③ 솔리드 모델

그림 15 3차원 모델

(4) 컴퓨터를 이용한 설계 단계

① 기획설계 단계

설계하고자 하는 건축물에 대한 설계 자료의 수집과 예정 부지를 분석한 후 관련되는 주요 건축 법규를 검색하여 건축이 가능한 최대 규모 및 적정 규모를 산정하며 개략 공사비를 추출해 내는 등의 업무가 이루어지는 가장 기초에 해당하는 단계

② 기본설계 단계

설계안이 확정되어 보다 구체적이고 여러 가지 기술적인 검토와 분석이 이뤄지면서 각종 도면이 작성되는 단계

③ 실시설계 단계

주로 확정된 설계안을 도면으로 표현해 내는 도면 작성 작업과 물량 산출 작업 단계

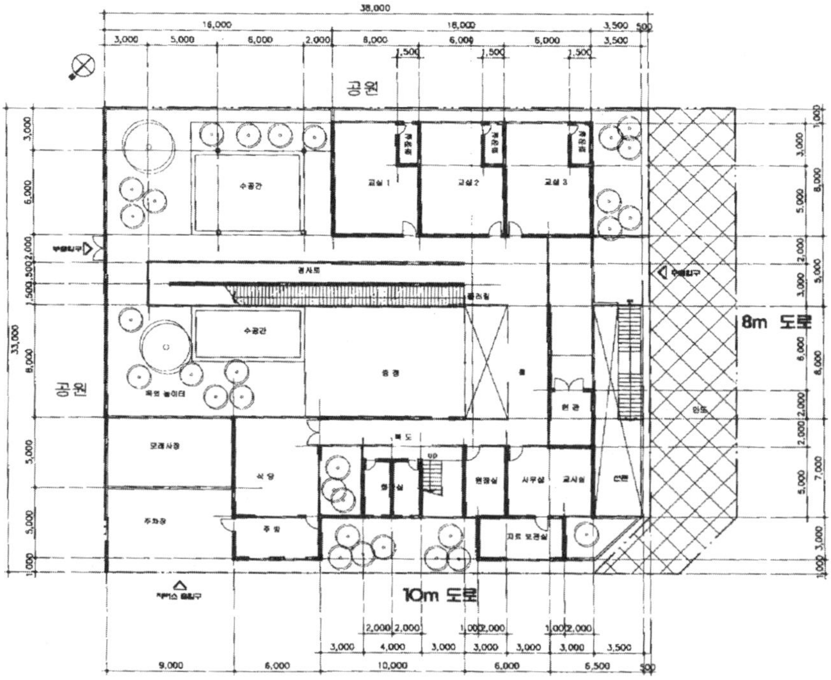

대지면적	1,246M² (377평)	
건폐율	51.60%	
용적율	85.3%	
연면적	969.50M²(293평)	
1층	교실	144
	식당	42
	원장실	16
	교사실	16
	사무실	16
	자료보관실	18
	식당	42
	주방	18
	현관홀	90
	화장실 원생용	교실면적에 포함
	화장실 교사/방문객용	16
	복도	43
	계단	12
	경사로	66
	계	549.5
2층	강당	96
	놀이실	53.5
	유희장	23.5
	시청각실	23.5
	도서실	23.5
	수면실	24
	양호실	16
	수납/창고	12
	홀	46
	복도	106
	화장실 원생용	46
	화장실 교사/방문객용	16
	계	420
합계	969.50	

그림 16 컴퓨터를 이용한 설계도면의 예

제 1 장 총론 익 힘 문 제

1. 건축의 3대 요소를 들고, 간단히 설명하라.
2. 건축계획의 원리에 대하여 간단히 설명하라.
3. 건축계획의 결정과정을 설명하라.
4. 건축물을 만드는 과정에서의 설계진행법은?
5. 모듈(module)이란?
6. 건축 척도의 조정(M.C, Modular Coordination)이란?
7. 건축의 모듈러 코디네이션(modular coordination)의 개념, 목적, 장단점에 대하여 설명하라.
8. 건물의 계획시 모듈을 설정하여 척도를 조정함으로써 얻게 되는 잇점은?
9. 인체의 치수를 기본으로 해서 황금비를 적용, 전개하고 여기서 등차적 배수를 더한 모듈러(Modulor)라고 하는 설계단위를 설정한 근대 건축가의 이름과 작품의 예를 들어라.
10. 르 코르뷔지에의 모듈라(modular)에 대하여 설명하라.
11. 르 코르뷔지에의 신건축 5가지 특징은?
12. 모듈(module)이 필요한 건축물은?
13. 건축의 공장생산화(prefabrication)에 대하여 설명하라.
14. Gestalt의 법칙(Gestalt Law)에 대하여 설명하라.
15. 건축 형태의 유형은?
16. 건축 구성의 원리는?
17. POE란 무엇인가?
18. 건물의 거주 후 평가(P.O.E : Post Occupancy Evaluation)에 대한 다음 내용을 간단히 설명하라.
    ① 개념
    ② 평가요소
    ③ 평가과정
19. 현대 건축에서의 Total Design의 개념은?
20. 건축계획시 적정규모의 산정방식은?
21. 한국은행 본점 구관(舊館)은 어느 양식의 건물인가?
22. 해방 후 한국건축계는 일제강점기의 타율적 근대화의 시기에서 자립해야 하는 과제를 안게 되었다. 당시 다양한 사무소 중 다른 건축가들과는 달리 구조기술을 익힌 후에 건축설계를 수행한 구조사(構造社) 건축기술연구소를 개소한 사람이 있었다. 이 건축가의 이름과 업적을 간단히 설명하라.

제2장

주거건축

1. 단독주택
2. 단지계획(site planning)
3. 공동주택

익힘문제

제2장 주거건축

1. 단독주택

(1) 개요

1) 주택의 의의

① 본질적 분야

㉮ 1차적 욕구(육체적인 욕구에 대한 생활) : 휴식, 취침, 배설, 영양 섭취, 생식 등

㉯ 2차적 욕구(정신적인 욕구에 대한 생활) : 사교, 단란, 독서, 유희 등

② 부대적 분야

간접적으로 위의 생활을 보조 : 부엌, 변소, 욕실, 가사 작업 공간

2) 주거의 기능

① 자연, 위험 등 외부로부터의 보호 기능

② 생업 장소로서의 기능

③ 가정 교육의 기능

④ 휴식처로서의 기능

⑤ 주생활 속에서 의식주를 위한 가사노동 장소의 기능

3) 새로운 주거 계획의 기본 방향

① 계획의 기본 목표

㉮ 생활의 쾌적함을 증대 시킨다 : 인간 본래의 생활을 되찾는 방향의 요구

㉯ 가사 노동을 경감하고 주거의 단순화를 꾀한다 : 주부의 가사 노동 경감의 방향 요구

㉠ 필요 이상의 주거를 지양하며, 청소 등의 노력을 절감할 것

㉡ 평면에서의 주부의 동선을 단축시킬 것

㉢ 능률이 좋은 부엌시설이나 가사실을 갖출 것

㉣ 주거설비를 현대화, 기계화 할 것

㉰ 가족 본위의 주거로 계획한다.(가장 중심에서 주부 중심으로 전환)

㉣ 개인 생활의 프라이버시를 확립한다.

㉤ 활동성의 증대를 위한 의자식 생활을 도입한다.(좌식 · 의자식을 혼용한다.)

② 구조 기본 목표

㉮ 내구성과 유동성을 고려한다.

㉯ 건축의 양산화(prefabrication)를 도입하여 공기 단축 및 공사비 절감 등을 고려한다.

㉰ M.C(Modular Coordination) 생산 방식을 도입한다 : 모듈을 이용한 치수 조정을 함으로써 건축 부품의 공업화가 되기 쉽고 대량 생산이 가능하다.

※ M.C의 특징

㉠ 설계 작업이 단순화되고 간편하다.

㉡ 대량 생산이 용이하고 공비(cost)가 절감된다.

㉢ 현장 작업이 단순해지고 공기가 단축된다.

㉣ 동일한 형태가 집단을 이루는 경향이 있으므로 단조로울 우려와 건축 배색에 신중을 기해야 한다.

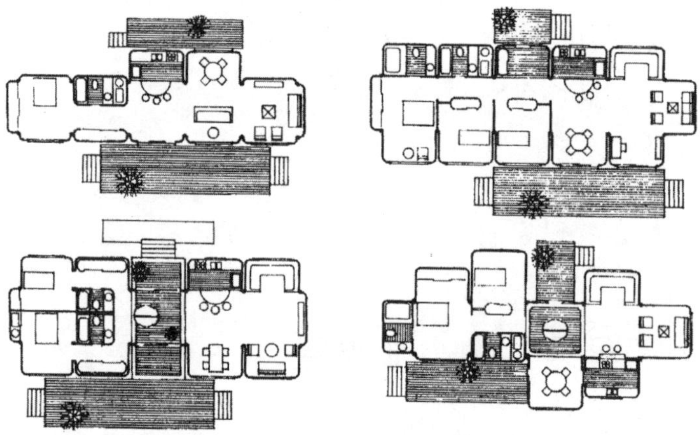

그림 1 모듈의 단위를 이용한 주택 평면계획의 사례

4) 주생활 수준의 기준

주생활 수준의 기준은 1인당 주거 면적으로 나타내며, 주거 면적은 주택 연면적에서 공용부분(현관, 복도, 부엌, 유틸리티, 욕실, 화장실 등)을 제외한 순수 거주 면적으로 건축 면적의 50~60% 정도를 차지한다.

① 1인당 주거 면적

㉮ 숑바르 드 로브(chombard de lawve)의 기준(1950년)

㉠ 병리 기준 : 8m²/인 이하이면 거주자의 신체적 및 정신적인 건강에 나쁜 영향을 준다.

㉡ 한계 기준 : 14m²/인 이하이면 개인 및 가족적인 거주의 융통성을 보장할 수 없다.

㉢ 표준 기준 : 16m²/인 정도이면 적당한 거주 면적이므로 이 기준을 적극 추천하고 있다.

㉯ Frank Am Mein의 국제주거회의의 기준(1929년) : 15m²/인

㉰ UIOP(세계가족단체협회)의 코르노의 기준 : 16m²/인

(2) 분류

1) 집합 형식에 의한 분류

① 단독주택(가정보육시설, 공동생활가정 및 재가노인복지시설을 포함)

㉮ 단독주택

㉯ 다중주택 : 학생 또는 직장인 등의 다수인이 장기간 거주할 수 있는 구조로 된 주택

㉰ 다가구주택 : 주택으로 쓰이는 층수가 3개층 이하이고, 주택으로 쓰이는 바닥면적의 합계가 660m² 이하이며 19세대 이하가 거주할 수 있는 주택

㉱ 공관

② 공동주택(가정보육시설, 공동생활가정 및 재가노인복지시설을 포함)

㉮ 아파트 : 주택으로 쓰이는 층수가 5개층 이상인 주택

㉯ 연립주택 : 4개층 이하로서 동당(棟當) 건축면적이 660m²를 초과하는 주택

㉰ 다세대주택 : 4개층 이하로서 동당(棟當) 건축면적이 660m² 이하인 주택

㉱ 기숙사 : 학교 또는 공장 등의 학생 또는 종업원 등을 위하여 사용되는 것으로서 공동취사 등을 할 수 있는 구조이되, 독립된 주거의 형태를 갖추지 아니한 것

2) 기능 및 사용 목적에 의한 분류

① 전용주택 : 주생활만을 위한 주택

② 병용주택 : 주생활의 목적과 기타 직업 생활의 목적을 겸한 주택(상점 병용주택, 공장 병용주택)

3) 지역에 따른 분류

① 도시주택 : 도시 내에 밀집하게 짓는 주택

② 농촌주택 : 농촌에 짓는 주택

③ 전원주택 : 전원 속의 넓은 대지에 짓는 주택

표 1 도시주택과 농촌주택의 특징 비교

구 분	도시주택	농촌주택
농작업의 공간 유무	주생활공간	주생활 공간, 농작업공간
대지의 규모와 활용	좁은 옥외공간	넓은 옥외공간
주변 환경의 차이	폐쇄적	전원적, 개방적
주거의식 수준의 차이	공동체 의식 낮음	공동체 의식 높음

4) 평면상의 분류

① 편복도형 : 각 실을 일렬로 배치해서 각 실의 한쪽 면에 복도를 배치한 형식

② 중복도형 : 건물의 중간에 복도를 배치하고 그 양쪽 면에 각 실을 배치한 형식

③ 회랑(廻廊) 복도형 : 여러 실의 외측에 복도를 환상형으로 배치한 형식

④ 중앙 홀형 : 복도를 설치하지 아니하고 공용의 홀로부터 각 실로 접속하는 형식

⑤ 중정(中井)형(patio, courtyard, atrium) : 건물의 내부에 중정을 두는 형식

⑥ 코어(core)형 : 건축에서 평면, 구조, 설비의 관점에서 건물의 일부분이 어떤 집약된 핵적 형태로 존재하는 것을 의미하며, 코어형에는 평면적 코어, 구조적 코어, 설비적 코어가 있다.

⑦ 일실형(one room system : 주택 전체를 하나의 공간에 포함시켜 각 실을 독립된 구획공간으로 하지 않는 형으로 실내부에 고도의 설비와 짜임새 있는 내용이 요구된다.

⑧ 분리형 : 생활 내용에 따라 공간을 분리하는 형식으로 생활의 효율을 높이고, 주거환경을 좋게 하기 위한 목적에서 나온 형이다.

5) 입면상의 분류

① 단층형(單層型) : 1층 건물로서 땅에 접해 있고 직접 옥외로의 출입이 가능한 공간의 자유성이 있다.

② 중층형(重層型) : 2층 이하의 건물로서 부지 면적에 제약이 있을 경우 취하게 되는 형식이다.

③ 취발형 : 한 건물 내에서 일부는 중층, 일부는 단층이 되는 형식이다.

④ 스킵 플로어형(skip floor type) : 부지 형태가 경사지일 경우 자연 지형에 따라 절토하지 않고, 주택을 세우면 실의 바닥 높이가 계단참 정도의 차이가 생겨 전면은 중층이 되고 후면은 단층이 되는 형식이다.

⑤ 필로티형 : 1층은 기둥만의 개방적인 공간으로 구성하고, 2층 이하에 여러 실을 설치하는 형식이다.

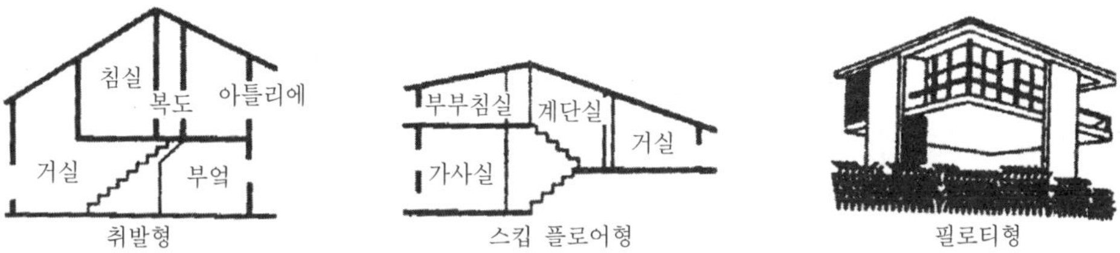

그림 2 주택의 단면형

6) 생활양식에 의한 분류

주생활의 양식은 크게 한식생활과 양식생활로 나눌 수 있다.

① 한식주택 : 우리나라의 전통적 생활양식에 적합한 주택(좌식 생활양식이고 구조는 목구조)

② 양식주택 : 서구식 생활양식에 적합한 주택(입식 생활양식, 현대식 주택이라고도 지칭)

표 2 한식주택과 양식주택의 특징 비교

구 분	한 식	양 식
평면의 차이	① 방의 위치별 분화 ② 조합, 은폐적, 분산식 [예] 안방, 건넌방, 사랑방	① 방의 기능별 분화 ② 분화, 개방적, 집중식 [예] 거실, 식당, 침실 등
구조의 차이	① 목조 가구식(가연성 구조) ② 바닥이 높고, 개구부가 크다.(자연	① 벽돌 조적식(난연성 구조) ② 바닥이 낮고 창이 작다.

	환경의 영향)	
관습의 차이	좌식생활 : 온돌, 탈화	입식(의자식) 생활 : 침대, 착화
용도의 차이	방의 혼합용도(사용인에 따라 용도가 달라진다.)	방의 단일용도(침실, 공부방)
가구의 차이	가구는 부차적 존재(가구와 관계없이 각, 소요실의 크기와 설비가 결정)	가구는 주요한 내용물(가구의 종류와 형태에 따라 실의 크기와 폭의 비가 결정)
공간의 융통성	높음(실기능의 혼재)	낮음(실기능의 독립)
공간의 독립성	약함(문으로 공간구획)	강함(벽으로 공간구획)
난방 방식	바닥의 복사난방(방마다 개별 설치)	대류 난방(한 곳에서 집중관리)

※ 우리나라에서는 대부분 한식과 양식을 절충한 주택에서 생활하고 있다.

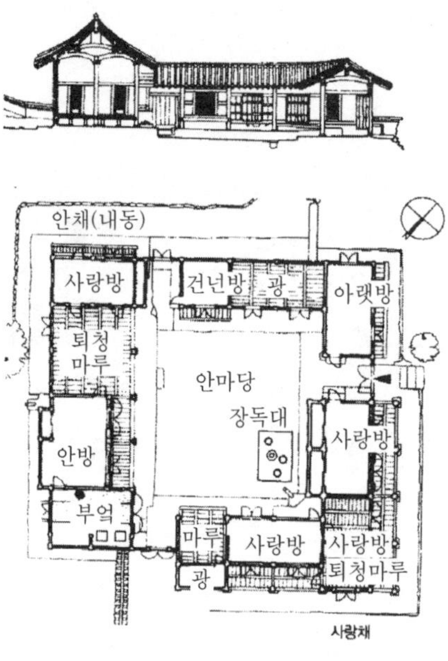

그림 3 한식주택의 예

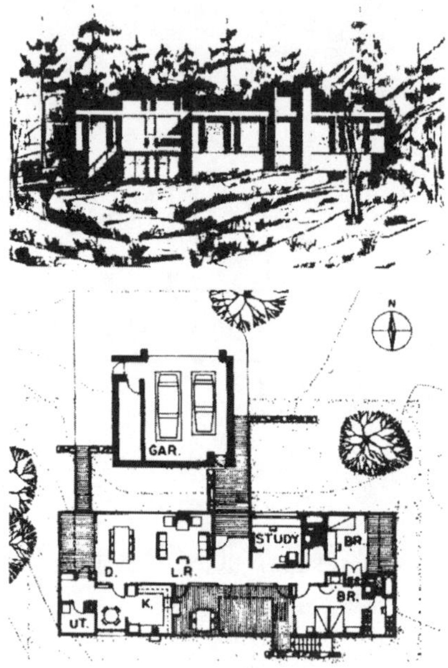

그림 4 양식주택의 예

(3) 대지의 선정 및 배치계획

1) 대지의 선정 조건

주택 대지의 선정 조건은 건축의 형태에 결정적인 요인이 되는 수가 많다. 따라서, 주택의 대지는 다음과 같은 자연적 조건과 사회적인 조건을 구비하는 것이 바람직하다.

① 자연적 조건

㉮ 일조 및 통풍이 양호한 곳

㉯ 전망(view)이 좋고 공기가 신선한 곳

㉰ 습기가 적고 배수가 잘 되는 곳

㉱ 재해의 염려가 없는 곳이어야 하고 지반이 견고한 곳

㉲ 조용하고 양호한 환경이 유지될 수 있는 곳

㉳ 대지의 형태 : 정사각형이나 직사각형에 가까운 것이 좋다.

㉴ 대지의 면적 : 건축면적의 3~5배 정도

㉵ 경사지에서의 구배 : 1/10 정도까지는 무난하나, 북쪽으로 기울어진 부지는 불리하다.

㉶ 대지가 작을 때는 동서로 긴 것이 좋고, 큰 경우는 남북으로 긴 것이 좋다.

② 사회적 조건

㉮ 교통이 편리하고 통학, 통근, 가족의 사회적 활동이 편리한 곳

㉯ 교통이 번잡하지 않고 소음·공해가 없는 곳이어야 하며, 도로의 방향도 검토해야 한다.

㉰ 위험물을 취급하는 시설이나 풍기상 좋지 않는 시설이 근처에 없는 곳

㉱ 도시의 제반 시설이 이용이 편리한 곳(상·하수도, 전기, 전화, 도시가스 등)

㉲ 공공시설, 학교, 의료시설, 도서관, 공원, 구매시설 등의 이용이 편리한 곳

㉳ 기타 법규적 조건에 적합한 곳 : 일반주거지역, 준주거지역, 전용주거지역

2) 배치계획시 고려사항

① 남북간의 인동간격 : 일조 및 채광

㉮ 일조 : 동지 때를 기준으로 하여 최소 4시간 이상(6시간이 이상적)으로서 주택의 인동간격을 결정하는 중요 요소이다.

㉠ 일조 확보를 위해서 남쪽 공지가 필요하며, 전면 건물 높이의 2배 이상 띄워서 배치한다.

㉡ 남쪽으로 배치를 못할 경우에는 동쪽으로 18°, 서쪽으로 16° 이내에 배치한다.

㉯ 채광

② 동서간(측면)의 인동간격 : 방화 및 통풍

㉮ 통풍 : 대지에 대한 주풍향을 고려

㉯ 방화 : 연소방지상 최소 6m 이상

③ 정원과 건물과의 면적비의 균형

④ 옥외 가사 작업 공간(utility area)의 고려

⑤ 장래의 확장에 따른 증축 문제 고려

⑥ 현관과 대문의 관계 및 출입에 대한 고려

⑦ 차고와 현관과 도로와의 관계를 고려하며, 주차에 대한 검토가 필요

⑧ 기타 건축법규 사항(건폐율, 용적률, 인지경계선 등)을 고려

학습 포인트

▶ 건물별 방위에 따른 향의 배치
- 주택 : 남향(일조 및 채광)
- 학교의 생물교실 : 남면 1층
- 학교의 미술교실 : 북향(실내의 균일 조도)
- 미술관 : 인공조명과 자연채광(천창)
- 공장의 톱날지붕 : 균일한 실내 조도 확보
- 공장의 솟음지붕 : 채광 및 환기에 적합
- 호텔 : 중복도형(전망 고려)

▶ 북향 : 균일한 실내 조도 확보
- 상점 : 귀금속점
- 학교의 미술교실
- 학교의 제도교실
- 병원 - 안과, 치과, 이비인후과
  - 수술부, 검사부, 혈액은행
- 미술관 : 정광창 형식, 고측광창 형식
- 공장 : 톱날지붕
- 정밀기계공장, 방직공장
- 아틀리에

(4) 평면계획

평면계획이란 생활 내용에 따라 여러 가지 성격의 공간들을 어떤 식으로 분리시키고 통합시켜서 주생활의 요구를 충족시킬 수 있도록 각 실의 배치를 결정할 것인가 하는 작업을 말한다. 주택의 평면계획은 실의 배치문제에 앞서 가족 구성원의 생활행위를 파악하고 조직화하여 각각의 생활기능에 따른 적합한 생활공간을 배치계획과 제반 여러 조건에 관련하여 종합적으로 계획하여야 한다.

1) 주택 공간의 조닝(Zoning)

주거생활공간을 내용 · 성격 · 기능 등 다각도의 견지에서 구분 정리하여 이들 공간

상호간의 관련성이나 일조・통풍 등의 방위적 조건도 포함하여 위치를 정하고 건축공간화를 꾀하는 것을 조닝(Zoning)이라고 한다.

① 생활공간에 의한 분류

㉮ 단란 생활공간 : 거실, 식사실, 가족실

㉯ 개인 생활공간 : 부부 침실, 노인실, 자녀실

㉰ 가사노동 공간 : 주방, 가사실

㉱ 보건・위생 공간 : 욕실, 화장실

② 사용 시가별 분류

㉮ 낮에 사용되는 공간 : 거실, 식당, 부엌

㉯ 낮과 밤에 사용되는 공간 : 변소, 욕실

㉰ 밤에 사용되는 공간 : 침실

③ 주행동에 의한 분류

㉮ 주부의 생활 행동 : 요리, 세탁, 재봉, 유아 목욕 등

㉯ 주인의 생활 행동

㉰ 아동의 생활 행동

④ 지대별 계획

㉮ 구성원 본위가 유사한 것은 서로 접근시킨다.

㉯ 시간적 요소가 같은 것끼리 서로 접근시킨다.

㉰ 유사한 요소는 서로 공용시킨다.

㉱ 상호간의 요소가 다른 것은 서로 격리시킨다.

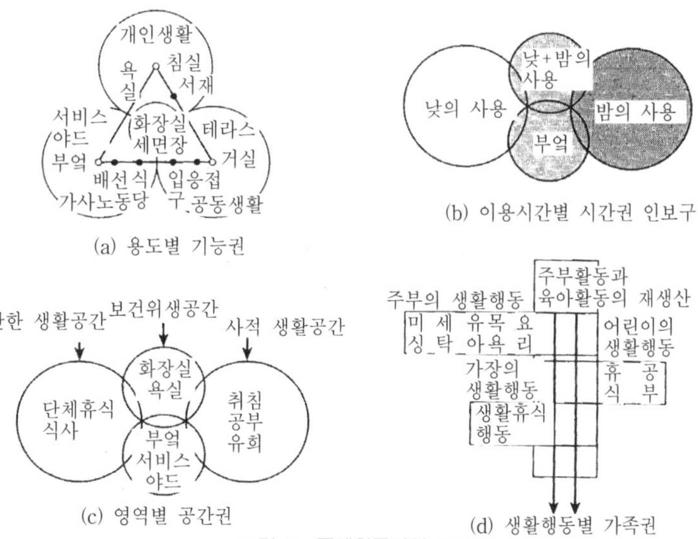

(a) 용도별 기능권

(b) 이용시간별 시간권 인보구

(c) 영역별 공간권

(d) 생활행동별 가족권

그림 5 주생활공간의 구분

2) 주택의 동선계획

동선은 사람이나 물건이 이동하면서 만든 궤적(軌跡)으로서 주택 내・외부의 일상생활의 움직임을 표시하는 선이다. 따라서 동선계획은 효율적이고 합리적으로 이루어지고, 그 움직임에 대응한 시설의 배치 등을 계획한다. 동선의 3요소는 속도(speed), 빈도(frequency), 하중(load)으로 이에 대한 건축공간적 배려가 필요하다.

① 동선의 3요소

㉮ 속도(speed)

㉯ 빈도(frequency)

㉰ 하중(load)

② 동선의 원칙

㉮ 동선은 가능한 한 굵고 짧게 한다.

㉯ 동선의 형은 가능한 한 단순하며 명쾌하게 한다.

㉰ 서로 다른 종류의 동선은 가능한 한 분리하고 필요 이상의 교차는 피한다.

㉱ 낮의 공간의 동선과 밤의 공간의 동선은 서로 분리한다.

㉲ 개인권, 노동권, 사회권은 서로 독립성을 유지하여야 한다.

㉳ 동선내 공간이 확보되어야 한다.

3) 방위의 성격에 따른 각 실의 배치

① 동쪽 : 오전 중에 햇볕이 실내 깊숙이 들어오고, 여름철에 유쾌한 열을 얻으며, 겨울철은 최대한의 열손실을 막는 이중 효과를 얻을 수 있다.

② 서쪽 : 계절적 변화가 크며, 오후에는 햇볕이 실내 깊숙이 들어와 여름철 오후에 열과 반사가 심하고, 깊은 일조를 받는다. 나무를 심은 것이 바람직하다.

③ 남쪽 : 집의 가장 좋은 면으로서 여름철의 태양은 높기 때문에 실내까지 깊이 빛이 들어오지 않으며, 겨울철은 깊은 일사로 따뜻하다. 블라인드와 지붕창이 햇빛 차단용으로 필요하다.

④ 북쪽 : 종일 햇볕이 비치지 않고 광선의 세기는 하루 종일 거의 일정하다. 겨울에는 찬 바람이 불며, 일광이 비추어도 매우 적으므로 충분한 일조를 위해서 큰 창문이 필요하다.

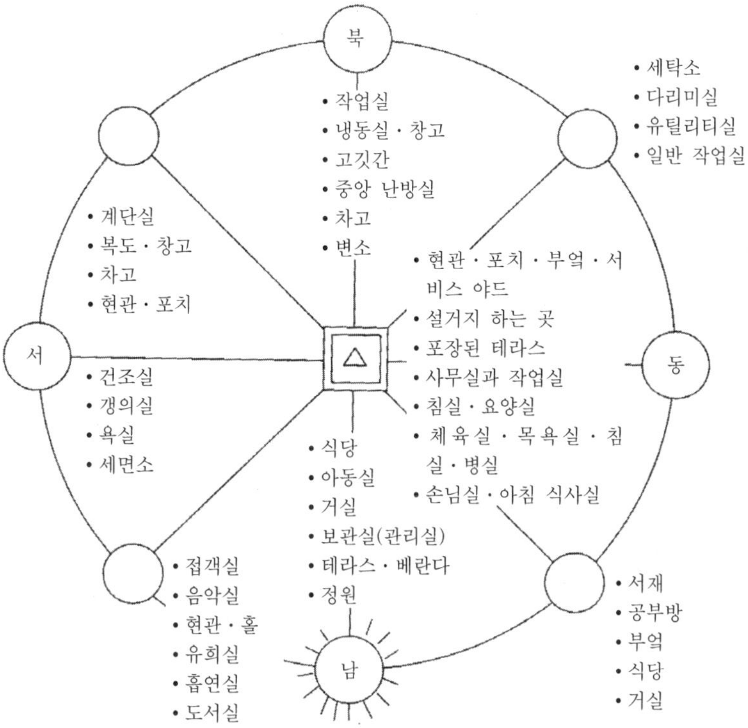

그림 6

4) 평면형식

① 편복도형

각 실을 한 방향으로 설치된 복도(대개 북쪽)에 따라 연결한 것이다. 각 실의 자연조건(일조, 통풍)은 균등히 좋으나 동선이나 건물의 길이가 길게 되며 외벽의 면적이 길어진다.

② 중복도형

복도의 양측에 실을 배치하는 것으로 동선의 길이가 줄어드나 모든 실을 좋은 방향으로 배치할 수는 없다.

③ 홀(hall)형

홀을 중심으로 그 주위에 각 실을 배치하는 형으로서 거실이 복도의 기능으로 흐를 염려가 있으나 면적을 집약적으로 계획할 수 있다.

④ 코어(core)형

건축에서 평면, 구조, 설비의 관점에서 건물의 일부분이 어떤 집약된 핵적 형태로 존재하는 것을 의미한다.

㉮ 평면적 코어 : 홀이나 계단 등을 건물의 중심적 위치에 집약하고 유효면적을 증대시키고자 하는 것

㉯ 구조적 코어 : 건물의 일부에 내진벽 등을 집약 배치하여 그 부분에서 건물 전체의 강도를 높이려는 것

㉰ 설비적 코어 : 부엌, 욕실, 화장실 등 설비 부분을 건물의 일부에 집약 배치시켜 설비관계 공사비를 감소시키려는 것

⑤ 중정형

건물의 한가운데에 정원을 두고 그 주위에 각 실을 배치하여 각 실이 중정을 향하게 하는 형식이다.

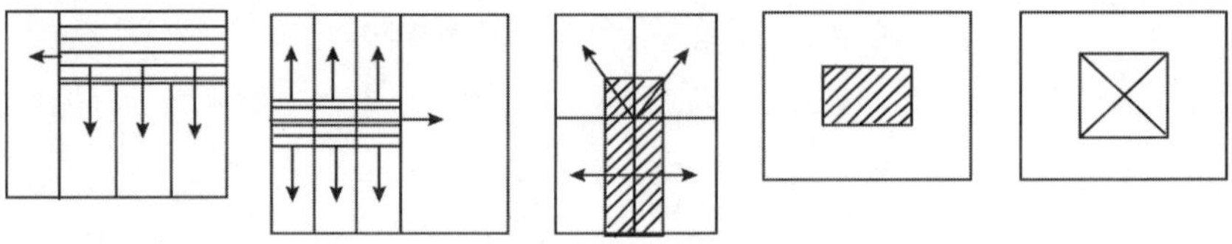

편복도형 중복도형 집중형 코어형 중정형

그림 7 주택의 평면 유형

(5) 세부계획

1) 거실(living room)

① 거실은 가족의 단란, 휴식, 접객 등이 이루어지는 곳이며, 취침 이외의 전 가족생활의 중심이 되는 다목적 공간으로 공용적 성격을 지니고 있는 공간이다.

② 거실의 위치

남향으로, 햇빛과 통풍이 좋고, 주거 중 다른 방의 중심적 위치이며, 침실과는 대칭된 위치가 좋다. 현관, 식사실, 부엌과 가깝고 햇빛이 잘 들며 전망이 좋은 곳이 좋다.

③ 평면계획상 거실의 위치

㉮ 중앙에 위치한 경우

일반적으로 가장 많이 이용하는 형태로 소규모 주택에 주로 사용하며, 거실의 안정된 조성이 어렵다.

㉯ 한쪽에 치우쳐 위치한 경우

정적인 공간과 동적인 공간의 분리가 비교적 이루어지며, 개인의 독립성 확

보 및 거실의 쾌적한 분위기 조성에 유리하다. 동선의 처리가 어렵고 통로면적의 증대가 우려되며, 통풍에 불리할 경우가 많다.

㉰ 층으로 구분하여 위치한 경우

정적인 공간과 동적인 공간을 층으로 구분하여 배치한 형태로 각 실의 기능을 충분히 충족시킬 수 있다. 소규모 주택에서는 선택하기 어려운 방식이다.

④ 거실의 크기

거실의 면적은 가족수와 가족의 구성 형태 및 거주자의 사회적 지위나 손님의 방문 빈도와 수 등을 고려하여 계획한다.

㉮ 면적 구성비 : 건축 연면적의 30% 정도

㉯ 그 실내 인원의 소요 면적으로 결정될 수만은 없다. 그 가족의 규모, 접객의 필요성, 가구의 크기와 사용상의 조건(TV, 스테레오, 슬라이드, 음악 감상 등)에 의해서 결정되어야 한다.

㉰ 일반적 규모는 1인당 4~6m^2이다. 5인용 소파와 TV를 시청할 수 있으며 식당을 겸할 수 있는 거실의 넓이는 최소한 16.5m^2(5평)가 적당하나 18~24m^2 정도면 더욱 바람직하다.(100m^2 내외의 주택에서는 약 20m^2가 필요하다.)

⑤ 가구

㉮ 가구 배치의 변화가 심한 곳이다.

㉯ TV를 설치할 때 화면과의 각도가 60° 이내가 되도록 의자를 배치한다.

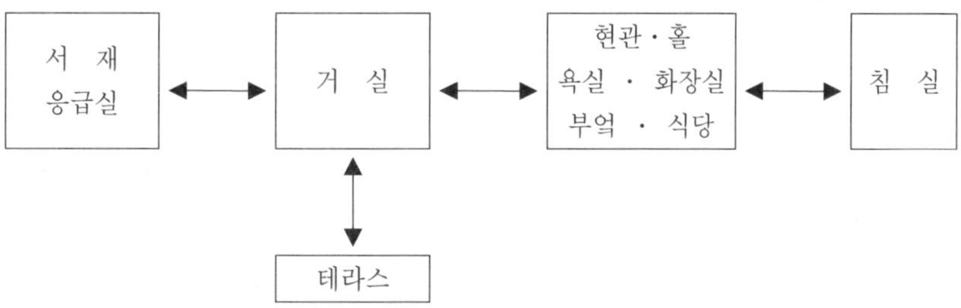

그림 8 거실과 타실과의 관계

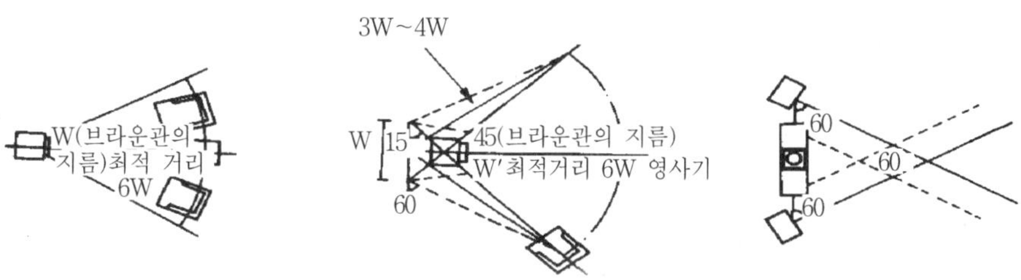

(a) TV시청에 적당한 거리 (b) TV,8mm영화 환등을 볼 수 있는 거리 (c) 스테레오를 들을 수 있는 거리

그림 9 거실에서 기구 사용에 따른 적정 거리

2) 식사실(dinning room)

① 식사실의 기능은 가족 전체의 식사를 위한 장소일 뿐만 아니라 식사 준비, 식사 중의 서비스, 식사 후 뒤처리 등 주부의 가사 작업의 장소인 동시에 식사 중이나 후에 가족 간의 담소 등이 행해지는 거실의 장소로도 이용된다.

② 보통 100m² 내외의 주택에서는 거실과 겸하거나(LD) 부엌과 겸하는 것(DK)이 좋다. 소형일 경우는 부엌과 직렬하고, 대형은 부엌과 식사실 사이에 배선실(pantry)을 가운데 두고 해치(hatch)나 출입구를 통해 공급한다.

③ 식사실의 크기는 가족수, 식사실 내 가구의 종류 및 크기 등에 의해 결정되나 4~5인 가족의 경우 최소한의 크기는 3m×3.6m 정도이다. 식사실 내에는 의자 외에도 찬장, 보조 의자 등이 필요하며, 접객 등을 위한 식사 인원의 증가에 따른 고려를 해 두는 것이 좋다.

④ 식사실의 생활 방식별 구분

식사실에는 분리형과 리빙 키친(living kitchen), 다이닝 키친(living kitchen), 다이닝 알코브(dining alcove), 다이닝 포치(dining porch) 등으로 구분되는 개방형이 있다.

㉮ 거실이나 부엌과 완전히 독립된 식사실

식사실로서 완전한 기능을 갖출 수 있으나, 동선이 길어져 작업 능률이 저하된다.

㉯ 리빙 키친(living kitchen, LK)

거실, 식사실, 부엌을 겸용한 것으로 실을 효율적으로 이용할 수 있고 능률적인 형태이다. 고도의 설비가 필요하고, 식생활 개선이 요구된다.

㉰ 다이닝 키친(dining kitchen, DK)

부엌의 간단히 식탁을 꾸미는 것으로 주부의 동선을 단축하여 가사 노동력을 경감할 수 있다. 조리할 때 냄새 등으로 인하여 식사실 분위기를 해칠 우려가 있다.

㉱ 다이닝 알코브(dining alcove)

거실의 일부에다 간단히 식탁을 꾸미는 것으로 보통 6~9m² 정도의 크기이다. 식사실의 분위기 조성에 유리하며, 거실의 가구들을 공동으로 이용할 수 있다.

㉲ 리빙 다이닝(living dining)

거실 내의 커튼이나 스크린으로 칸막이된 식사실

㉥ 다이닝 테라스, 다이닝 포치(dining terrace, dining porch)

날씨가 좋을 때 테라스나 포치에서 식사하는 것

⑤ 식사실의 면적은 가족수와 식탁의 크기 및 배치 방식에 따라 결정된다. 최소한 실의 표준은 3인실은 5.0m^2, 4인실은 7.5m^2, 6인실은 10.0m^{2}로 한다.

학습 포인트

▸ living kitchen의 특징
- 주부의 가사 노동의 경감(주부의 동선단축)
- 통로가 절약되어 바닥 면적의 이용률이 높다.(소주택에 적당)
- 부엌의 통풍 · 채광이 우수하다.(위생적이다.)

3) 가족실

① 거실과 구분되는 또 하나의 가족 단란 공간이다. 어린이들의 유희 공간이자 TV, 피아노, 가사, 기타 주부들의 취미 생활이 이루어지는 장소이다.

② 가족실의 위치는 주부가 사용하기 용이하도록 부엌이나 식사실 가까이 두거나 자녀실 주변에 둔다.

4) 부엌(kitchen)

① 가사노동권 가운데 주부가 가장 오랜 시간 체재하는 곳으로 항상 쾌적하고 일광에 의한 건조, 소독을 할 수 있는 남측이나 동측이 유리하다. 일반적으로 서측은 피하고 동측 모퉁이에 위치한다. 또한, 식사실과 서비스 야드(service yard : 옥외 작업장)에 인접하고 작업 중 어린이의 놀이 등을 관찰할 수 있는 곳이면 좋고 집 전체 관리에도 용이하도록 한다.

② 부엌의 크기

배선실(pantry)이나 유틸리티(utility)를 포함치 않을 경우 주택 연면적의 8~12% 정도이다. 소규모 주택(50m^2 이하)인 경우는 5m^2 정도가 필요하며 주택의 규모가 큰 경우(100m^2 이상)는 7% 이하도 가능하다.

③ 부엌의 크기 결정 기준

㉮ 작업대의 면적

㉯ 작업인(주부)의 동작에 필요한 공간

㉰ 수납공간(식기, 식품, 조리용 기구)

㉣ 연료의 종류와 공급 방법

㉤ 주택의 연면적, 가족수, 평균 작업인 수, 경제 수준

④ 부엌의 형태

일반적으로 부엌의 평면형은 다음과 같이 분류할 수 있다.

표 3 부엌의 각 형태의 특징

형태	장점	단점	비고
직선형	• 몸의 방향을 바꿀 필요가 없다. • 좁은 면적을 이용할 경우에 사용	• 동선이 길어진다.(작업의 흐름이 좌우로 되어 있다)	• 소규모 주택에 적당
병렬형	• 다른 공간과의 연결이 편리하다.	• 몸을 돌려가며 작업을 해야 한다.	• 길고 좁은 부엌에 적당
L자형	• 배치에 여유가 있다. • 동선이 짧다.	• 각이 진 부분에 유의	• 벽이 너무 길어지면 부엌의 간결한 효과를 파괴한다.
U자형	• 작업 공간을 중간에 둘 수 있다.	• 다른 공간과의 연결이 한면에 국한되므로 위치 설정이 난이	

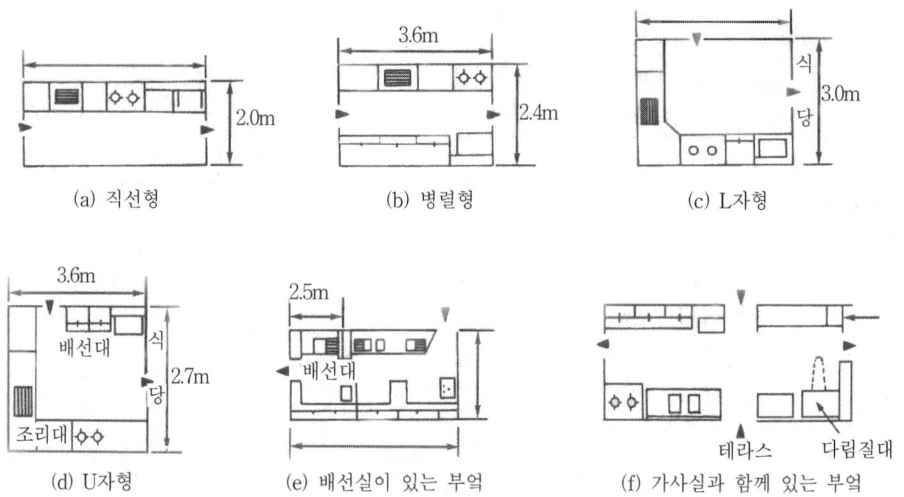

(a) 직선형 (b) 병렬형 (c) L자형
(d) U자형 (e) 배선실이 있는 부엌 (f) 가사실과 함께 있는 부엌

그림 10 부엌의 형태

⑤ 부엌의 작업 순서

㉮ 오른쪽 방향으로 이동하도록 배치한다.

㉯ 작업 순서

준비대 → [싱크대 → 조리대 → 가열대 → 배선대] → 식당
　　　↑　　　　　　　　　　　　　　　　　　↑
(냉장고)　　　　　　　　　　　　　　　　(해치)

㉰ 작업 삼각형(work triangle)

㉠ 작업 삼각형(work triangle)의 길이는 주부의 피로도를 좌우하는 것으로 세변의 합이 짧을수록 유리하다.

㉡ 냉장고와 개수대 그리고 가열대를 잇는 작업 삼각형(work triangle)의 길이는 3.6~6.6m 범위로 하는 것이 능률적이다.

㉢ 냉장고와 개수대(싱크대), 개수대(싱크대)와 가열대(조리대) 사이는 동선이 짧아야 한다.

㉱ 개수대는 창에 면하는 것이 좋다.

㉲ 작업대(sink대)의 높이 : 73~83cm 정도

작업대(sink대)의 폭 : 50~60cm 정도

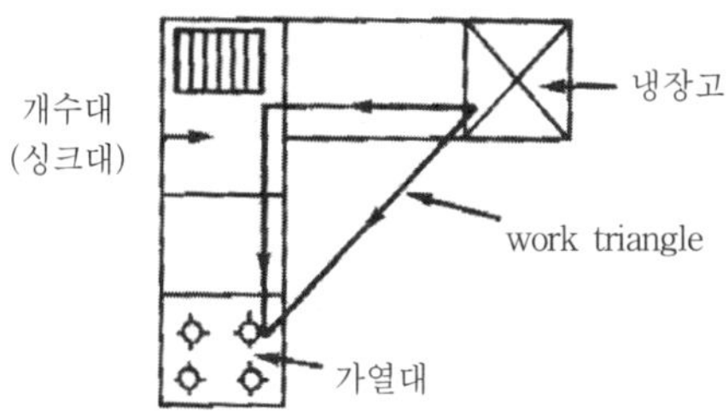

그림 11 부엌의 작업 삼각형

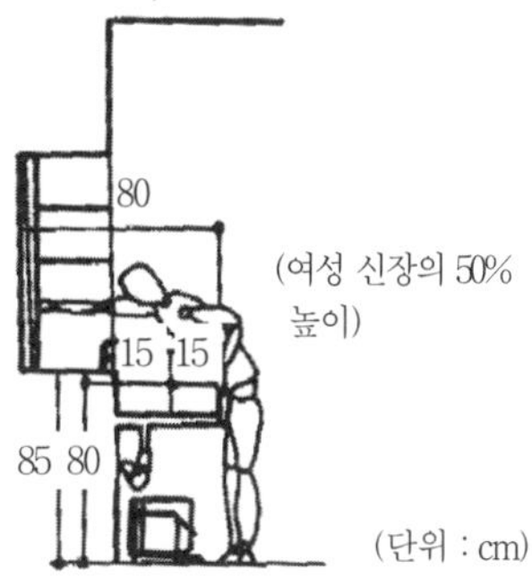

그림 12 작업대의 크기

⑥ 부속공간

㉮ 배선실(pantry)

규모가 큰 주택에서 부엌과 식당 사이에 식품, 식기 등을 저장하기 위해 설치한 실이다.

㉯ 가사실(utility space)

주부의 세탁, 다림질, 재봉 등의 작업을 하는 공간으로서 일반적으로 욕실 및 부엌, 서비스 관계의 여러 실과 접한 위치에 두고 서로 연락이 편리하게 한다.

㈐ 다용도실(multipurpose room)

서비스 발코니와 부엌 사이의 공간으로 세탁, 세탁물 건조, 다림질, 바느질 등이 이루어지는 공간으로 전기, 수도, 가스미터, 보일러 등의 설비도 설치된다. 여러 가지 복잡한 작업을 이 다용도실에 모아서 설치하면 가사 작업을 능률적으로 행할 수 있다. 크기는 대체로 5~10m² 정도면 충분하며 실의 위치는 부엌이나 식사실, 거실 등에서 가까운 곳으로 작업에 편리한 곳에 두는 것이 좋으나, 부엌에 부속시켜 설치하는 것이 일반적이다.

5) 침실(bed room)

① 현대주택에서 침실은 정적이고 무의식적인 개인생활공간이므로 사적생활의 확립과 독립적 공간을 유지시키도록 한다.

② 평면 계획상 거실, 식사실, 부엌 등의 공동의 공간과 소음이 나는 작업공간과는 구분하여 현관과 떨어진 위치, 즉 주거건물의 한쪽 구석에 집중 배열한다.

③ 고려사항

㈎ 사용 인원수에 의한 기적(공간의 크기)

㈏ 가구의 점유 면적

㈐ 공간의 형태에 의한 심리적 작용

④ 기능별 분류

㈎ 부부침실

단순한 침실 이외에 부부 생활을 위해 기밀성이 요구되며, 주부와 가장으로서의 독립성이 확보되어야 하고, 사적인 생활공간으로서 조용한 곳이어야 한다. 또, 갱의실, 욕실, 화장실을 독립적으로 이용할 수 있도록 하는 것이 좋다.

㈏ 아동침실

연령층에 따라서 신체조건, 생활감정, 생활행동의 차이점을 고려하여 계획한다. 아동침실은 공부방과 유희실을 겸하는 것이 좋으며 야간에는 취침할 수 있는 침실 공간이 필요하다.

또한 거실로 연결시켜 부모 자식간의 만나는 기회를 자주 만드는 편이 아이들 정서면에 도움을 준다.

㈐ 노인침실

구조는 바닥이 높다든지 낮은 곳이 없어야 하며, 위치는 아래층이 좋으며,

일조 및 통풍이 양호하고 전망 좋은 조용한 곳으로 한다. 아동실에 가까운 주거 중심부에서 좀 떨어진 위치가 좋으며 식당, 욕실 및 화장실 등에 근접시킨다. 2층 주택의 경우에는 1층에 배치하여 적당한 프라이버시와 전용의 거실적 요소를 침실에 포함시키는 것이 적당하다. 화장실은 부속시키며 분재, 텃밭 등의 외부정원으로 쉽게 나갈 수 있도록 한다.

㉣ 객용침실

친척이나 외부 손님이 휴식 및 취침할 수 있는 공간으로 중규모 이하의 주택에서 설치 가능하며, 필요에 따라 실을 다용도로 이용할 수 있다.

⑤ 침실의 사용 인원수에 따른 1인당 소요 바닥면적

㉮ 성인 1인당 필요로 하는 신선한 공기 요구량 : $50m^3/h$(아동은 성인의 1/2정도)

㉯ 소요 공간의 크기 : 자연 환기 회수를 2회/h로 가정하면 $50m^3/h \div 2$회$=25m^3$이다.

㉰ 1인당 소요 바닥면적 : 천장 높이(H)가 2.5m인 경우 $25m^3/h \div 2.5m = 10m^3$(아동은 1/2)

학습 포인트

- 환기량(Q) = 환기 횟수(n)×실용적(V)
- 실용적(m^3)=$\dfrac{\text{환기량}(m^3/h)}{\text{환기횟수(회}/h)}$

〔예제 1〕 환기량에 의한 실의 면적을 구할 경우, 성인 3인용 침실의 천장 높이 2.6m일 때 소요되는 실의 면적은?(단, 자연 환기 횟수는 2회/hr)

해설 성인 1인당 소요 공기량 : $50m^3/hr$(아동은 1/2), 실내 자연 환기 횟수 : 2회/hr로 가정하면

$$\text{실용적}(m^3)=\frac{\text{환기량}(m^3/h)}{\text{환기횟수(회}/h)}=\frac{50m^3\times 3\text{인}}{2\text{회}}=75m^3$$

∴ 침실의 면적 $75m^3 \div 2.6m = 28.846m^2 \rightarrow 30m^2$

〔예제 2〕 실내 재실자의 채취를 기준으로 할 때 성인 1인당 소요 실용적을 $18m^3/hr$로 본다면, 실내 환기 횟수 3회/hr, 천장 높이 3m, 재실 인원 7인용 침실의 최소 바닥 넓이는 얼마인가?

해설 성인 1인당 소요 공기량 : $50m^3/hr$(아동은 1/2), 실내 자연 환기 횟수 : 2회/hr로 가정하면

$$\text{실용적}(m^3)=\frac{\text{소요공기량}}{\text{환기횟수}}=\frac{18m^3/h\times 7\text{인}}{3\text{회}/h}=42m^3$$

$$\therefore \text{ 최소 바닥넓이} = \frac{42m^3}{3m} = 14m^2$$

⑥ 침대의 배치 방법

㉮ 침대 머리 쪽에는 창이 없는 외벽에 면하게 한다.

㉯ 출입문을 열었을 때 직접 침대가 보이지 않도록 하고, 침대에 누운 채로 출입문이 보이도록 한다.

㉰ 침대 양쪽에 통로를 두고(싱글 베드는 예외), 한쪽을 75cm 이상 되게 한다.

㉱ 침실 내의 주요 통로 폭은 90cm이상 되도록 한다.

㉲ 침대 아래 발치 쪽은 90cm이상의 여유를 둔다.

㉳ 싱글 침대인 경우 신체 보호상 긴 쪽을 내벽에 면하게 배치한다.

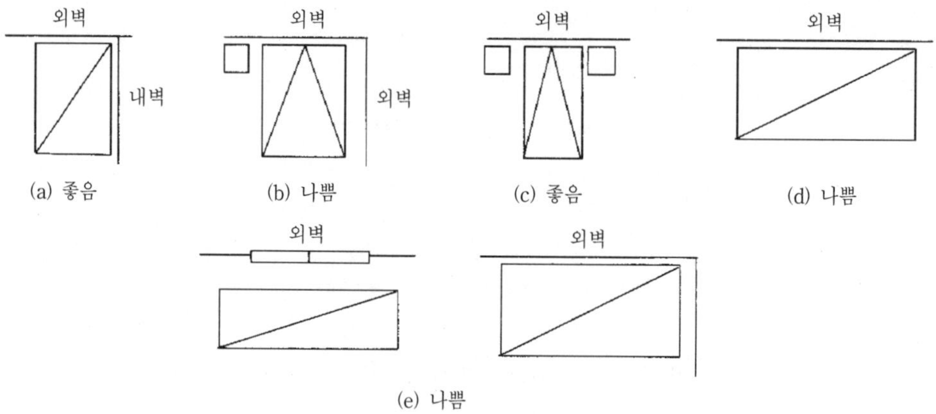

그림 13 침대의 배치 방법

⑦ 침실 크기의 결정 조건

㉮ 침실의 최저 소요 기적

㉯ 1인당 소요 바닥 면적

㉰ 가구의 점유 면적

㉱ 침대의 종류

㉲ 실내에서 활동할 수 있는 적절한 면적

⑧ 침실의 도어는 갑자기 열었을 때 안이 보이지 않고 베드가 가려지도록 안여닫이로 한다.

6) 수납공간

① 일상시 빈번히 사용되는 것 중 의류, 침구 등은 침실에 두고 반침의 깊이는 70~80cm가 적당하다. 청소, 도구, 공구 등은 작업실 또는 복도에 두고 깊이는 40cm가 적합하다.

② 특별한 용도나 계절적으로 사용되는 비품(선풍기, 방열기, 기타) 등은 다락방이나 옷장 상부공간을 이용한다. 수납공간의 면적은 주택 연면적의 15~20%로 한다.

7) 욕실(bath room), 화장실(toilet)

① 설비적 코어 시스템(core system) : 욕실과 화장실은 가능한 한 부엌과 식사실 등의 배관과 인접시켜 급배수 배관을 하나의 블록으로 형성하도록 집중 배치함으로써 설비비가 절약되는데 이는 규모가 큰 경우에 적합하다.

② 욕실의 크기 : 1.6~1.8m×2.4~2.7m 정도가 알맞으며, 0.9m×1.8m 및 1.8m×1.8m가 최소 면적이다.

③ 화장실 : 최소 0.9m×0.9m이며, 소변소는 0.8m×0.9m가 보통이다. 양변기를 설치할 경우에는 최소한 0.8m×1.2m가 표준이다.

④ 욕조, 세면기, 양변기를 함께 설치할 경우 : 최소 1.7m×2.1m

⑤ 천장 높이 : 최소 2.1m 이상으로 하고 적당한 경사를 두어 물방울이 바닥에 떨어지지 않도록 하는 것이 좋다.

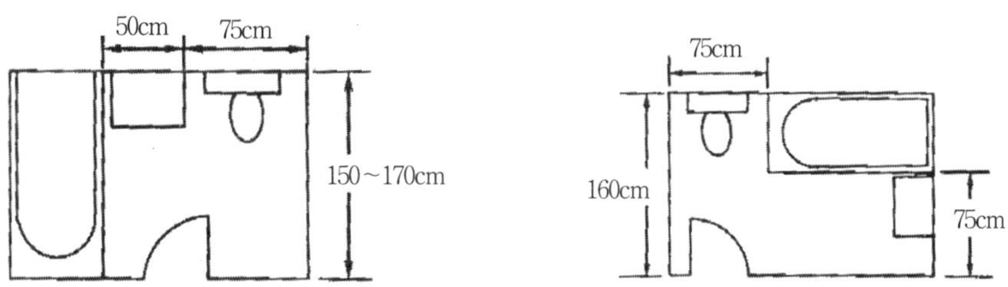

그림 14 욕실의 치수

8) 현관(entrance)

① 위치 : 현관의 위치는 주택평면의 공간구성에 많은 영향을 준다. 일반적으로 대지의 형태와 도로와의 관계에 의해 정해지며 정원과도 연관되는 것이 좋다. 거실, 부엌, 기타 다른 실과의 동선을 고려하여 위치를 조정한다.

② 크기 : 가족수와 방문객의 수에 따라 결정된다.

③ 폭 : 최소 1.2m 이상, 보통 1.5~2m 정도

④ 깊이 : 최소 0.9m 이상, 보통 1.0~1.5m 정도

⑤ 현관 바닥과 hall의 높이 : 9~21cm 정도

9) 복도(corridor)

① 소규모 주택(50m^2 이하)에서는 비경제적이다.

② 폭 : 최소 90cm, 보통 105~120cm 정도

③ 면적 : 연면적의 10% 정도

④ 각 실의 출입문은 복도에서 실내 쪽(안여닫이)으로 개폐할 수 있도록 한다.

10) 계단(stairs)

① 계단의 위치는 현관이나 홀에 근접해서 식사실이나 욕실, 화장실과 가까이 두며, 직선적인 일자형은 위험하므로 가급적 피하고 ㄱ자형 또는 ㄷ자형으로 하며 중간에 계단참을 두는 것이 좋다.

② 계단의 평면 길이는 일반적으로 270cm 정도가 좋으며, 폭은 90~140cm의 범위로서 복도의 폭과 연결시키기 좋은 105~120cm가 적당하다.

③ 계단의 단높이는 16~17cm, 단너비는 25~29cm, 기울기는 29~35°가 적당하다.

④ 계단의 난간 높이는 80~90cm 정도가 적당하다.

11) 옥외 작업장(service yard)

① 세탁장, 건조장, 연료 저장 창고, 장독대, 우물, 오물 처리 등 옥외작업에 관계되는 모든 시설을 말한다.

② 부엌 또는 가사실에서 직접 연결되는 위치에 배치시키는 것이 좋으며, 특히 통풍과 일조가 좋은 곳을 선택하여야 한다.

12) 차고(garage)

① 위치 : 주택 내에 설치하는 경우와 주택과 별개의 건물로 설치하는 경우가 있다. 대지와 도로의 높이차가 충분히 있는 경우에는 지하 또는 반지하에 차고를 설치하는 것이 유리하다. 차고는 현관으로부터 가까운 것이 편리하고 부엌과의 관계도 고려하는 것이 좋다.

② 크기 : 최소한 자동차의 폭과 길이보다 1.2m 정도 여유를 두며, 주택 전용차고일

경우 차고의 크기를 3.0m×5.5m로 하고 자동차와 한 측벽 사이는 최소 20~30cm 이상 여유를 두며, 다른 측벽 사이는 승하차를 위하여 최소 70cm 이상 여유를 둔다.

③ 구조

㉮ 차고의 내부는 내화구조로 하고, 출입문이나 개구부에는 갑종방화문을 설치한다.

㉯ 바닥 : 내수재료를 사용하고, 바닥의 경사는 1/50 정도로 한다.

㉰ 벽 : 백색 타일을 2.0m까지 붙이는 것이 이상적이며, 1.5m 정도에 국부 조명을 설치하여 작업에 편리하도록 한다.

㉱ 천장 높이 : 2.1m 정도로 한다.

④ 환기 : 통풍을 고려해서 바닥면에서 위로 30cm 정도 높이에 하부 환기구를 설치하고 천장 부근에 상부 환기구를 설치한다.

⑤ 출입구 : 도로로부터 직접 진입할 수 있는 위치로 대지 경계선에서 1m 이상 후퇴시킨다.

학습 포인트

▶ 주요 평면 요소의 구성

- 주택의 평면 요소 최소치
  - ① 거실 : 3.3m²/인
  - ② 현관 : 0.9m×1.2m
  - ③ 화장실 : 0.9m×0.9m(양변기 설치 경우 : 0.8m×1.2m)
  - ④ 욕실 : 1.7m×2.1m(세면기, 양변기 포함)
- 주택의 평면 요소 구성비
  - ① 거실 : 연면적의 33%(20평 이하 : 20~25%)
  - ② 통로(복도) : 연면적의 10%(50m² 이하에서는 비경제적)
  - ③ 부엌 : 연면적의 8~12%(보통 10%)
  - ④ 현관 · hall : 연면적의 7%

(6) 노인용 주거계획

노인용 주거공간의 침실계획은 다음과 같은 사항을 고려하여 계획한다.

① 침실의 크기는 그 유형에 따라 필요한 크기가 다르지만 입식의 경우 1인용 침대 2개와 침대 머리장 2개, 옷장, 의자를 놓을 수 있을 만한 공간이 필요하다.

② 침대주변의 공간은 침대를 정리하기 위한 공간으로 90cm 정도가 확보되어야 한다.

③ 통행을 위한 공간으로 침실문과 침대, 또는 수납공간과 침대 사이에 150cm×150cm

의 공간이 필요하다.

④ 침실문의 폭은 휠체어의 출입을 고려하여 90cm 이상이 되도록 하는 것이 바람직하며, 손잡이의 높이는 약 90cm가 편리하다.

⑤ 침대에 면한 창문의 높이는 90cm 정도가 적당하며, 침대에서 비상벨, 전화, 전기 스위치 등의 사용이 편리해야 한다.

(7) 농촌주택

1) 농촌주택의 개념

① 농촌은 도시와는 상대적인 지역 개념으로 파악되어야 한다.

② 농촌주택은 재래 농촌주택과 개량 농촌주택으로 대별할 수 있고, 도시 이외에 건축하는 농가 주택 또는 비농가의 주택을 포함한다.

2) 도시주택과 농촌주택의 차이점

① 농작업 공간의 유무

㉮ 도시주택은 주생활 공간으로만 구성되어 있으나 농촌주택은 주생활 공간과 농작업 공간이 공존하고 있다.

㉯ 농촌주택에서는 가축 사육과 농작업으로 인하여 주거 환경이 비위생적이다.

② 대지의 규모와 활용

도시에 비해 대지의 확보가 용이하므로 넓은 옥외 공간을 확보할 수 있다.

③ 주변 환경에 대한 차이

㉮ 농촌주택은 전원적 풍치를 향유할 수 있다.

㉯ 도시 주택은 폐쇄적이나 농촌주택은 외부 개방적이다.

④ 주거 의식 수준의 차이

㉮ 농촌 지역에서는 전통적인 주거관, 주생활 관습, 주거의 태도 등 주거 의식이 도시지역과는 차이가 있다.

㉯ 특히 농촌 지역에서는 공동체 의식이 강하고 이웃과의 상부상조 협력이 잘 이루어지고 있다.

3) 농촌주택의 문제점과 개선 방향

① 보건 위생적인 면 : 변소, 축사 및 우물의 위생 처리 시설의 불비

② 작업 기능면 : 주생활 공간과 농작업 공간의 무질서한 혼용

4) 배치계획시 고려사항

주거 생활공간과 농작업용 부속사 공간을 명확히 분리한다.

5) 평면계획

① 실의 기능을 존중한다.

도시형과 같은 거실 중심형으로 가족 본위의 형태를 추구한다.

② 주부의 가사 노동을 경감한다.

㉮ 부엌에서 2실의 난방을 하도록 한다.

㉯ 부엌을 작업 공간과 밀접한 공간에 두고 옥외 작업장을 설치한다.

③ 출입 공간과 툇마루를 활용하도록 한다.

④ 수납공간을 최대로 활용하도록 한다.

⑤ 욕실, 변소는 거주 공간 내에 설치하는 것을 원칙으로 하되 추후에라도 설치할 수 있도록 계획에 반영해 놓고 우선은 옥외에 설치할 수도 있게 한다.

⑥ 옥내 작업실은 부속사에 연결된 사랑방과 겸용할 수 있도록 하는 것과 협업농이 가능한 곳에서는 공동 작업실을 이용하게 한다.

⑦ 가족의 증가에 따른 공간 확장의 필요성을 고려하여 장래 증축이 가능한 평면을 계획 초기부터 다루도록 하는 것이 좋다.

⑧ 주택형은 가능한 한 일자형으로 하는 것이 좋다.

2. 단지계획(site planning)

(1) 단지계획

단지계획이란 인간이 생활하는 데 불편함이 없도록 환경 설계 요소인 주거동(住居棟) 구성 및 형식, 인동간격, 프라이버시, 소음, 조망, 통풍 등을 고려할 뿐만 아니라 시설 배치를 계획하는 것을 말한다.

단지계획은 인간이 생활하는데 불편함이 없도록 외부의 물리적인 환경을 조성하는 기술로서 건축, 토목, 조경, 도시계획 등의 경계 영역에 속하며, 이러한 전문가 집단에 의해서 행해진다.

거시적인 관점에서 볼 때 도시계획(urban planning)이 인간 활동을 상호 결합하는 과

정이고, 건축이 이들 활동을 담은 그릇을 만드는 것이라고 한다면, 단지계획은 이들 둘이 조화될 수 있는 환경을 조성하는 것이다. 이 세 가지는 모두 경제적, 사회적, 정치적, 기술적 및 물리적 고려 사항들에 의해 조정된다. 단지계획에서는 주택 단지 뿐만 아니라 재개발 지구, 공업 단지, 쇼핑센터, 대학 캠퍼스 등도 취급하며, 기능에 따라서는 구조물의 배치, 보·차도의 체계, 주차장 계획 등을 하는 분야로 인식되고 있다. 단지계획은 다양한 하위체계(도로, 주택, 생활 관련시설, 오픈 스페이스, 주차장 등)의 상관관계를 분석하고, 그것들이 가장 합리적으로 작용할 수 있는 환경을 계획·설계하는 것이다.

주거단지계획은 도시를 구성하는 가장 기본적인 요소인 주택을 일단의 토지 위에 집단적으로 건설하거나, 기존 시가지를 형성하고 있는 일단의 주택지를 보존, 수복, 재개발하기 위한 지구계획의 한 분야라고 볼 수 있다.

1) 단지계획의 목표

① 기능의 충족성(functional integration)

인간의 생활 내용이 다양한 것과 같이 주거환경을 구성하는 요소도 다양하다. 이는 주거단지계획의 기본적인 목적과 기능에 따른 것으로, 계획의 기본 방향은 이를 감안하여 제 기능을 충족시킬 수 있도록 이루어져야 한다.

② 이웃과의 유대 - 이웃 상호간의 의사 전달을 통한 공동체 의식의 형성

③ 환경 선택의 자유 (choice)

④ 개발비용의 효율성 (efficiency)

⑤ 건강과 쾌적성 (health and amenity)

⑥ 변화에의 적응성 (adaptability)

2) 단지계획의 요소

① 자연적 환경 분석요소

기후, 일조, 수림, 지형, 토양, 수리, 공기, 생물, 자연 경관, 주위환경, 소음 등 생태학적 요소와 지리학적 요소 등

② 인위적 환경 요소

기존 시설물과 건축물, 유통, 경관, 조망, 환경특성, 다양성, 잠재력, 장소성, 공간 및 기능 관계 등 물리적 계획 환경 등

③ 사회·심리적 분석 요소

인구, 건강, 복지, 범죄 등

④ 기타 제한 요소

관련법규(건축법, 국토의 계획 및 이용에 관한 법률, 도시 및 주거환경정비법), 행정적, 계획적인 것 등

3) 주거 단지의 체계

① 근린 생활권의 구성

㉮ 인보구(15~40호, 0.5~2.5ha)

어린이 놀이터가 중심이 되는 단위이며, 아파트의 경우는 3~4층 건물로서 1~2동이 여기에 해당한다.

㉯ 근린분구(400~500호, 15~25ha)

일상 소비생활에 필요한 공동시설이 운영 가능한 단위로서 소비 시설을 갖추며, 후생시설(목욕탕, 약국 등), 보육시설(어린이 공원 : 2,000m^2, 유치원, 탁아소)을 설치한다.

㉰ 근린주구(2,000호, 100ha)

초등학교를 중심으로 한 단위이며 어린이 공원, 운동장, 우체국, 소방서, 동사무소 등이 설립된다. 근린주구는 도시 계획의 종합 계획의 최소 단위가 된다.

② 광역 지역의 기본 구성

표 4 주거 단지의 구성

단위 구분	면적	호수	인구규모	해설	중심 시설
인보구	0.5~2.5ha	20~40호	100~200명	철근콘크리트 3~4층 아파트 1~2동	• 유아놀이터 • 공동세탁장
근린분구	15~25ha	400~500호	2,000~2,500명	일상 소비 생활에 필요한 공동 시설이 운영할 수 있는 체계	• 소비시설 : 잡화, 음식점, 쌀가게 • 보건위생시설 : 공중목욕탕, 약국, 이용소, 미용소, 진료소, 공중변소 • 공공시설 : 공회당, 파출소, 공중전화 • 보육시설 : 유치원, 탁아소, 어린이공원 (2,000m^2)

단위 구분	면적	호수	인구규모	해설	중심 시설
근린주구	100ha	1,600~2,000호	8,000~10,000명	초등학교를 중심으로 한 근린분구의 수개의 집합체	• 교육문화시설 : 초등학교, 도서관 • 행정시설 : 동사무소, 우체국, 소방서 • 의료시설 : 병원 • 공원시설 : 소년 공원, 운동장
근린지구	400ha	20,000호	100,000명		• 도시 생활의 대부분의 시설

[주] 어린이 관련시설 규모

① 인보구 - 어린이놀이터(3~8세의 유아 및 아동)
- 면적 200~300m² 정도

① 아동공원(8세 이상의 아동) - 면적 2,000m² 정도
어린이공원 - 면적 16,000m² 정도

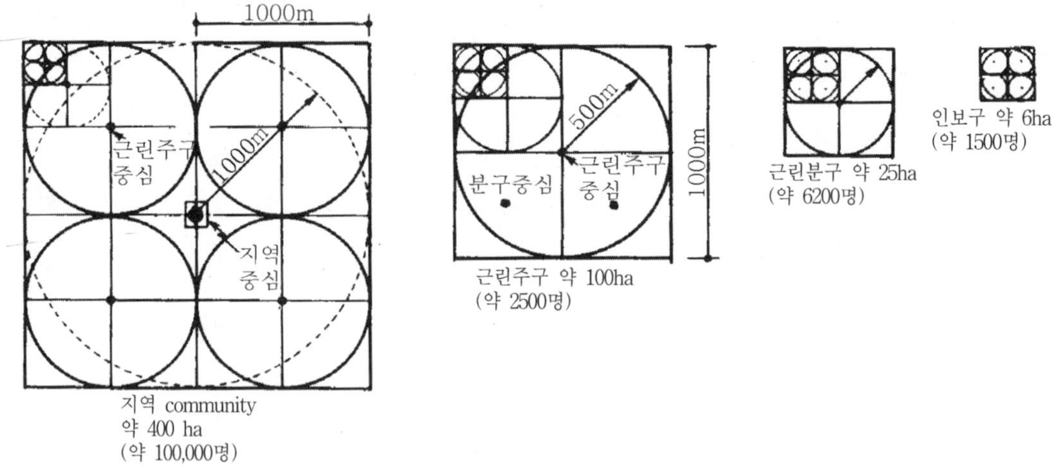

그림 15 근린주구의 단계별 규모

4) 주거 단지계획

① 커뮤니티(community)

㉮ 의미

도시의 발전으로 주택지의 편의는 증가하나 한편으로는 생활의 쾌적함과 질서가 급격히 저하됨에 따라 주택지의 균형 있는 발전을 이룩하기 위해서 주택지를 지역적으로 통합하여 발전시키려는 사고방식이 근린주구의 개념이며 '커뮤니티'라 한다.

㉯ 커뮤니티 센터(community center)

인간의 정신적 결합과 유대 관계를 긴밀히 하기 위한 공동 시설의 체제이며, 이와 같이 공동생활에 필요한 시설이 형성된 군을 말한다.

㉰ 공동시설

㉠ 1차 공동시설(기본적 주거 시설)

급·배수, 급탕, 난방, 환기, 전화 설비, 통로, 엘리베이터, 각종 슈트, 소각로, 구급 설비 등

㉡ 2차 공동시설(거주 행위의 일부를 공유하여 합리화와 향상을 꾀한 것.)

세탁장, 작업시설, 어린이 놀이터, 창고 설비, 응접실 등

㉢ 3차 공동시설(집단생활의 기능 촉진)

관리시설, 물품 판매, 집회실, 체육시설, 의료시설, 보육시설, 정원 등

㉣ 4차 공동시설(공공시설)

우체국, 학교, 경찰서, 파출소, 소방서, 교통 기관 등

② 근린주구 이론

근린주구(neighborhood unit)라는 용어는 1929년 C. A. Perry 가 주거단지의 커뮤니티 조성을 위한 하나의 계획 단위로 채용한 이후, 널리 사용되기 시작했다. 그러나 오늘날의 근린주구는 도시의 가장 기초적인 지역사회의 단위로서, 또한 도시 및 주거단지의 구성을 위한 가장 기본적인 물리적, 공간적 계획 단계로서 인식되고 있다.

㉮ 하워드(Ebenzer Howard)

㉠ 전원도시의 독창성(전원도시의 구상)

㉡ 도시와 농촌의 결합 - 중심에 400ha의 시가지와 주변에 2,000ha의 영구농지

㉢ 인구 규모의 제안 - 시가지에 32,000명으로 인구 제한

㉣ 자족성 - 시청, 미술관, 병원 등을 중심부에 배치, 동심원상으로 상업지, 주택지, 공업지 등을 배치하여 자족성을 유지

㉤ 공공 단체에 의한 토지의 위탁 관리로 토지 사유의 제한 (토지의 공유)

㉥ 개발 이익의 사회 환원

㉯ 「내일의 전원도시」(1898), 「레티워스 전원도시」(1903), 「월 윈 전원도시」(1920)

㉰ 페리(Clarence Arther Perry)

최초로 근린(Neighborhood)의 정의를 설정하여 근린주구의 이론을 주장하였다.

㉠ 「뉴욕 및 그 주변 지역 계획」(1927) : 일조 문제와 인동간격의 이론적 고찰을 하여 근린주구 이론을 정리했다. 일반적으로 초등학교 한 곳을 필요로 하는 인구가 적당하며, 각 가정에서 커뮤니티 센터에 이르는 최대 보행거리는 400m 이내로 잡고 있다. 중심시설은 교회와 커뮤니티 센터이다.

㉱ C. A. Perry의 근린단위 방식

㉠ 규모(size) : 하나의 주택지 개발은 초등학교 하나를 필요로 하는 인구에 대응하는 규모를 가져야 하고, 그 물리적 크기는 인구밀도에 의해 결정된다. 단지 내에서 학교까지 최대 보행거리는 800m 이내로 한다.

㉡ 경계(boundary) : 그 단위는 통과 교통이 내부를 관통하지 않고 용이하게 우회할 수 있는 충분한 넓이와 간선 도로에 의해 구획되어야 한다.

㉢ 공지(open space) : 개개의 근린주구의 요구에 부합하도록 계획된 소공원 및 레크레이션 공간의 체계가 적절히 통합하여야 한다. 근린공원 등 녹지면적을 전체 주구면적의 20% 이상으로 한다.

㉣ 공동 건축 용지(institution) : 단지의 경계와 일치한 서비스 구역을 갖는 학교나 공공 건축 용지는 중심 위치에 적절히 통합하여야 한다.

㉤ 근린 점포(shopping district) : 주구 내 인구에 적절한 서비스를 제공하는 1~2개소 이상의 상업지구가 주거지 내에 설치되어야 하고, 위치는 주구 주위 교통의 결절점이나 인접하는 지구의 점포에 인접해서 배치되어야 한다.

㉥ 지구내 가로체계(interior streets) : 단지는 특수한 가로 체계를 가져야 하고, 각각의 외곽 간선도로는 예상되는 교통량과 균형을 이루며, 내부 가로망 전체가 단지 내의 교통을 원활하게 하여 통과 교통에 상용되지 않도록 계획되어야 한다.

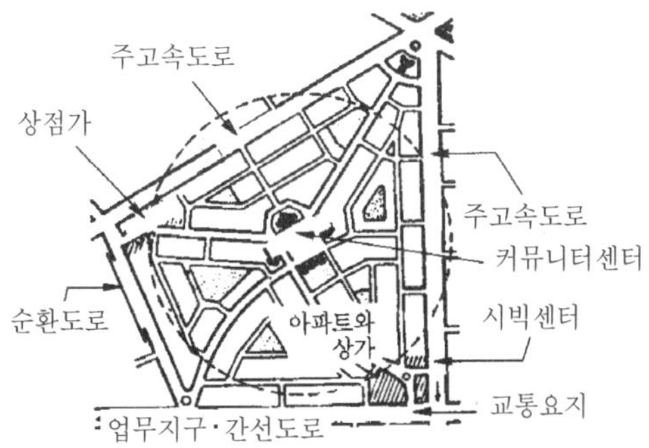

그림 16 페리에 의한 근린주구 모델

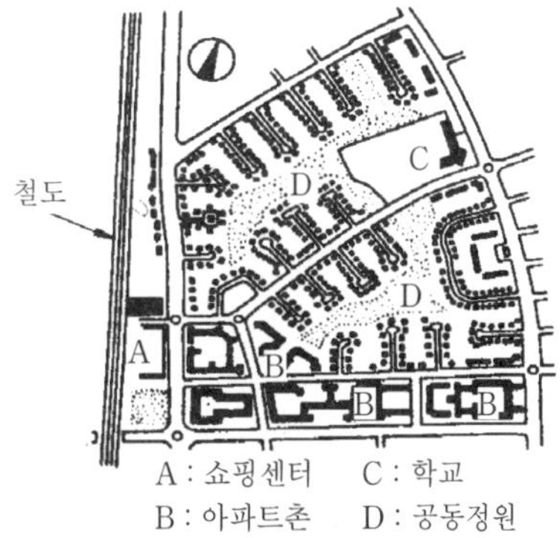

그림 17 래드번의 근린주구

㉤ 라이트(Henry Wright)와 스타인(Clarence S. Stein)(1928)

㉠ 뉴저지(New Jersey)의 래드번(Radburn) 설계

주된 특징은 보행자와 자동차 교통의 분리이다.

㉡ 이것은 슈퍼블록(大街區, super block : 간선도로에 의해 분할되지 않는 주구로 10~20ha로 구성)단위로 계획하여 주택들과 가구 안의 시설들, 학교 공원들 까지도 보도에 의하여 연결된다.

㉢ 래드번의 형식은 전형적인 쿨데삭(cul-de-sac)으로 도로시설 역할을 하며 차량이 집과의 접근 배달, 기타 서비스 활동을 가능케 한다.

이 쿨데삭은 영국의 막다른 골목(dead-end-street)과는 구별되는 것으로 주거들은 막다른 골목의 끝에 자유로이 배치되어 차고와 짝짓고 있으며 질서를 부여한다.

㉣ 건축물 양쪽 측면에 충분한 공지를 확보하며, 주호계획에서는 부엌 등 서비스 관계의 방을 쿨데삭 쪽에 배치하고 거실, 침실 등은 중앙의 뜰, 공원에 면하도록 배치하여 주택의 공간을 변경한다.

그림 18 스타인에 의한 근린주구

㉳ 페더(G. Feder)(1932)

「새로운 도시」(die neue stadt)

주(週) 중심, 월(月) 중심의 단계적 일상생활권 개념의 확립(독일 여러 도시의 상세한 통계적 분석)

- 인구 20,000명을 갖는 자급자족적인 소도시를 지구 단계 구성에 의해 만들어내는 연구 논문이다.

㉴ 아담스(Thomas Adams)(1934)

「주거지의 설계」(design of residential area), 「 소주택의 근린지」

- 페리(C.A. Perry)의 근린주구와 거의 같은 규모로 1,300~2,050호를 제안하고 있으며, 중심시설은 공민관과 상업 시설이다.

㉵ 루이스(H. M. Lewis)

「현대 도시의 계획」(planing the modern city)

학습 포인트

▸ 근린주구 기타 이론

① 독시아디스(C. A. Doxiadis)의 Ekistics(에키스틱스) 요소

「인간 정주(定住)에 관한 사회 이론」

• 다섯 가지 요소

㉠ 인간

㉡ 사회

㉢ 기능

㉣ 자연

㉤ shell(덮개)

② Le Corbusier의 「아테네 헌장」에서의 도시의 4가지 기능

• 현대 도시의 존재 방식에 대한 생각을 정리

㉠ 여가 - 즐긴다.

㉡ 주거 - 산다.

㉢ 근로 - 움직인다.

㉣ 교통 - 잇는다.

③ 케빈 린치(Kevin Lynch)

• 도시의 형태 및 시각적 환경의 지각을 형성하는 이미지 5요소

① 통로(paths) : 가로, 보도, 운하, 철도 등

② 접촉부(edges) : 관찰자가 길로서 느끼지 않는 두 지역사이의 경계와 선형 요소로서 해안선, 긴 벽, 언덕 등

③ 구역(districts) : 관찰자가 심리적으로 진입하듯 하면서 느낄 수 있는 어떤 공통적 특징을 갖는 구역

④ 중심(nodes) : 관찰자가 진입할 수 있는 하나의 결절점으로 교차로, 광장 등

⑤ 기준점(landmark, 기념물) : 관찰자가 그 속으로 진입할 수 없는 표지, 건물, 사인, 탑, 산 등

③ 독립주택 단지

㉮ 택지 : 평면적인 주택 집단으로서, 택지와 상가로 이루어진다.

건물의 남쪽 - 5.5m

동 · 서 · 북쪽 - 1.5m

출입구가 있는 측면 - 1.8m

㉯ 가구(街區) : 폭은 2택지분, 25m 정도, 길이는 80~160cm정도

㉰ 도로 : 면적은 부지 면적의 13~17%(부지와 주도로를 포함하지 않는다.)

폭은 4m - 주택로

6m - 가구(街區)를 연결한다.

8m - 소방도로, 300m 정도의 간격으로 설계한다.

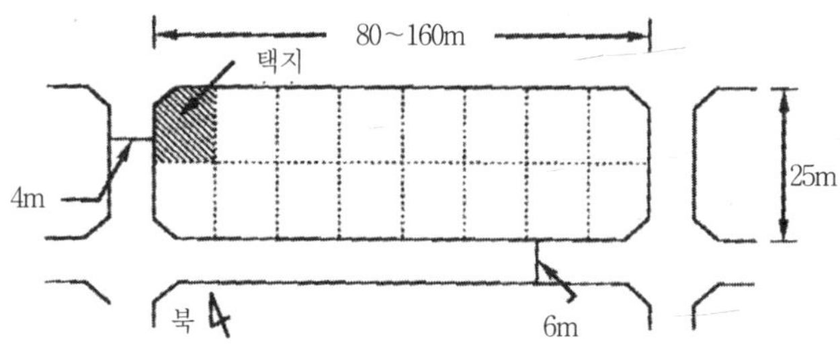

그림 19 독립주택단지

5) 도시주택 배치 및 주거밀도

① 도시주택의 배치 방법

배치 방법	인구 밀도	배치 규모
중심부	500명/ha	• 철근콘크리트조의 고층 건물-대지를 효율적으로 활용 • 상업지역의 고층 아파트를 배치 • 주상 복합건축(저층부 : 상점 · 사무실, 고층부 : 공동주택)
중심부의 외주부	300~400명/ha	• 중층의 철근콘크리트조 아파트 • 콘크리트 블록조 집단주택
외주부	200명/ha	• 교외지구 • 벽돌조, 블록조 등의 단독 주거 건축

[주] ① 슬럼지구 : 600명/ha 이하

② 교외지구(50~100명/ha) : 전원주택, 저층주택

③ 1are=100m^2, 1ha=10,000m^2

〔예제 3〕 A지역에 적당한 주거 형식은?

해설 1ha=10,000m²

1km×1km=1,000m×1,000m=1,000,000m²=100ha

30,000명÷100ha=300명/ha

∴ 중심부의 외주부(인구 밀도 300~400/ha 정도)에 해당되며, 중층 철근콘크리트조 아파트가 적당하다.

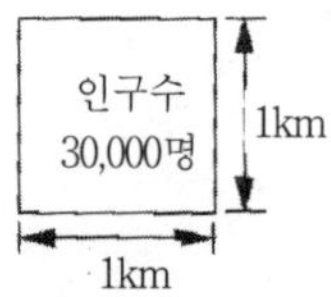

② 주거밀도(住居密度)

밀도란 토지의 집약적, 경제적 및 쾌적한 주거 환경을 조성하기 위하여 주로 토지와 건물, 토지와 인구와의 수량적 관계의 지표로서 대개 단위 면적당의 건물량, 인구량 즉, 인구밀도, 건축밀도로 나타낸다.

㉮ 적정 주거밀도를 결정하기 위한 조건

㉠ 주택 1인당 바닥면적

주택 규모가 결정된다.

㉡ 건축 형식(독립주택, 연립, 아파트 : 저층, 중층, 고층)

인동간격의 결정

㉢ 건축 구조(목구조, 내화구조 : 블록, 벽돌, 철골, 철근 콘크리트)

동서 방향의 인동간격 결정

㉣ 일사, 지반의 경사 등(동지 때 기준 4시간)

남북간의 인동간격 결정

㉤ 토지 이용률

구역의 크기와 건축 형식에 따라 다르다.

㉯ 주거밀도를 나타내는 방법

밀도는 모두 토지 면적과 관계되기 때문에 그 범위에 따라서 몇 종류의 지표가 가능하게 되는데 일반적으로 사용하는 것은 다음과 같다.

㉠ 건폐율(%) = 건축면적/대지면적 → 건물의 밀집도 표시

㉡ 용적률(%) = 건축 연면적/대지면적 = 건폐율×평균 층수 → 대지의 고도 집약 이용도 표시

㉢ 호수밀도(호/ha) = 주택 호수/대지면적 → 대지와 건물수와의 관계, 인구밀도 산정의 기초

㉣ 인구밀도(인/ha) = 거주 인구/대지면적 = 호수 밀도×1호당 평균 세대 인원 → 대지와 인구와의 관계

6) 주거단지 내 동선계획

① 동선계획의 목표 및 유형

㉮ 목표 : 알기 쉽고 안전하고 쾌적하게 최단거리로 활동의 장이 될 수 있도록 계획한다.

㉯ 방법 : 동선의 유형(사람, 차량)과 특성을 분석하여 목적을 파악한다.

㉰ 동선의 유형

㉠ 사람

㉡ 차량

㉢ 자전거

㉣ 서비스

㉤ 긴급비상동선

② 동선의 유형별 계획

㉮ 보행자동선

㉠ 계획상 원칙

ⓐ 목적 동선은 최단거리로 하고 오르내림이 없도록 한다.

ⓑ 대지 주변부의 보행자 전용로와 연결한다.

ⓒ 보행로의 폭은 어린이놀이터를 포함한 생활공간으로 고려하여 넓게 한다.

ⓓ 생활편의시설을 집중 배치한다.

ⓔ 어린이놀이터나 공원은 보행용 도로에 인접해서 설치한다.

㉡ 보행자 도로 : 보행자 공간계획시 유의 사항

ⓐ 보행로에 흥미를 부여하고 질감, 밀도, 조경 및 스케일에 변화를 준다.

ⓑ 보행자가 차도를 걷거나 횡단하기 쉽지 않게 한다.

ⓒ 보행자 공간에 광장 등을 포함시켜 다양성을 높인다.

ⓓ 통행인의 습관, 형태에 맞추어 최단거리로 한다.

ⓔ 보차 교차부분은 시계(視界)를 넓게 하고, 차도를 쉽게 인지할 수 있게 한다.

ⓕ 교차부분은 직각으로 단차를 적게 하며, 미끄럼 방지시설을 고려한다.

ⓖ 안전하고 쾌적하게 하고, 휴게소, 녹지 등 필요 시설을 설치한다.

ⓗ 보행로에서 주민들의 접촉이 일어나도록 고려한다.

ⓘ 커뮤니티의 중심부에 유보로(游步路)를 설치한다.

ⓙ 활동의 결절점은 커뮤니티의 어느 곳에서도 10분 정도의 보행거리 내에 위치하도록 하며, 오픈 스페이스를 둔다.

㉢ 보행자 도로 조건

ⓐ 최소 폭 : 2.4m 이상 (3인이 부딪치지 않고 통과할 수 있는 폭)

ⓑ 자전거 도로의 경우 - 보도와의 사이에 가이드 레일 또는 단차가 많은 보도를 설치한다.

ⓒ 보도는 블록 내에서 단절되지 않고 다른 시설들에 의해 방해받지 않도록 한다.

ⓓ 규모가 큰 건축물의 입구에 직접 면하지 않도록 한다.

ⓔ 도로 폭 10m 이상시 보도가 필요하다.

ⓕ 보도 폭

- 보조 간선도로 및 세로(細路) : 2m
- 주 간선도로 : 3m
- 통학로 : 4m 이상

㉯ 차량

㉠ 계획상 원칙

ⓐ 주차장계획과 합리적으로 연결되게 한다.

ⓑ 긴급 차량동선의 확보와 소음대책을 고려한다.

ⓒ 차량동선계획과 함께 쓰레기 수집방식을 고려한다.

ⓓ 횡단 물매, 종단 물매, 곡선 반경, 건축선 한계 등을 고려한다.

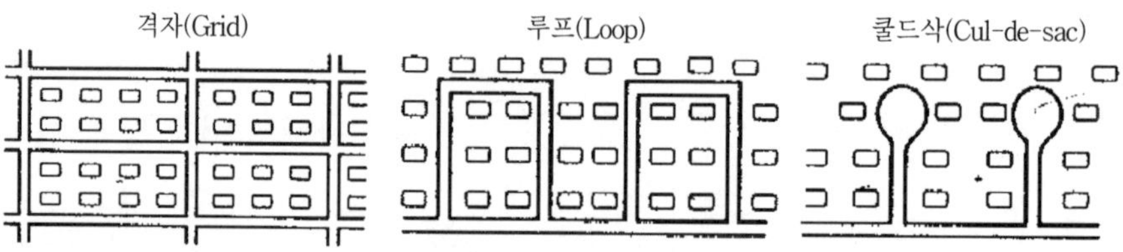

격자(Grid)	루프(Loop)	쿨드삭(Cul-de-sac)
· 간선도로의 기본형태 · 넓은 지역→교통분산 · 교차점 : 400m이상 떨어지게	· 폭이 좁은 단지	· 2차선 · 적정길이 : 120~300m(300m 이상-회진구간 설치) · 단지중앙부분진입, 양측분리

그림 20 도로망 형식

㉡ 차량 도로 계획시 유의 사항

ⓐ 지구내의 간선도로는 지선로에 의해 자주 끊기지 않도록 한다.

ⓑ 간선도로에서 횡단보도는 300m 마다 설치한다.

ⓒ 간선도로의 교차각은 최소 60° 이상이 되게 한다.

ⓓ 간선도로의 교차는 T자형으로 하고 교차 지점간의 간격은 400m 이상으로 한다.

ⓔ 간선도로가 30° 이상 우회할 때 우회 지점에 표지를 설치한다.

ⓕ 모든 공공 시설물은 인접한 2 이상의 간선도로에서 보행거리 내에 설치한다.

ⓖ 단지 내의 차량 이동은 저속을 유지하도록 한다.

ⓗ 2개의 간선로를 곡선형으로 연결시켜 차량 속도를 감소시킨다.

ⓘ 주동(柱棟)으로의 접근로는 환경적으로 가장 나쁜 곳에 둔다.

ⓙ 주택의 배열 및 오픈 스페이스가 결정된 후 주동으로의 접근로를 결정한다.

ⓚ 진입로 1개소당 200세대까지 서비스할 수 있도록 한다.

ⓛ 도로와 주택의 최적 거리는 60m 이다.

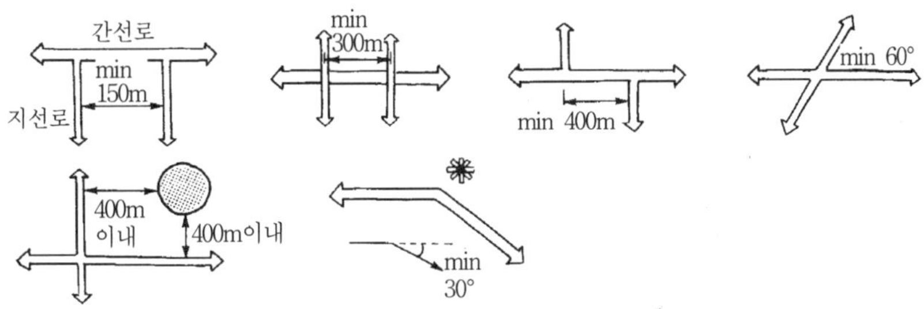

그림 21 간선도로의 요소

3. 공동주택

(1) 연립주택

1) 개념

최근 도심지의 경사지나 소규모 택지, 재개발 지역 등에 연립주택의 장점을 살린 저층 고밀도(low-rise, high density) 집합 주택지가 타운 하우스 형식으로 건립되고 있는데, 이는 중・고층 집합 주택에 비하여 전용의 뜰을 갖고 있어 자연과 연결된 인간적인 주거 환경을 형성할 수 있는 이점을 가지고 있다.

2) 연립주택의 특성

① 장점

① 토지의 이용률을 높일 수 있다.

② 테라스 하우스의 경우 각 세대마다 전용의 뜰을 갖는다.

③ 접지성과 집합 형식에 따라 풍요로운 옥외 공간을 조성할 수 있다.

④ 경사지, 소규모 택지의 이용이 가능하다.

⑤ 대지의 형태 및 지형에 조화시켜 계획함으로써 다양한 배치와 외관의 변화가 가능하다.

② 단점

① 벽체의 공유로 인하여 일조, 채광, 통풍이 불리하고 평면 계획에 제약을 받는다.

② 프라이버시 유지에 불리하다.

③ 계획이 성실하지 못할 경우에는 단조로운 공간과 외관이 형성된다.

3) 연립주택의 형식

① 2호 연립주택(semi-detached house)

2호의 주택이 옆 세대와 서로 벽체를 공유하는 형식의 연립주택이다.

② 테라스 하우스(terrace house : 연속주택)

경사지에서 적절한 절토에 의하여 자연 지형에 따라 건물을 테라스형으로 축조하는 것으로 각호마다 전용의 뜰(정원)을 갖는다.

㉠ 평지형 테라스 하우스

평지에 건립되는 테라스 하우스

㉡ 경사지형 테라스 하우스

경사지의 지형에 따라 세트백(set back) 하여 계단 모양의 단면 형식으로 건립되는 테라스 하우스로 타주호(他柱戶)의 지붕 위를 루프 테라스로 사용한다.

㉢ 준접지형(準接地型) 테라스 하우스

상하에 서로 다른 세대의 주호가 중첩되어 있는 테라스 하우스, 아래의 주호는 전용의 뜰을 갖고 있으나 위의 주호는 루프 덱, 발코니 등의 뜰의 기능을 갖는 스페이스를 가지며, 또 출입구도 각각 독자의 것을 갖고 있다.

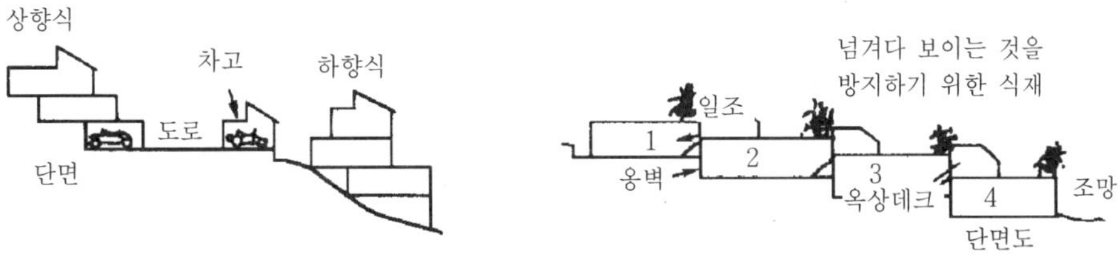

그림 22 테라스 하우스

③ 타운 하우스(town house)

테라스 하우스와 같이 각 호마다 전용의 뜰을 갖고 있으며 또한 공용의 뜰, 어린이 놀이터, 보도, 차도 주차장 등의 오픈 스페이스를 갖고 있는 형식의 연립주택이다.

㉠ 정원을 동향 또는 남향에 배치하여 충분한 일조를 확보한다.

㉡ 대체로 2층으로 구성되어 있으며 1층은 거실, 식당, 부엌 등의 생활공간이 위치하고, 2층에는 침실, 서재 등의 휴식 및 수면공간이 위치한다.

㉢ 타운 하우스의 프라이버시는 중요한 요소이므로 정원의 프라이버시 확보를 위한 방법으로서 양쪽 경계벽의 구조가 중요하다.

㉣ 긴 건물동은 2~3세대씩 앞뒤로 다소 전진, 후퇴시켜 배치함으로써 입구에 작은 개인정원을 형성하는 등 다양한 변화를 준다.

㉤ 양측세대나 외곽동을 1층 높이로 하여 층의 다양화를 시도하고, 타운하우스 위에 플랫을 배치하여 3층 높이를 형성할 수도 있다.

㉥ 단지 주위의 보도를 따라 식재하거나 단지내 주택들 사이의 적절한 식재는 세대간의 프라이버시 확보에 도움을 주며, 프라이버시 확보에 필요한 적절한 거리는 약 25m 정도이다.

㉦ 각 주호마다 자동차의 주차가 용이하다. 단, 클러스터(cluster)형 배치인 경우에는 입구정원 근처에 공동 주차 시킬 수 있도록 한다.

④ 로 하우스(row house)

타운하우스와 마찬가지로 토지의 효율적인 이용, 건설비의 절약, 유지 관리비의 절감을 고려한 형식으로 단독주택보다 높은 밀도를 유지할 수 있으며, 제반 공동시설도 단지 규모에 따라 적절히 배치할 수 있어 도시형 주택의 이상형이다.

㉠ 입면상으로 단층 또는 중층으로 구성된 2호 이상 개개의 세대가 2동 이상 연속, 결합된 3층 이하의 단일 건물이다.

㉡ 몇 세대를 후퇴시킴으로써 특징 있는 소공간을 형성할 수 있다. 이때 중앙의 2~3세대를 효율적으로 후퇴시킴으로써 측면세대들에 의해 공간이 형성된다.

⑤ 중정형 하우스(court-yard house, patio house)

각 호마다 전용의 중정을 갖고 있는 형식의 테라스 하우스로 1세대, 단층형의 주택이며, 거주 영역이 완전히 또는 부분적으로 중정을 에워싸고 있는 형태로 중정의 위치에 따라 L타입, U타입, D타입, B타입의 코트 야드 하우스 형식이 있다.

㉠ 이 형태의 주택은 중정, 정원중정, 아트리움(atrium), 파티오 하우스라고 불려진다.

㉡ 중정형 하우스는 격자형의 단조로움을 피하기 위하여 돌출 또는 후퇴시킬 수 있어 식재할 수 있는 공간이 형성된다.

㉢ 내부 세대들에 불리한 그늘을 감소시키기 위하여 동측 또는 북측에 있는 세대들은 2층으로 해도 좋다.

㉣ 입구의 연속적인 효과를 달성하기 위하여 도로나 공공 보도에 면하여 중정을 배치시켜 중정이 입구가 되게 한다.

㉤ 휴식정원, 놀이 또는 수영장 등 커뮤니티시설이나 오픈 스페이스를 확보하기 위하여 한 세대를 제거할 수도 있다.

㉥ 다양하고 풍부한 외부공간을 구성하기에 유리하다.

2호 연립	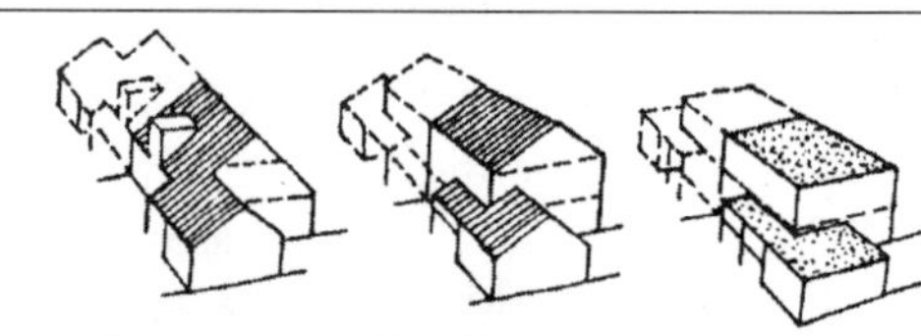
연속건물	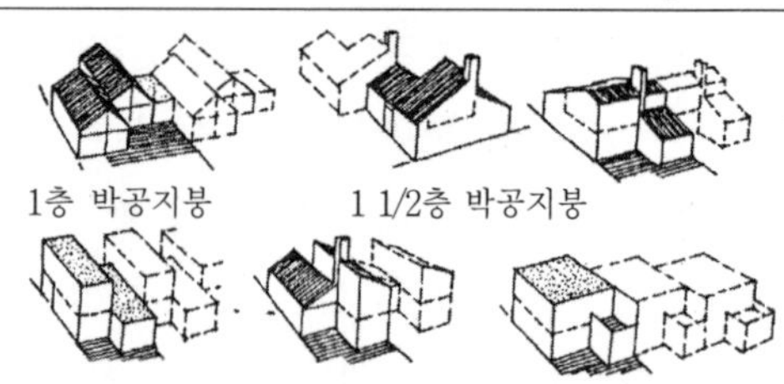
중정형 건물	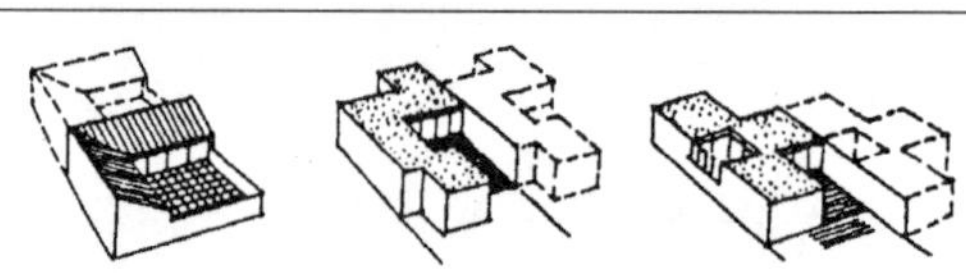
타운 하우스형연립	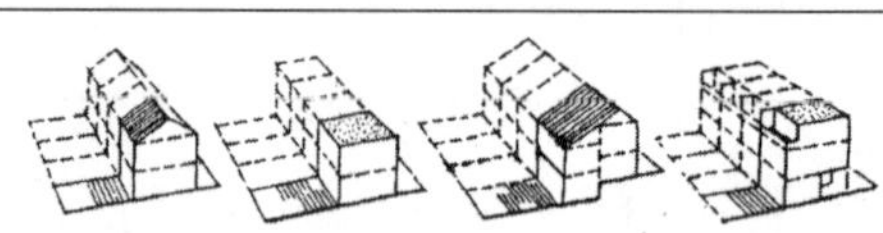
타운 하우스 1, 1 1/2층수	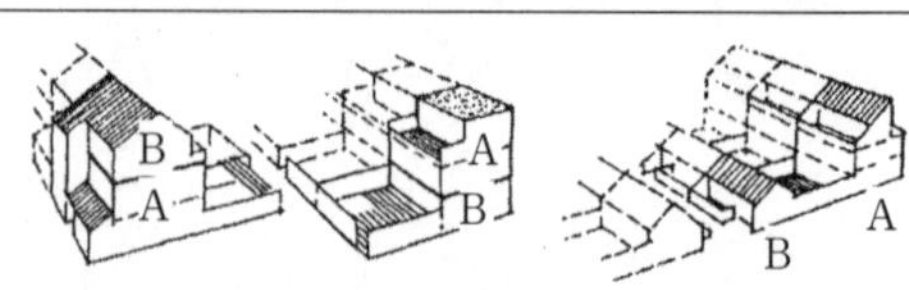

그림 23 연립주택의 여러 유형들

그림 24 자연환경을 최대한 이용하여 테라스형 주택과 단지경관을 조성한 사례

4) 배치계획

① 주변의 지역성과 조화될 수 있는 외부 공간의 이미지를 구성한다.
② 충분한 일조, 채광, 통풍이 확보될 수 있도록 배치한다.
③ 화재 등 재해에 안전하며 뜰이나 공지가 충분하고 독립성이 확보되도록 한다.
④ 단조로운 직선 배열을 피하고 대지의 형태 및 지형에 조화시켜 다양하게 배치한다.
⑤ 주요 도로는 통과 교통이 되지 않게 하며, 주택로는 적정한 가구(街區)를 형성하여 그룹핑하여 배치한다.
⑥ 가급적 보차(步車)를 분리하여 안전성을 확보하고 단지 내 주차장을 별도로 설치하여 소음 방지를 도모한다.
⑦ 가구 내 도로는 생활공간으로 연출하여 외부 공간의 연속성과 일체감을 조성한다.
⑧ 배치 계획은 건축, 토목 및 설비 계획과 종합적으로 검토하여 이들과 동시에 진행한다.

(2) 다세대 주택

1) 개념

우리나라 주거 형태의 새로운 제도로서 서민주택의 부족난을 해결할 수 있는 방안으로 제시되었다. 도시의 소가족 또는 중·저 소득층을 위하여 지하 1층, 지상 2, 3층의 단일 건물에 여러 세대가 출입구를 달리하여 입주한 공동주택이며, 1986년부터 우리나라 대도시에 많이 건립된 공동주택이다.

2) 다세대주택의 기본 방향

① 다수의 계층을 포괄할 수 있는 대중주택이 되도록 한다.

② 저렴한 건설비와 유지비가 소요되도록 한다.

③ 우리나라의 주거 양식, 소득 수준, 자연 조건, 국내 생산 건축 자재 등을 감안하여 주거 요구 조건에 부합되는 계획과 구조가 되도록 한다.

④ 내구성이 높고 건강한 주택 생활을 영위할 수 있도록 한다.

⑤ 한국적이며 현대 감각에 부합되는 입면 구성을 만든다.

⑥ 열관리를 포함한 주거 성능의 향상을 도모하도록 한다.

⑦ 기능별 평면 구성 또는 one room system도 수요 계층에 따라 부합될 수 있도록 고려한다.

(3) 아파트

1) 개설

① 아파트 성립의 요인

㉮ 도시 인구밀도의 증가 : 인구밀도의 증대, 도심지의 상업지역화, 지가상승, 불량주택지 발생(slum화)으로 인한 재개발

㉯ 도시 생활자의 이동성 : 정착 관념 희박, 주택 소유 자본 부족

㉰ 세대 인원의 감소 : 종래의 대가족 제도에서 핵가족단위로 변화

㉱ 공동 설비에 대한 혜택과 대지비, 건축비, 설비비의 절약

㉲ 단독주택으로서는 해결할 수 없는 좋은 환경조건 조성

② 공동주택의 특성

㉮ 장점

㉠ 1호당 대지의 점유 면적이 절감되어 토지의 효율성을 높일 수 있다.

㉡ 공기 조화, 급탕, 정화조, 변전 등의 설비를 집중화하기 쉽다.

㉢ 어린이 놀이터 등 공동 광장의 확보 및 수준 향상이 용이하다.

㉣ 동일 면적의 독립 주택에 비하여 유지 관리비를 절감할 수 있다.

㉯ 단점

㉠ 자연과 격리되어 정서적 생활에 불편하다.

㉡ 프라이버시가 결핍될 수 있다.

㉢ 난방, 온수 등의 독자적인 조절이 어렵다.

㉣ 획일성에 따라 각 세대별 독자성이 결여된다.

㉤ 공동 사회의 소속감과 연대 의식이 결여된다.

그림 25 | Park 삼성동

2) 배치계획

① 배치 계획상의 유의사항

㉮ 커뮤니티 의식의 형성으로서 특히 매개 공간 계획에 유의하고 생활 영역을 명확하게 하여 개성적인 공간 구성에 유의한다.

㉯ 생활의 편의성, 쾌적성의 확보를 위해 거주자, 외래 방문객, 기타 서비스차를 위한 주차 계획, 일조·통풍·채광의 확보, 주거 내에서의 프라이버시 유지에 유의한다.

㉰ 쾌적한 외래 공간의 구성을 위한 오픈 스페이스 확보, 단지의 경관 고려, 휴먼 스케일에 대한 고려가 있어야 한다.

㉱ 주동 구성의 형식 및 배치 기법의 다양성을 추구하고 방화, 피난, 전파 장애, 풍해, 그리고 타 시설과의 관계 등을 고려해야 한다.

② 배치 조건

㉮ 거실의 일조, 채광, 통풍, 소음 방지

㉯ 건물의 연소 방지

㉰ 정원의 옥외 통로용 공간 확보

③ 인동간격

㉮ 인동간격 결정요소

㉠ 일조 : 가장 중요한 요소

㉡ 통풍, 연소 방지 : 측면 인동간격의 고려 요소

㉢ 시각적 개방감

㉣ 시각적 간섭에의 안전

㉤ 소음 전달 방지

㉥ 쾌적한 옥외 공간 확보

㉯ 남북간의 인동간격 결정조건

㉠ 일조(동지 때 최소 4시간 이하)

$$D = CH$$

D : 남북간 인동간격

C : 인동 계수

H : 건물의 높이

㉡ 평지 정남향 경우

$$D = 2H\left(C = \frac{방위각(\cos\alpha)}{태양고도(\tan h^\circ)} \fallingdotseq 2\right)$$

㉢ 남으로 β° 만큼 경사진 경우

$$D = \frac{\cos\alpha}{\tan h^\circ + \tan\beta^\circ} \cdot \cos\alpha \cdot H$$

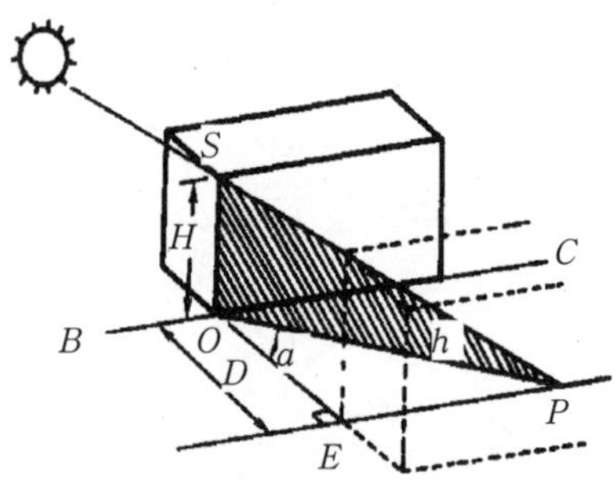

그림 26 건물과 태양고도 방위 관계

㉯ 동서간(측면)의 인동간격 결정조건

㉠ 통풍

㉡ 방화(연소방지)상

ⓐ 1세대 건물 : $dx = bx$

ⓑ 2세대 건물 : $dx = 1/2ba$

ⓒ 다세대 건물 : $dx = 1/5ba$

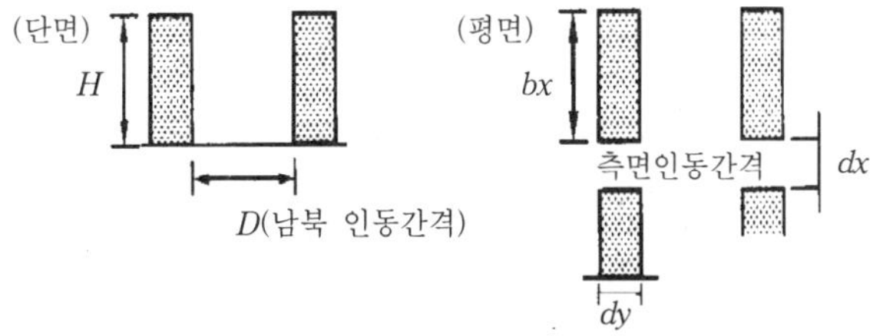

그림 27 건물의 인동간격

※ 인동간격 요소

① 일조에 의한 인동간격 : 동지 때 4~6시간 일조 기준

② 소음 방지를 위한 인동간격 : 적정거리 50m 이상

③ 시각 간섭에 의한 인동간격 : 48m 정도(실험 결과)

④ 법규적 제한에 의한 인동간격

④ 옥외공간계획 구성요소

㉮ 영역성 : 친근감, 소속감을 갖도록 하기 위해 변화 있는 주동 배치를 지닌 공간 계획

㉯ 접지성 : 단위 주거에 최소한의 open space 제공

㉰ 공동체 의식 : 단지 내 주민들의 친교 증진

㉱ 폐쇄성 : 건물, 수목에 의해 하나의 공간을 폐쇄(방어감), 안정감, privacy를 제공

㉲ 접근성 : 주거 환경 각 부분에 대한 접근성

㉳ 개별성

㉴ 안전성

㉵ 프라이버시

㉶ 향

3) 아파트의 분류

① 평면 형식상의 분류

㉮ 계단실형(hall system)

계단실이나 엘리베이터 홀로부터 직접 단위 주호로 들어가는 형식

㉠ 장점

ⓐ 주호내의 주거성과 독립성(privacy)이 좋다.

ⓑ 동선이 짧으므로 출입이 편하다.

ⓒ 통행부의 면적이 적으므로 건물의 이용도가 높고, 전용면적비가 높아

경제적으로 유리하다.

ⓓ 각 단위 주거가 자연 조건 등에 균등한 방향으로 배치되어 일조, 통풍 등이 유리하다.

㈏ 단점

고층 아파트일 경우 각 계단실마다 엘리베이터를 설치해야 하므로 시설비가 많이 들며, 엘리베이터의 이용률이 낮아 비경제적이다.

② 편(갓)복도형(side corridor system, balcony system)

계단 또는 엘리베이터로 각 층에 연결되고 연속된 긴 복도에 의해 각 주호로 출입하는 형식으로 일반적으로 동서를 축으로 하고 있다.

㈎ 장점

㉠ 복도 개방시 각 주호의 거주성이 좋다.

㉡ 고층·초고층 아파트에 적합하다.

㉢ 통풍, 채광이 양호하다.

㉣ 엘리베이터 1대당 이용률을 높일 수 있다.

㈏ 단점

㉠ 복도가 개방식으로 되어 통풍구, 채광구, 통로에 의해 각 주호의 프라이버시가 침해되기 쉽다.

㉡ 복도 개방시 외부에 대해 무방비 상태이므로 위험하다.

㉢ 복도 폐쇄시 통풍, 채광이 불리해진다.

㉣ 고층 아파트의 경우 난간을 높게 해야 한다.

㉤ 공용면적이 커진다.

③ 중(속)복도형(middle corridor system)

편복도형과 유사하나 복도 양측에 주호를 배치하는 형식으로 축은 남북으로 배치하며, 도심지 독신자 아파트 등에 적합하다.

㈎ 장점

㉠ 고층·초고층 아파트에 가장 유리하다.

㉡ 대지의 이용률이 높다.

㉢ 엘리베이터의 효율이 좋다.

㈏ 단점

㉠ 프라이버시가 나쁘고 시끄럽다.

㉡ 통풍, 채광상 불리하다.

㉢ 복도의 면적이 많다.

㉣ 개구부의 방향의 한정으로 인한 평면계획이 불리하다.

학습 포인트

▶ 독신자 아파트

아파트먼트 호텔(apartment hotel) 중에서 호텔에 가까운 것이며, 아파트형으로는 복도실일 경우가 보통이다.

• 특징

① 단위 평면 자체의 면적은 극소로 제한되고, 공용의 사교적 부분이 충분히 제공되어 있다.
② 식사는 공용 식당에서 하게 된다.(단위 평면에는 보통 부엌이 없다.)
③ 욕실은 공동으로 사용하는 경우가 많다.
④ 각 주거 단위에서 거실이나 침실에 도어 베드(door bed)가 붙어 있는 정도이다.(15~20m² 입식인 경우)

④ 집중형(탑상형)

엘리베이터, 계단 등을 중앙에 배치하고 그 주위에 각 주호를 집중시키는 형식

㉮ 장점

㉠ 대지의 이용률이 가장 높고, 많은 주호를 집중시킬 수 있다.

㉡ 가장 compact한 평면형으로 하기 쉬우므로 고층으로 할 때 구조, 공사비 면에서 유리하다.

㉢ 중앙에 core 또는 그 주위에 설비를 집중시킬 수 있다.

㉣ 세대별 규모 변화가 가능하다.

㉯ 단점

㉠ 프라이버시가 극히 나쁘며 통풍·채광상 극히 불리하다.

㉡ 복도 부분의 환기 등의 문제점을 해결하기 위해 고도의 설비시설을 해야 한다.

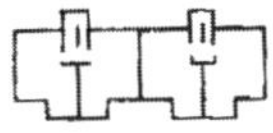
(a) 계단실형

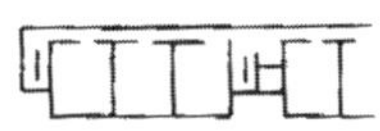
(b) 편복도형

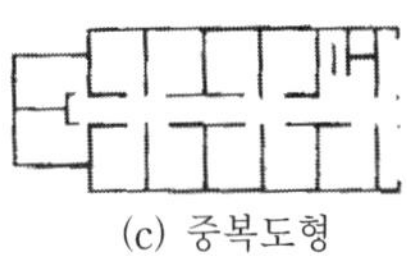
(c) 중복도형

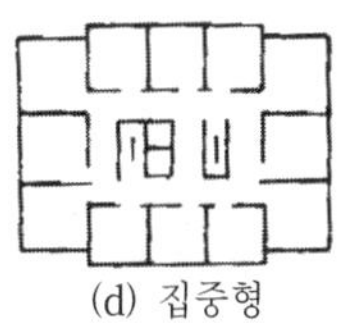
(d) 집중형

그림 28 아파트의 평면 형식

학습 포인트

▸ 아파트의 평면 형식의 비교

비교 내용 / 평면 형식	프라이버시	연면적에 대한 전용 면적비	환경 조건	부지의 이용률
계단실형	가장 좋다	가장 높다	가장 좋다	가장 낮다
편복도형	별로 좋지 않다	조금 낮다	양호하다	낮다
중복도형	나쁘다	낮다	나쁘다	높다
집 중 형	가장 나쁘다	가장 낮다	가장 나쁘다	가장 높다

⑤ 단면 형식상의 분류

㉮ 단층형(flat type, simplex type)

각 주호의 주어진 규모 가운데 각 실의 면적 배분이 1개 층에서 끝나는 형식

㉠ 장점

ⓐ 평면 구성에 제약이 적다.

ⓑ 작은 면적에서도 설계가 가능하다.

㉯ 단점

㉠ 각 실에 인접하게 되어 프라이버시 유지가 어렵다.

㉡ 공용부분에 면하는 부분이 많으므로 주호의 프라이버시 유지가 어렵다.

㉢ 각 주호의 규모가 커지면 그에 따른 공용 복도가 길어져서 호당 공용부분의 면적이 커진다.

⑥ 복층형(duplex type, maisonnette type)

작은 저택의 뜻을 지니고 있는 메조넷(maisonnette)은 하나의 주호가 2개 층 이상에 걸쳐 구성되는 형식으로 독립성이 좋고 전용 면적비가 크나 50m^2 이하의 주거 형식에는 비경제적이다.

※ Le Corbusier의 마르세이유나 낭트(Nantes)의 아파트가 이 형식이다.

㉮ 장점

㉠ 주야간의 생활공간이 층별로 구분되므로 프라이버시가 가장 좋다. 공용복도가 없는 층은 야간의 생활공간(침실 등)을 배치하고, 복도층에는 주간의 생활공간을 배치한다.

㉡ 엘리베이터의 정지층수를 적게 할 수 있어 중직동선의 편리를 도모한다.

㉢ 복도가 없는 층은 남북면이 트여 있으므로 좋은 평면 구성이 가능하다.

㉣ 통로 면적이 감소하고 임대면적이 증가한다.

㈏ 단점

㉠ 주호 내에 계단을 두어야 하므로 소규모 주택에서는 비경제적이다.

㉡ 공용 복도가 없는 층은 화재 및 위험시 대피상 불리하다.

㉢ 서로 다른 평면형이 상하층을 포개게 되므로 구조 및 설비 등이 복잡하고 설계가 어렵다.

㉣ 공용 복도가 중복도형인 경우 복도의 소음 처리에 특별히 신경을 써야 한다.

⑦ triplex type

㈎ 하나의 주호가 3층으로 구성되어 있는 형식이다.

㈏ 프라이버시 확보와 통로 면적의 절약은 maisonette형보다 유리하나 주호의 면적이 크지 않으면 계획상의 융통성이 없어진다.

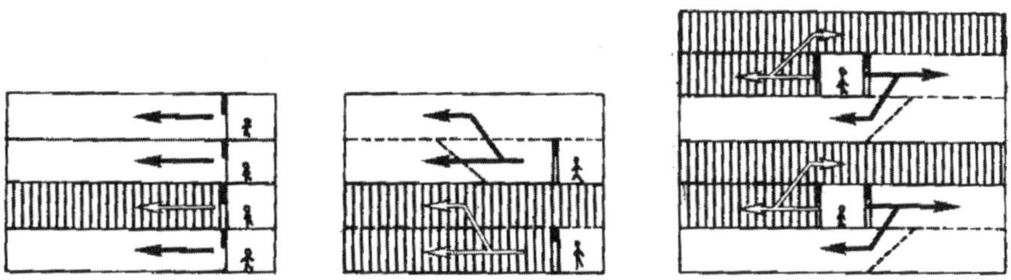

(a) 플래트 (b) 메조넷(갓복도) (c) 메조네트(속복도)

그림 29 플랫과 메조네트의 기본형

학습 포인트

▸ 복층형의 변형

- 스킵 플로어형(skip floor type) : 엘리베이터와 연결하는 복도가 2층 또는 3층마다 있고 2층에서 상하층의 계단을 설치하는 형식으로 주호당 전용 면적비를 크게 할 수 있으며 복도가 설치되지 않은 층은 남북면이 개방되어 다양한 평면형을 구성할 수 있다.
- 코리도 플로어형(corridor floor type) : 스킵 플로어의 변형으로 엘리베이터가 정지하는 층에 공동시설을 집중 배치하여 생활의 편리를 도모한다.
- 가위형(split type) : 건물의 한쪽에 거실이 있으면, 반대쪽 위쪽에 침실을 배치한 형식으로 프라이버시를 고려하여 마주보지 않게 배치한다.

⑧ 블록 플랜(Block plan)의 결정 조건

㉮ 형식 : I형, ㄱ형, ㄹ형, T자형, ㅁ자형, +자형, E자형

㉯ 결정조건

㉠ 각 단위 플랜이 2면 이하 외기에 면할 것

㉡ 중요한 거실이 모퉁이에 배치되지 않도록 할 것

㉢ 각 단위 플랜에서 중요한 실의 환경은 균등하게 할 것

㉣ 현관이 계단에서 멀지 않을 것.(계단실형의 경우 6m 이내)

㉤ 모퉁이에서 다른 주호가 들여다보이지 않을 것

㉥ 설비 공간의 배치가 어떤 규칙성에 준하는 것이 경제적이다.

㉦ 모든 단위 거주가 균등하게 일사면에 노출되도록 유의할 것

4) 주동 형식의 종류 및 특성

① 탑상형

㉮ 장점

㉠ 대지의 조망, 경관 계획상 유리하다.

㉡ 단지 설계상의 랜드 마크(land mark)

㉢ 외부공간의 음영이 적어 정원 등의 관리상 이점이 있다.

㉣ 외부인의 출입 통제, 방범 등의 관리상 유리하다.

㉯ 단점

㉠ 엘리베이터의 이용 호수가 제한되어 관리비면에서 불리하다.

㉡ 주호가 중앙 홀을 중심으로 전면에 배치됨으로써 각 주호의 탑상 조건이 불균등해진다.

② 판상형

㉮ 특징

㉠ 장점

ⓐ 각 주호의 환경 조건이 균등하다.

ⓑ 동일 형식의 주호 배열이 가능하다.

㉯ 단점

㉠ 대지의 조망이 차단되기 쉽다

㉡ 인동간격으로 인해 배치계획상 제약이 많다

㉢ 외부공간에 긴 음영이 생겨 공용시설 계획이 어렵다.

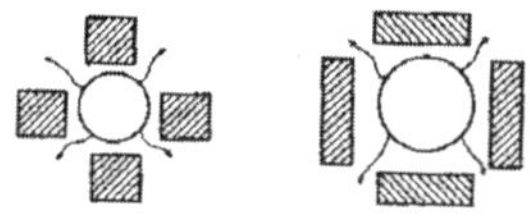

(a) 탑상형 (b) 판상형

그림 30 주동형식

③ 배치 방법

전체 단지는 적정한 사용자, 예상 밀도, 바람직한 환경 특성에 따라 분류된 개별 주거동 집합으로 형성된다. 여기서 각각의 주거동 내에서 각 세대에 적절한 배치 방법 및 형성 방법은 지형, 대지 규모, 쾌적성, 향, 생활양식과 관련된다.

㉮ 평형 배치형

판상형 아파트를 남향으로 평행 배치시키는 형식

㉠ 각 주호에 균등한 환경 조건을 부여할 수 있으며, 에너지 절약에 유리하다.

㉡ 외부공간에 있어서 전후 간격이 좁고 획일적이며 단조로운 배치가 되기 쉽다.

㉯ 직각 배치형

일자 또는 ㄱ자형의 판상형 아파트의 건축물이 상호 직교되도록 배치시키는 방법

㉠ 평행 배치형보다 공간의 폐쇄, 개방, 둘러쌈 등의 변화가 다양하다.

㉡ 보다 활성화된 외부공간을 구성할 수 있다.

㉰ 사행 배치형

주동을 경사를 두어 배치하는 방법

㉠ 대지 형태가 불규칙적인 경우에 대응시키면 좋은 공간구성을 할 수 있다.

㉡ 법적인 인동간격의 제한을 받을 때 불리한 점이 있다.

㉱ 복합 배치형

주동을 평행이나 직각으로 배치하지 않고 사행 또는 불규칙적으로 배치하는 방법

㉠ 대지 모양이 부정형이거나 곡선 도로에 면한 대지에서 많이 나타난다.

㉡ 건물의 크기나 대지의 모양에 따라서 자유롭게 변화되므로 변화성이 대단히 클 수 있는 반면에 배치가 혼잡해질 가능성이 있다.

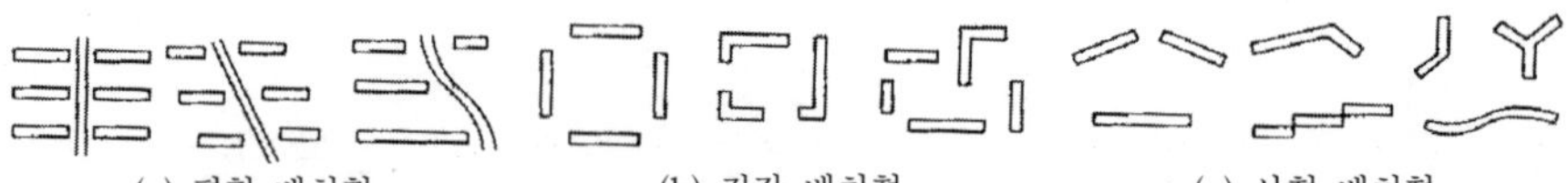

(a) 평형 배치형 (b) 직각 배치형 (c) 사형 배치형

그림 31 판상형의 배치방법

5) 세부계획

① 공용부분

㉮ 공용부분 계획의 기본 개념

㉮ 매력이 있는 공간 조성

㉯ 인간미 넘치는 생활감의 창출

㉰ 안정성 있는 공간

② 공용공간

관리사무소, 어린이 놀이터, 의료시설, 일반 목욕탕, 구매시설, 유치원, 주민 운동시설, 조경시설 등을 주택건설기준에 따라 설치한다.

표 5 주택 단지의 공동시설

종 류	설 치 기 준
유아놀이터	• 위치 : 인보구에 설치, 각 호에서 50~100m 거리 이내일 것 • 대상 : 3~8세의 유아 및 아동 • 넓이 : 200~300m²(30호의 경우) • 시설 : 모래사장, 저철봉, 시소, 정글짐, 그네, 미끄럼대, 식수대
아동 공원	• 위치 : 근린분구에 설치, 각 호에서 500m 거리 정도 또는 초등학교에 병설 • 대상 : 8세 이하의 아동 • 넓이 : 2,000m² 이하 • 시설 : 간이 야구, 배구 등의 운동 시설
보육소	• 설치 목적 : 주부의 가사 노동 경감, 직장 진출을 도모하기 위해 필요 • 규모 : 5세 이하 유유아(乳幼兒)수의 1/2, 집합 주택 인구의 7% 정도 수용할 수 있게 함 • 위치 : 유아 공간과 인접 • 크기 : 보육실+유희실의 면적→2m²/인 이상, 전체 면적→3.3m²/인
공중욕탕	• 위치 : 각 호에서 욕탕까지의 거리는 될 수 있으면 가깝게 정하고 적어도 150m 이내에 두는 것이 좋다.
점포	• 근린분구에 설치하는 것 : 쌀가게, 주점, 식료품점, 잡화상 • 근린주구에 설치하는 것 : 식료품점, 완구점, 문방구 , 약국, 양복점, 양품점 등

③ 계단 · 복도 및 엘리베이터

㉮ 계단

㉠ 단높이 18cm, 단너비 28cm, 계단의 폭 1.8~2.1m, 각도 30° 이하

㉡ 법규상 : 단높이 18cm 이하, 단너비 26cm 이하

㉯ 복도

㉠ 보행거리

- 주요구조부가 내화구조인 경우 : 50m
- 16층 이상 공동주택 : 40m 이하
- 비내화구조인 경우 : 30m

㉡ 출입구의 높이 : 1.8m

㉢ 복도 폭(법규상)

- 중복도 : 1.8m 이상(단, 당해 복도를 이용하는 세대수가 5세대 이하인 경우에는 1.5m 이상)
- 편복도 : 1.2m 이상

학습 포인트

▶ 공동주택의 평면 및 각 부위의 치수

- 주택의 표준화를 위하여 정하는 기준 척도(module)에 적합하여야 한다.(주택법의 주택건설의 기준)
- 거실, 침실의 단위 평면 : 30cm 단위
- 욕실, 부엌, 식당 단위 평면 : 10cm 단위
- 층고 : 2.4m 이상
- 천장고 : 2.2m 이상
- 계단의 너비 : 계단참 너비 및 복도의 너비 : 10cm 단위
- 난간의 높이 : 10cm 단위
- 승용승강기 및 승강로의 치수
- 창호 설치용 개구부의 치수

㉰ 엘리베이터(Elevator) 계획

㉠ 엘리베이터의 설치 : 6층 이상의 아파트

- 복도형 : 단위 플랜 30~40m 이내에 설치
- 계단실형 : 홀에 설치

㉡ 대수 산출시 가정 조건

- 2층 이하 거주자의 30%를 15분간에 일방향으로 수송한다.

- 1인의 승강에 필요한 시간은 문의 개폐 시간을 포함해서 6초로 한다.
- 한 층에서 승객을 기다리는 시간은 10초로 한다.
- 실제 주행 속도는 전속도(V)의 80%로 한다.
- 정원(a_0)의 80%를 수송 인원으로 한다.

ⓒ 엘리베이터의 운행상 : 정지 층수
- 단층형 : 각층마다 정지하므로 정지 층수가 많아진다.
- 복층형 : 정지 층수가 적어져 경제적이고 효율적이다. 피아노를 똑바로 세워 넣을 수 있는 정도가 바람직하다.

ⓔ 엘리베이터의 배치상
- 계단실형 : 각 계단실마다 배치해야 하므로 대수가 많이 소요되어 비경제적이다.
- 편복도형 : 한 동당 1대 또는 2대 정도가 필요하므로 경제적이다. 엘리베이터 1대당 50~100호가 적당하며, 10인승 이하의 소규모가 좋다.

ⓜ 엘리베이터의 선택상 : 엘리베이터의 속도
- 경제적인 면 : 저속(50m/min 이하)
- 능률적인 면 : 중속(70~100m/min)

㉣ 설비계획

ⓐ 채광 및 환기
- 채광에 필요한 면적 : 거실 바닥면적의 1/10 이상
- 환기에 필요한 면적 : 거실 바닥면적의 1/20 이상

ⓑ 난방
- 증기난방 : 고층에 적합하다.
- 온수난방 : 저층은 중력식으로 하고, 중층은 기계순환식이 적합하다.

ⓒ 급·배수
- 급수량은 1일 1인당 50~200ℓ로 한다.
- 배수량은 1시간당 165ℓ로 한다.

ⓔ 파이프 샤프트(pipe shaft)
- 배수구, 냉난방, 급배수, 급탕, 가스 등의 배관을 담는 수직 구조체
- 전기, 전화선은 별도로 하되 같이 넣을 때는 다른 pipe보다 30cm 이상 떨어지게 한다.
- 20cm의 pipe wrench를 조작할 여유가 있어야 한다.

④ 단위 플랜(unit plan)

㉮ 단위 평면의 결정 조건

㉠ 동선이 단순하고 혼란되지 않도록 할 것

㉡ 거실과 침실은 직접 출입하도록 할 것

㉢ 부엌은 가능하면 외부와 직접 출입할 수 있을 것

㉣ 부엌과 식사실은 직접 연결할 것

㉤ 각 실은 타실을 통해서 통행하지 않도록 할 것

㉯ 단위주거 평면구성

실의 형	공간의 모델	생활의 특징
D·K	침·L / D·L 7~9	•소규모 주택형의 각 실을 분리하면, 너무 협소하기 때문에 일반적으로 주방 겸 식당실(D.K)과 거실 겸 침실은 개방적으로 연결
L·D·K	L·D·K	•L·D·K가 일체가 되므로 안정된 거실은 확립이 안된다. •L·D·K의 면적이 크면 간단한 칸막이로 K와 D를 분리할 수 있다.
L·D+K	L·D 13~15 / K 5~6	•식사실을 중심으로 단란한 생활형에 적합
L+D·K	L 12~13 / D·K 9~10	•D·K는 가사의 편리함과 주방 일을 하면서 단란하게 모이므로 생활에 편리
L+D+K	L 12~13 / D 7~8 / K 5~6	•L·D·K를 각각 용도에 따라 분리 •불충분한 규모로 형식적인 분리를 하는 경우 오히려 생활에 불편을 가져온다.
S형	S / (L·D·K)	•L·D·K의 공간 이외의 특별한 용도의 공간을 만든다. •접객용, 서재, 플에이 룸, 기타 취미에 따른 용도로 한다.

주 : 공간모델 부분의 숫자는 공공주택을 상정한 경우의 최저소요면적(m^2)
D·K 는 주방과 식당이 1실로 되어 있음을 나타내고, D+K는 각 실이 독립되어 있음을 뜻한다.

⑤ 단위 평면의 크기

㉮ 1인당 (최소한) 주거 면적 : 4~6m^2 정도

㉯ 3~4인용의 단위 평면에 있어서 주거 면적 : 약 20m^2(총 바닥면적 35m^2로 한다.) 입식에서는 50~90m^2로 한다.

㉰ APT의 단위 주호에서 계단까지의 거리 : 20m 이하(최대 30m)

⑥ 단위 플랜 내의 각실

㉮ 현관

㉠ 복도와 홀 등 공용부분의 통행을 위해서는 현관의 출입문은 안여닫이가 바람직하지만 면적상 홀이 좁아지므로 밖여닫이로 하는 것이 일반적이다.

㉡ 유효 폭은 85cm 이상(1m 정도)으로 하고, 방화상 철제문으로 하며, 벨·우편함을 설치한다.

㉯ 거실, 식당, 부엌

㉠ 일반적으로 다이닝 키친(dining kitchen), 리빙 키친(living kitchen) 형식이다.

㉡ 부엌에 면하여 베란다를 설치한다.

㉢ 거실의 천장 높이는 2.4m 이상으로 하고, 최상층은 방서를 위해 일반층보다 10~20cm 정도 더 높게 한다.

㉰ 발코니(balcony)

㉠ 직접 외기에 접하는 장소로 서비스 발코니와 리빙 발코니가 있다.

㉡ 용도 : 유아의 놀이 장소, 일광욕, 세탁물 건조 장소

㉢ 난간의 높이 : 1.2m 정도

㉣ 비상시 이웃집과 연락이 가능한 구조로 한다.

㉱ 가구 수납 설비

㉠ 결로 방지가 되도록 내벽에 면하게 설치하고 되도록 비치 가구로 한다.

㉡ 수납용 베드(도어 베드, 리세스 베드, 롤러 베드)를 고려한다.

㉲ 세면·화장실·욕실

㉠ 화장실은 수세식으로 하고 될 수 있는 대로 거실에서 직접 들어가는 형식은 좋지 않으며, 복도나 세면실을 전실로 하여, 욕실에 접해서 탈의실을 겸하여 사용할 수 있게 한다.

㉡ 욕실은 휴식을 위하는 것으로 화장실과 분리하여 전용 욕실을 만드는 것이 좋다. 또한, 욕실에는 수증기를 뺄 수 있는 환기 장치를 설치해야 한다.

㉢ 화장실, 욕실의 바닥은 방이나 거실의 바닥보다 낮게 해야 하고, 출입문은 물에 잘 썩지 않는 재료로 하고 안으로 열도록 하며 수증기와 물이 안쪽으로 흐르게 물매를 두어야 한다.

㉣ 욕조는 80~90×120~180cm로 한다.

㉳ 설비의 집중과 유닛화

㉠ 주거 안의 설비 계통, 즉 화장실, 욕실, 세면장, 부엌, 보일러실 등은 배관이나 덕트가 다르므로 일정한 장소에 고정하게 된다. 이 경우 설비 계통

을 집중시켜 이를 핵(core)으로 하여 서비스 부분을 다른 공간과 분리시키는 이른바 코어 시스템(core system)으로 계획하는 것이 합리적이고 일반적인 방법이다.

㉡ 집합주택을 적극적으로 공장생산화하는 경우 설비 계통을 배관까지 포함 유닛화(unit)하여 공장에서 제작한 후 현장에 반입하여 설치하려는 방법이 적용된다.

제2장 주거건축 익 힘 문 제

1. 새로운 주거계획의 기본방향에 대하여 간단히 요약하라.
2. 주택의 설계를 위탁받은 경우 설계자로서 최우선적으로 하여야 할 일은?
3. M.C(Modular Coordination) 생산 방식을 도입한 주거건축의 특징은?
4. 사회학자 숑바르 드 로브(Chombard de Lawve)가 설정한 주거면적의 한계기준과 병리기준의 면적은?
5. Frankfurt Am Mein의 국제주거회의에서 결정한 1인당 최소 평균 주거면적은?
6. 세계가족단체협회가 권장하고 있는 주택건축면적의 유효기준은?
7. 한식주택과 양식주택을 비교하여 볼 때 한식주택의 특징은?
8. 한·양식(韓, 洋式)주택의 차이점에 대한 사항을 정리하라.
9. 다음은 한국 전통 서민주택의 평면이다. 각각 어느 지방의 서민주택 평면인가?

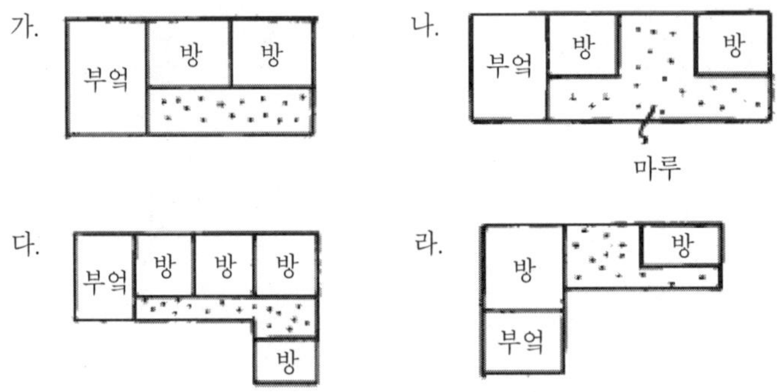

10. 우리나라 전통의 한식주택에서 문꼴부분의 면적이 큰 이유는?
11. 경사지에 있어서의 주택 평면계획으로 바닥의 높이 차를 이용하여 공간을 효율적으로 처리할 수 있는 주택의 형식은?
12. 주택의 평면계획시 공간의 조닝 방법은?
13. 주택의 동선계획에 관하여 설명하라.
14. 일반적인 단독주택의 설계에서 각 실의 면적비율은?
15. 가사노동의 경감을 위한 방법은?
16. 주택의 주방계획에서 작업대의 배열에 대하여 설명하라.
17. 부엌의 합리적인 크기를 결정하기 위한 조건은?
18. 침실의 크기를 결정하는 요소로서 우선 고려되어야 할 것은?
19. 실내 재실자의 체취를 기준으로 할때 성인 1인당 소요 실용적을 17m^3/hr로 본다면, 실내 환기회수

2회/hr, 천장고 3m, 재실인원 6인용 침실의 최소바닥 넓이는?

20. 주택의 노인실 계획에 대하여 설명하라.
21. 농촌주택 평면계획에 대하여 설명하라.
22. 주거단지의 단위 중 작은 것부터 큰 순서로 나열하면?
23. 근린분구에 대하여 설명하라.
24. 근린주구 생활권의 주택지의 단위로서, 아파트의 경우 3-4층 건물 1-2동의 규모로 어린이 놀이터가 중심이 되는 단위는?
25. 근린생활권의 주택지의 단위로서 초등학교를 중심으로 한 단위이며, 어린이공원, 운동장, 우체국, 소방서, 동사무소 등이 설립되는 주거단위는?
26. 19세기 후반 전원도시(Garden City)이론으로 이후 도시계획 및 단지계획에 큰 영향을 미친 사람은?
27. 페리(C.A.Perry)의 근린주구 이론의 기초가 되는 시설은?
28. 케빈 린치(Kevin Lynch)가 제시한 도시의 형태 및 시각적 환경의 지각을 형성하는 이미지(image) 요소는?
29. 공동주택단지의 주거밀도를 계획하는데 가장 기본이 되는 사항은?
30. 주거단지의 주진입로 계획에 대하여 설명하라.
31. 단지계획에 있어서 교통계획의 주요 착안 사항은?
32. 아파트의 사회적인 성립(成立) 요인은?
33. 공동주택의 남북간 인동간격을 결정 요소는?
34. 아파트 건축을 평면상 분류할 경우 각각의 특색에 대하여 설명하라.
    ㉠ 홀형
    ㉡ 편복도형
    ㉢ 중복도형
    ㉣ 집중형
35. 메조넷형(복층형) 아파트의 특징은?
36. 중복도형 아파트에 대하여 설명하라.
37. 아파트의 스킵플로어 형식(skip floor type : 복층식)의 장점에 대하여 설명하라.
38. 엘리베이터와 연결 되는 복도가 2층이나 3층마다 있고 2층에서 상하층이 계단으로 연결되는 아파트의 형식을 무엇이라 하는가?
39. 공동주택에서 코어시스템(Core system)을 채용하는 가장 큰 이유는?
40. 공동주택의 거주자는 다양한 가족구성을 가진 가구로 이루어져 있다는 점을 감안할 때, 단위 주호계획에서 우선적으로 고려해야 할 사항은?

41. 아파트 주거단위계획(block plan)의 결정조건은?

42. 아파트 단위평면의 결정조건은?

43. 아파트 단지 내 주동배치시 고려하여야 할 사항은?

44. 공동주택의 외부공간 구성수법에 있어서 옥외공간계획 구성 요소는?

45. 공동주택 단지 내 보행자 동선 계획시 가장 중점적으로 고려하여야 할 것은?

46. 아파트의 동 계획에서 지상층에 피로티를 두는 이유는?

47. 경사지에 세워지는 고층 아파트 단지의 군집형상을 다양화시키는 방안은?

제3장

업무시설

제3장 업무시설

1. 사무소

(1) 개요

1) 사무소 건축의 분류

사무소 건축의 종류는 관리와 대여의 방법에 따라 분류된다. 관리상 분류는 전용 사무소, 준전용사무소, 대여 사무소, 준대여 사무소, 특수형 등이 있고, 대여 계획상의 분류로는 각층을 여러 개의 블록으로 나누어서 대여하는 경우, 층별로 대여하는 경우, 전체 건물을 단일 회사가 사용하는 경우 등이 있다.

① 관리상 분류

㉮ 전용 사무소

개인 또는 한 회사의 완전한 자기 소유 사무소로서 기업의 이미지를 개성적으로 표현한다. 관청, 공공 사무소, 공장의 부속사 사무소가 여기에 해당된다.

㉯ 준전용 사무소

몇 개의 회사가 모여서 부동산 회사를 설립하고 관리 운영과 소유를 공동으로 하는 사무소로 대규모 건물의 건설이 가능하다.

㉰ 대여 사무소

건물의 전부 또는 대부분을 대여하고 관리인만 두는 사무소

㉱ 준대여 사무소

건물의 주요 부분을 자기 전용으로 하고 나머지는 임대하는 사무소를 말하며, 이 경우 건물을 층별로 대여하는 방법과 층의 일부를 나누어 대여하는 경우로 나눌 수 있다.

㉲ 특수형

사무소 성격이 아닌 건물 일부를 사무실, 호텔, 백화점 등으로 임대하는 경우

② 대여 계획상의 분류

㉮ 개실 임대(A형)

작은 실 단위의 대여방식으로 기둥 사이를 세분화하여 대여하는 형식

㉯ 블록별 임대(B형)

기준층을 몇 개의 블록으로 내진벽 또는 방화구획에 의해 나누어 이것을 단위로 해서 대여하는 형식

㉰ 층별 임대(C형)

층을 단위로 해서 임대하는 것으로 일반 복도는 거의 없으며 엘리베이터에서 직접 사무실로 들어가는 형식

㉱ 전층 임대(D형)

전체층을 단일 회사가 사용하는 것으로 계획 초기부터 임대 회사가 있는 경우가 많기 때문에 전용사무소의 계획순서와 동일한 방법으로 진행된다.

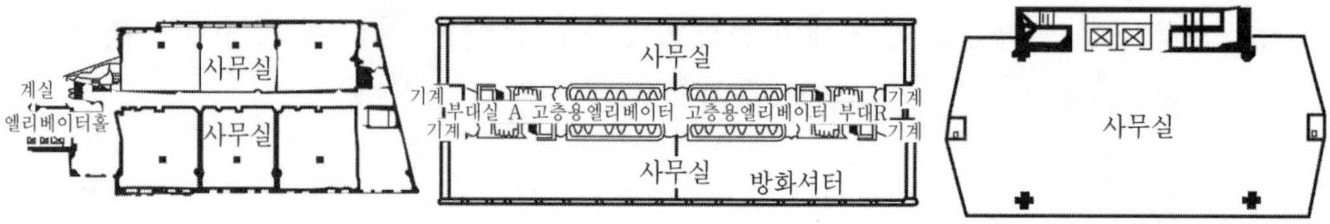

(a) A형 (b) B형 (c) C형

그림 1 대여계획상의 분류

2) 임대사무소의 면적 구성

- 수익부분 : 임대 사무소, 임대 창고, 임대 점포, 유료 주차장
- 비수익부분
  - 공용부분
    - 동선 : 현관, 홀, 복도, 계단, 엘리베이터, 에스컬레이터, 피난 발코니
    - 서비스 : 화장실, 세면실, 급탕실, 청소도구실
  - 비공용부분
    - 관리 : 관리실, 숙직실, 종업원실, 방제센터, 창고, 쓰레기처리장
    - 설비 : 중앙감시실, 기계실, 전기실, 종업원실, 공조기실, 각종 duct, shaft, chute 등

3) 대지의 위치 및 조건

① 대지 위치

㉮ 도심의 상업 중심가 지역(CBD, Central Business District) 또는 큰 도로변에 접하며, 교통이 편리한 곳

㉯ 도시가 갖는 경제성, 성격, 규모 등에 따라 사무소의 규모를 고려한다.

㉰ 전용 사무소는 지가와 주차장 확보 등의 이유로 도심 외곽이 유리하다.

㉱ 임대 사무소는 도심지 내 상업지역이나 역세권에 위치해야 임대가 유리하다.

② 대지 조건

㉮ 소음 공해가 적고 일조 조건이 양호한 곳

㉯ 너비가 넓은 도로에 접하고 2면 이상 접하는 것이 이상적이다.

㉰ 대지의 형상은 직사각형에 가까우며 전면 도로에 길게 접한 대지가 바람직하다.

㉱ 고층 빌딩인 경우에는 전면도로 폭 20m 이상이 유리하다.

(2) 일반계획

1) 평면계획의 치수

주로 집무 공간과 복도를 포함한 core의 2가지 공간으로 구성된다.

① 집무 공간 scale : 인체 치수, 동작 치수, 집무기기의 배치와 조작 치수 등에 의해 정해진다.

② core scale : core를 구성하는 계단, 승강기 및 홀, 화장실 등의 물리적 치수에 의해 구성된다.

또한 이 치수는 구조나 설비의 조건, 다른 용도의 기능적 치수와 조정하면서 span의 치수를 결정해 간다.

2) 수용인원 및 면적 계획

① 면적 구성비

㉮ 연면적은 크게 유효면적과 공용면적으로 나눌 수 있다.

㉯ 유효율(렌터블 비 : rentable ratio) : 연면적에 대한 대실면적의 비율

㉠ $\text{유효율} = \dfrac{\text{대실면적}}{\text{연면적}} \times 100\%$

㉡ 연면적에 대한 대실면적의 비율로 전체 건물에 대해서는 70~75% 정도이고, 기준층에서는 80% 정도이다.

㉢ 사무소 건축 계획은 지가를 포함한 정밀한 채산성 등을 고려한 후 실행되므로 유효율은 임대 사무소 경우 수익에 직접 영향을 미치는 중요한 요소가 된다.

② 사무실의 크기

사무소 건축의 규모는 사무원 수에 따라 결정된다. 따라서 사무원 1인당 점유 바닥면적을 통해 대실면적과 연면적을 산출할 수 있다.

㉮ 대실면적당 : 6~8m²/인(최소 : 5m²/인)

㉯ 연면적당 : 8~11m²/인

③ 남녀 구성비

사무소의 성격, 크기, 위치에 따라 다르다

표 1 남녀 구성 비율

	남(%)	여(%)
일반 사무 관계	65~75	35~25
은행	60~70	40~30
점포	50~60	50~40

학습 포인트

▸수용인원 및 면적 계산

• 유효율(rentable 비)= $\frac{\text{대실면적}}{\text{연면적}} \times 100\%$ {전체층 : 70 ~ 75% 정도, 기준층 : 80%정도}

• 사무원 1인당 점유 바닥면적 {연면적: 8~11m²/인(10m²/인정도), 대실면적: 6~8m²/인(최소5m²/인)}

➡ 연면적 : 대실면적=1 : (0.7~0.75)

• 대실면적(K)=사무원수(n)×1인당 대실면적(K)

〔예제 1〕 임대면적(대실면적) 5,000m²인 사무소의 연면적은?

해설 $\text{유효율} = \frac{\text{대실면적}}{\text{연면적}} \times 100\% = 70 \sim 75\%$

$\therefore \text{연면적} = \frac{5{,}000\text{m}^2}{70 \sim 75} \times 100 \fallingdotseq 7{,}000\text{m}^2$

〔예제 2〕 건축 연면적 2,000m²인 임대 사무소에 수용할 수 있는 적정 인원은?

해설 임대 사무소에서는 수용인원 1인당 연면적 10m² 정도이므로 n=2,000÷10≒200명

〔예제 3〕 수용인원 1,000명의 사무소 건축의 대실면적 규모는?(단, 사무를 볼 수 있는 사무실 면적으로 함.)

해설 대실면적(K)=사무원수(n)×1인당 대실면적(K)=1,000명×6~8=6,000~8,

(3) 평면계획

1) 실의 분류

① 공용 시설상에 의한 분류

㉮ 복도가 없는 형 : 소규모 사무소에 적당

㉯ 중복도형 : 중규모, 대규모 사무소에 적당

㉰ 편복도형 : 중규모 사무소에 적당

㉱ 중복도 방사상형 : 20층 이하의 고층 사무소에 적당

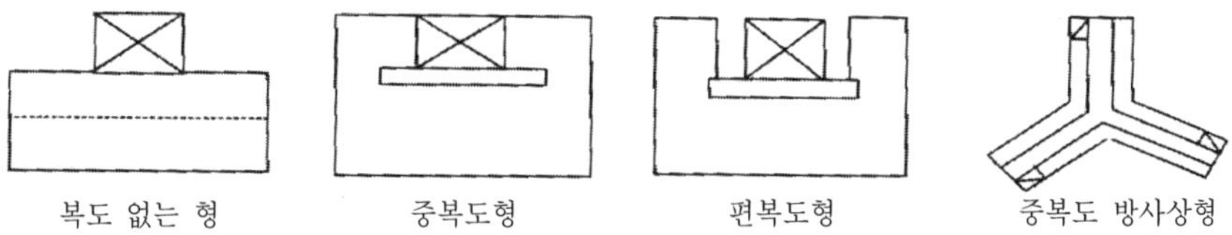

그림 2 공용시설상의 분류

② 복도형에 의한 분류

㉮ 단일 지역 배치(편복도식)

㉠ 자연 채광이 좋으며 통풍이 유리하다.

㉡ 경제성보다 건강, 분위기 등이 필요한 경우에 적당하며, 비교적 고가이다.

㉯ 2중 지역 배치(중복도식)

㉠ 중(中)정도 크기의 사무실에 적당하다.

㉡ 방향을 동서로 사무실이 면하게 한다.

㉢ 주계단, 부계단을 두어 사용 할 수 있고 유틸리티 코어의 설계에 주의를 요한다.

㉰ 3중 지역 배치(2중 복도식, 중앙홀식)

㉠ 방사선 형태의 평면 형식으로 고층 전용 사무실에 주로 사용된다.

㉡ 교통시설, 위생설비는 건물 내부의 제3 또는 중심지역에 위치하며 사무실은 외벽을 따라서 배치한다.

㉢ 사무소 내부 지역에 인공조명, 기계 환기설비가 필요하다.

㉣ 경제적이며 미적, 구조적 견지에서 많은 이점이 있다.

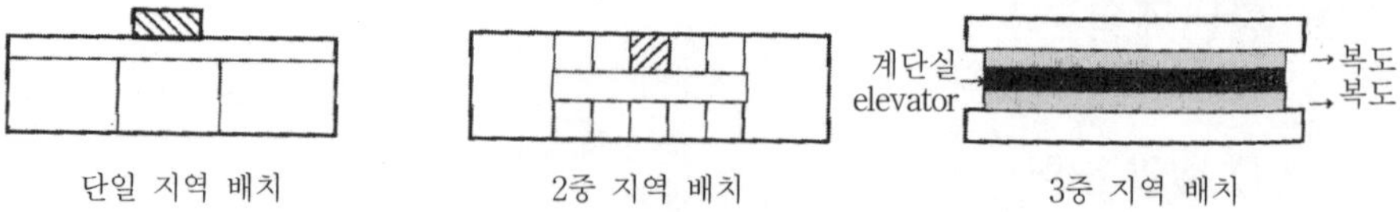

그림 3 복도형에 의한 분류

③ 실단위에 의한 분류

㉮ 개실 배치(individual room system) : 복도에 의해 각 층의 여러 부분으로 들어가는 방법으로 유럽에서 널리 쓰인다.

㉠ 독립성과 쾌적성이 좋다.

㉡ 자연채광 조건이 좋다.

㉢ 공사비가 비교적 높다.

㉣ 방 길이에는 변화를 줄 수 있지만, 방 깊이에는 변화를 줄 수 없다.

㉯ 개방식 배치(open system) : 개방된 큰 방으로 설계하고 중역들을 위해 작은 분리된 방을 두는 방법

㉠ 전면적을 유용하게 이용할 수 있어 공간이 절약된다.

㉡ 칸막이벽이 없어서 개실 배치방법보다 공사비가 싸다.

㉢ 방의 길이나 깊이에 변화를 줄 수 있다.

㉣ 소음이 들리고 독립성이 떨어진다.

㉤ 자연 채광에 인공조명이 필요하다.

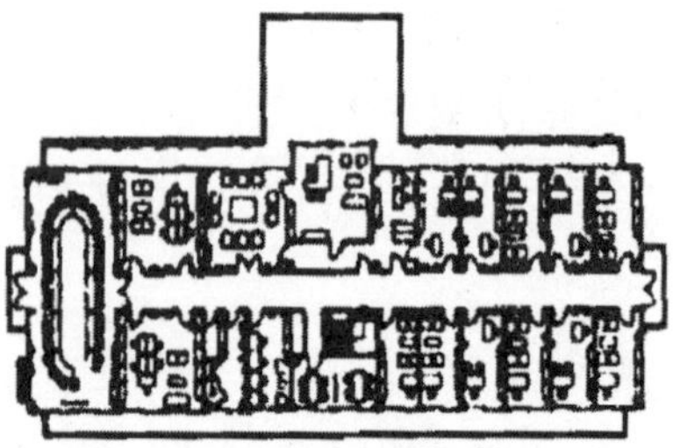

그림 4 개실형

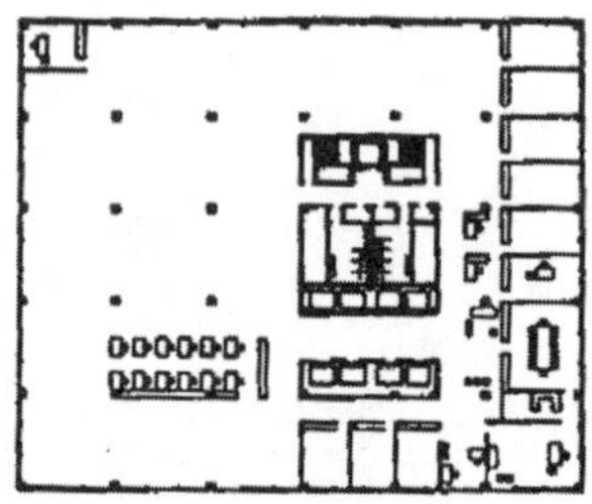

그림 5 개방형

④ 오피스 랜드스케이핑(office landscaping)

㉮ 개념적 특성

㉠ 1959년 독일에서 시작되어 1967년 말에 미국에 소개되면서 세계 각국에 전파된 새로운 사무소 공간 설계방법을 개방된 공간을 의미한다. 이는 획일성을 없애고 융통성을 주는 인간적인 사무 공간을 목표로 하며 실질 작

업 패턴의 관계를 고려하여 모든 요소를 동시에 처리하는 기획 방식이다.

㉡ 사무 공간 내에서의 생산, 행위, 작업 전개, 사회와의 관련성, 그리고 작업 환경과 각종 기구의 필요성 등의 공통 인자를 가지고 있으며, 각 인자는 상호 유기적인 작용을 하면서 전체 요소에 영향을 미치는 것이 사무 공간 계획에 대한 새로운 접근 방법으로써 매우 융통성 있는 방법이다.

㉢ 계급 서열에 의한 획일적 배치에 대한 반성으로 사무의 흐름이나 작업 내용의 성격을 중시하는 배치 방법이다.

㉣ 사무원 각자의 업무를 분석하여, 서류의 흐름을 조사하고 사람과 물건(책상, 작업대, 서류장 등)의 긴밀도를 측정하여 가장 능률적으로 배치한다.

㉯ 계획의 원칙

㉠ 자리에 앉은 사람은 통로나 출입구가 시계에서 벗어나야 한다.

㉡ 창에서 6m 폭의 외주부는 빛이 왼쪽에서 들어와야 한다.

㉢ 작업 장소에 남에게 방해를 주지 않고 접근할 수 있어야 한다.

㉣ 책상간의 거리는 최소 0.7m 이상 유지한다.

㉤ 회의 장소 등은 작업장(소음 진원지)과 5~9m 간격을 유지한다.

㉥ 주통로는 최소 2m 이상, 부통로는 1m 이상, 책상 사이 통로는 0.7m 이상을 확보한다.

㉦ 직위보다는 작업의 흐름과 정보 교환을 최우선으로 배치한다.

㉧ 칸막이는 쉽게 움직일 수 있는 음향 스크린을 사용한다.

㉨ 직원 누구도 휴식 장소에 가기 위해 30m 이상 걸어서는 안 된다.

㉰ 특성

㉠ 장점

ⓐ 개방식 배치의 변형된 방식이므로 공간이 절약된다.

ⓑ 공사비(칸막이벽, 공조설비, 소화설비, 조명설비 등)가 절약되므로 경제적이다.

ⓒ 작업 패턴의 변화에 따른 컨트롤이 가능하며 융통성이 있으므로 새로운 요구사항에 맞도록 신속한 변경이 가능하다.

ⓓ 사무실 내에서 인간관계의 질적 향상과 모럴의 확립을 통해 작업의 능률이 향상된다.

ⓔ 자라는 수목 등을 이용하여 시각적 차단과 부드러운 분위기를 조성할 수 있다.

ⓕ 창이나 기둥의 방향에 관계없이 사무실 배치가 가능하다.

㉡ 단점

ⓐ 소음이 발생하기 쉽다.

ⓑ 독립성이 결여될 우려가 있다.

ⓒ 사무실을 모듈에 의해 설계할 때 배치 방법에 제약을 받는다.

ⓓ 직원들 상호간 위치 관계에서 오는 심리적 영향이나 통로가 타인의 일을 방해할 우려가 있다.

㉱ 문제점에 대한 대책

㉠ 바닥은 카펫으로, 천장은 어코스틱 보드를 마감하여 소음을 줄인다.

㉡ 시각적인 간섭에 대한 대책으로 자라는 수목을 설치한다.

2) 개실 계획

① office layout

사무소 건물에서는 설비적 조건을 포함한 최소 집무 단위를 설정해서 office layout을 유연하게 한다.

② 최소 집무 단위 설정

1인당 수용면적, 사용 빈도가 높은 실 형태의 크기로부터 채택된다. 이것은 사무실 공간의 기본적 단위이며, 단순한 평면상의 안배 뿐 아니라 공조나 전기 설비를 완결하는 기본 단위로서 조합하는 다양성을 유도하는 module space가 된다.

③ 평면 배치는 기본적인 격자 치수(grid)

계획 모듈(planning module)이나 설정된 기본적 치수단위에 항상 기준을 두며, 실의 치수는 이 모듈의 배수이다.

④ 모듈 산정의 기준

보통 1.6m×1.6m, 1.5m×1.5m를 기준으로 하며, 이때 실 단위는 이것의 4단위인 3.0m×3.0m, 3.2m×3.2m가 된다.

⑤ curtain wall의 유리

모듈의 1단위 또는 2단위로 한다.

⑥ 건물 외벽에서 core까지의 거리

보통 기준 모듈의 6단위가 된다. (외측 사무실 깊이 3단위 + 내측 사무실 등 깊이 2단위 + 복도폭 1단위 또는 2단위)

학습 포인트

▸ 그리드 플래닝(grid planning, 격자식 계획)
- 고층 office building에서 균질 공간(均質空間)을 구성하기 우한 일반적인 계획수법(균형 잡힌 계획으로 정리하기 위한 시스템)
- 균질 공간이란 일정한 실내 환경설비를 갖춘 어느 크기의 space의 집합으로서 전체의 office space를 만드는 것을 의미한다.
- sprinkler와 설비 요소, 책상의 배치, 칸막이벽의 설치, 지하 주차장의 주차 등

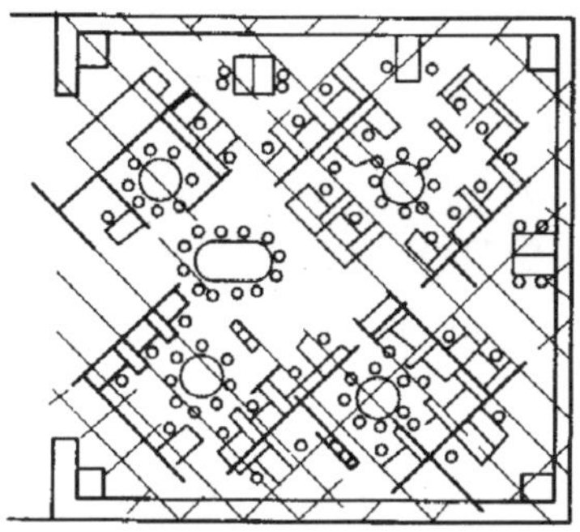

그림 6 그리드 플래닝

3) 층별 계획

① 기준층 계획

집무 부분과 core 부분으로 구성된 기준층은 면적이 클수록 임대율이 높아진다.

㉮ 계획시 주의사항

㉠ 대실의 기술적 조건과 경제적 조건의 전체적 가치가 되도록 균일한 것으로 한다.

㉡ 동선은 엘리베이터를 중심으로 공용부분과 유기적이면서도 복잡해지지 않도록 복도는 단순하고 짧게 계획한다.

㉢ 기준층의 결정은 대상 임대자의 규모와 수를 설정하여 각종 수직, 수평 교통 및 설비 계획 · 주차장 계획 등을 근거로 한다.

㉯ 사무소 건축의 기준층 규모 산정시 고려사항

㉠ 구조상 스팬(span)의 한계

㉡ 중직거리의 한계(동선상의 거리)

㉢ 임대면적 비율

㉣ 피난시 최대 보행거리

㉤ 각종 설비시스템의 한계(duct, 배관, 배선)

㉥ 방화구획상 면적(법규상 방화구획, 배연계획 등)

㉦ 자연광에 의한 조명 한계(실내상시보조인공조명을 고려)

② 1층 계획

㉮ 1층은 배치 계획과 직접 관계되며 건물이 고층화 할수록 개방적인 광장이 요구된다.

㉯ 1층의 출입이 다수일 경우 동선 처리와 통행량 예측을 해야 한다.

㉰ 자사 전용 건물일 경우 방문자와 종업원의 입구를 분리하는 수도 있다.

㉱ 엘리베이터 홀의 동선 처리에 유의한다.(고층일 경우 동선의 혼란에 유의)

㉲ 차량의 진입과 하차자를 위한 출입구에 대한 고려가 필요하다.

㉳ 각종 서비스 동선 확보 및 분리 계획을 고려한다.

㉴ 퇴근 후의 출입 체크에 관한 계획 등을 고려한다.

③ 기계실층

㉮ 난방·공기 조화용 설비 및 배관 등의 설비 계획에 대한 검토가 요구된다.

㉯ 설비 방식에 따라 기계실을 지하층에 두는 상향식과 기계실을 최상층 또는 지하층과 최상층 두 곳에 설치하는 하향식이 있다.

4) 코어 계획(core system)

각 층의 설비 계통의 서비스 부분을 한 부분에 집약시켜 신경 계통의 집중화와 외벽의 내진벽 역할에 따라 구조적인 이점을 기대하는 방식이다.

① 코어의 역할

㉮ 평면적 역할

공용 부분을 한 곳에 집약시킴으로써 사무소의 유효 면적이 증대된다.

㉯ 구조적 역할

주내력벽 구조체로 외곽이 내진벽 역할을 한다.

㉰ 설비적 역할

설비 시설 등을 집약시킴으로써 설비 계통의 순환이 좋아지며 각 층에서의 계통거리가 최단이 되므로 설비를 절약할 수 있다.

② 코어 내의 공간

㉮ 실 : 계단실, 변소(세면소), 잡용실, 급탕실

㉯ 샤프트 : 엘리베이터, 파이프(급·배수, 전기, 통신), 덕트(공조·배연), 연돌, 더스트 슈트(반드시 core에 설치하는 것은 아니다.)

㉰ 통로 : 엘리베이터 홀, 복도, 특별 피난계단

③ core 계획상 유의사항

㉮ 엘리베이터, 계단 및 화장실은 가급적 접근시킨다.

㉯ 코어 내의 서비스 공간과 사무실간의 동선이 간단하여야 한다.

㉰ 엘리베이터 홀은 출입구에 너무 근접시키지 않는다.

㉱ 엘리베이터의 직선 배치는 4대 이하로 한다.

㉲ 병렬로 배치하는 엘리베이터의 전면 거리는 4m 내외로 한다.

㉳ 엘리베이터는 가급적 중앙에 집중시킨다.

㉴ 잡용실, 급탕실은 가급적 접근시킨다.

㉵ 화장실은 복도나 엘리베이터 홀에서 내부가 보이지 않도록 한다.

㉶ 코어의 구조는 내력 구조체로 한다.

㉷ 코어 내의 각 공간은 각 층마다 상하 동일 위치에 둔다.

④ core의 종류

㉮ 편심 코어형(편단 코어형)

㉠ 기준층 바닥면적이 적은 경우에 적합하며 너무 고층인 경우는 구조상 좋지 않다.

㉡ 바닥면적이 커지면 코어 이외에 피난 시설, 설비 샤프트 등이 필요해진다.

㉯ 중심 코어형(중앙 코어형)

㉠ 바닥면적이 클 경우 적합하며 특히 고층, 초고층에 적합하다.

㉡ 외주 frame을 내력벽으로 하며 코어와 일체로 한 내진구조를 만들 수 있다.

㉢ 내부공간과 외관이 획일적으로 되기 쉽다.

㉣ 임대사무실로서 가장 경제적인 계획을 할 수 있다.

㉰ 독립 코어형(외 코어형)

㉠ 자유로운 사무실 공간을 코어와 관계없이 마련할 수 있다.

㉡ 각종 설비 duct, 배관 등의 길이가 길어지며 제약이 많다.

㉢ 방재상 불리하고 바닥면적이 커지면 피난시설을 포함한 서브 코어(sub core)가 필요하다.

㉣ 내진구조에는 불리하다.

㉣ 양단 코어형(분리 코어형)

㉠ 한 개의 대공간을 필요로 하는 전용 사무실에 적합하다.

㉡ 2방향 피난에 이상적이며 방재상 유리하다.

㉢ 내진벽이 외주에 마련되므로 간격이 클 경우에는 중앙부의 구조 검토가 필요하다.

㉤ 기타형

㉠ 중심 코어형의 변형으로 구조 cost가 높다.

㉡ 분수 코어형으로 방재상 유리하다.

표 2 코어 플랜의 종류

분 류	코 어 형	특 징
편단 코어형 (편심형)		• 바닥면적이 커지면 코어 이외에 피난 시설 · 설비 샤프트 등이 필요해진다.
중앙 코어형 (중심형)		• 유효율이 높고 대여 빌딩으로서 가장 경제적인 계획을 할 수 있다.
외코어형 (독립형)		• 판단 코어형과 거의 같은 특징을 가진다. • 설비 덕트나 배관을 코어로부터 사무실 공간으로 끌어내는 데 제약이 있다. • 방재상 불리, 바닥 면적이 커지면 피난 시설을 포함한 서브 코어가 필요해진다.
양단 코어형		• 방재상 유리하다.(2방향 피난에는 이상적)
기타형	 a b c d e	• a, b는 분수 코어형, 방재상 유리하다. • c, d, e는 중심 코어형의 변형이고 구조 cost가 높다. • e는 분할할 경우나 큰 실로 사용할 경우에도 가능

(4) 단면계획

건물의 단면계획은 높이 제한 및 일조권 등의 법적 규제를 받는 경우가 많으며, 일반적으로 block type과 set back이 주로 사용된다.

1) 층고계획

① 결정 요소

층고와 깊이는 사용 목적, 채광, 공사비에 의해서 결정되며 사무실의 깊이는 책상 배치, 채광량 등으로 결정되지만 층고에도 관계된다.

② 층고의 크기

㉮ 1층

㉠ 소규모 건물 : 4.0m 내외

㉡ 은행, 영업실, 넓은 상점인 경우 : 4.5~5.0m

㉢ 중 2층(mezzanine)인 경우 : 5.5~6.5m

㉯ 기준층

3.3~4.0m(3.3~3.5m) 정도(냉난방 duct를 천장에 매입시는 30cm 추가)

㉰ 최상층

기준층의 +30cm 정도, 옥상의 단열과 물매를 고려하여 천장을 설치한다.

㉱ 최하층

㉠ 중요한 실이 없는 경우 : 3.5~3.8m

㉡ 통상 난방 보일러실인 경우 소규모는 4~4.5m 정도가 필요하고, 대규모인 것에서는 냉방 기계실과 함께 5~6.5m 정도의 층높이가 요구된다.

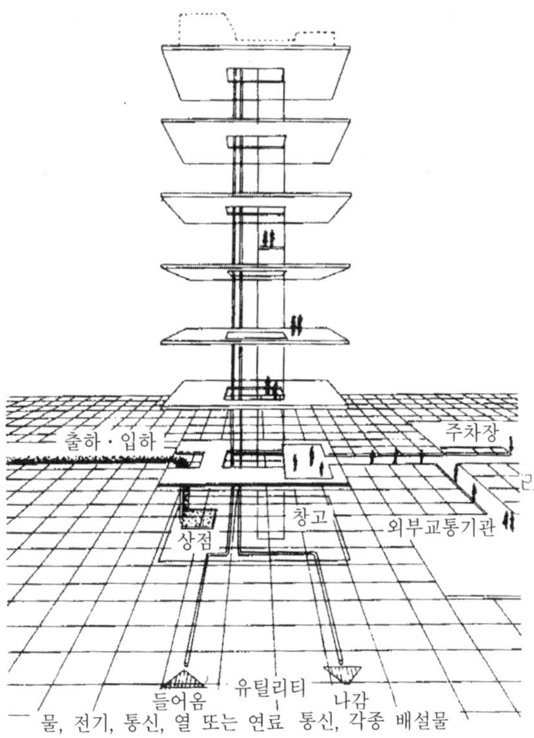

그림 7 각층의 기능관계

③ 층고를 낮게 할 경우의 이점

㉮ 건축비를 절감할 수 있다.

㉯ 공조의 효과가 높다.(동력 소비량 절감)

㉰ 법규 제한 범위 내 많은 층수를 확보할 수 있다.

④ 사무소 고층화의 장·단점

㉮ 장점

㉠ 고층화함에 따라 공지, 녹지를 대지로 충분히 활용할 수 있으며, 지상을 최대한 공공을 위해 개방할 수 있고, 또 건축물의 배치도 자유롭게 할 수 있다.

㉡ 상층에서의 전망이 매우 좋다.

㉢ 맑은 공기를 얻기가 쉽다.

㉣ 채광이 좋아진다.

㉤ 지상으로부터 소음이 적다.

㉥ 업무 능률이 향상된다.

㉦ 적절한 계획으로 도시의 스카이라인에 변화를 주고, 건축적인 매력을 유도한다.

㉧ 공원, 광장 등에 면해서 건축될 경우 공지의 효과를 강조시킨다.

㉨ 주택지에 있어서는 주위의 환경조건을 저해하지 않으면서 고밀도 개발이 가능하게 되며, 저층 주택과의 조합에 의해 변화 있는 주거환경을 만들 수 있다.

㉯ 단점

㉠ 적절한 계획에 의해 건축되지 않으면 기존 건축물과의 유기적인 관계가 단절된다.

2) 기둥 간격

① 결정 요소

㉮ 책상 배치 단위

㉠ 4조 직렬 : 사무 능률 및 1인에 대한 책상 면적당 적합하여 일반 사무실에서 책상을 배치하는 표준이 된다.(4.15m^2/인)

㉡ 3조 직렬 : 4조 직렬보다 기둥 간격이 작은 건물에서 많이 이용된다.(4.47m^2/인)

㉢ 2조 직렬 : 특수한 경우에 사용된다.(5.28m^2/인)

㉣ 채광상 층고에 의한 안 깊이(채광 유효 단위)

㉤ 주차 배치 단위

㉥ 일반 사무실의 개실 크기

② 분류

㉮ 검토 사항

㉠ 건물 사용 목적에 맞는 치수

㉡ 구조상으로 보아 적당한 치수

㉢ 건축법상 검토

㉣ 치수조정상 검토(modula coordination) : 인간행동 환경, 조명설비 치수, sprinkler, 감지기, 비상조명 간격, 공조설비의 치수, 주차배치의 치수

㉤ 사무가구의 치수

㉯ 내부 기둥 간격

㉠ 철근콘크리트 구조 : 5.0~6.0m

㉡ 철골 철근콘크리트 구조 : 6.0~7.0m

㉢ 철골 구조 : 7.0~9.0m

㉰ 창 방향 기둥 간격

㉠기준층 평면 결정에 가장 기본적인 요소로 실제 경제적인 책상 배열에 따라 결정한다.

㉡ 책상 배열에 따라 스팬 5.8m가 가장 적절한 기둥 간격이다.

㉢ 지하 주차장의 기둥 간격 : 6.0m 전후(5.8~6.2m 정도)

학습 포인트

▸ span 6m 전후

㉮ 구조상 적절(RC조 : 5~6m, SRC조 : 6~7m)

㉯ 책상 배열상 적절

㉰ 지하 주차장 설치상 적절

㉠ 자동차의 최소 회전 반경

㉡ 1span 내에 2대 주차

㉢ 엘리베이터 2대 설치 가능

(5) 세부계획

1) 사무실

① 사무실의 안 깊이(L)

㉮ 외측에 면하는 실내(L/H) : 2.0~2.4(H : 층고)

㉯ 채광정 측에 면하는 실내(L/H) : 1.5~2.0

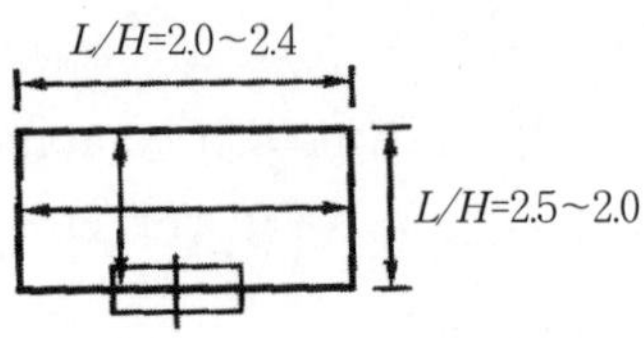

그림 8

② 채광 계획

㉮ 자연 채광

㉠ 창의 폭=1.0~1.5m, 환기창=0.4~0.45m

㉡ 창대의 높이=0.75~0.8m(고층 : 0.85~0.9m)

㉯ 인공조명

㉠ 조도가 충분히 높을 것

㉡ 실내 전반에 균등한 조도가 될 것

㉢ 장시간 현휘감이 없도록 광원의 휘도를 낮게 할 것

③ 출입구

㉮ 크기

㉠ 높이 : 1.8~2.1m

㉡ 폭 : 0.85~1.0m(외여닫이 : 0.75m, 쌍여닫이 : 1.5m)

㉯ 밖여닫이가 원칙이나 복도 면적을 많이 차지하므로 안여닫이로 한다.

④ 책상 배치의 기본 모듈(module)

㉮ 1.2m module : 특수한 layout에 적당하다. 일반적인 배치에는 조화를 이루지 못한다.

㉯ 1.5m module : 마주앉는 배치(double layout, 대면 배치)방식

㉠ 책상 간격을 최저 3m, 보통 3.2m로 한다.

㉡ 일방향으로 앉는 배치(single layout, 편향 배치)에서 책상 방향에 평행인

통로일 때

㉰ 1.8m module : 일방향으로 앉는 배치(single layout)에서 책상 방향에 직각인 통로일 때

2) 복도, 계단

① 복도폭

㉮ 복도폭은 편복도인 경우 2.0m, 중복도인 경우 2.0~2.5m(4인이 교행하는 데 지장이 없는 폭)로 한다.

㉯ 계단, 홀의 폭은 엘리베이터가 한쪽에 있는 경우 1.8~2.7m, 엘리베이터가 양쪽에 있는 경우는 3.3~3.8m로 한다.

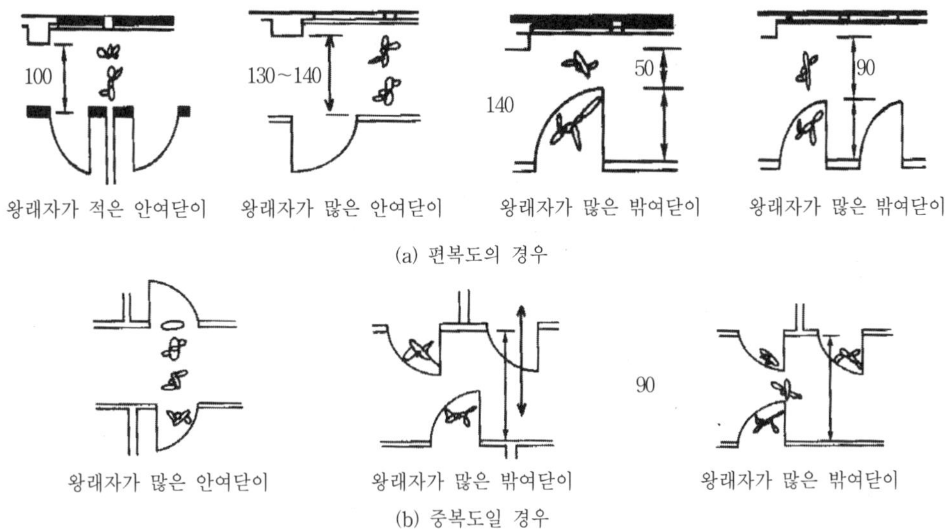

그림 9 복도의 폭

② 계단의 배치 조건

㉮ 동선은 간단하고 명료하며 최단 위치에 오게 한다. 주요 계단은 1층 주출입구 근처에 배치한다.

㉯ 엘리베이터 홀에 근접시킨다.

㉰ 균등하게 배치한다.

㉱ 방화구획 내에서는 1개소 이상의 계단을 배치한다.

㉲ 2개소 이상의 계단을 가져야 한다.

3) 화장실

① 위치

㉮ 각 사무실에서 동선이 짧은 곳일 것

㉯ 계단 및 엘리베이터 홀에 근접시킬 것

㉰ 각층 공동 위치에 둘 것

㉱ 1개소 또는 2개소에 집중 배치할 것

㉲ 위생상 외기에 접하도록 계획하고 접하지 않을 경우 충분한 환기설비가 필요하다.

② 변기의 수 산정

㉮ 인원수, 사용요구, 사용시간 및 외적제약에 좌우된다.

㉯ $\begin{cases} \text{대실면적: } 120\sim160\text{m}^2/\text{인} \\ \text{인원: } 15\sim20\text{인/개} \end{cases}$

㉰ $\begin{cases} \text{남자용: 남자 내실자의 } 20\% \\ \text{여자용: 여자 내실자의 } 10\% \end{cases}$

㉱ 남자용 대변기와 소변기의 비는 4 : 5

③ 각부의 치수

㉮ 대변소의 칸막이 치수

㉠ 밖여닫이 : 1.2~1.4m

㉡ 안여닫이 : 1.4~1.6m

㉰ 소변기의 간격

㉠ 75cm 이상

㉡ 격판으로 칸을 막을 경우 : 안 치수의 폭 70cm

㉢ 화장실이 좁은 경우 : 65cm

㉣ 소변기의 격판 높이 : 1.4m, 깊이 : 40~45cm

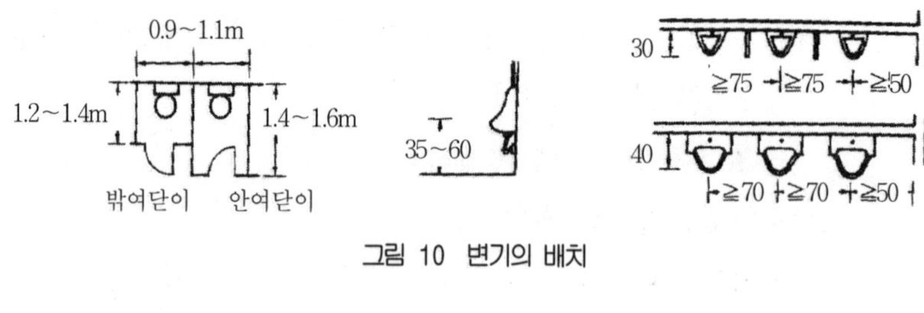

그림 10 변기의 배치

〔예제 4〕 지상 6층의 임대 사무소를 계획할 때 다음 사항에 대하여 일반적으로 적당한 크기는?(단, 평면형은 20×60m의 중복도형)

㉮ 2층 이상의 임대 사무소에 수용되는 인원은?

㉯ 엘리베이터 대수는?

㉰ 기준층의 변기 총수(대·소변기)는?

㉱ 건물의 높이는?

해설 ㉮ 기준층 바닥면적이 1,200m²이므로, 1,200×5개층=6,000m²
연면적에 대한 1인당 바닥면적은 8~11m²이므로 수용 인원수는 6,000m²÷10m²/인=600명이다.

㉯ 연면적 3,000m²에 대해 엘리베이터 1대 정도이므로 7,200m²÷3,000m²/대 =2.4대→3대

㉰ 변기의 수는 대실 면적 120~160m²/개, 인원 15~20인/개
1,200÷(120~160)=10~7.5개(약 10개)

㉱ 건물의 높이는 1층의 높이 4~5m, 높이가 3.3~4m이므로 약 24m 정도이다.

(6) 엘리베이터 계획

1) 배치 계획

① 기본 사항

㉮ 주요 출입구의 홀에 직면 배치할 것(단, 사무실 출입문에 가까이 접근하는 것은 금지함)

㉯ 각 층의 위치는 되도록 동선이 짧고 간단할 것

㉰ 외래자에게 잘 알려질 수 있는 위치일 것

㉱ 가능한 한 엘리베이터는 1개소에 집중해서 배치한다.

㉲ 엘리베이터 홀은 그 그룹 엘리베이터 정원의 50%를 홀에 모시는 인원으로 보고 1인당 0.5~0.8m²로 해서 산정하고 폭은 4m 정도로 한다.

㉳ 5대 이하는 직선으로 배치하고 6대 이상은 알코브 또는 대면 배치가 효과적이다.

② 배치 방법

배 치		특 징
직선형	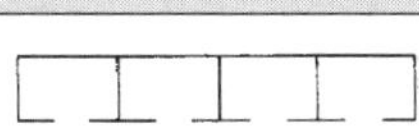	• 1뱅크(bank)는 4대 이하로 하고, 5대 이하는 보행거리가 길어져 좋지 않다.
알코브형	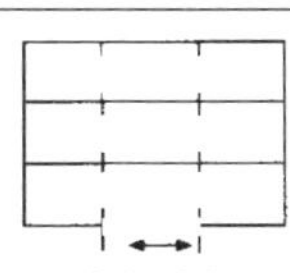	• 1뱅크는 4~6대로 하고, 대면 거리는 3.5~4.5m로 한다. • 6m 이상은 좋지 않다.

배 치		특 징
대면형	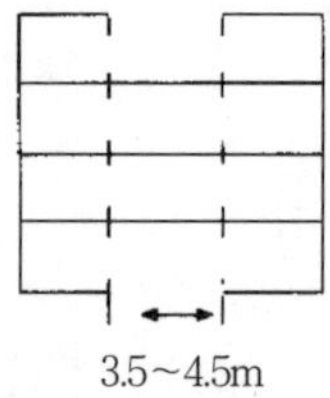	• 뱅크는 4~8대의 대면 배치로 하고 대면 거리는 3.5~4.5m로 하며, 대기 홀을 통과 교통으로 사용하지 않는다. • 저층용과 고층용을 직선으로 병렬 배치하여 그룹으로 배치하는 것이 좋다.
대면 혼용형	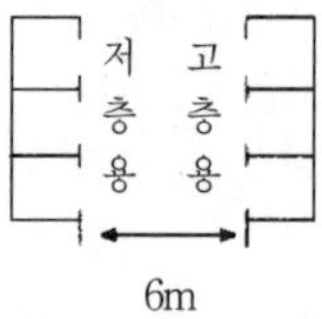	• 저층용과 고층용을 대면 배치하는 경우 거리를 충분히 확보한다.

③ 계획시 고려사항

㉮ 수송력 향상을 위해 대수를 늘리고, 대당 정원을 늘리며, 왕복시간을 감축한다.

㉯ 대당 정원을 늘릴 경우 정원을 2배로 하더라도 대수를 절반으로 줄이지 않는다.

㉰ 엘리베이터는 정면 폭을 넓게 하고 정지횟수가 적은 급행을 설치하여 왕복시간을 단축한다.

2) 대수 산정

① 대수 산정의 기본

1일 중 이용자가 가장 많은 시간은 오후 0~1시 사이이다. 그러나 단시간의 이용도가 가장 많은 때는 아침 출근시 5분간으로 이 때는 1일 전체 이용자의 1/3~1/10에 달한다. 따라서, 대수의 산정은 아침 출근시 5분간을 기준으로 한다.

② 산정의 기본 가정

㉮ 2층 이상 거주자(n')의 30%를 15분간 일방향으로 수송할 것.

㉯ 1인이 승강하는 데 필요한 시간은 문 개폐 시간 포함하여 6초로 본다.

㉰ 엘리베이터의 한 층에서 대기 시간은 10초로 본다.

㉱ 엘리베이터 실제 주행 속도는 전속도(V)의 80%로 본다.

㉲ 정원(a_0)의 80%가 타는 것으로 한다.

㉳ 재주자가 차지하는 건물 내 면적은 그 건물 면적의 70%로 본다.

③ 엘리베이터 대수 산정 방법

㉮ 1대당 서비스층(service floor) 면적에 의한 추정

㉠ 승강기 규모 계획 중 가장 간단한 방법으로 건축물의 용도, 규모, 승강기의 성능이 다른 경우 일률적으로 적용하기에 곤란하다.

㉡ 연면적 2,000m²에 1대의 비율로 하고, 건축법 규정에 의하면 3,000m² 이내로 하고 초과하는 2,000m² 이내마다 1대의 비율로 가산한 대수로 산정한다.(8인승을 1대로 기준)

㉯ R・T・T(round trip time ; 1회 왕복시간)에 의한 추정

㉠ 승강기의 왕복시간과 정지층수 성능에 의해 정한다.

㉡ 건축물의 용도, 규모, 승강 방식 등 고유 조건에 비추어 추정이 가능하고 계산도 비교적 간단하다.

㉢ R・T・T = 주행시간(각층 정지)+주행시간(급행)+문개폐시간+승객출입시간+가(감)속 부가시간

㉰ 시뮬레이션(simulation)에 의한 추정

㉠ 컴퓨터를 이용하여 가상 운전을 하는 방식(이용자의 추정, 분포, 승강기의 선택 행동, 관측 자료, 승강기의 운행조건 등의 지표에 의함)

㉡ R・T・T 방식에서는 승강방식이 복잡해지면 적용이 어려우므로 초고층 대규모 사무실인 경우 이 방식을 사용한다.

㉢ 기본 지표는 R・T・T와 동일하나 구체성이 높다.

④ 대수 약산식

㉮ 대실면적(유효면적) 2,000m²에 1대 정도

㉯ 연면적 3,000m²에 1대 정도

㉰ 가정에서 추출된 식

$$N(\text{대수}) = \frac{n' \times t}{2,400a_0}$$

n' : 2층 이상 재주자

t : 시간[초]

a_0 : 정원

$$S = \frac{60\text{초} \times 5 \times a_0}{T}$$

$$N = \frac{\text{5분간에 운반해야 할 인원(5분간 집중도)}}{S}$$

S : 5분간에 1대가 운반해야 할 인원수

a_0 : 정원

T : 일주 시간[초]

N : elevator의 대수

〔예제 5〕 지상 12층인 사무소 건축물에서 아침 출근 시간에 엘리베이터 이용자의 6분간 최대 인수가 150인이고, 1대의 왕복 시간(1회)이 4분이라고 할 때 정원 19인승 엘리베이터의 필요 대수는?(단, 엘리베이터의 정원은 19인이나 여기서는 평균 수송인원을 18인으로 본다.)

해설 $S = \frac{5 \times 60 \times 18}{4 \times 60} = 22.5$인

$\therefore N = \frac{6 \times 150}{22.5} = 5.5 \rightarrow 6$대

〔예제 6〕 기준층 1,000m²인 20층 임대사무소 건물에 왕복시간이 200초이고 정원수가 20인승인 승강기를 설치시 몇 대가 필요한가?

해설
- 1인당 연면적 : 10m²/인
- 2층 이상 거주자수 : 100×(20−1)층=1,900명
- 출근시 5분간 집중률 : 11~15%(약 12% 정도)
- 출근시 5분간 집중 인원 : 1,900×0.12=228명
- 1대당 5분간 수송 가능 인원 : S=60×5×정원수/왕복시간 =60×5×20/200=30명

∴ 승강기 필요 대수 N=출근시 5분간 집중 인원/S =228/30=7.6→ 8대

3) 엘리베이터의 속도

① 저속 : 50m/min

② 중속 : 50~105m/min, 6~9층(매층 정지용 70m/min 이하)

③ 고속 : 120~150m/min, 10~14층

4) 엘리베이터의 크기

① 안내원이 차지하는 면적 : 0.37m²

② 승객 1인이 차지하는 면적 : 0.186m²

③ 사무소용(안내원 제외) : 10~15인승 1대

5) 엘리베이터의 조닝(Zoning)

① 개념

엘리베이터의 정지 층수를 몇 층마다 분리시킨 것으로서 이용하는 데는 불편하지만 경제성과 엘리베이터의 이용률의 증가를 기할 수 있다.

② 목적

㉮ 경제성(설치 대수의 절약)

㉯ 수송시간의 단축(아침 출근시 유리)

㉰ 유효면적의 증가(임대면적상 유리)

③ 조닝 방식

㉮ 컨벤셔널 조닝 방식(conventional zoning system)

- 건물을 몇 개의 zone으로 구분하고, 각 zone에 1뱅크(bank)의 직선배치는 4대 이하로 하고, 알코브형 배치는 4~6대, 대면배치는 4대 이상 8대 이하가 적당하다. 대향배치의 경우 홀의 폭은 3.3~4.5m 정도이고, 담당하는 존이 다른 경우 6m의 엘리베이터를 할당한다.
- 1존의 서비스 층수는 6~10층 이내이고, 평균 8층 정도가 일반적이다.
- 현재 조닝 방식이 채용되고 있는 건축물은 60층 정도까지이며, 2 이상의 층수에서는 분할수가 많아져서 렌터블비가 저하되어 비경제적이다.
- 하층은 사무실, 상층은 호텔과 같은 다른 용도의 복합 고층 건물에 효과적이다.

㉯ 더블 데크 방식(double deck system)

- 2층식 엘리베이터를 사용하여 수송력을 높이고 또한 일반층의 효율을 높이는 방식이다.
- 동일 shaft 내에 2대분의 수송력을 가진 승강기기 들어가므로 대수가 절약된다.
- 입구와 내부는 싱글 데크 엘리베이터와 동일하다.

[예] chicago의 time building에서 최초로 채용

㉰ 스카이 로비 방식(sky lobby system)

- 100층 정도의 초고층 사무소 건축에 채용하는 방식으로서 큰 존을 설정하고 스카이 로비(sky lobby)와 출발층과의 사이에 대용량이며 초고속인 엘리베이터를 이용한 다음 스카이 로비에서 zoning된 승강기로 갈아타게 하는 시스템이다.
- 스카이-로비와 출발 기준층과의 사이에 대용량이고 초고속인 엘리베이터를 운행한다.

[예] 미국의 Word Trade Center(110층), John Hancock Center(100층), 한국의 대한생명 빌딩(63층)

④ 장·단점

㉮ 장점

㉠ 엘리베이터의 설비비를 절약할 수 있다.

㉡ 조닝수가 증가하면 승강로의 연면적이 줄어들어 유효 면적비가 증가한다.

㉢ 일주 시간이 단축되어 수송 능력이 향상되고, 고층부의 고속 엘리베이터는 고속성을 발휘할 수 있다.

㉣ 저층, 중층 엘리베이터의 기계실 상부는 대실 면적으로 이용이 가능하다.

㉤ 급행 부분의 엘리베이터 홀은 화장실, 금고 등으로 이용이 가능하다.

㉯ 단점

㉠ 건물 이용상의 제약이 생긴다.

㉡ 대사무실의 경우 하나의 임대자에게 서비스 층이 다른 층을 나누어 줄 수 없으므로 배치상 제약이 생긴다.

㉢ 조닝수가 많을 경우 대실의 규모가 현저히 적어지며 건물 내의 교통에 있어 편리성이 적어지고, 이용자가 혼란에 빠질 우려가 있다.

㉣ 부하가 많이 걸리는 존이 생기기 쉬우므로 각 존의 교통 수요 예측을 분명히 해야 한다.

(7) 설비계획

1) 스모크 타워(Smoke tower)

화재에 의해 침입한 연기를 배기하기 위해 비상계단의 전실에 설치한 샤프트를 통해 배기하는 시설이다.

① 화재시 계단실이 굴뚝 역할하는 것을 방지한다.

② 스모크 타워에 의한 계단실 연기 차단 : 무창의 계단실에 연기가 침입하면 피난이 어려워지므로 전실에 스모크 타워를 두어 여기서 연기를 흡입, 배출하고 계단실과 전실을 급기 가압하여 계단실-전실-스모크 타워의 공기 경로를 만들어 계단실과 전실을 연기로부터 지킨다.

③ 전실의 천장의 가급적 높게 한다.

④ 전실의 창과는 별도로 스모크 타워를 꼭 설치해야 한다.

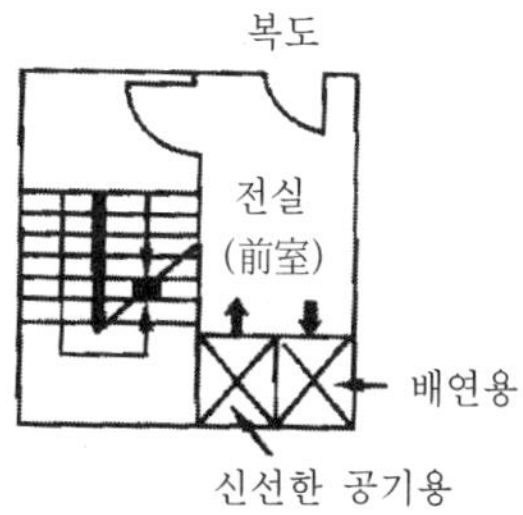

그림 11 스모크 타워

학습 포인트

▶ 방재 계획

㉮ 중앙 방재실 : 경비 보안 + 건물의 관리 기능

㉯ 대피 : 내부 대피에 중점을 둔다.(2방향의 피난 경로 확보)

㉰ 피난 계획 : 경로는 단순하고 명쾌하게 한다.
피난 경로와 평상시의 동선이 일체가 되도록 한다.

2) 메일 슈트(mail chute)

엘리베이터 홀 등 사람들의 출입이 제일 편한 곳 또는 눈에 잘 띄는 장소를 선택한다.

3) 급탕실 · 소제용실

건물 중심 가까운 곳으로 엘리베이터 홀, 계단, 변소 등의 근처에 둔다.

4) 더스트 슈트(dust chute)

잡용실 내 부근(편리한 장소)에 두며 크기는 최소 75cm 각으로 한다.

5) 기계실

① 공조 방식은 공기 방식(단일덕트 방식, 이중덕트 방식, 멀티존 방식)과 공기, 물 방식(각층 유닛 방식, 유인 유닛 방식)중 선택한다.

② 냉방 기계실의 크기는 연면적의 3.5~6% 정도로 하고 냉, 난방 겸용인 경우는 5.5% 정도로 한다.

③ 변전실은 변압기, 배전반보다 1m 높은 3~3.5m 정도로 하고 축전지실은 내산재로 환기덕트의 내면을 마무리한다.

2. 인텔리전트 빌딩(I.B : Intelligent Building : 정보화 빌딩)

(1) 인텔리전트 빌딩(I.B. : Intelligent Building : 정보화 빌딩)의 개념과 목적

1) 개념

기존의 일반 빌딩 개념에서 벗어나 빌딩 자동제어 시스템(BA)에 의해 효율적으로 빌딩을 운영 및 관리하고 사무자동화 기능과 통신기능을 부가하여 통합시스템으로 구축한 최첨단 빌딩을 IBS(Intelligent Building System)라고 한다.

급속히 발전하고 있는 전자 기술을 이용하여 오피스 공간의 부가가치를 높이고 거주성을 개선한 것이 스마트 빌딩이고, 거기에 더하여 정보 통신 기능을 부가하여 발전시킨 것이 인텔리전트 빌딩이라고 할 수 있다. 즉, 최신의 빌딩 자동 시스템과 정보 통신 시스템, 일급의 건축 자재, 양질의 건축 디자인, 그리고 경제성이 종합된 건축물로 최첨단빌딩이다.

인텔리전트빌딩은 건물자동화시스템, 사무자동화시스템, 정보통신시스템 등 High-Tech한 부분에 관심이 집중해 있는 것이 일반적인 경향이지만, 이 시스템과 설비만 갖추었다고 해서 충분하다고 할 수 없다. 인텔리전트빌딩의 목적은 이들 시스템과 설비를 갖추어 고도정보화 사회에서 사무작업의 효율 향상과 근무자의 창조성을 발휘할 수 있도록 쾌적한 환경의 지적생산을 위한 공간을 제공하기 위한 건물의 디자인적인 측면과 인간공학적인 디자인 등 인간의 High-Touch한 측면이 강조되어야 한다. 결국 인텔리전트빌딩은 High-Tech와 High-Touch 기술의 통합과 조화이며, 인간지향의 경영 도구임과 동시에 조직의 철학을 반영하고 있다.

오피스 업무의 주역은 인간이며 지적생산성을 향상시키기 위해서는 창조성이라는 인간의 능력을 활성화하고 발휘하기 쉽도록 어떻게 공간을 만들어 낼 것인가에 달려있다.

경제성 측면에서 보면 일반빌딩보다 약 15%~30%가 증가되지만, 에너지비용에서 약 20% 이상 절약이 가능하고 유지관리비 및 설비갱신관련 비용은 약 30% 이상의 절감이 가능할 뿐만 아니라 설비의 적절한 유지보수, 각종 재난사고의 사전 방지 등도 가능하지만, 업무능률의 향상으로 절감되는 비용효과도 가져올 수 있다.

인텔리전트 빌딩은 다음과 같은 개념적인 모델로 표현할 수가 있다.

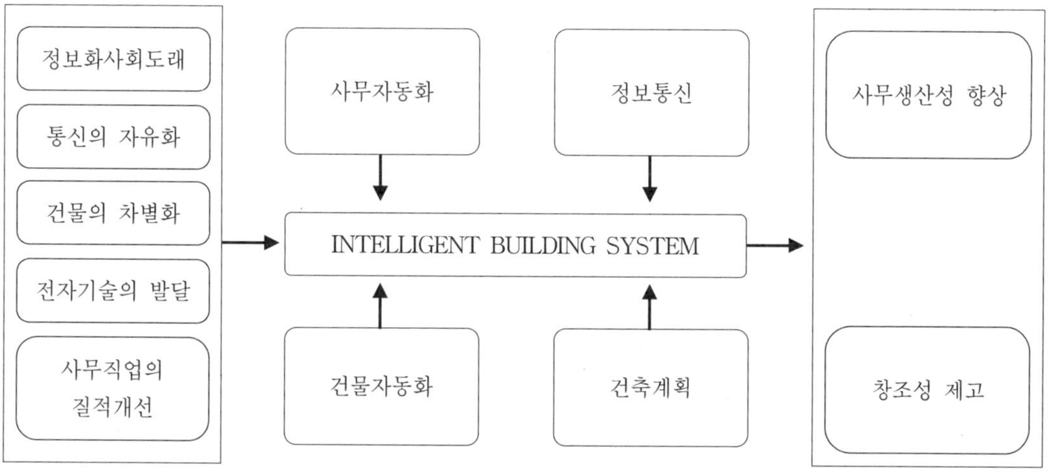

인텔리전트빌딩의 개념적 모델

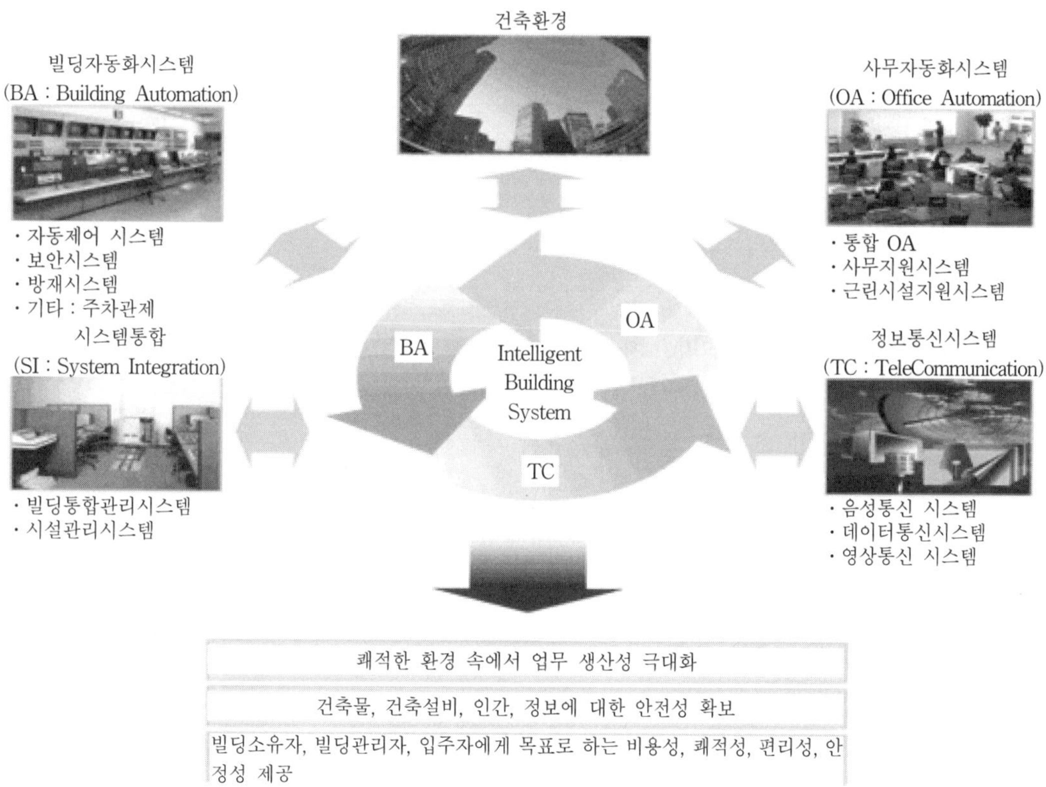

그림 12 Intelligent Building System의 개념

2) 목적

빌딩 인텔리전트화의 궁극적 목적은 사무실 내에서 일하는 사람들에게 쾌적한 오

피스 환경을 제공함으로써 일을 보다 쉽고 편리하게 할 수 있게 사람들의 지적 생산성을 도모하는 것이다.

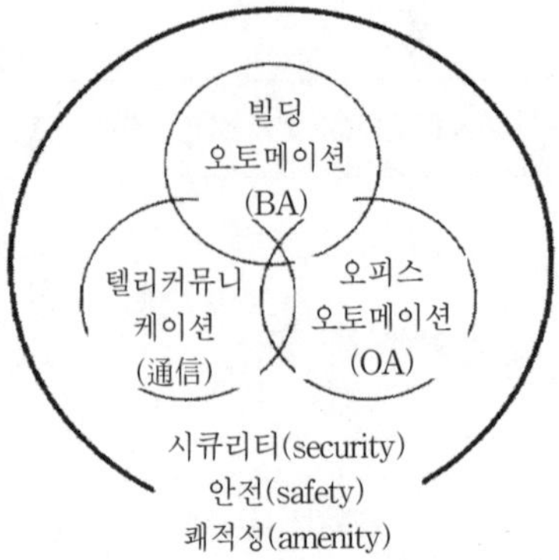

그림 13 인텔리전트 빌딩의 구성 기능

(2) 인텔리전트 빌딩의 구성요소

인텔리전트 빌딩의 기본적인 구성은 빌딩자동화(BA ; Building Automation), 사무자동화(OA ; office automation), 정보통신(TC ; Tele-Communication), 건축환경(AE ; Architectural Environment) 등 4개 요소로 분류된다.

1) 빌딩자동화(BA ; Building Automation) 시스템

① 24시간 감시가 가능한 시스템

건물관리 시스템, 보안(security) 시스템, 에너지 절약 시스템으로 분류한다.

② 건물관리 시스템

설비기기 최적제어 서비스, 엘리베이터 관리 서비스, 설비상태 감시 서비스, 빌딩 정보 계측 서비스, 주차장 관리 서비스를 실시하여 빌딩의 설비기기 관리 운전을 합리적으로 한다.

③ 보안(security) 시스템

방범・방화 감시 서비스, 방재 감시 서비스, 엘리베이터 방재 서비스 실시하여 기업 기밀의 확보와 재해를 미연에 방지하고 재해시의 안전성을 확보하며, 빌딩 관리 사무의 효율화와 에너지 절약 등의 기능이 있다.

④ 에너지 절약 시스템

조명설비 최적 제어 서비스, 전력설비 효율화 제어 서비스, 에너지 절약형 공조

서비스, 태양열 이용 급탕 서비스, 절수 서비스 실시한다. 에너지 절약 시스템에는 능동적 수법과 수동적 수법이 있다.

2) 사무자동화(OA ; office automation) 시스템

① 직원 개개인의 근무시간 동안의 사무업무를 개인 단말기를 통해 지적 창조 업무와 사무생산성 향상을 위한 전략 정보 시스템의 구축과 사용자의 효율적 활용이 가능하다.

② 사무지원 시스템

의사결정지원 서비스, 문자처리 서비스, 전자 파일링 서비스, 전자 mail 서비스, 전자전표 서비스

③ 사무관리 시스템

입·퇴실 관리 서비스, 출·퇴근 서비스, 내방객 관리 서비스, 회의실 관리 서비스, 식당관리 서비스, 비품관리 서비스, 건강관리 서비스, 서고관리 서비스, 차량관리 서비스 실시

④ 정보관리 시스템

광파일 장치, 영상 미디어 관리 장치를 이용하여 종합정보 자료 관리 서비스를 실시

3) 정보통신(TC ; Tele-Communication) 시스템

① 디지털 PBX(Private Branch Exchange : 구내 교환기)나 광섬유를 이용한 고도통신 기능이 가능하므로 사무실의 각 단말기로부터 빌딩 내의 통신 network에 자유자재로 접속하여 필요한 정보의 선택사용이 가능하다.

② 음성 시스템

다자간 동시회의 서비스, 음성 mail 서비스, 자동음성응답 서비스, 긴급호출 서비스 실시

③ 화상 시스템

CATV 서비스, 화상응답 서비스, TV·전화 서비스, 영상회의 서비스, 화상결재 서비스 실시

④ 기타

각종 단말기의 data 조회 및 검색 서비스, network 감시 서비스, 위성 송·수신 서비스 등을 실시

4) 건축환경(AE ; Architectural Environment) ; 쾌적환경

① Intelligent Building을 구축하는 계획, 구조, 설비기술의 업무개선과 보수하기에 용이한 시설을 구축

② 소음 및 조명 대책과 책상 배열, 휴식 공간 마련 등의 쾌적한 사무공간을 제공한다.

③ 공조 : 쾌적한 집무 환경을 위해 필요하다.

(3) 인텔리전트 빌딩의 특징

인텔리전트 빌딩은 고도 정보화 사회의 오피스 업무에 적합한 쾌적하고 유연성이 있는 공간을 제공하는 곳으로, 업무의 개성이나 향후 설비 변경에 대응할 수 있는 합리적이고 효율적인 운용 관리 체계를 갖추는 것이 필요하다. 따라서 이에 대한 빌딩의 특성을 보면 다음과 같다.

1) 경제성(Economic)

① 건축물 신축 비용이 일반 빌딩보다 15~20% 정도 증가되나 냉·난방, 전기 수도 등 에너지 분야에서 20% 정도의 비용 절감

② 설비 갱신 비용이 30% 이상 절감

③ 직·간접적으로 발생하는 업무 능률의 향상으로 전체적으로 경제성이 크다.

2) 생산성(Productivity)

① LAN(Local Area Network) 및 정보통신을 이용한 사무업무의 전산화

② 자동화를 통한 사무생산성 20~30% 정도 향상

3) 유연성(Flexibility)

① 기업 확장에 대비한 용도 및 layout, 기능 확장이 용이

② Module 개념의 설계로 이전이나 변경이 가능

4) 쾌적성(Amenity)

① 아트리움, 휴게실, 체육시설 등 쾌적한 사무환경조성에 필요한 편의시설을 최대한 확보, 운용함으로써 업무 수행 중 누적되는 스트레스를 해소

② 사무용 가구의 선택이나 배치도, 인간공학적인 관점을 최대한 반영시킨 계획으로 개인적인 창의성과 지적 생산성의 극대화를 위해 편의시설의 확보와 변화있

는 생활공간의 제공

5) 독창성(Originality)

① 건축물의 독창적인 예술성 확보로 도시문화 창출에 기여

② 기업 이미지 부상과 우수인력의 집합 및 새로운 직장 문화의 창출

(4) IB의 등급 기준

인텔리젼트빌딩의 등급에는 등급 0, 등급 1, 등급 2, 등급 3, 등급 4로 구분하고 기준은 다음과 같다.

① 등급 0 : 단순처리 중심의 업무용 일반건물

② 등급 1 : TC, OA, BA가 부분적으로 도입되어 독자적 최소 기능 수행

③ 등급 2 : IBS 기능이 부분적으로 통합되고 입주자 서비스에 대응 가능한 평균 기능 수행

④ 등급 3 : 정보화 사회의 거점으로 고도통신 기능 보유 및 total soultion을 위한 기능이 통합되어 타 빌딩과도 정보교환 가능

⑤ 등급 4 : 위성통신을 이용한 광역 네트워크 구축과 ISDN 실현이 가능한 최첨단 정보 빌딩

(5) 건축계획시 고려사항

1) 인텔리젼트 서비스를 실현하기 위한 조건(BA, OA, TC)

① 평면계획

㉮ 대형의 정보화 처리장치나 통신장치가 설치되고 배치가 변경되는데 지장이 없도록 평면형상이나 기둥의 위치를 계획한다.

㉯ 기둥간격은 10m 이상이 필요하다.

② 공간분할계획

㉮ 가능한 한 창을 외기에 면하도록 한다.

㉯ 평면형상을 세장형, 다각형으로 하여 요철이 반복된 건물 형태를 도입한다.

③ 평면 레이아웃

대향식의 데스크 레이아웃에서 PV 어닝(awning ; 공기가 순환되도록 하는 장치)방식의 채택이 증가된다.

④ 천장고 및 층고

OA 기기 배선공간을 확보하기 위해 천장고 2.6m 이상, 층고 4m 이상으로 한다.

⑤ 적재하중

OA 기기 및 전자기기의 증가로 1인당 점유면적이 확대되고, 적재하중이 증가된다. 적재하중은 일반사무실은 300kgf/m^2, 인텔리전트빌딩은 500~600kgf/m^2 정도이다.

⑥ 수직 샤프트

㉮ 전체 배선을 짧게 할 수 있는 위치 및 단면상 같은 위치에 설치한다.

㉯ 재해 예방을 위하여 2개소 이상 분산하여 방화, 방연계획을 한다.

⑦ 전원 및 배선 시스템

㉮ 충분한 전원 용량 및 전기실을 확보한다.

㉯ 건축의 목적에 맞는 배선방식을 채택한다.

㉠ 천장 배선방식

㉡ 벽 배선방식 : 패널내 배선방식, cable pole 방식

㉢ 바닥 배선방식

- Access Floor : 컴퓨터실(20~45m)
- Semi double Floor : 일반사무실(5~15cm)
- Under Carper : 단말기
- Floor duct
- Cellint duct : 철골 Deck plate

2) 쾌적한 사무환경을 실현하기 위한 조건(Amenity)

① 인간공학을 고려한 작업 공간 계획

㉮ 체계적이며 공기순환 및 개방감, 구성변경의 용이함을 고려하여 시스템 가구 도입

㉯ 모든 워크스테이션(workstation)을 창부근에 배치, 개인 스스로 온도, 공기, 밝기 제어

㉰ 아트리움 또는 광정을 통하여 쾌적한 공간 구성

② 에너지 절약을 위한 건물 계획

자연형 냉 · 난방 디자인 방법의 사용

㉮ 평면계획 : 가급적 냉난방 부하 모두 열성능이 우수하도록 코어를 배치

㈏ 개구부계획 : 침기량을 줄이기 위해 창의 주변길이를 최소화

㈐ 차양계획 : 동서측 수직차양, 남쪽 수평차양 등 차폐율과 기간을 결정한 후 정확한 차양 설계

㈑ 외벽의 단열계획 : 외벽의 관류율을 낮추고 일사의 반사율을 높일 수 있도록 계획

③ 자연채광계획

대형 정보처리장치나 통신장치의 설치 및 빈번한 변경으로 스팬(span)이 길어지고, 건물이 대형화 밀집화 함에 따라 자연채광이 불가능한 공간이 발생되는데 이에 대한 주광도입방법 계획

㈎ 아트리움 방식 : 자연광 도입 및 전도, 복사로 인한 열전달 고려, 환기 고려

㈏ 광선반 및 반사루버방식 : 태양광을 반사시켜 건물 깊숙이 채광

㈐ 광정방식 : 천장으로 들어온 빛을 아래층까지 도입

㈑ 덕트채광방식 : 고반사율의 거울을 사용하여 도광덕트를 만들어 천공 산란광 및 형광등으로 조명, 수직형, 수평형, 수직수평형

㈒ 광화이버방식 : 태양광을 켈랙터로 집광, 광화이버 케이블로 건물의 내부에 도광하는 방식

㈓ 선스쿠프방식 : 외부에 선스쿠프 장치, 태양의 움직임에 따라 컴퓨터에 의한 자연조절장치

④ 실내 조명계획

조도, 휘도, 방향성, 글레어 및 광막 반사현상을 고려한다.

⑤ 실내 소음조절계획 : 천장의 음향 고려

⑥ 실내 공기조절계획 : 병든 건물 증후군 예방

⑦ 색채계획

사무실의 실내는 중간색 계통이 무난하나 단조로운 색채계획은 회피하고, OA 기기 주변은 피로를 경감시킬 수 있는 색을 선택한다.

(6) 인텔리전트 빌딩의 사례

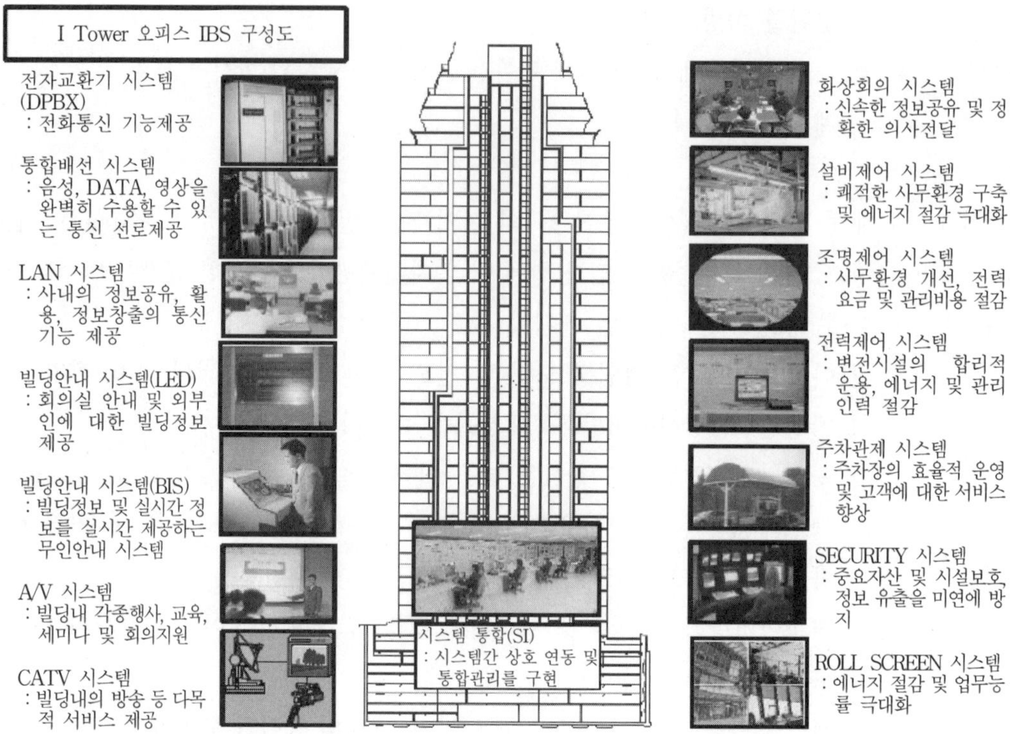

그림 14 I Tower 오피스 IBS의 예

그림 15 포스트 타워(서울 중앙우체국 청사)

- ▸건축물명 : 포스트 타워(서울 중앙우체국 청사)
- ▸대지위치 : 서울특별시 중구 충무로 1가 21
- ▸대지면적 : 6,135m²(1,855평)
- ▸연 면 적 : 72,532.71m²(21,941.05평)
- ▸건물규모 : 지하7층, 지상21층,
- ▸구 조 : 철골 철근 콘크리트구조
- ▸기 준 층 : 14층 기준 바닥면적 : 2,000m²
  층고 4.1m(천정고 2.7m)
- ▸인증등급 : 최우수 친환경 건축물

그림 16 도시의 문 : 21세기 우정 사업 발전을 위한 새로운 시대로의 문

그림 17 야경투시도 : 우정사업본부의 Identity를 부여하고 주변과의 조화를 통해 도시의 활기와 공공성을 연출

그림 18 1층 로비 : 지상1층 대형 공용 로비 구성으로 동선 흐름의 최적 구현

그림 19 우정원 : Urban Plaza로써 시민과 함께하는 도시의 열린 마당 제공

그림 20 아트리움 : 업무 환경의 쾌적성과 편리성 제공으로 Green Office 구현

3. 은행

(1) 개요

은행은 고객에 대한 서비스를 근본으로 하고 있기 때문에 건물의 의장이나 내부 마감에 대한 배려뿐만 아니라 각종 설비를 갖추어 고객에게 안전하고 편리한 서비스를 제공하는 것이 가장 중요하다.

1) 기본 방향

① 고객에게 관리, 친절, 신뢰, 쾌적감을 줄 수 있도록 한다.

② 사무 능률을 증진시키기 위한 기계화 설비를 고려한다.

③ 냉난방장치, 채광, 조명 등의 설비를 이용함으로써 쾌적한 환경을 조성하도록 한다.

④ 금고 및 출납 부분의 도난, 화재 등 각종 재난을 미연에 방지할 수 있는 설비를 갖춘다.

⑤ 장래의 증축을 고려한다.

그림 21 한국은행

2) 계획시 유의사항

① 능률화

㉮ 합리적인 업무 조직과 새로운 기기의 도입으로 사무 능률을 높인다.

㉯ 매장과 객장의 효율적인 배치로 사무 동선을 단순화하여 업무가 신속하게 처리가 되도록 한다.

㉰ 고객의 증가, 새로운 사무기기의 도입 등에 따른 변화에 유연하게 대응할 수 있도록 계획한다.

② 쾌적성

㉮ 객장의 대기 공간을 여유 있게 확보하여 손님들이 쾌적한 환경에서 서비스 받을 수 있게 한다.

㉯ 쾌적한 내부 공간은 행원의 심리적 긴장감을 풀어주고 사무 능률을 높여 준다.

㉰ 실내의 온·습도를 적절히 유지하여 업무 능률을 향상시키고 고객들에게 쾌적감을 제공한다.

③ 신뢰감

㉮ 은행의 생명은 신용이므로 의장적으로나 구조적으로 견고한 인상을 줄 수 있도록 한다.

㉯ 재해에 대비한 경비, 유지 관리가 용이해야 하며, 비상 연락 체계를 갖추어 유사시 신속하게 대처하도록 한다.

④ 친근감

㉮ 은행의 대중화를 위해 건물 자체를 주변과 조화될 수 있도록 계획한다.

㉯ 쇼 케이스의 개방, 고객 대기실의 고급화, 회의실 및 강당의 제공을 통한 지역 주민과의 유대관계를 고려한다.

⑤ 통일성

㉮ 은행은 건물 자체가 P. R의 매개체이므로 눈에 띄는 곳에 위치하여야 한다.

㉯ 은행 고유의 색채, 심벌마크 등을 사용하여 시민들에게 통일된 이미지를 부각시킨다.

⑥ 안전성

금고 및 출납 부분의 도난, 화재 등에 대한 안전을 고려한다.

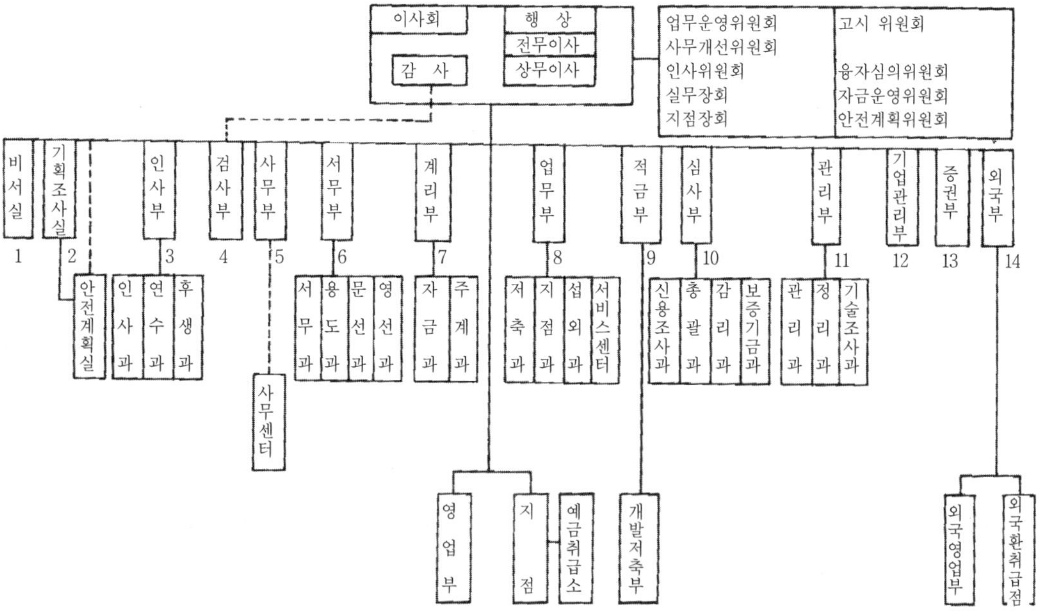

그림 22 은행의 기구 조직도

3) 대지조건

① 고려사항

㉮ 본점 대지

일반적 중심상업지역, 중앙 관청과의 관계 고려, 교통이 편리한 곳

㉯ 지점 대지

새로운 번화가와 관련 고려, 충분한 주차장 확보, 확장에 대한 대비

② 입지 조건

㉮ 교통이 편리한 곳

㉯ 부근의 인구밀도 및 지역개발 등 장래성이 있는 곳

㉰ 사람의 눈에 잘 띄는 곳으로 전면도로가 넓은 가로 모퉁이가 유리하다.

㉱ 상점가나 번화가에 접할 것

㉲ 고객이 밀집해 있는 곳에 가까운 곳 : 비즈니스 센터, 주택가, 공업단지

③ 대지의 형태 및 방위

㉮ 형태 : 정사각형 또는 직사각형에 가까운 것이 적합하며 폭에 비해 깊이가 깊은 것이 좋다. 또한 부정형은 가능한 한 피한다.

㉯ 방위 : 남쪽 또는 동쪽에 면하는 것이 좋고, 동남의 가로 모퉁이가 가장 이상적이다. 서측에 면할 때는 루버 등에 의한 일조 조절을 고려해야 한다.

㉰ 은행의 업무상 특수성에 따른 요인들을 함께 고려한다.

(2) 평면계획

1) 용도별 소요실

구분	실	소요실
거실부분	업무실	a. • 은행실, 영업실(후방 사무 부분을 포함.) • 현관, 방풍 스크린, 손님 대기실, 응접실 b. • 일반사무실(본부 사무실), 응접실 • 회의실, 대회의실 c. 수뇌부용실 • 집무실(역원실, 지점장실 등) • 응접실, 대기실 • 회의실 d. 통제실, 통신 관계실, 사무 기계실 등
	부속실	e. • 식당(중역용, 일반 행원용), 주방, 배선실 • 후생 관계실 • 숙직실, 수위실, 사환실, 작업실
비거실부분	교통실	f. • 주출입구, 홀, 복도, 계단 • 엘리베이트 홀
	수장실	g. • 금고(현금고, 증권고) • 서고 • 대금고 • 전실, 감시로
	준수장실	h. • 도서실(서고 열람실 등) • 로커실, 의복, 모자실, 창고, 갱의실 • 자동차고, 자전차 두는 곳
	설비실	i. • 전기실 • 공조 기계실 • 보일러 • 펌프실, 물 탱크실

2) 은행 규모의 산정

① 시설 규모의 결정 요인

행원수, 내방 고객수, 고객 서비스를 위한 시설 규모, 장래의 예비 공간, 예상 면적 등을 고려한다.

② 일반적인 지점의 시설 규모

㉮ 연면적 = 행원수 × 16~26m²

= 은행실 면적 × 1.5~3배

③ 은행실 면적 산정

㉮ 영업실 면적 = 행원수 × 10m²

㉯ 고객용 로비 면적 = 1일 평균 고객수 × 0.13~0.2m²

※ 기계화 추진 점포나 완만한 응대가 요구 되는 점포는 좀더 큰 규모로 되어야 한다.

④ 고객용 로비와 영업실 면적 비율

㉮ 고객용 로비 : 영업실 = 1 : 0.8~1.5

㉯ 객장과 영업장의 면적비는 소규모 지점이나 종래 일반적인 은행의 경우 30 : 70이었으나 최근에는 50 : 50 정도로 되고 있다.

(3) 세부계획

1) 은행실

① 주출입구(고객)

㉮ 일반적으로 출입문은 도난 방지상 안여닫이로 한다.

㉯ 전실(방풍실)을 둘 경우 바깥문은 바깥여닫이 또는 자재문으로 한다.

㉰ 특히 회전문 설치를 고려하는 것도 좋으나 어린이 출입이 많은 곳은 피한다.

㉱ 소요 치수

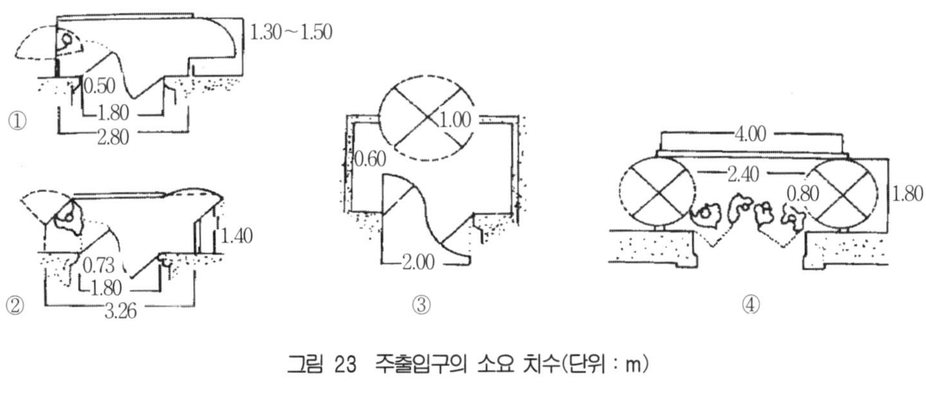

그림 23 주출입구의 소요 치수(단위 : m)

② 객장

㉮ 모든 은행의 핵심 공간이며 조직상의 중심이 되는 곳이고, 규모가 큰 경우 객장과 출입구 사이에 작은 대기 홀을 두기도 한다.

㉯ 최소 폭은 3.2m 정도로 살롱같은 분위기를 조성한다.

㉰ 객장 내에는 기입이나 대기를 위한 충분한 여유가 있어야 한다.

㉱ 방풍실 문이나 회전문 근처에는 계단을 설치하지 않으며, 방풍실 문은 옥외측을 반투명 유리, 옥내측은 투명 유리로 한다.

㉲ 에스컬레이터는 출입구 입구에 위치함이 원칙이다.

㉳ 이외에도 객장 내에 유아차 보관소, 공공 회의실, 라운지 공중 전화실 설치도 고려한다.

③ 영업 카운터

㉮ 카운터의 크기

㉠ 높이 : 100~110cm(영업장 측에서 90~95cm)

㉡ 너비 : 60~75cm

㉯ 창구 하나에 대한길이 : 150~170cm

㉰ 영업장 면적 $1m^2$당 카운터 길이 : 10cm

㉱ 고객과 행원과의 스크린막이는 현금 출납 창구에만 설치하는 것이 최근의 경향이다.

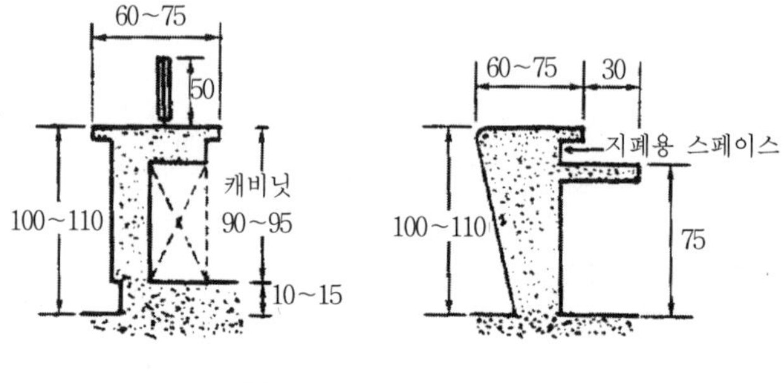

그림 24 영업 카운터(단위 : m)

④ 영업장(행정 사무, 부기)

㉮ 은행 행정 업무가 이루어지는 곳이므로 개방하여 가능한 한 고객에게 신뢰감을 높일 수 있도록 한다.

㉯ 고객을 직접 상대하는 업무 외에는 고객과의 접촉을 피하도록 하며, 업무의 능률을 높이도록 한다.

㉰ 책상의 배치는 획일적 배치(원형, 직선형)는 피한다.

㉱ 면적 : 은행원 1인당 $10m^2$

㉲ 천장 높이 : 5~7m(고층 빌딩 내는 3.5~4.0m를 표준)

㉳ 소요 조도 : 책상 위 300~400lux 표준

㉴ 설비 : 공조설비, 조명설비, 전화・방송의 배선용 floor duct, 비상경보장치 등

⑤ 은행실 면적 산정

㉮ 고객용 로비 : 영업실 = 1 : 0.8~1.5

㉯ 객장과 영업장이 면적비는 소규모 지점이나 종래 일반적인 은행의 경우 30 : 70이었으나 최근에는 50 : 50 정도로 하고 있으며, 고객을 위한 객장의 면적이 확대되고 있는 추세이다.

2) 동선계획

① 동선계획

㉮ 고객의 공간과 업무 공간과의 사이에는 원칙적으로 구분이 없어야 한다.

㉯ 고객이 지나는 동선은 되도록 짧아야 한다.

㉰ 작업의 흐름이 정체하지 않도록 하기 위해 고객 부문과 내부 객실과의 긴밀한 관계가 요구된다. 다만, 업무 내부의 일의 흐름은 되도록 고객에게 알기 어렵게 한다.

㉱ 고객 공간을 1층에 둘 수 없는 경우 카운터 홀에서 직접 통하는 특별 계단, 엘리베이터를 이용할 수 없도록 한다.

㉲ 큰 건물의 경우 고객 출입구는 되도록 1개소로 하고 안여닫이로 한다.

㉳ 직원 및 고객의 출입구는 따로 설치하여 영업시간에 관계없이 열어 둔다.

㉴ 특히 현금 반송 통로는 신중하게 설계하여야 하고, 관계자 외 출입을 금하며 감시가 쉬워야 한다.

3) 기본 평면계획

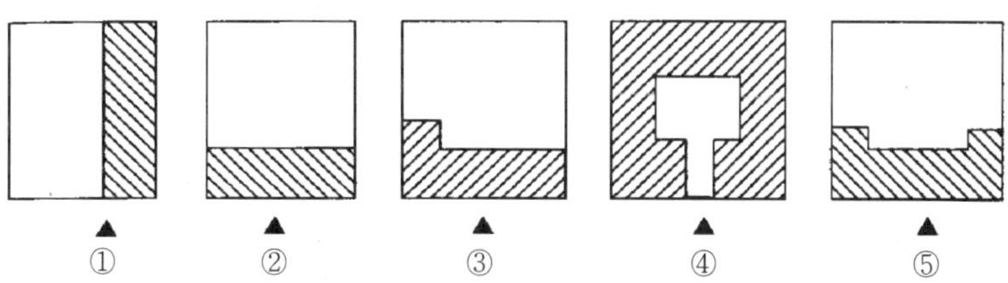

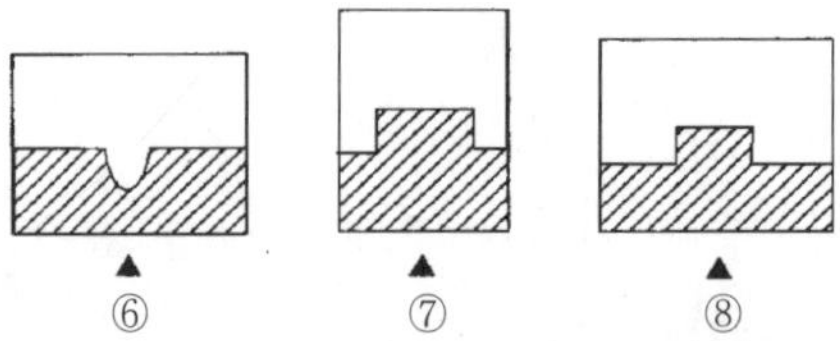

①, ② 소규모 지점
③ 약간 크고 길모퉁이에 적당
④ 외국에서 채택하고 있는 형식
⑤, ⑧ 규모가 큰 본점
⑥, ⑦ 규모가 크나 정면 부위가 좁을 경우

그림 25 은행의 평면형식

4) 입면계획

① 외관에 대한 계획

오늘날의 은행은 종래의 은행과는 달리 친밀감을 주기 위해서 밝고 출입하기 쉽게 외관을 채택하며, 소음이나 먼지 등으로 은행 업무에 지장을 주지 않도록 계획한다.

② 채광, 소음, 먼지 등에 대한 대책

㉮ 채광창 외측에는 방음용 루버를 설치한다.

㉯ 채광창은 크게 하며 이중창, 페어 글라스, 글라스 블록 등을 사용한다.

㉰ 채광창은 고정창으로 한다.

③ 금고

㉮ 위치

건물측벽, 뒤쪽 벽을 따라 위치하도록 하며 가능한 한 한쪽 구석을 이용하고, 또한 지하층이 설치된 건물이나 다층 건물인 경우는 가능한 저층에 위치시킨다.

㉯ 구조

㉠ 철근 콘크리트 구조(벽, 바닥, 천장)

ⓐ 두께 : 30~45cm(큰 규모인 경우 60cm 이상)

ⓑ 지름 : 16~19mm 철근을 15cm 간격으로 이중 배근한다.

㉡ 금고문 및 맨홀 문은 문틀 문짝면 사이에 기밀성을 유지해야 한다.

㉢ 사고에 대비해서 전선케이블을 금고 벽체 안에 위치하게 하여 경보 장치와 연결한다.

㉣ 비상 전화를 설치한다.

㉤ 비상 환기기 혹은 비상구가 별도로 필요한 경우에 한해 공기 출입이 용이한 장소에 비상 출입구를 설치한다.

㉥ 금고는 밀폐된 공간이기 때문에 환기 설비를 한다.

㉰ 금고의 종류

㉠ 현금고, 증권고 : 일반적으로 금고실이라 하며 칸막이 격자로 구분하여 사용한다.

㉡ 보호금고 : 고객으로부터 보관 물품을 받아 두고 보관 증서를 교부하는 보호 예치 업무를 위한 금고이다.

㉢ 대여금고(임대금고) : 금고실 내에 대·소 철제 상자를 설치해두고 고객에게 일정 금액으로 대여해주는 금고로서 전실, 비밀실, 대여금고실의 세 가지로 구성된다. 전실에는 비밀실(coupon booth : 넓이 $3m^2$ 정도)을 부수해서 설치한다. 대여금고 보관함 300개를 기준으로 한다.

㉣ 화재고 : 규모가 큰 은행에 설치되며 철제 선반을 금고 내에 두고 트렁크나 상자 등의 큰 귀중품을 보관하는 곳이다.

㉤ 야간 금고 : 은행이 폐점한 뒤 또는 휴일 등에 고객이 금전을 보관시킬 수 있는 설비이다.

㉥ 서고 : 장부를 격납하는 것과 법정 보전기간 서류를 보관하는 곳이다.

5) 부속실

① 지점장실

은행원의 집무 상태를 감독할 목적으로 주위가 잘 보이는 안쪽에 위치시키는 것이 일반적이며, 최근에는 고객과 상담하기 쉬운 위치에 두고 있다.

② 응접실, 회의실, 대기실, 예비실

㉮ 응접실은 은행 규모에 따라 영업실내 또는 인접해서 여러 실이 설치되고, 고객과 상담할 때 사용된다.

㉯ 회의실, 대기실, 예비실은 일반적으로 인접해서 배치하며, 이동 칸막이로 막는 예가 많다.

③ 숙직실, 수위실

㉮ 숙직실 : 영업시간 이외에 항상 1~2명의 행원이 교대로 숙박이나 휴식을 위한 실

㉯ 수위실 : 행원 출입구 근처에 배치해서 영업시간 등은 물론 시간외 야간, 휴일을 불문하고 사람이 출입하는 것을 감시하는 실

④ 식당 및 주방

점심시간에도 영업을 계속하므로 식사는 2~3회 교대로 한다. 면적은 행원의

1/2~1/3의 크기로 한다.

(4) 드라이브 인 뱅크(Drive in Bank) 계획

① 계획시 주의사항

㉮ 창고에 자동차의 접근이 쉬워야 한다.

㉯ 은행 창구에의 자동차 주차는 교차 또는 평행이 되도록 한다.

㉰ 창구는 운전석 쪽으로 한다.

㉱ 외부에 면할 경우는 비, 바람을 막기 위한 차양 시설을 요한다.

㉲ 은행 입구에는 차단물이 없어야 한다.

② 평면형

㉮ 외측 주변형 : 건물의 외부 1변, 또는 그 외의 벽면에 창구를 두는 형식

㉯ 돌출형 : 기존 건물로부터 돌출, 또는 길게 증축을 하지 않게 창구를 두는 형식

㉰ 섬(island)형 : 건물로부터 별도로 출납 창구를 건축한 형식

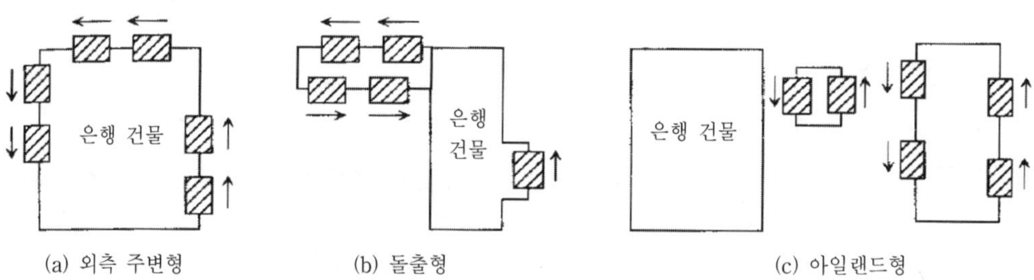

그림 26 드라이브 인 뱅크 평면형

③ 배치계획

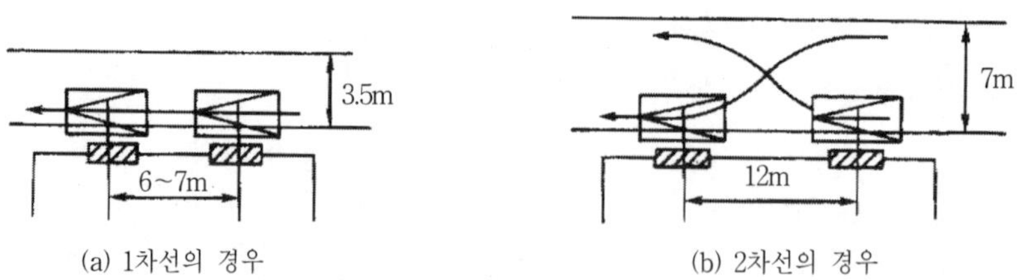

그림 27 드라이브 인 뱅크의 배치 형식

④ 드라이브 인 창구 계획

㉮ 모든 업무가 드라이브 인 창구 자체에서만 되는 것이 아니므로 별도 영업장과

긴밀한 연락을 취할 수 있는 시설이 필요하다.

㉯ 자동차 1대의 소요 시간은 약 1분 정도로서 창구 계원 1인 1일의 취급량은 150~200건 정도로 계산할 것.

㉰ 자동식과 수동식을 겸비하여 서류 처리 설비를 갖출 것

㉱ 쌍방 통화 설비를 갖출 것

㉲ 한랭시 동결에 대비해 창구를 청결히 할 수 있는 보온 설비를 할 것

㉳ 방탄 설비를 할 것

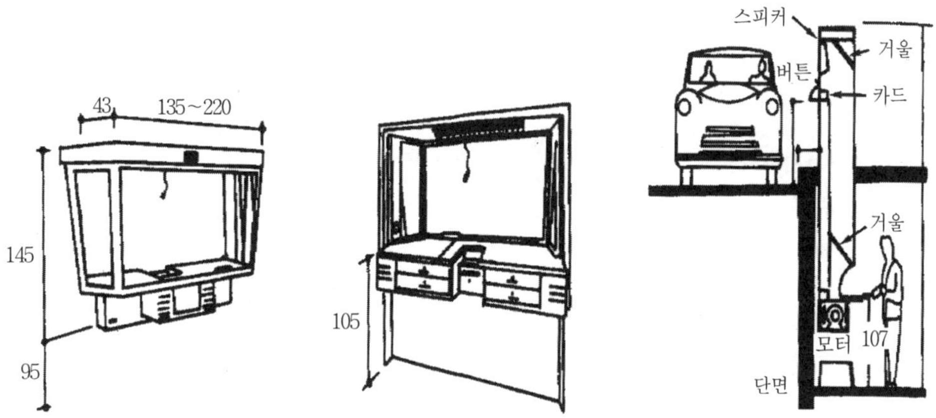

그림 28 드라이브 인 창구 상세

제3장 업무시설

익 힘 문 제

1. 사무소 건축의 크기를 결정하는 가장 중요한 요소는?
2. 사무소 건축에서 유효율이란 무엇이며, '렌터블(rentable)비가 높다'라는 말은 무엇을 의미하는가?
3. 렌터블비(rentable ratio)가 75%이고, 대실면적이 6000m²인 사무소의 연면적은?
4. 사무소 건축설계시 적용되는 그리드 플래닝(Grid planning)에 대하여 설명하라.
5. 사무소 건축계획시 사무실의 기준층 층고를 결정하는 사항은?
6. 사무소 건축의 기준층 층고 결정시 검토사항은?
7. 고층사무소 건축의 기준층 규모 산정시 고려사항은?
8. 책상배치에 따른 사무소의 평면계획에 있어서 3개의 책상이 나란히 배치될 때의 격자 치수는?
9. 사무소 건축계획에서 코어시스템(core system)을 채용하는 이유와 장점은?
10. 구조코어로서 가장 바람직한 형식으로 바닥면적이 큰 경우에 많이 사용되지만 내부공간과 외관이 모두 획일적으로 되기 쉬운 코어 형식은?
11. 사무소 건축의 코어 내 각 공간의 위치관계에 대하여 설명하라.
12. 사무실 건축의 실단위 계획에 있어서 개방식 배치(Open Plan)에 관하여 설명하라.
13. 사무소 건축계획에서 개방식 배치(open floor plan)의 장점은?
14. 사무소 건축 계획시 오피스 랜드스케이핑(office landscaping)에 대하여 설명하라.
15. 사무소 건축계획에서 개실 시스템(individual room system)에 대하여 설명하라.
16. 사무소 건축에서 2중지역 배치(double zone layout)에 대하여 설명하라.
17. 사무소 건축에 있어서 3중지역 배치(triple zone layout)의 특징은?
18. 사무소 건축계획시 기둥간격(span)의 결정요소는?
19. 사무소 건축에서의 층고 계획에 대하여 설명하고, 층고를 낮게 잡은 이유에 대하여 설명하라.
20. 사무실의 층고(H), 깊이(L)의 표준은?
21. 사무소 건축의 Elevator Zoning에 있어서 장점은?
22. 노크스의 계산식에 의한 사무소의 엘리베이터 대수산정의 가정 조건은?
23. 인텔리젠트 빌딩 정의의 개념은?
24. 인텔리젼트 빌딩(Intelligent Building)의 구성요소는?
25. 정보화 빌딩(Intelligent Building)의 기본 기능은?
26. 은행건축의 기본설계에서 유의해야할 사항을 설명하라.
27. 드라이브 인 뱅크(Drive in Bank)에 대하여 설명하라.

제4장

상업시설

제4장 상업시설

1. 상점

(1) 개요

오늘날 상점은 소비시대의 상징으로 거리 표정의 중요한 요소이다. 상점 건축 계획은 먼저 그 대지가 상점을 세우기에 적합한 것인가를 판단하여야 한다. 고객의 경향과 동태를 탐색하고 인근의 교통·도로의 조건·근처의 점포를 조사하여 활용할 수 있는 특성을 파악하여야 한다.

현대 상점의 설계상 구체화해야 할 특성은 먼저 적당한 개성으로 점포 전체를 통일시키는 것이다. 건물의 정면·점내·간판의 의장·상품의 전시를 고객에게 보이기 위하여 면밀하게 검토하여야 한다. 상점 전체가 간판이며 통일감이 필요하다. 또한 계절이나 경품, 또는 유행의 변화에 대하여 순응성을 갖도록 해야 한다.

1) 상점의 위치 및 고려조건

① 한 가지 용무 외에 다른 몇 가지 일을 볼 수 있는가?
② 특정 상품에 대해 서로 비교 선택이 가능한가?
③ 여러 성질이 다른 매력과 조합되어 있는가?
④ 변화, 활기, 참신한 분위기가 그 지역 일대에 있는가?
⑤ 오래 전부터 습관적으로 사람이 모이여 계속되고 있는가?
⑥ 신개발 지역으로 특유의 활동 변화가 내재해 있는가?
⑦ 주위에 비해 충실한 상점가를 형성하고 있는가?

2) 파사드(facade)와 숍 프런트(shop front)의 조건

① 개성적, 인상적인가?(신선한 감각이 넘치는 표현)
② 그 상점의 업종, 취급 상풍이 인지될 수 있는가?(시각적 표현)
③ 대중성이 있는가?(생동감과 친밀감)
④ 통행객의 발을 멈추게 하는 효과가 있는가?
⑤ 매점 내로 유도하는 효과가 있는가?
⑥ 셔터를 내렸을 때의 배려가 되어 있는가?

⑦ 경제적인 제약을 무시하고 있지는 않는가?

⑧ 필요 이상의 간판으로 미관을 해치고 있지는 않는가?

3) 상점의 광고요소

상점은 상업건축으로서 많은 통행객에게 상점 특유의 독자성을 표현하는 다섯 가지 광고요소(AIDMA 법칙)가 정면(facade) 구성에서 필요하다.

쇼 윈도우, 출입구 및 홀의 입구뿐만 아니라 간판, 광고판, 광고탑, 네온사인 등을 포함한 점포 전체의 얼굴로서 기업 및 상품에 대한 첫 인상을 주는 곳으로 강한 이미지를 줄 수 있도록 계획한다.

※ 파사드(facade) 구성에 요구되는 AIDMA 법칙(구매심리 5단계를 고려한 디자인)

① A(주의, attention) : 주목시킬 수 있는 배려

② I(흥미, interest) : 공감을 주는 호소력

③ D(욕망, desire) : 욕구를 일으키는 연상

④ M(기억, memory) : 인상적인 변화

⑤ A(행동, action) : 들어가기 쉬운 구성

※ VMD(Visual Merchandising)

상품과 고객 사이에서 치밀하게 계획된 정보 전달 수단으로 장식된 시각과 통신을 꾀하고자 하는 디스플레이 기법으로 상품 계획, 상점 환경, 판촉 등을 시각화시켜 상점 이미지를 고객에게 인식시키는 판매 전략이다.

① VMD의 요소(통일된 이미지를 위한 시각 설명의 요소)

㉮ 쇼윈도(show window) : 통행인을 대상으로 함

㉯ VP(Visual Presentation) : 점포의 주장을 강하게 표현함

㉰ IP(Item Presentation) : 구매시점 상에 상품 정보를 설명하며, 상점의 특성을 기억하게 하고 느끼게 하는 코오디네이트(coordinate) 청구 방법을 활용한다.

㉱ 매장의 상품 진열

② VMD의 구성

㉮ VP(Visual Presentation) : 상품의 이미지와 패션 테마의 종합적인 표현 – 점두, 쇼윈도우

㉯ PP(Point Of Presentation) : 한 유닛에서 대표되는 상품 진열 – 벽면 상단 및 집기류 상단, 디스플레이 테이블

㉰ IP(Item Presentation) : 상품의 분류 정리 – 제반 집기(선반, 행거)

4) 판매 방식

고객과 종업원의 판매형식에 따라 대면판매와 측면판매로 구분할 수 있으며 유형별의 특성은 다음과 같다.

표 1 대면판매와 측면판매의 특징

분 류	특 징
대면판매	고객과 종업원이 진열장을 사이에 두고 상담하며 판매하는 형식 ① 대상 : 시계, 귀금속, 카메라, 의약품, 화장품, 제과, 수예품 ② 장점 : 설명하기 편하고, 판매원이 정위치를 잡기 용이하며 포장이 편리하다. ③ 단점 : 진열 면적이 감소되고 show-case가 많아지면 상점 분위기가 부드럽지 않다.
측면판매	진열 상품을 같은 방향으로 보며 판매하는 형식 ① 대상 : 양장, 양복, 침구, 전기기구, 서적, 운동용품 ② 장점 : 충동적 구매와 선택이 용이하며, 진열 면적이 커지고 상품에 친근감이 있다. ③ 단점 : 판매원은 위치를 잡기 어렵고 불안정하며, 상품 설명이나 포장 등이 불편하다.

(2) 기본계획

1) 대지의 선정 조건

① 교통이 편리한 곳으로 일반적으로 일용품점의 경우 약 15~20분 전후(1km 전후)의 왕복거리 정도를 고려한다.

② 사람의 통행이 많고 번화한 곳으로 눈에 잘 띄는 곳

③ 도로에 면한 곳으로 가급적 2면 이상 도로에 접할 것

④ 대지가 불규칙적이며 구석진 곳을 피할 것

⑤ 전면도로의 폭이 너무 넓으면 좋지 않다. (일반적으로 8~12m 정도)

⑥ 대지의 형은 전면 폭과 안 깊이가 1 : 2인 것이 유리하다.

2) 상점의 방위

상점의 방위는 판매물품의 종류에 따라 다음과 같이 분류할 수 있다.

① 부인용품점

오후에 그늘이 지지 않는 방향이 좋다.

② 식료품점

강한 석양은 상품을 변색시키므로 서측을 피한다.

③ 양복점, 가구점, 서점

가급적 도로의 남측이나 서측을 선택하여 일사에 의한 퇴색, 변형, 파손 등을 방지한다.

④ 음식점

도로의 남측 또는 좁은 길옆이 좋다.

⑤ 여름용품점

도로의 북측을 택하여 남측 광선을 취입하는 것이 효과적이다.(겨울용품은 이와 반대)

⑥ 귀금속품점

1일 중 태양 광선이 직사하지 않는 방향이 좋다. 북측 채광을 취한다.

표 2 상점 종류에 의한 입지 조건

상점의 종류	개 념	방 위	도로 기준
부인용품점	밝고 깨끗한 위치	남서향	도로의 북동측
식료품점	부패 방지	서향을 피한다	
양복점, 가구점, 서점	퇴색 변형 방지	북향, 동향	도로의 남측, 서측
음식점		북향	도로의 남측
여름용품점	따뜻한 위치	남향	도로의 북측
귀금속품점	균일한 조도	북향	도로의 남측

(3) 평면계획

1) 면적 구성

상점의 총 면적은 일반적으로 건물 가운데 영업을 목적으로 사용되는 부분의 면적을 말하는 것으로서 판매부분과 부대부분으로 구성된다.

① 판매부분(매장)

판매 활동에 직접적으로 사용되는 공간

㉮ 도입 공간 : 외부에서 판매부분까지 도달하는 공공의 공간으로 개방시키는 공간

㉯ 통로 공간 : 고객이나 종업원의 이동 공간

㉰ 상품전시 공간 : 상품을 전시·판매하는 평면상의 부분

㉱ 서비스 공간 : 고객을 위한 안내 카운터, 응접실, 포장대, 화장실 등의 공간

② 부대부분

판매를 위한 관리 부분으로 직접적으로 영업 목적을 달성하기 위해 사용되는 관리 공간

㉮ 상품관리 공간 : 발송장, 창고 등의 공간

㉯ 점원후생 공간 : 점원들의 복지를 위한 강의실, 출입구, 통로, 화장실 등의 공간

㉰ 영업관리 공간 : 영업관리를 위한 사무실, 대합실 등의 공간

㉱ 시설관리 공간 : 전기, 공기조화, 급・배수 등의 기계실

㉲ 주차장 : 고객용, 화물용

2) 동선계획

동선계획은 평면계획의 기본요소로 기능적으로 역할이 서로 다른 동선은 교차되거나 혼용되어서는 안 된다. 상점 내의 매장 계획에 있어서 동선을 원활하게 하는 것이 가장 중요하다.

고객, 종업원, 상품의 동선이 서로 교차되지 않게 판매장을 계획한다.

① 고객동선

㉮ 고객동선은 흐름의 연속성이 상징적・지각적으로 분할되지 않는 수평적 바닥이 되도록 한다.

㉯ 고객동선은 길게 유도하여 매장의 진열효과를 높인다.

㉰ 편안한 마음으로 상품을 선택할 수 있도록 하며, 계단 설치시 올라가는 부담을 덜 주도록 한다.

② 종업원동선

㉮ 종업원동선은 판매 종업원의 주업무인 판매 행위와 그 밖에 관련된 출납・사무업무 등을 위한 작업동선을 말한다.

㉯ 종업원동선은 되도록 짧게 하여 보행거리를 적게 하여 작업의 효율성과 피로의 감소를 고려한다.

㉰ 종업원동선은 고객동선과 교차하지 않도록 계획한다.

㉱ 종업원동선의 폭은 최소 750mm 이상으로 하는 것이 좋다.

③ 상품동선

㉮ 반입, 보관, 포장, 발송과 같은 작업에 필요한 공간이다.

㉯ 소규모의 경우는 일반적으로 폐점 후에 작업이 이루어지므로 크게 문제 될 것은 없지만, 개점시에는 고객의 동선과 교차되지 않게 하는 것이 좋으므로

여유를 두는 것이 바람직하다.

㉰ 적은 점원수로 매매가 능률적이 될 수 있도록 한다.

3) 평면배치의 기본형

상점의 평면형식에는 굴절배열형, 직렬배열형, 환상배열형, 복합형으로 구분할 수 있으며 유형별 특징은 다음과 같다.

표 3 상점의 평면형식의 특징

평면 배치형	특 징
굴절배열형	① 진열 케이스의 배치와 고객 동선이 굴절 또는 곡선으로 구성된 것 ② 대면판매와 측면판매의 조합으로 이루어진다. ③ 대상 : 양품점, 안경점, 모자점, 문방구점
직렬배열형	① 통로가 직선이며 고객의 흐름이 가장 빠르다. ② 부분별로 상품 진열이 용이하고 대량판매 형식도 가능하다. ③ 대상 : 침구점, 양품점, 전기용품점, 서점, 식기점
환상배열형	① 중앙에 판매대 등을 직선 또는 곡선으로 환상 부분을 설치하고 이 안에 계산대, 포장대 등을 놓는 형식이다. ② 중앙 환상의 대면판매 부분에서는 소형 상품과 고액인 상품을 놓고, 벽면에는 대형 상품 등을 진열한다. ③ 대상 : 민예품점, 수예품점
복합형	① 위의 것들을 적절히 조합시킨 형이다. ② 후반부에 대면판매 또는 카운터의 접객부분이 된다. ③ 대상 : 서점, 피혁제품점, 부인복점

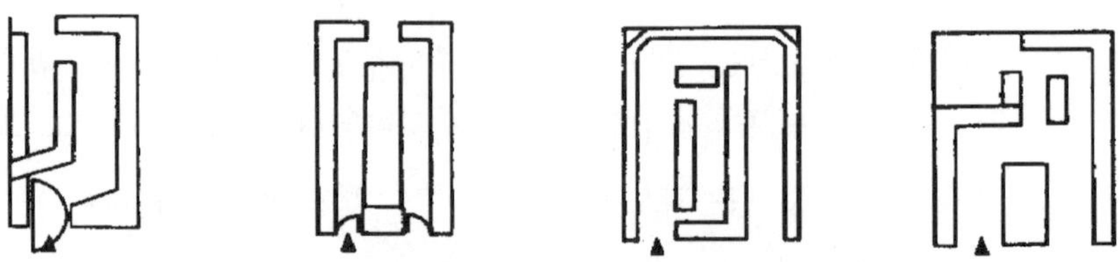

(a) 굴절 배열형 (b) 직렬 배열형 (c) 환상 배열형 (d) 복합형

그림 1 진열장(show case) 배치 방식

4) 진열장 형태에 의한 분류

상점의 진열장 형태에 따른 특징은 다음 표와 같이 정리할 수 있다.

표 4 진열장 형태에 따른 특징

분 류	특 징
평 형	점두의 외면에 출입구를 낸 가장 일반적인 형 채광이 좋고 점내를 넓게 사용할 수 있으며 채광에 유리하다.
돌출형	점내의 일부를 돌출시킨 형으로 특수 도매상에 쓰인다.
만입형	점두의 일부를 만입시킨 형으로 점내 면적과 자연채광이 감소된다.
홀 형	만입부를 더욱 넓게 잡아 진열창을 둘러놓은 형식으로 특징은 대체로 만입형과 비슷하다.
다층형	2층 또는 그 이상의 층을 연속되게 취급한 형으로 가구점, 양복점에 유리하다.

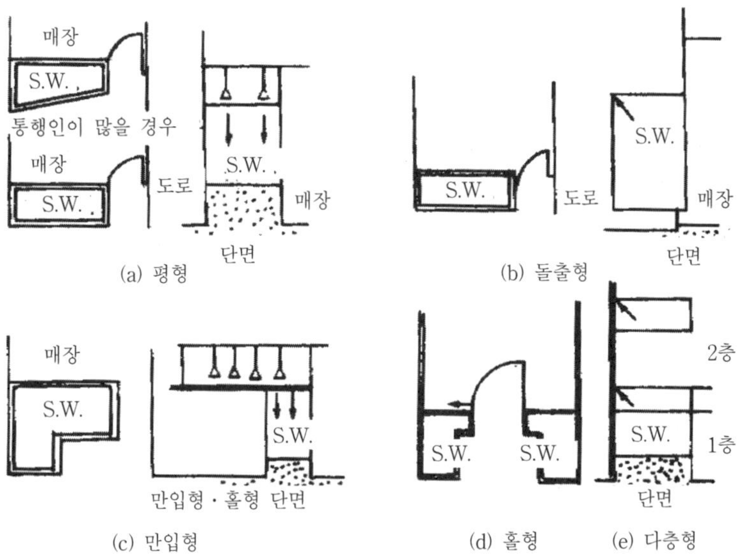

그림 2 상점의 형태 분류

5) 숍 프런트(shop front)에 의한 분류

상점의 숍 프런트(shop front)에 따른 특징은 다음 표와 같이 정리할 수 있다.

표 5 숍 프런트(shop front)에 따른 특징

분 류	특 징
개방형	• 손님이 잠시 머무르는 곳이나 손님이 많은 곳에 적합하다. • 서점, 제과점, 철물점, 지물포
폐쇄형	• 손님이 비교적 오래 머무르는 곳이나 손님이 적은 곳에 사용된다. • 이발소, 미용원, 보석상, 카메라점, 귀금속상
혼용형	• 개방형과 폐쇄형을 겸한 형식으로 가장 많이 이용된다. • 개구부의 일부는 개방하고 다른 일부는 폐쇄한 혼합형과 길 쪽을 개방하고 안쪽을 폐쇄한 분리형이 있다.

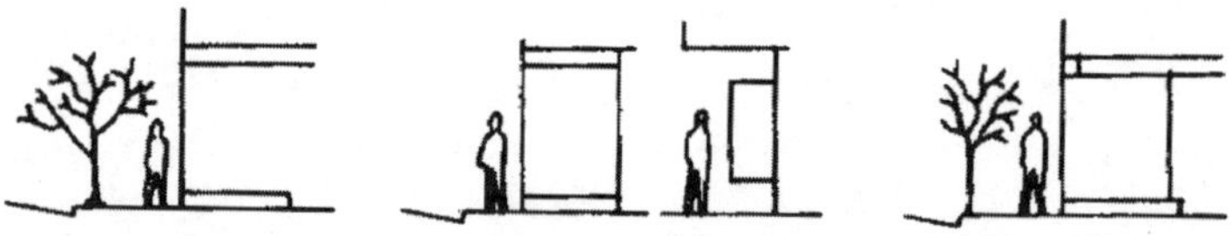

(a) 개방형 (b) 폐쇄형 (c) 혼용형

그림 3 진열창의 단면형식

(4) 세부계획

1) 진열창(Show window)

진열창은 출입구의 위치와 함께 결정되며 점포 폭의 크기 및 손님을 유치할 수 있는 위치를 중심으로 계획한다.

① 계획 결정의 요소

㉮ 상점의 위치

㉯ 보도 폭과 교통량

㉰ 상점의 출입구

㉱ 상품의 종류와 정도 및 크기

㉲ 진열 방법 및 정돈 상태

② 진열창의 크기

㉮ 창대의 높이 : 0.3~1.2m 정도(보통 0.6~0.9m)

㉯ 유리의 크기 : 높이 2.0~2.5m 정도(그 이상은 비효과적)

㉰ 진열 높이 : 스포츠용품 · 양화점은 낮게, 시계 · 귀금속은 높게 한다.

㉱ 가장 눈을 끄는 상품은 선 사람의 눈높이보다 약간 낮게 한다.

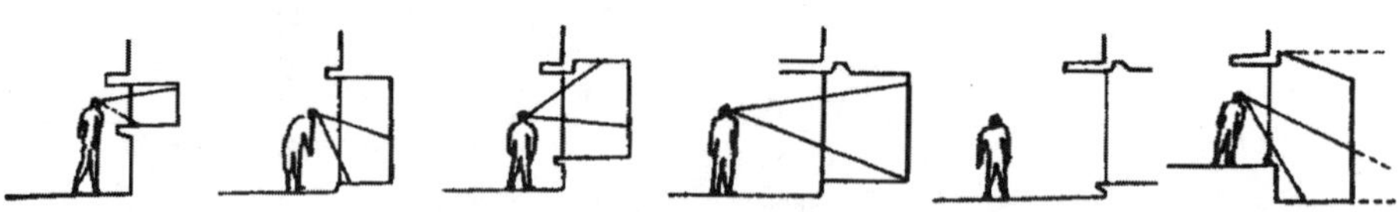

(a) 장신구 등 소품종 (b) 구두 (c) 양품, 모자 (d) 양복, 양장 (e) 가구, 차종 (f) 가구 등 배치

그림 4 진열창의 단면 형식

③ 진열창의 흐림 방지

진열창의 내부와 외부의 온도차가 생기면 유리면이 흐려서 내부의 진열 상품을

볼 수 없게 되므로 진열창에 외기가 통하도록 하고 창대 밑에 난방 장치를 하여 내외의 온도차를 적게 한다.

④ 진열창의 반사 방지

진열창 내부를 보려고 하는 고객의 눈을 꼭지점으로 한 60°의 원추체 속의 유리면에 광원체의 상이 들어오면 눈이 부시게 되어 상품을 보기가 어려워지게 된다. 여기서 광원체란 반드시 태양이나 전등 같은 것뿐만 아니라, 쇼윈도우 내부보다 더 밝은 조도를 받고 있는 모든 것을 말한다.

㉮ 주간시 : 외부의 조도가 내부의 조도보다 10~30배 정도 더 밝을 때 반사가 생긴다.

㉠ 진열창 내의 밝기를 외부보다 더 밝게 한다. (천공이나 인공조명 사용)

㉡ 차양을 달아 외부에 그늘을 준다. (만입형이 유리)

㉢ 유리면을 경사지게 하고 특수한 곡면 유리를 사용한다.

㉣ 건너편의 건물이 비치는 것을 방지하기 위해 가로수를 심는다.

㉯ 야간시 : 광원에 의해 반사가 생긴다.

㉠ 광원을 감춘다.

㉡ 눈에 입사하는 광속을 적게 한다.

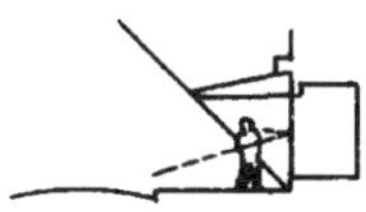

(a) 해가리개로 일사를 막는다.

(b) 해가리개의 접는 장치에 의해서 점내를 밝게 한다.

(c) 해가리개를 설치하여 길쪽에 어둡게 하고 쇼윈도 안을 밝게 한다.

(d) 곡면유리를 사용해서 밖의 영상이 객의 시야에 들어오지 않게한다.

(e) 유리를 사면으로 설치하여 밖의 영상이 객의 시야에 들어오지 않게 한다.

(f) 건너편의 건물이 비치는 것을 가로수가 막아준다.

그림 5 쇼윈도의 유리면의 반사 방지의 방법

⑤ 진열창(Show window) 조명계획

㉮ 상품의 주시성과 주목성을 높여 공간의 인상을 강하게 한다.

㉯ 상품의 재질감, 입체감, 색채를 효과적으로 나타내도록 고려한다.

㉰ 근접한 타 상점의 조도, 통과하는 보행자의 속도에 상응하여 주목성 있는 조도를 결정한다.

㉣ 상점 내부의 전체 조명보다 2~4배 정도 높은 조도로 한다.

㉤ 진열상품의 입체감은 밝은 하이라이트 부분과 그림자 부분이 명확히 구분되어 형상의 입체감이 강조되도록 한다.

㉥ 상품은 자연광에서 보는 것과 같이 한다.(연색성이 높은 조명)

㉦ 광원에 의한 눈부심(현휘 현상)이 생기지 않도록 한다.

⑥ 내부 조명

㉮ 상점 내부의 전반조명과 주력 상품을 돋보이게 하는 국부조명을 병용하는 것이 바람직하다.

㉯ 전반조명으로는 형광등, 국부조명으로는 불투명한 spot light가 적당하다.

㉰ 바닥면 상의 조도 : 최저 150lx가 표준이며 300lx 정도가 적당하다.

㉱ 주광색(晝光色)의 전구를 필요로 하는 상점 : 의료품점, 약국

학습 포인트

▶ 용도별에 따른 실의 조도(바닥으로부터 85cm 위의 조도)

- 사무실 : 300lx
- 상점 : 150~300lx
- 도서관(책상 위) : 600lx
- 은행(영업장) : 300~400lx
- 병원(수술실) : 700~1000lx

2) 진열장(Show case)

① 배치시 고려사항

㉮ 고객 쪽에서 상품이 효과적으로 보이게 한다.

㉯ 감시하기 쉽고 또한 고객에게는 감시한다는 인상을 주지 않도록 한다.

㉰ 고객과 종업원의 동선을 원활하게 하여 다수의 고객을 수용하고 소수의 종업원으로 관리하기에 편리하도록 하여야 한다.

㉱ 들어오는 고객과 종업원의 시선이 직접 마주치지 않게 한다. 이를 위해 종업원의 위치는 상점 전면에서 직접 보이지 않게 하고, 슬며시 보이는 장소를 정한다.

㉲ 판매와 지불의 관계에 있어서 종업원의 동선은 짧게 한다. 또한 금전자동계산기를 종업원 가까이에 둔다.

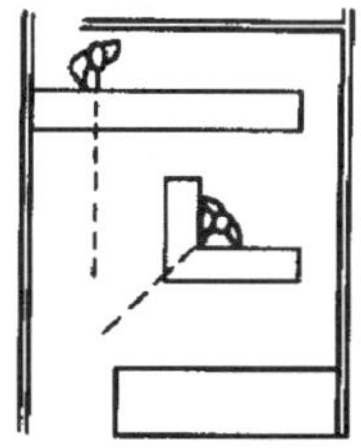

(a) 손님을 쏘아보는 시선은 좋지 않다.

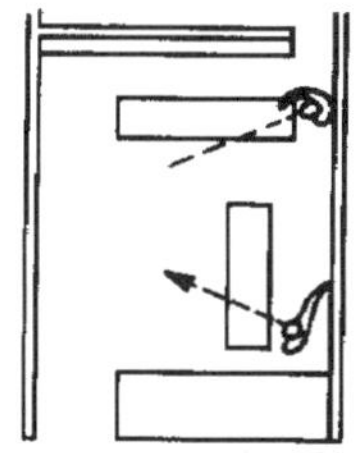

(b) 손님을 받아들이는 시선

그림 6 점원의 시선 배치

② 진열장의 크기

상점에 따라 각각 다르나 동일 상점의 것은 규격을 통일시키는 것이 좋으며, 이동식 구조로 한다.

㉮ 폭 : 0.5~0.6m

㉯ 길이 : 1.5~1.8m

㉰ 높이 : 0.9~1.1m(1m 정도)

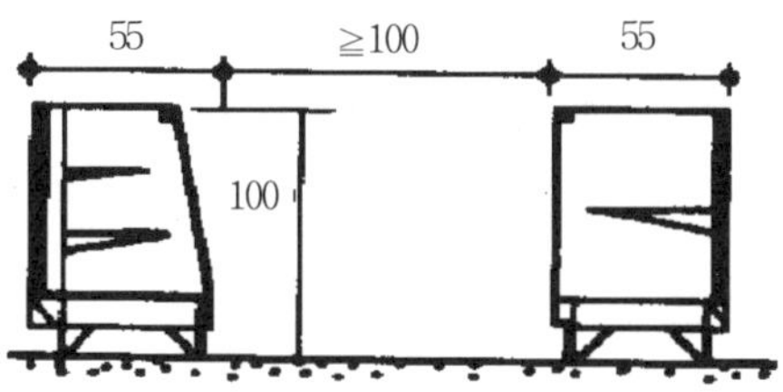

그림 7 진열장의 배치

③ 출입구

크기는 외여닫이인 경우 0.8~0.9m의 넓이 정도

④ 계단

㉮ 일반 상점에 있어서 2층 이상을 판매장으로 사용하는 경우는 계단의 설치 위주와 주계단과 부계단의 관계, 계단의 경사도 등은 고객의 흡인력과 밀접한 관계가 있으며, 상점 내의 중요한 장식적 요소가 된다.

㉯ 소규모 상점에 있어서 계단의 경사가 너무 낮을 경우에는 매장 면적을 감소시키게 되므로 규모에 알맞은 경사도를 선택해야 한다.

㉰ 상점의 깊이가 깊을 때에는 측벽에 따라 계단을 설치하고, 정방형에 가까운 평면일 경우에는 중앙에 설치하는 것이 좋다.

㉱ 계단 위치의 평면 형식 : 벽면 위치의 계단, 중앙 위치의 계단, 나선 계단, 2층

구조의 계단이 있다.

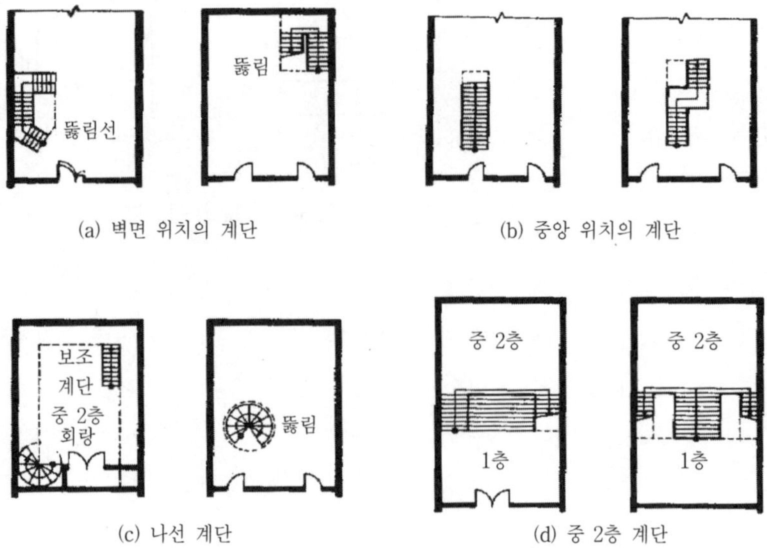

그림 8 계단 위치의 평면 형식

(5) 상점 건축의 의장 요소

1) 각 층별 구성 요소의 관계

객층 분류	형	색	소 재	공 간
청년층	동적인 형, 곡선의 이용, 고저, 변화가 풍부	자극적인 색 원색조, 보색조화	새로운 재료의 사용 질감의 차이가 큰 것	밀도가 약간 큰 정도
중년층	정적인 구성, 수직과 수평	중간색을 주체로 한 가라앉은 유사색 조화	자연재, 신건재(新建材)의 적당한 병용, 질감의 유사	밀도는 보통 정도
여성고객층	유동적인 선, 섬세한 선	유연한 색조, 파스텔 톤	질감이 섬세하고 부드러운 경쾌한 소재	약간 밀도가 큰 공간
남성고객층	큐빅한 형, 굵은 선, 볼륨감	은은하고 가라앉은 색조	강한 질감을 갖는 소재, 중량감 있는 소재	여성층보다 약간 넓은 공간
특정 고정고객층	개성이 강한 형	색채조화의 상식을 떠난 감각	특정의 소재	상점 면적이 좁고 공간 밀도가 큰 공간

2) 구매 의욕과 상점 구성 요소의 관계

구매에 관련되는 인상	형	색	소 재	공 간
친근감		따듯하고 부드럽고 밝은 색조	부드러운 소재, 금속, 돌,유리 등 감각재의 과용을 피한다.	공간 구성의 밀도가 약간 큰 것
풍부감	변화있는 형(선, 면, mass)의 구성	약간 자극적인 색채의 이용	사용 소재의 종류를 약간 많이 사용	공간의 입체적 이용
근대감	단순화된 형, sharp한 형	감각 차이가 큰 색채 구성	소재의 다용을 피한다.	mechanic한 공간, 단순화된 공간
신뢰감	넓은 면적, 정리된 형	호화로운 색조	고급 소재	deluxe한 공간 사용

(6) 슈퍼마켓(supermarket)

1) 개요

넓은 면적에 부문별로 정리, 진열된 상품들을 셀프 서비스(self service) 방식에 의하여 판매하는 상점을 말하며, 근래에 와서 독립된 대규모 상점 형태로 발전되고 있으며, 또한 대형 백화점 내에 설치되어 구매 방식의 다양화가 이루어지고 있다.

2) 기본계획

① 출입구의 설정에 따라 고객의 흐름이 유도된다.

② 상점 배열과 구성은 상품 전체를 충분히 돌아볼 수 있도록 한다.

③ 고객이 많은 쪽을 입구로 하고 항상 넓게, 출구는 좁게 한다.

④ 식료품과 비식료품일 경우 배치는 항상 입구 근처에는 생활필수품과 식료품을 진열하며, 고객을 많이 끌어들이도록 유의한다.

⑤ 동선은 카트(cart)를 넉넉히 밀고 다닐 수 있는 넓이, 즉 2대가 교차할 수 있도록 한다.

3) 평면계획

① 동선

㉮ 일방통행으로 계획하며 입구와 출구는 분리할 것.

㉯ 통로의 폭은 1.5m 이상으로 할 것.

㉰ 동선 배치는 대면 판매의 장소까지 직선으로 도입하고 거기서 각 코너로 분산시킬 것.

② 시설물

㉮ 체크아웃 카운터 : 500~600인/대당(슈퍼스토어 : 400~500인/대당)

㉯ 바구니

㉠ 개점시 : 총 고객수의 1할×3(1할은 상점 앞, 2할은 stock에 둔다.)

㉡ 개점 이후 : 총 고객수의 1할 정도

㉢ 카트(cart, 손수레) : 매장 면적 500m^2당 4대

2. 백화점

(1) 개요

백화점은 취급품목의 폭이 다양하고 상권 또한 광범위한 사업활동을 수행하는 작은 규모의 소매상점들을 대규모 건물 내에 집합시켜 놓은 형태로 폭 넓은 서비스와 신용을 바탕으로 한 박리다매를 목표로 한다. 최근에는 각종 위락 시설을 포함시켜 쇼핑을 겸한 대중오락 및 문화 공간으로서의 기능을 넓혀 가고 있다.

1) 건축적 성격

고객을 맞아 되도록 많은 상품 판매가 주목적으로 건물의 상업적 가치를 필요로 한다.

① 항상 신선감을 주고 화려함을 보여 줄 필요가 있다.

② 멀리서도 눈에 잘 띄어야 한다.

③ 접근하는 도로에서 매장 내 전체가 밝고 개방적일 필요가 있다.(일부 폐쇄적인 경우도 있다.)

④ 접객 부분은 밝고 편안하며 냉난방 및 방화 설비 등 각종 설비를 갖추어야 한다.

⑤ 항시 새로운 상품을 암시하는 참신한 감각의 디자인을 요함으로 건축적으로 2~3년마다 디자인이 갱신될 수 있도록 배려한다.

⑥ 백화점의 판매장 및 많은 접객 시설은 많은 사람이 모이는 곳이므로 화재 및 기타 비상시에 있어서의 피난의 방법, 재해의 범위를 한정하는 방법 등을 고려한다.

그림 9 신세계백화점

2) 입지조건으로서 고려사항

① 내객(來客)의 범위 및 그 인구수

내객의 범위, 내객의 이동 경향 파악, 구매력의 예상 등

② 교통에 관한 사항

고객의 유입·유출량, 교통 기관의 종별 수송 상황, 교통 기관의 변화에 따른 영향 등

③ 상업 지역의 상호 관계

상점가 상호간의 관계, 상점가의 업종 구성 및 성격의 구분

④ 고객 유치를 위한 시설

고객 유치 시설의 유무, 기타의 환경 조건

⑤ 대지의 넓이와 도로 관계

3) 대지 규모

① 중규모의 백화점으로서 매장면적 15,000m^{2}로 한 경우, 전체 연면적은 약 23,000~25,000m^{2}가 되고 이를 지상 8층, 지하 2층으로 계획하면 건축면적은 약 2,500m^{2}가 된다. 실제는 현관 앞의 공지, 백화점 입구 전면의 공지, 건물의 높이 제한 등을 생각하면 대지면적은 최소한 3,000m^2 정도가 되게 한다. 대형 백화점

의 경우는 4,000m^2 정도의 대지면적이 필요하게 된다.

② 백화점은 1일 영업에 대하여 판매장 면적 100m^{2}당 180~200명 이상의 입장객이 있어야 순조로운 경영을 기대할 수 있다. 판매장 면적 15,000m^2 정도의 백화점 경우에는 하루 27,000~30,000명의 입장객을 필요로 한다.

4) 기능

판매를 구성하는 요소로 고객, 종업원, 상품이 있어야 하고 다종 다량의 상품으로 여러 층의 고객에 대응해야 한다. 스위스 건축가 루이스 파너스(Louis Parnes)는 백화점의 기능을 고객권, 종업원권, 상품권, 판매권으로 분류하였다.

표 6 백화점의 기능

분 류	기 능
고 객 권	고객용 출입구, 통로, 계단, 휴게실, 식당 등의 서비스 시설 부분으로 대부분 판매권 등 매장에 결합되며 종업원권과 접하게 된다.
종업원권	종업원의 입구, 통로, 계단, 사무실, 식당 기타 부분으로 고객권과는 별개의 계통으로 독립되고 매장 내에 접하고 있어 매장 외에 상품권과 접하게 된다.
상 품 권	상품의 반입, 보관, 배달, 발송을 행하는 계층으로 판매권과 접하며 고객권과는 절대 분리시킨다.
판 매 권	백화점의 가장 중요한 부분인 매장이며 상품을 전시하여 영업하는 장소이다. 고객의 구매욕을 환기시키고, 종업원에 대해서도 능률이 좋은 작업환경이 조성되도록 한다.

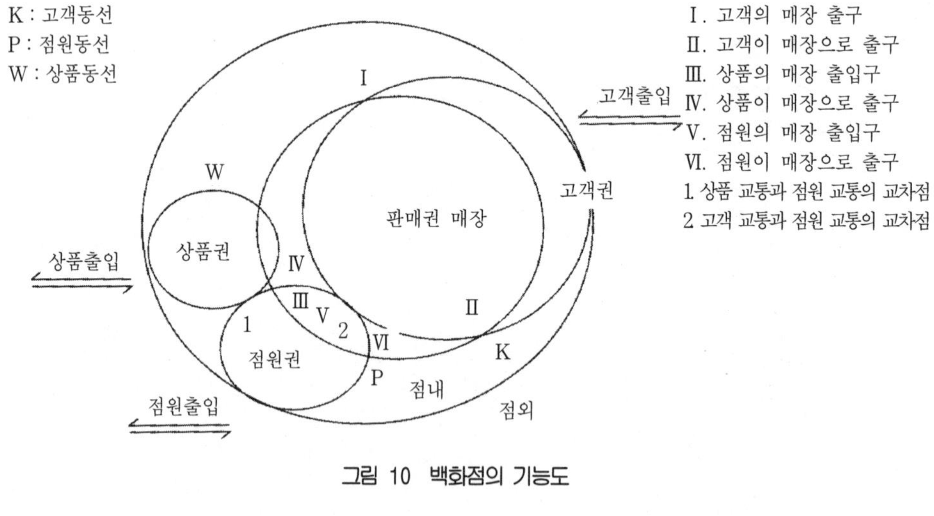

그림 10 백화점의 기능도

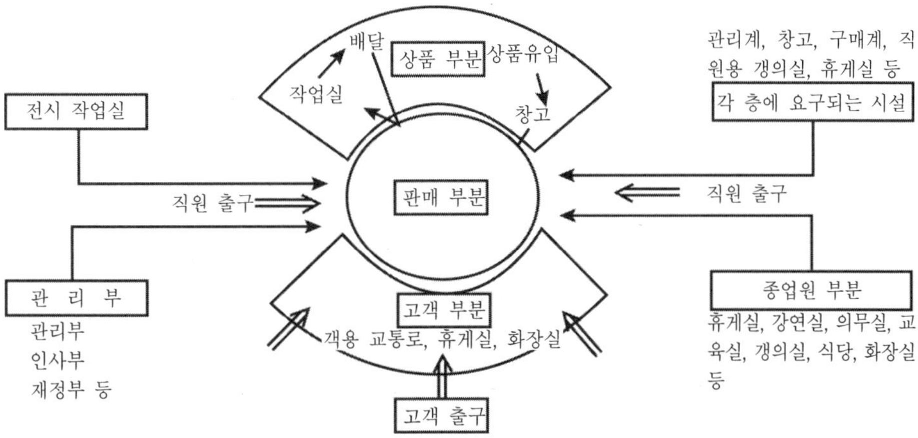

그림 11 백화점 내의 공간 영역도

(2) 일반계획

1) 대지계획시 고려사항

① 내객의 범위 및 인구수

내객의 이동 경향 파악, 고객이 될 인구의 수와 생활 정도, 구매력의 예상 등

② 교통기관의 관계와 교통량

고객의 유입·유출량, 교통기관의 종별 수송상황, 교통기관의 변화에 따른 영향 등

③ 상업지역의 상호 관계

상점가 상호간의 관계, 상점가의 업종 구성 및 성격의 구분, 부근의 상업 상태 조사

④ 고객 유치를 위한 시설

고객 유치를 위한 시설의 유무 및 환경 조건

⑤ 대지의 넓이와 도로 관계

⑥ 대지 규모

대지면적은 최소한 3,000m^2 정도가 되게 하며, 대형 백화점의 경우는 4,000m^2 정도의 대지면적이 필요하다.

2) 대지 형태

① 대지 형태는 정방형에 가까운 장방형이 좋다.

② 장변이 주요 도로에 면하고 다른 1변 또는 2변이 상당한 폭을 가진 도로에 면하고 있는 것이 이상적이다.

③ 주차장 스페이스를 충분한 고려한다.

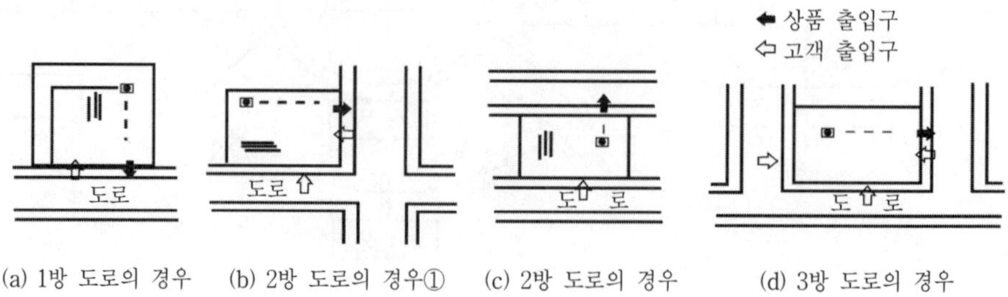

그림 12 접하는 도로의 위치에 따른 고객 출입구와 상품 출입구

3) 계획의 기본 전제

① 신선하고 눈에 띄는 외관으로 하고 새로운 상품의 존재를 인상 깊게 하는 계획으로 한다.

② 매장은 모양을 바꾸는 데 대응할 수 있도록 융통성 있는 자유로운 공간으로 한다.

③ 입구에서 들어간 손님을 될 수 있는 한 전관의 매장으로 고르게 유도할 수 있도록 엘리베이터, 에스컬레이터, 계단 등의 교통수단을 충실하게 한다.

4) 면적 구성

① 연면적은 건물을 영업 목적으로 사용하는 부분을 말하며, 판매부분과 이를 지원하는 부대관리부분으로 구성된다.

㉮ 접객부 : 매장을 중심으로 하여 부수되는 각실

㉯ 관리부 : 상품의 수・발송 기타 영업용 사무실

② 매장 면적비

㉮ 연면적에 대해 60~70% 정도(소규모 경우 : 80% 정도)

㉯ 순매장 면적은 연면적에 대해 50% 정도이며 다음과 같이 구성된다.

㉠ 가구 배치 소요 면적 : 매장 면적의 50~70% 정도

㉡ 순교통에 필요한 면적 : 매장 면적의 30~50% 정도

학습 포인트

① 매장 면적비 : 연면적의 60~70%정도(매장 면적 중 통로로 사용되는 부분 : 30~50% 정도)
② 종업원 수 : 매장 면적 100m²당 4명 정도
③ 1일 필요 고객수(입장객) : 매장 면적 100m²당 180~200명 정도(이 인원을 흡수하려면 통행인이 10배 이상 있어야 한다.)

〔예제 1〕 연면적 10,000m²의 백화점에서 판매장 면적, 종업원수, 1일 필요 고객수(입장객수)는?

해설 ① 판매장 면적 : 연면적의 60~70% 정도(그 중 통로로 사용되는 부분 : 30~50% 정도)
∴10,000m²×(0.6~0.7)=6,500m² 정도
② 종업원수 : 판매장 면적 100m²당 4명 정도(매장 면적 25m²/인)
∴(6,500m²÷100)×4=260명
③ 1일 입장객수 : 판매장 면적 100m²당 180~200명 정도
∴ (6,500m²÷100)×200명=13,000명

(3) 세부계획

1) 기둥 간격

① 기둥 간격의 결정요소
㉮ 진열대 치수와 배치 방법(진열장 배치의 변경 고려시 : 장방형보다 정방형이 유리)
㉯ 엘리베이터, 에스컬레이터의 배치(엘리베이터, 에스컬레이터 등의 크기, 개수, 설치 유무)
㉰ 매장의 통로의 크기
㉱ 지하주차장의 수용 능력(지하주차장의 주차방식과 주차폭)
㉲ 건축물의 적용 구조체

② 기둥 간격
㉮ 일반적인 것 : 보통 6.0m×6.0m 정도의 직교형
㉯ 실용적인 것 : 7~8m 정도-최근 대형 백화점에서 적용, 엘리베이터 2대와 에스컬레이터 설치가 적절, 자유 유선형 판매대 설치 적절
㉰ 이상적인 것 : 3대 주차 가능, 판매대 layout에 효율성을 가진다.
㉠ 9.15m×9.15m(K. C Urch의 안)

㉡ 10.6m×10.6m(L. Parnes의 안)

2) 층고

① 층고는 제한된 높이 가운데 매장별로 유효한 분할이 되어야 한다.

㉮ 1층 : 보통 3.5~5.0m

㉯ 2층 이상 : 3.3~4.0m

㉰ 지하층 : 3.4~5.0m 정도

② 최상층은 식당 또는 연회장으로 사용되는 경우가 많으므로 층고를 높게 한다.

3) 출입구

① 출입구 수

㉮ 도로에 면하여 30m에 1개소씩 설치한다.

㉯ 점내의 엘리베이터 홀, 계단에의 통로, 주요 진열창의 통로를 향하여 출입구를 설치한다.

② 크기

점포의 규모, 위치에 따라 다르며 기둥 간격, 스팬에도 관계된다.

③ 길이

진열창의 깊이와 일치되게 하며 2중문 또는 개방식으로 한다.

4) 매장계획

① 유의 사항

㉮ 매장 내의 교통 계통을 정리하는 것

㉯ 매장 전체가 전망이 좋고 알기 쉬운 것

㉰ 융통성이 높고, 넓게 연속된 판매장 공간을 구성할 것

㉱ 동일 층에서는 수평적 레벨차가 없도록 한다.

㉲ 입구・엘리베이터・에스컬레이터・계단 등의 수직 동선 매치를 기능적으로 하여 점내 손님의 움직임이 매장 전체에 고르게 이루어지도록 한다.

② 매장의 종류

매장은 일반 매장과 특수 매장으로 구분한다.

㉮ 일반 매장

넓게 자유 형식으로 여러 층에 같은 형식으로 구성되어 수평・수직적 관계

를 갖는 조직적인 구성의 판매장이다. 또한 매장의 조직은 매장 전체를 바라보는 데 방해가 되는 요철을 피하고, 매장 안의 교통계통을 정리하여 기술적이고 효율적인 평면계획이 요구되며, 동일 층에서는 수평적으로 높이의 차가 없게 구성한다.

㉯ 특수 매장

일반 매장의 안에 배치된다.

③ 매장의 배치 방법

백화점의 매장의 배치는 각층의 매장효율을 높이기 위해서 계획적 구매상품, 충동적 구매상품, 저가상품과 고가상품, 신사용품과 숙녀용품, 대형상품과 소형상품, 실용품과 사치품 등의 관계를 고려하여 수익성, 구매객의 수요, 선택상의 편의 등을 고려하여 결정하여야 한다.

일반적으로 매장의 배치는 고객의 구매심리를 고려하여 1층에는 충동적 구매를 하는 액세서리 상품 및 선택시간이 짧은 소형 상품을 배치하고, 중간층에는 선택시간이 소요되고 계획적 구매를 하게 되는 상품을 배치하며, 6층 이상에는 넓은 면적을 차지하는 상품을 배치한다.

표 7 각층별 매장의 배치 방법

층	설 계 방 침	판 매 장 명
1	도로에서 직접 보이도록 하고 고객의 동선을 원활하게 하며, 선택에 시간이 걸리지 않는 소형 상품 등의 손쉽게 구매할 수 있는 상품으로 한다.	화장품, 약품, 양품, 장식품, 핸드백, 구두, 양산, 흡연구, 자전거(충동구매)
2, 3	안정된 분위기로 비교적 선택에 시간이 걸리고 고가로 매상이 최대가 되는 상품으로 한다.	부인복, 신사복, 장식품, 고급잡화, 귀금속, 시계, 만년필
4, 5	주로 잡화류의 판매장이 되므로 많은 판매장을 잡도록 한다.	침구, 카메라, 서적, 문방구, 완구, 운동구, 식기(2, 3층에 이어 의류품)
6 이하	비교적 넓은 면적을 차지하는 상품으로 한다.	가구, 가정용품, 전기, 가스기구, 악기, 미술품, 도기, 칠기, 식기(고가인 것)
지하 1	고객이 백화점에서 최후로 사는 상품으로 한다.	식료품, 주방용기, 식기

④ 통로의 폭

㉮ 매대 앞에 손님이 서 있을 때 45~60cm, 1인 통행마다 60~70cm으로 가산한다.

㉯ 일반 고객 통로의 폭 : 1.8m 이상

㉰ 주통로의 폭 : 2.7~3m 이상

⑤ 진열대

㉮ 진열대의 크기 : 일반적으로 180cm × 60~75cm(폭) × 100cm(높이)

㉯ counter의 높이 : 75cm

⑥ 매장의 가구 배치

백화점의 매장 가구 배치는 직각배치, 사행배치, 자유유선형 배치, 방사형 배치로 구분할 수 있으며 각각의 배치의 특징은 다음과 같다.

표 8 매장의 가구 배치

종 류	배치의 특징
직각 배치 (rectangular system)	① 가장 간단한 배치 방법으로, 가구와 가구 사이를 직교하여 배치함으로써 직각의 통로가 나오게 하는 배치 방법이다. ② 경제적이고 판매장 면적을 최대한 이용할 수 있다. ③ 단조로운 배치이고 고객 통행량에 따른 통로 폭의 변화가 어려워 국부적인 혼란을 가져오기 쉽다.
사행 배치 (inclined system)	① 주통로를 직각 배치하고, 부통로를 주통로에 45° 경사지게 배치하는 방법이다. ② 수직 동선에의 접근이 쉽고, 매장의 구석까지 가기 쉽다. ③ 진열장의 다양한 크기가 요구되며, 이형의 매대가 많이 필요하다.
자유 유선형 배치 (free flow system)	① 고객의 유동 방향에 따라 자유로운 곡선을 통로를 배치하는 방법이다. ② 전시에 변화를 주고 판매장의 특수성을 살릴 수 있다. ③ 판매대나 유리 케이스에 특수형을 필요하기 때문에 고가가 된다. ④ 매장의 변경 및 이동이 곤란하다.
방사형 배치 (radiated system)	① 판매장의 통로를 방사형이 되도록 배치하는 방법이다. ② 미국에서 실시한 예가 있으나 일반적으로 적용이 곤란한 특수한 경우이다.

(a) 직각 배치 (b) 사행 배치 (c) 자유 유선형 배치 (d) 방사형 배치

그림 13 매장 진열대 배치 방법

⑦ 무창 건축의 백화점

실내의 진열 면적을 늘리고 분위기 조성을 위해 백화점의 외벽을 창이 없게 처

리하는 방법

㉮ 장점

㉠ 창의 역광으로 인한 내부 의장의 불리 요소를 제거할 수 있다.

㉡ 외부 벽면의 상품 전시 가능으로 매장 배치상 유리하다.

㉢ 매장 내의 냉·난방 효과가 증대된다.

㉯ 단점 : 화재나 정전시 고객들의 혼란에 빠질 우려가 있다.

(4) 동선계획

1) 고려사항

① 동선계획은 수직, 수평 동선으로 분류하며, 이는 고객 이동과 상품 운반에 모두 관계되는 계획요소이다.

② 고객동선은 비상 탈출 동선과 밀접한 관계를 지니게 되며, 탈출 계단의 수요, 배치 등은 법규에 따라 조정된다.

③ 매장 내의 동선은 고객이 가능한 많은 매장을 거치도록 배려할 필요가 있다.

④ 고객의 구매 심리를 이용한 동선 계획을 하여야 한다. 충동적 구매를 하게 되는 상품은 계획적 구매를 하게 되는 상품 판매장으로 가는 중간에 배열하거나, 식료품은 혼잡한 쪽, 귀금속은 한산한 쪽에 배치하는 방법을 이용한다.

2) 수직동선 계획

① 계단

㉮ 백화점에서의 계단은 승강설비의 보조용이나 비상계단으로 계획한다.

㉯ 객용 계단은 폭은 1.5m 이상이며, 직상층 이상의 매장면적이 100m^2 증가할 때마다 6cm씩 계산해야 한다.

㉰ 계단까지의 보행 거리 : 30m 이하(주요구조부가 내화구조나 불연재료인 경우 : 50m 이하)

② 엘리베이터

㉮ 에스컬레이터와 병용하는 경우 고객의 75~80%는 에스컬레이터를 이용하므로 최상층에의 급행용 이외에는 보조적 역할이 된다.

㉯ 엘리베이터 수송력은 평균 400명/h, 최대 500명/h로 보고, 엘리베이터의 cage 면적은 손님 1인에 대해서 0.2m^2 이상 필요한 것으로 본다.

㉰ 크기 : 연면적 2,000~3,000m²에 대해서 15~20인승 1대꼴 정도로 한다.

㉱ 속도

㉠ 저층(4~5층) : 45~100m/min 정도

㉡ 중층(8층) : 110m/min 정도

㉲ 대수결정 일반 공식

$$S=\frac{60\times5\times P}{T}$$

$$N=\frac{5분간에\ 운반하여야\ 되는\ 인원수}{S}$$

여기서 S : 5분간에 1대가 운반하는 인원수

P : 정원

N : 엘리베이터 대수

T : 엘리베이터 평균 일부 시간(초)

㉳ 배치

㉠ 가급적 집중 배치하며, 1대의 수용력을 크게 한다.

㉡ 고객용, 화물용, 사무용으로 구분 배치한다.

㉴ 위치 : 출입구의 반대쪽

표 9 엘리베이터 계획

항 목	설 계 요 령
대 수	건물 면적 2,000~3,000m²에 대해서 15~20인승 1대
크 기	넓이 210~250cm, 길이 160~200cm
속 도	8층 정도 100~120m/min, 5층 정도 60~100m/min
케이지 면적	1m²~5명, 2m²~12명, 3m²~20명, 4m²~30명

③ 에스컬레이터

㉮ 백화점에서 수직동선의 수송수단으로 가장 적합하며 방재계획에 불리하여 비상계단으로 사용할 수는 없다. 고객의 70~80%가 이용하게 되며, 엘리베이터의 10배 수송능력을 가진다. 특히, 1층, 지하층 등 층 높이의 차가 1층뿐인 경우에는 엘리베이터 45대 분에 해당된다.

㉯ 필요성 : 4대 이상의 엘리베이터를 필요로 할 때, 또는 2,000명/h 이상의 수송력을 필요로 할 때 설치한다.

㉰ 특징

㉠ 장점

ⓐ 수송력에 비해 점유 면적이 적다.(엘리베이터의 1/4~1/5 정도)

ⓑ 종업원이 적어도 된다.

ⓒ 고객으로 하여금 기다리지 않게 한다.

ⓓ 매장을 바라보며 승강할 수 있다.

㉡ 단점

ⓐ 설비비가 고가이다.

ⓑ 층고와 보의 간격에 제약을 받는다.

㉱ 위치 : 엘리베이터와 출입구의 중간 또는 매장의 중앙에 가까운 장소로서 고객이 알아보기 쉬운 곳

㉲ 수송 능력 : 60cm형은 4,000명/h, 90cm형은 6,000명/h, 120cm형은 8,000명/h 정도

㉳ 배치형식

표 10 엘리베이터의 배치형식

직렬식 배치	병렬 단속식 배치	병렬 연속식 배치	교차식 배치
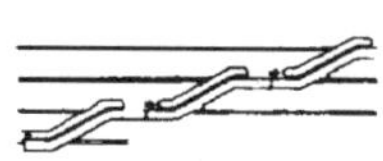	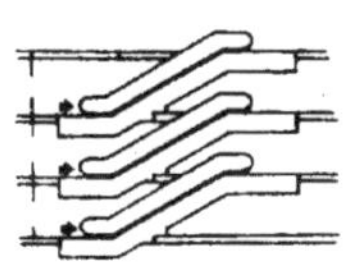	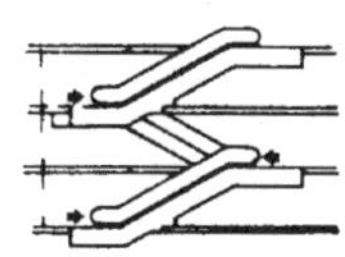	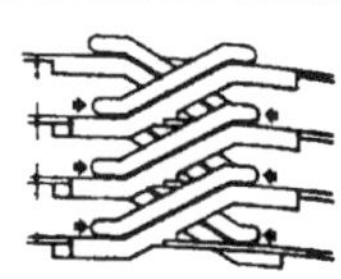
• 승객의 시야가 가장 넓다. • 점유 면적이 크다.	• 승객의 시야가 좋다. • 에스컬레이터의 위치가 돋보인다. • 플로어로부터 플로어로 연속적으로 승강할 수 없고 걸어야 한다. • 손님의 시선이 한 방향으로 한정된다.	• 오르기와 내리기를 연속적으로 할 수 있다. • 에스컬레이터의 위치가 돋보인다. • 승객의 시야가 좋다. • 상행·하행 에스컬레이터를 따로 배치할 필요가 있다. • 많은 스페이스를 필요로 한다.	• 연속적으로 승강을 할 수 있다. • 승강의 승강구가 떨어져 있다. • 승객의 시야가 좁다. • 에스컬레이터의 위치가 돋보이지 않는다. • 에스컬레이터의 측면이 매장의 전망을 나쁘게 한다.

학습 포인트

▸엘리베이터, 에스컬레이터의 비교

구 분	수송 능력	배 치	법규 사항
엘리베이터	400~500명/h	① 집중 배치(8대까지) ㉯ 1대의 수용 능력을 크게	• 8인승 - 1대 • 16인승 이상 - 2대
에스컬레이터	4,000~8,000명/h	Ev 4대 이상 필요시 배치 (2,000명/h 이상의 수송력 필요시)	• 구배 : 30° 이하 • 정격속도 : 30m/min 이하

• 수송 능력 : Es가 Ev의 약 10배 수송 능력(특히, 총수의 차 1개층 경우 : Ev의 약 45대분)
• 위치 : 매장의 진열효과, 매상 효과의 극대화를 고려한 위치(➡고객동선을 길게 유도)

학습 포인트

▸에스컬레이터의 배치 형식

배치 형식	특 징
직렬식	점유면적이 크나, 승객의 시야가 넓어져 좋다.
병렬 단속식	백화점 내를 내려다보기가 좋다.
병렬 연속식	점유면적이 크다.
교차식	점유면적이 작다. 매장의 전망이 나쁘다.

(5) 설비계획

1) 화장실, 수세기

① 위치

㉮ 각층의 주계단, 엘리베이터 로비 부근에 배치한다.

㉯ 남녀별로 화장실과 전실에 둔다.

② 변기수의 산정

판매장 면적에 의한 변기수는 일정하지 않으나 다음과 같이 설치할 수 있다.

표 11 화장실 설치 기준

고 객 용	남자용	대변기, 수세기	매장 면적 1,000m²에 대해서 1개
		소변기	매장 면적 700m²에 대해서 1개
	여자용	변기, 수세기	매장 면적 500m²에 대해서 1개
종업원용	남자용	대변기, 수세기	50명에 대해서 1개
		소변기	40명에 대해서 1개
	여자용	변기, 수세기	30명에 대해서 1개

2) 종업원 시설

① 종업원의 수는 매장면적 25m²에 대해 1인의 비율로 한다.

② 종업원의 남녀의 비는 4 : 6 정도로 한다.

3) 고객용 서비스 시설

① 특수 부속실 : 미용실, 촬영실, 레코드, 감상실, 검안실

② 휴게실 : 공중전화, 점내 방송실 설치

③ 연회장, 식당

④ 전시실, 화랑 : 최상층이나 옥상, 엘리베이터를 이용할 수 있는 동선상이 있는 곳이 좋다.

⑤ 옥상 정원 : 고객의 휴식 및 향락 시설

4) 조명설비

점포의 환경조성에 대한 개념에서 고객의 구매심리와 동선 등을 고려하여 조명기구의 디자인뿐만 아니라 고객의 눈을 끌어 상품의 가치를 쉽게 전달하여 구매의욕을 갖게 하도록 매장 전체의 환경을 형성하는 것에 그 목적을 두고 있다.

① 옥외 조명

백화점의 명시성(明示性)을 위해 필요하며 그 외에 글씨, 형태 등이 백화점 외관구성에 중요한 역할을 하며 고객의 시선을 유도하는 가장 중요한 요소이다.

② 옥내 조명

㉮ 직접 조명 : 조명 효율은 좋으나 조도가 높아서 불쾌감을 준다. 그러나 초현대감각을 주는 디자인에서 때로는 이러한 조명이 다른 높은 차원에서 활용되기도 한다.

㉯ 반간접 조명 : 가장 많이 쓰여지는 것으로, 루버(louver)가 있는 형광등 등이

사용되며, 광선의 부드러운 감이 좋다.

㉰ 간접 조명 : 조명으로서는 부드럽고 그림자를 만들지 않아 좋으나 상품을 강조할 수 없으므로 강력한 국부 조명을 병용하는 것이 효과적이다.

㉱ 국부 조명 : 조명에 액센트를 주는 것으로, 상품 전시를 대상으로 하여 스포트라이트가 사용된다. 고가용품, 신발 상품점에 적당하다.

5) 공기조화설비

각층 판매장으로 보내는 덕트(duct) 배치계획이 가장 중요하며 건물의 평면 및 단면계획과 판매장의 디자인과 밀접한 관계가 있다.

① 면적 : 전체 면적의 3~4% 정도

② 천장 높이 : 4.0m 이상

③ 덕트(duct) 배치방식 : 수평덕트방식, 수직덕트방식

(6) 터미널 디파트먼트 스토어(Terminal department store)

1) 정의

철도 여객을 대상으로 하며, 역 본래의 업무에 지장이 없는 범위 내에서 역사(驛舍)를 입체화하고 여러 가지 상품 및 음식의 판매 등을 하는 도심의 백화점을 말한다.

2) 기본계획

① 역의 공공성과 백화점의 기업성의 두 가지 특성이 조화가 되도록 한다.

② 역 승강객 흐름과 백화점 고객의 흐름에 교차가 생기지 않도록 한다. 특히 역 시설에 인접한 백화점은 에스컬레이터, 엘리베이터 등의 수직 동선에 배치를 주의한다.

③ 1층의 매장은 고객의 유치에 가장 좋은 위치이므로 가능한 한 넓게 잡는 것이 바람직하다.

④ 아침의 러시아워 때나 밤늦게는 백화점이 폐점되므로 역 시설과의 사이에 명확한 구획이 필요하다.

⑤ 승강객, 여객 통로 등에서 직접 백화점에 들어갈 수 있는 전용 개・집찰구를 설치하는 것이 효율적이다.

⑥ 상품의 반입, 반출은 역 시설 안에서는 물론 역 앞 광장의 보행자나 자동차의

동선과 교차되지 않도록 출입구의 위치를 설정해야 한다.

3. 쇼핑센터(Shopping Center)

(1) 개요

1) 정의

쇼핑센터는 구매 고객에게 최대의 편의를 제공하고 상품 매매의 효율을 최대로 하기 위해 상점 및 관련 시설들을 집단으로 계획한 상점군(商店群)의 복합 건물을 일컫는다.

2) 발전 배경

① 대도시 지역은 인구 집중과 도시 팽창의 결과로 도심지 외부에 대규모 주거지가 개발되었다.

② 개인 소득의 증대와 승용차 보유율의 증가로 인하여 자연히 승용차를 교통수단으로 이용 하는 구매 방식이 증가하게 되었다.

③ 도심지 백화점은 지가가 높아 충분한 주차장을 갖추기 어려우므로 도심이 아닌 교외의 가까운 곳에 넓은 대지를 잡고 형성된 쇼핑센터가 출현하게 되었다.

④ 이러한 외부의 대규모 쇼핑센터에 대응하고 빼앗긴 고객을 다시 유치하기 위한 노력으로 도심 재개발 등을 통하여 형성된 대규모의 도심형 쇼핑센터도 등장하고 있다.

3) 대지 선정

이용객의 주거지로부터 쇼핑센터에 이르기까지 운전 시간이중요한 요인이 되는데 일반적으로 운전 거리 12~15분이 적당하며, 최대 25분 초과시 이용되기 어렵다고 본다.

4) 분류

① 입지별 분류

㉮ 교외형

㉠ 일정 상권의 사람을 구매층으로 삼는다.

㉡ 비교적 저층이다.

㉢ 대규모 주차장을 가지며 백화점, 대형 슈퍼마켓 등을 핵으로 하는 경우가 많다.

㉯ 도심형

㉠ 불특정 다수를 구매층으로 한다.

㉡ 면적 효율상 고층이 되며, 주차 공간도 집약된다.

② 규모별 분류

㉮ 근린형(Neighberhood shopping center)

도보권을 중심으로 한 상권의 일용품 위주의 소규모 쇼핑센터

㉯ 커뮤니티형(Community-type shopping center)

실용품 위주의 중규모 쇼핑센터

㉰ 지역형(Regional shopping center)

각종 서비스 기능이나 Leisure sport 시설 등을 갖춘 대규모 쇼핑센터

(2) 기능 및 공간 구성

1) 공간 구성 요소

쇼핑센터의 기능과 공간을 구성하는 주요한 요소는 다음과 같다.

표 12 쇼핑센터의 규모별 비교(미국 예)

	근린형(neighberhood)	커뮤니티형(community)	지역형(regional)
전문점수	10~15	20~40	40~130
핵상점수	1~2	2~3	3 이상
사용지역 면적(m^2)	20,000~40,000	80,000~100,000	200,000~600,000
건축면적(m^2)	10,000 이하	10,000~20,000	20,000 이상
주차시설(대)	500~1,000	1,000~3,000	5,000~10,000
운전거리(상권)	5~10분	10분 이상	20~30분
인구(상권)	3,000~25,000	30,000~25,000	100,000 이상

① 핵상점(核商店, magnet store, key tenant)

핵상점은 쇼핑센터의 핵으로서 고객을 끌어들이는 기능을 갖고 있으며, 일반적으로 백화점이나 종합 슈퍼마켓이 이에 해당된다.

② 전문점(retail shops)

전문점은 주로 단일 종류의 상품을 전문적으로 취급하는 상점과 음식점 등의 서비스점으로 구성되며, 전문점의 구성과 레이아웃은 그 쇼핑센터의 특색에 의해 결정된다.

③ 몰(mall)

쇼핑센터 내의 주요 보행 동선으로 고객을 각 상점으로 고르게 유도하는 shopping street인 동시에 고객의 휴식처로서의 기능도 갖고 있다. 쇼핑센터의 가장 특징적인 요소이다.

㉮ 고객의 주보행 동선으로 핵상점과 각 전문점에의 출입이 이루어지는 곳이므로 확실한 방향성, 식별성이 요구되며, 고객에게 변화감, 다채로움, 자극과 흥미를 주며 쇼핑을 유쾌하게 할 수 있고 휴식 장소를 제공해 주어야 한다.

㉯ 전문점과 핵상점들은 몰에 면하도록 한다.

㉰ 친근감을 주는 면적상 크기와 형상 및 비례감이 잘 정리된 각기 연속된 크고 작은 공간들의 조합으로 구성되도록 한다.

㉱ 자연광을 끌어들여 외부 공간과 같은 느낌을 주도록 하며, 시간에 따른 공간감의 변화, 인공 조명과의 대비 효과 등을 얻을 수 있도록 한다.

㉲ 단층 또는 다층으로 계획할 수 있으나, 다층 구성시 각 층간 시야 개방을 적극적 고려한다.

㉳ mall은 open mall, enclosed mall로 계획할 수 있으며, 일반적으로 공기 조화에 의해 쾌적한 실내 기후로 유지할 수 있는 enclosed mall이 선호된다.

㉴ 몰의 폭은 6~12m가 일반적이며, 물의 길이는 240m가 한계이다. 길이 20~30m마다 변화를 주어 단조로운 느낌이 들지 않도록 하는 것이 바람직하다.

㉵ mall은 pedestrian area의 일부이며, pedestrian 지대에는 몰, 코트, 분수, 연못, 조경이 있다.

④ 코트(court)

고객이 머무를 수 있는 비교적 넓은 공간으로서 몰의 군데군데에 위치하여 고객의 휴식처가 되는 동시에 각종 행사의장이 되기도 한다.

⑤ 주차장

차를 이용하는 고객의 편의와 고객 유치를 위해 필수적이다. 주차장의 위치와 규모는 다른 교통 수단 및 도로 상황과의 관계를 고려하여 결정한다.

2) 공간 구성

① 기본적 공간 구성

핵상점과 핵상점을 mall로 연결하고 그 양측에 전문점을 두며, 주차장이나 대중 교통 수단으로부터의 진입 방향에 출입구를 위치시킨다.

② 핵 또는 다핵의 경우

㉮ 핵상점은 고객의 주진입 방향에 출입구를 두고 반대쪽에 핵상점을 배치하며, 그 사이에 몰을 축으로 하는 전문점으로 연결한다.

㉯ 3핵 이상인 경우는 각 핵상점들이 몰로 연결되어 고객들의 순환 동선이 원활히 이루어지도록 한다.

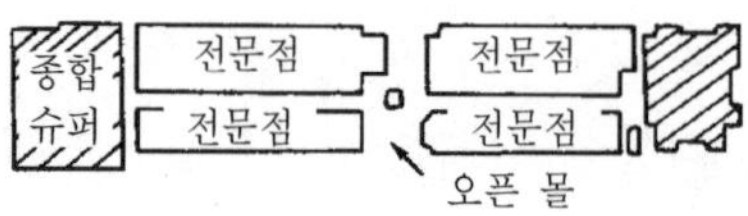

(a) 알라모아나(Ala Moana, Hawaii, 미국

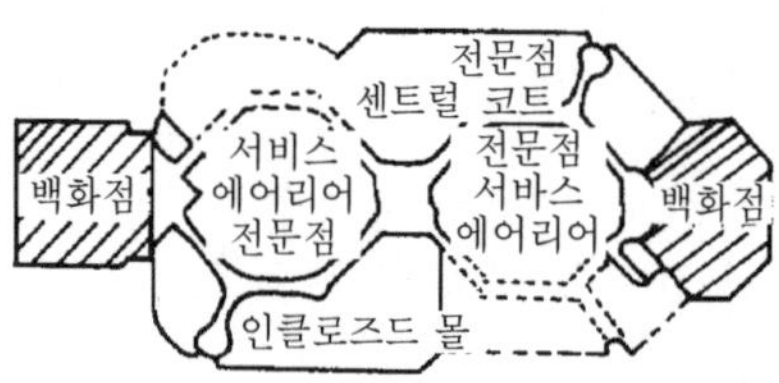

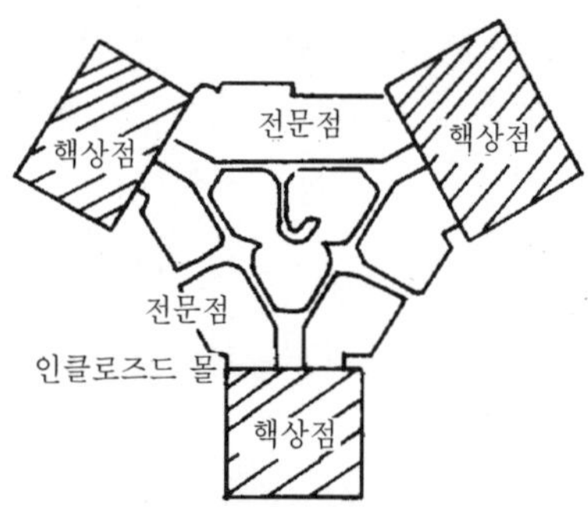

(b) 셔웨이 가든(Sherway Garden, Toronto, 캐나다 (c) 타운 이스트 몰(Town East Mall, Texas, 미국)

그림 14 공간 구성의 예

(3) 세부계획

1) 면적 구성

① 핵상점 : 전체 면적의 약 50%

② 전문점 : 전체 면적의 약 25%

③ 몰, 코트 등 공유 공간 : 전체 면적의 약 10% 정도

④ 관리 시설, 공용화물 처리장, 기계실 등의 후방부분 : 15%(나머지)

2) 기둥 간격 및 평면 규모

① 기둥 간격 : 일반적으로 3, 4 ,5, 6m 등을 사용

② 상점 전면폭 : 6, 9, 12, 15, 18, 21, 24m 등으로 하여 상점의 업종 및 규모에 따라 적절히 배치한다.

③ 깊이 : 일반적 경우보다 다소 건물의 깊이가 길어진다.

3) shop front 부분의 디자인

① 각 상점마다 변화 있는 평면 및 입면 구성을 하도록 한다.

② 고객이 비를 맞거나 햇볕을 피하면서 쇼핑을 할 수 있도록 긴 추녀를 내는 방법들이 많이 쓰인다.

4) pedestrian mall의 계획

① 보행자 전용 공간은 쇼핑 거리와 고객의 휴식처로서 사용된다.

② 다양한 성격을 발현할 수 있게 설계하는 것이 바람직하다.

제4장 상업시설

익 힘 문 제

1. 상점 건축에서 파사드(facade)와 숍프론트(shop front)의 조건은?
2. 상점 입면 구성의 5가지 광고요소는?
3. VMD(Visual Merchandising)란?
4. 상점의 판매형식 중 대면판매(對面販賣)의 장점은?
5. 상점 건축계획에서 업종에 따른 방위 설정은?

   ㉠ 부인용품점

   ㉡ 음식점

   ㉢ 양복점, 가구점, 서점

   ㉣ 여름용품점
6. 일반상점가나 시장 또는 일용상품점의 상점에 가장 많이 사용되는 숍 프론트(shop front) 형식은?
7. 상점 건축에서 외관의 형태에 의한 분류 중 가장 일반적인 형식으로 채광이 용이하고 점내를 넓게 사용할 수 있어 유리한 형태는?
8. 상점 건축물의 매장 가구배치상 고려해야 할 점은?
9. 상점 내 진열장 배치계획에서 가장 우선적으로 고려되어야 할 사항은?
10. 진열대 유리의 흐림 방지를 방지하기 위한 방법은?
11. 상점 건축의 쇼윈도우(show window)의 눈부심(glare)을 방지하는 방법은?
12. 쇼윈도우의 내부와 외부가 어느 정도 이상의 차이일 때 현휘가 일어나는가?
13. 구매의욕을 높이기 위한 상점건축의 보편적인 색채의장계획은 ?
14. 판매장의 조명방법은?
15. 슈퍼마켓(Super-market) 건축계획에 대하여 설명하라.
16. 루이스 파너스(Louis Parnes)가 분류한 백화점의 기능을 들고 간단히 설명하라.
17. 연면적 15,000m^{2}의 백화점에서 판매장 면적, 종업원수, 1일 필요 고객수(입장객수)는?
18. 백화점 스팬(Span)의 결정요인은?
19. 백화점 모듈 결정요인은?
20. 백화점 평면계획에 있어서 엘리베이터와 에스컬레이터의 위치로 적당한 곳은?
21. 백화점의 에스컬레이터 배치형식에 대하여 설명하라.

   ㉠ 직렬식 배치

   ㉡ 병렬식 배치

㉢ 교차식 배치

㉣ 병렬 연속식 배치

22. 쇼핑센터를 구성하는 주요 요소는 ?

23. 쇼핑센터의 공간구성에서 페데스트리언 지대(Pedestrian area)의 일부로서 고객을 각 상점에 유도하는 보행자 동선인 동시에 고객의 휴식처로서 기능을 갖고 있는 곳을 무엇이라 하는가?

24. 쇼핑센터의 몰(mall)에 대하여 설명하라.

제5장

교육시설

1. 학교
2. 유치원
3. 도서관

익힘문제

제5장 교육시설

1. 학교

(1) 교육시설 계획의 목표

① 초등학교

Teaching-learning system의 적절한 고려, 사회와 시대적 적응의 융통성, 여가 활동을 위한 옥외 공간의 확보, 환경을 매개로 한 간접 교육의 충족, 아동 특유의 감각적 미감(美感)을 충족하기 위한 방법 모색, 안전 보호적 처리 등을 그 계획 목표로 해야 한다.

② 중고등학교

Teaching-learning system에 적합한 적용의 원칙을 가져야 하며 사회, 시대의 적응 가능성, 의장에서는 진취적 변화성 추구, 시청각 및 열적 환경 충족, Leisure activity의 효율성을 충족시킬 수 있는 계획이 되어야 한다.

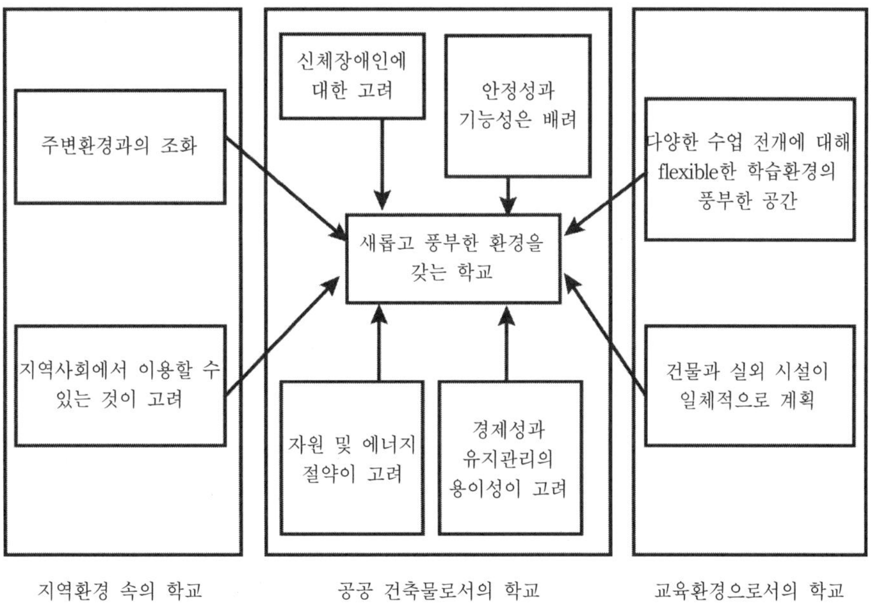

그림 1 대도시 초·중등학교 건축 계획의 일반 목표

(2) 기본 계획

1) 교지 계획

① 교지 선정 조건

㉮ 학생의 통학 구역 내의 중심이 될 수 있는 곳

㉯ 간선도로 및 번화가의 소음으로부터 격리된 곳

㉰ 학교의 규모에 따른 장래의 확장 면적을 고려할 것

㉱ 지형은 자연 재해의 위험이 없고, 지반 조건이나 표토 조건이 좋을 것

㉲ 의도하는 학교 환경을 구성하는 데 필요한 형과 지형일 것

㉳ 필요한 일조와 여름의 통풍이 좋은 곳

㉴ 도시의 서비스 시설을 활용할 수 있는 곳

㉵ 기타 법규적 제한을 받지 않는 곳

② 교지 이용 계획 및 규모 계획

㉮ 이용계획

㉠ 초등학교에서 저학년 유희장과 고학년의 운동장은 구별하는 것이 바람직하다.

㉡ 단순한 교사 배치와 운동장 설치가 아닌 전체 교지가 충분히 활용되도록 계획한다.

㉢ 운동장은 평지로 하고 기타는 평지가 아니라도 가능하다.

㉣ 교지 주위에 소음 방지, 계절풍 방지용 녹지대를 마련한다.

㉯ 규모 계획

㉠ 교지의 형태 : 정형에 가까운 직사각형이 유리하며, 일반적으로 장변과 단변의 비는 4 : 3 정도가 좋고 3 : 2 또는 5 : 4 정도도 양호하다.

㉡ 교지의 면적 : 학교의 규모에 따른 학생 1인당 점유 면적은 표와 같다.

표 1 학생 1인당 교지의 점유 면적

학교의 종류	규모별 · 학과별	학생 1인당 교지 점유 면적
초등학교	12학급 이하	$20m^2$
	13학급 이상	$15m^2$
중학교	학생수 480명 이하	$30m^2$
	학생수 481명 이상	$25m^2$
고등학교	인문계	$70m^2$
	실업계	$110m^2$(실습지 불포함)
대학(교)		$60m^2$

〔예제 1〕 학생수 1,320명을 수용하는 초등학교의 교지면적을 결정하는 데 필요한 1인당 기준 면적은?(단, 1학급 학생수는 55명으로 한다.)

해설 1,320명÷55명/학급=24학급
13학급인 경우이므로 1인당 교지 점유 면적은 $15m^2$/인이다.

㉢ 중학교 이상 운동장의 표준형은 다음과 같다.

ⓐ 대운동장(면적 $2,400m^2$) : 200m 트랙, 야구장, 축구장

ⓑ 소운동장(면적 $1,200m^2$) : 배구장, 테니스장, 농구장, 철봉, 모래사장

ⓒ 수영장(면적 $875m^2$) : 단거리용

2) 교사(校舍)계획

① 교사 계획의 공간 구성

㉮ 저학년과 고학년 block의 구분 및 학년 단위의 구성

㉠ 교과 내용의 일치, 심신 발육 상태의 동이성, 교지의 공용 및 상호 유기적 관계 원활

㉡ 초등학교의 경우 저학년은 1층에 둔다.

㉢ 특히 1학년의 경우 학교생활에 있어 가능한 한 다른 것과의 접촉을 적게 하도록 하며 입구도 따로 하는 것이 좋다.

㉯ 일반교실군과 특별교실군을 분리하거나 별동으로 계획한다.

㉰ 교사를 위한 사무공간은 사무 및 휴식 공간 역할을 하므로 계획시 보다 정숙한 곳에 둔다.

㉱ 교장실은 관리제실 위치와는 별도로 운동장이 내다보이는 위치에 둔다.

㉲ 출입구 계획

㉠ 학생용, 교사용, 외래용으로 나누며 각각 그 용도에 따라 계획한다.

㉡ 출입구는 되도록 교문에서 쉽게 알아보고 도달할 수 있게 한다.

㉢ 통로는 운동장이나 실내화 구역을 가로지르지 않게 하고 교실에 방해가 되지 않도록 한다.

㉳ 주차장은 교내 모퉁이에 배치하며 식당, 매점이 있는 경우 서비스 도로상에서 처리하도록 한다.

② 배치 계획의 유의사항

㉮ 배치 계획은 계획의 목표 즉, 기능 계획의 기본 방향을 따른다.

㉯ 정적인 공간과 동적인 공간으로 분류하고 사이에 관리 부분을 배치하는 것

이 좋다.

㉰ 학교 행정 및 지원 시설은 교육 시설의 중심부에 위치하고 학생들의 동선에 방해가 되지 않도록 한다.

㉱ 설비 효율을 높이기 위해 건축물은 가능한 한 상호 연결시키거나 군집시키는 것이 효과적이다.

㉲ 충분한 open space를 확보하여 전체 공간의 질을 높이고, 장래 필요한 주차 시설에 대응할 수 있도록 한다.

㉳ 확장 계획에 충분히 대응할 수 있는 배치 계획이 되어야 한다.

③ 배치 계획의 유형

	block형	특 징
폐쇄형	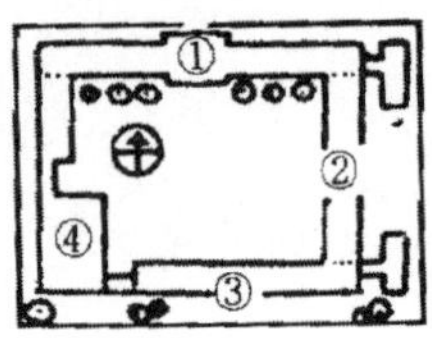	운동장을 남쪽에 두고 북쪽에서부터 건축하기 시작하여 ㄴ형, ㅁ형으로 완결지어 가는 종래의 일반적인 형식이다. • 장점 : 대지의 효율적인 이용이 가능하다. • 단점 : ① 화재 및 비상시에 불리하다. ② 운동장에서 교실로의 소음이 크다. ③ 교사 주변에 활용되지 않는 부분이 많다.
분산병렬형	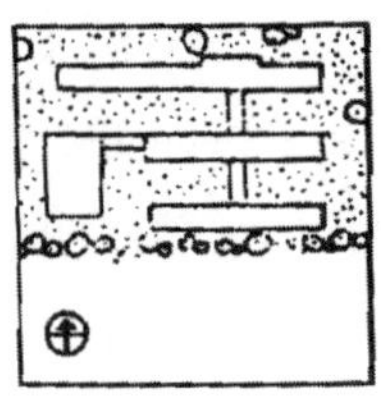	일종의 핑거 플랜(finger plan)이다. • 장점 : ① 일조, 통풍 등 환경조건이 균등하다. ② 구조 계획이 간단하고 규격형의 이용에 편리하다. ③ 각 건물 사이는 놀이터와 정원으로 이용이 가능하다. • 단점 : ① 넓은 대지를 필요로 한다. ② 편복도일 경우 복도 면적이 너무 크고 단조롭다. ③ 건물간의 유기적인 구성이 어렵다.
집합형 (compact형)	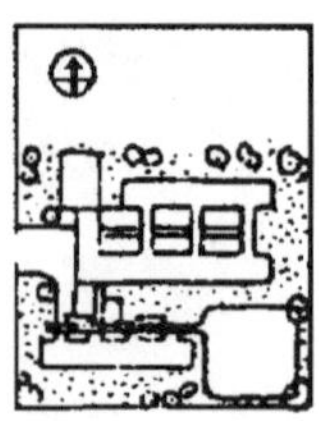	인구 증가에 따른 교육 시설의 지역 계획이 차츰 가능하게 되어, 교지의 한쪽에서 교사를 짓기 시작할 때부터 최대 규모를 전제로 하여 유기적인 구성으로 계획한다. • 교육 구조에 따른 유기적 구성이 가능하다. • 동선이 짧아 학생 이동에 유리하다. • 물리적 환경이 좋다. • 시설물을 지역 사회에서 이용할 수 있는 다목적 계획이 가능하다.

	block형	특 징
클러스터형	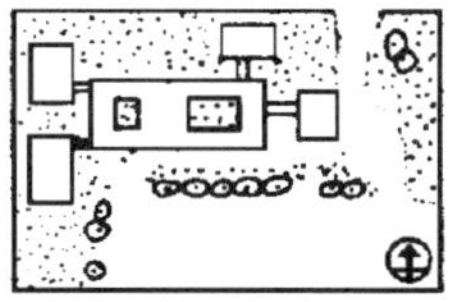	공용공간을 중앙에 위치시키고, 몇 개의 교실을 하나의 유닛(unit)으로 하여 분리시키는 형식이다. • 중앙에 학생들이 중심적으로 사용되는 부분을 집약하고 외곽에 특별교실, 학년별 교실동을 두어 동선의 원활을 기할 수 있다. • 건물동 사이의 놀이공간 구성이 용이하다.

학습 포인트

▶ 폐쇄형과 분산병렬형의 비교

비교 내용	폐쇄형	분산병렬형
대 지	효율적인 이용	넓은 대지 필요
교 사 주 변	비활용	놀이터와 정원으로 활용
환 경 조 건	불균형	균등
구 조 계 획	복잡(유기적 구성)	간단(규격화)
동 선	짧다	길어진다
소 음	크다	적다
비상시 피난	불리하다	유리하다

④ 층수 계획

㉮ 원칙적으로 초등학교의 교사가 고층화될 수는 없다. 유치원이 2층이 되거나 초등학교가 4층이 되는 것은 최악의 한도이며 바람직하지 못하다.

㉯ 단층 교사는 아동의 생리적 조건, 위급시 피난, 학습 활동의 실외 연장, 채광과 환기의 유리, 교실에의 직접 출입 등이 이점이 있다.

㉰ 다층 교사는 대지 이용률이 높고 부대시설이 집중화되고 효율적이며, 평면이 집약적으로 계획된다.

㉱ 단층 교사와 다층 교사의 이점

단층 교사	다층 교사
• 학습 활동을 실외에 연장할 수 있다. • 계단을 오르내릴 필요가 없으므로 재해시 피난상 유리하다. • 채광 및 환기에 유리하다. • 개개의 교실에서 밖으로 직접 출입할 수 있으므로 복도가 혼잡하지 않다. • 소음이 큰 작업, 화학약품의 악취 등을 격리시키기 좋다.	• 전기, 급배수, 난방 등의 배선, 배관을 집약할 수 있다. • 치밀한 평면 계획을 할 수 있다. • 대지의 이용률이 높다.

• 내진, 내풍구조가 용이하다.	

⑤ 교사(校舍)의 면적

㉮ 복도, 출입구, 계단 등의 통로 면적을 포함한 학생 1인당 점유 면적은 표와 같다.

표 2 학생 1인당 교사의 점유 면적

학교의 종류	1인당 소요 면적
초등학교	3.3~4.0m²
중 학 교	5.5~7.0m²
고등학교	7.0~8.0m²
대 학 교	16.0m² 이상

㉯ 교지 면적은 교사 면적의 2.0~2.5배가 필요하며 장래 교사 확장에 대한 여유를 가진다.

㉰ 통로 계통의 점유 면적은 교사 면적의 약 30% 정도이다.

〔예제 2〕 학생이 1,000명인 고등학교를 건축할 경우 적정한 교사 면적의 규모는?

해설 고등학교의 경우 1인당 교사의 소요 면적은 7~8m²이므로 1,000명×(7~8m²)=7,000~8,000m²

〔예제 3〕 아동수 1,200명의 초등학교 교사면적(A)과 교지면적(B)의 규모는?

해설 교사 면적 : 1,200명×(3.3~4m²)=5,000m² 정도
교지 면적 : 5,000명×(2~2.5m²)=12,000m² 정도

(3) 평면 계획

1) 학교의 운영 방식

학교를 운영하기 위해서는 학년, 학급의 편성이 필요하며, 이것을 시설과 관련시켜 어떻게 운영하는가를 결정짓는 것으로 다음과 같은 방식이 있다.

표 3 학교의 운영 방식

형	방 법	장 점	단 점	비 고
종합교실형 (A형) (Activity type)	교실수는 학급수에 일치하고, 각 학급은 자기의 교실내에서만 모든 교과를 행한다.	학생의 이동은 전혀 없다. 다른 학급에 관계없이 각 학급마다 가정적 분위기를 만들 수 있다.	시설 정도가 낮을 경우에는 가장 빈약한 보기로 되고, 특히 초등학교 고학년 이상에는 무리가 있다.	초등학교 저학년에 대해서 가장 적당한 형이고, 외국에서는 이 교실에 1~2의 변소를 부속시키고 있는 것이 많다.
일반교실형 특별교실형 (U+V형) (Usual with Variation type)	일반교실이 각 학급에 하나씩 배당되고, 기타에 특별교실을 가진다.	전용 학급 교실이 주어지기위해 홈룸 활동 및 학생의 소지품의 본거가 안정되고 있다.	특별교실을 확충하면 일반 교실의 이용률이 낮다. 따라서, 시설의 정도를 높일수록 비경제적으로 된다.	우리나라 학교의 70%를 차지하고 있다. 결점도 있으나 대체로 권장할 만하다.
교과교실형 (V형) (Department system)	모든 교실이 특정한 교과를 위해 만들어지고 일반교실은 없다.	각 교과에 순수율이 높은 교실이 주어져 시설의 활용도가 높게 된다.	학생의 이동이 심하다. 순수율을 100%로 하는한 이용률 반드시 높다고 할 수 없다.	이동할 때에는 소지품을 두는 곳을 고려할 필요가 있다. 또 이동에 대한 동선에 주의하지 않으면 안 된다.
U.V형과 V형의 중간 (E형)	일반교실의 수는 학급수보다 적고, 특별교실의 순수율은 반드시 100% 유지되는 것은 아니다.	이용률을 상당히 높일 수 있으므로 경제적이다.	학생의 이동이 상당히 많다. 학생이 있는 곳이 안정되지 않는다. 대부분의 경우 혼란이 온다.	혼란이 일어나지 않게 하기 위해 소지품과 동선을 충분히 고려하려면 장점을 살릴 수 있다.
플라톤형 (Platon type) (P형)	전학급을 2분단으로 나누고, 한편이 일반교실을 사용할 때 다른 한편은 특별교실을 이용한다. 일반교실에 있는 동안은 이동하지 않는다. 분단교체는 점심시간을 이용하도록 시간을 짜는 것이 좋다.	E형 정도로 이용률을 높이면서도 이동을 정리할 수 있다. 교과 담임제와 학급 담임제를 병용할 수 있다.	교사의 수가 부족하거나 적당한 시설이 없으면 설치하지 못한다. 시간 배당을 하는 데 상당한 노력이 필요하다.	미국의 초등학교에서 과밀을 해결하기 위해 실시한 것. 발생적으로는 분단은 둘이지만 기타의 경우도 플라톤형이라고 부르는 경우도 있다.
돌턴형 (Dalton type) (D형)	학급·학년을 없애고 학생들은 각자의 능력에 따라서 교과를 골라 일정한 교과를 끝내면 졸업한다.	교육 방법에는 기본적 목적이 있으므로 시설면에서 장단점을 말할 수는 없다. 하나의 교과에 출석하는 학생 수는 일정하지 않으므로 같은 형의 학급 교실을 몇 개 설치하는 것은 부적당하고, 대소 여러 가지 크기의 교실을 설치하여야 된다.		우리나라에서는 사설 외국어 학원 또는 입시 학원에서 채용하고 있다.

형	방 법	장 점	단 점	비 고
개방학교 (open school)	학급 단위의 수업을 부정하고 개인의 능력·자질에 따라 편성하고 경우에 따라서는 무학년제로 하여 보다 변화무쌍한 학습활동을 할 수 있도록 한 그룹 지도하는 방식으로 팀·티칭(team teaching)이라고도 한다.	각자의 흥미·능력·자질 등에 의해 grouping되고 참여할 수 있기 때문에 잘 적응되면 가장 좋은 방법이라 할 수 있다.	변화무쌍한 커리큘럼에 충분히 대응할 수 있는 교원의 자질과 풍부한 교재, 때로는 teaching machine의 활동 등이 전제되고 거기다 시설적으로도 공기조화가 요구되는 등 항상 일반적일 수는 없다.	최근 구미 일각에서 발달한 것이나 일반화 시키기는 너무 어렵다. 저학년이나 유치원 등에 적용시켜 보거나 혹은 전체 학급 중 일부분을 이러한 방식으로 채용해 볼 만하다.

학습 포인트

▸ 오픈 플랜 스쿨(open plan school)

① 개념 : 종래의 학습방법에서 탈피하여 고정된 학습벽을 허물고 학년제로써 개방한다는 계획 방법

② 운영 방식

㉮ 2~6학급까지 일괄해서 맡는 방식

㉯ 2인 이상 교사가 협력하여 팀 티칭(team teaching : 공동책임 학습제) 방식

③ 교실의 특성

㉮ 공간의 개방화·대형화·가변화

㉯ 칸막이, 칠판, 스크린, 자료장 등은 이동성이 있는 가변화를 추구

㉰ 바닥에 카펫트를 설치한다. - 흡음효과, 좌식 생활공간의 연속감

㉱ 인공조명과 공기조화설비가 필요하다.

㉲ 전체 교사동의 크기는 500m² 정도가 적당하다.

2) 이용률과 순수율

이용률과 순수율은 다음과 같은 방법으로 구할 수 있다.

㉮ $\text{이용률} = \dfrac{\text{교실이 사용되고 있는 공간}}{\text{1주간의 평균 수업시간}} \times 100\%$

㉯ $\text{순수율} = \dfrac{\text{일정한 교과를 위해 사용되는 시간}}{\text{그 교실이 사용되는 시간}} \times 100\%$

〔예제 4〕 어느 학교의 1주간의 평균수업시간은 50시간인데 설계제도에 사용되는 시간은 25시간이다. 설계제도실에 사용되는 시간 중 5시간은 구조 강의를 위해 사용된다면 설계제도실의 이용률과 순수율은?

해설 ① 이용률 $= \dfrac{\text{교실이 사용되고 있는 시간}}{\text{1주간의 평균수업시간}} \times 100\% = \dfrac{25\text{시간}}{50\text{시간}} \times 100 = 50\%$

② 순수율 $= \dfrac{\text{일정한 교과를 위해 사용되는 시간}}{\text{그 교실이 사용되는 시간}} \times 100\%$

$= \dfrac{25\text{시간} - 5\text{시간}}{25\text{시간}} \times 100 = 80\%$

〔예제 5〕 음악실이 주당 28시간 사용되고 있는 중학교에서 1주간의 평균수업시간은?(단, 음악실의 이용률은 80%임)

해설 이용률 $= \dfrac{\text{교실이 사용되고 있는 시간}}{\text{1주간의 평균수업시간}} \times 100$

$80 = \dfrac{28}{\text{1주간의 평균수업시간}(x)} \times 100$

$\therefore$ 1주간 평균수업시간$(x) = 35$시간

3) 블록 플랜(Block Plan) 결정 조건

① 학년 단위로 정리한다.

㉮ 초등학교 저학년

㉯ 1층에 있게 하며 교문에 근접시킨다.

㉰ 첫 공동생활에 들러가므로 다른 접촉과 되도록 적게 하는 것이 좋고 출입구는 따로 한다.

㉱ 많은 급우들과의 접촉은 큰 부담이 되므로 A(U)형이 이상적이다. 이 경우 각 교실은 독립되고 다른 것과의 관계가 적다.

㉲ 단층이 좋으며, 배치형으로는 1열에 서 있는 것보다 중정을 중심으로 둘러싸인 형, 특히 차폐되어 고립된 것이 좋다.

㉳ 초등학교 고학년

U・V형의 학교의 운영 방식이 이상적이다.

② 교실 배치

㉮ 일반교실의 양 끝에 특별교실을 붙이는 형은 별로 좋지 못하고 일반교실과 특별교실을 분리하는 것이 좋다.

㉯ 특별교실군은 교과 내용에 대한 융통성, 보편성, 학생의 이동시 소음 방지를

검토해야 한다.

③ 실내 체육관의 배치는 학생이 이용하기 쉬운 곳에 배치하여 지역 주민들의 이용도 고려한다.

④ 관리실의 배치는 전체의 중심 위치로 학생의 동선을 차단해서는 안 된다.

⑤ 실내·외화를 사용할 경우 신발장 배치 계획을 고려한다.

4) 확장성과 융통성

① 확장성

㉮ 인구의 집중 및 자연 증가로 인한 장래의 학생수가 늘어나는 것을 대비한다.

㉯ 장래의 확장은 최대 1,000명, 이상적으로는 600~700명 정도이다.

㉰ 교과 내용의 변화와 확충에 따른 확장도 고려해야 한다.

② 융통성

융통성이 요구되는 원인과 해결 방법은 아래와 같다.

표 4 확장성과 융통성

원 인	해결 방법
확장에 대한 융통성	칸막이의 변경(건식 구조)
광범위한 교과 내용의 변화에 대응할 수 있는 융통성	융통성 있는 교실의 배치 : 배치상 특별교실군을 일단에 배치한다.
학교운영방식이 변화하는 데 대응할 수 있는 융통성	공간의 다목적성 : 평면 계획상 교과내용의 변화에 대응하게 한다.

(4) 교실 계획

학교 교육방법이나 구조가 과거의 일방향 주입식 방법만 이루어지지 않고, 과목과 단원의 성격에 따라 그 방법과 구조가 다르게 이루어진다. 그러므로 교육 공간도 이에 대처할 수 있는 공간계획이 되어야 할 것이다.

그리고 저학년과 고학년의 신체적, 교육방법적, 의식적인 차이에 준해 공간의 형태가 달라져야 한다.

1) 일반교실

① 저학년

㉮ 모든 교육이 일반교실에서 행해지므로 융통성을 고려하여 공간 크기가 고려

되어야 하며 사물함, 작업대, 화장실이 계획되면 좋다.

㉯ A형은 코너나 알코브를 만들어 교과 내용에 대응하게 하는 것이 좋다.

② 고학년

저학년보다 작아도 되나 교실 내 간단한 작업대를 갖추어 변화 있는 교육이 되도록 고려한다.

2) 교실의 형상

① 시각과 청각상 폭 7m, 길이 9m의 장방형이 일반적으로 사용된다.

② 교육 계획적인 측면이나 아동의 심리적 적응에 중점을 둘 때에는 8.1m×8.1m 또는 9.0m×9.0m 정방형이 장방형보다 적당하다.

③ 과거의 정적인 학습 활동에서 동적인 학습으로의 운영에 따른 교육 계획을 효과적으로 구체화할 수 있는 형식이 연구되어야 한다.

④ 교실마다 작업실 겸용 알코브를 마련하여 학습설비 공간 등으로 쓰는 것이 좋다.

3) 교실의 Unit Plan

① 편복도형

② 중복도형

③ 특수한 배치 방식

㉮ 엘보 액세스(elbow access)형 : 복도를 교실에서 떨어지게 배치하여 교실에 접근시 연결통로를 통하여 ㄱ자형으로 꺾어서 접근하는 방식

㉯ 클러스터(cluster)형 : 여러 개의 교실을 소단위별로 그루핑(grouping)하여 배치하는 형식

㉠ 장점

- 학습의 순수율이 높다.
- 각 교실이 외부와 접하는 면적이 많다.
- 교실간의 간섭 및 소음이 적다.
- 학년 단위, 교실 단위의 독립성이 크다.
- 마스터플랜의 융통성이 커서 시각적으로 보기기 좋다.

㉡ 단점

- 넓은 교지를 필요로 한다.
- 관리부와의 동선이 길다.

- 운영비가 많이 든다.
- 교실 하나만의 증축이 불가능하다.

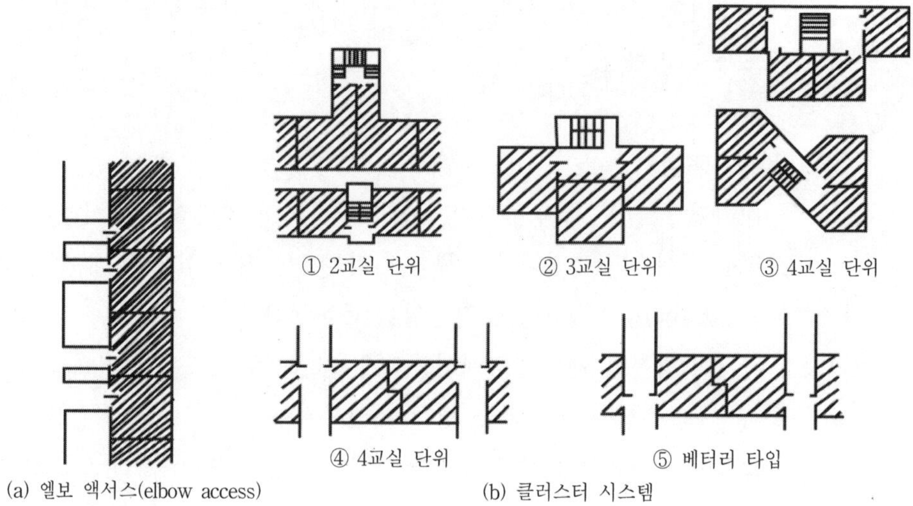

그림 2 교실의 Unit plan

4) 교실의 면적

① 보통교실 : 1.4m²/인

② 음악 · 미술교실 : 1.9m²/인

③ 물리 · 화학실험실 : 2.4m²/인

5) 교실의 배치계획시 주의사항

① 출입구

각 교실마다 2개소에 설치하며 여는 방향은 밖여닫이로 한다.

② 창대의 높이

초등학교 80cm, 중학교 85cm가 적당하고 단층교실에서는 이보다 낮게 한다.

③ 교실의 채광 및 조명

㉮ 자연채광일 때에는 일조 시간이 긴 방위를 택하고, 한 방향 채광일 때에는 실내 깊은 곳까지 고른 조도가 얻어지도록 해야 한다.

㉯ 채광창의 유리 면적은 교실 면적의 1/4이 적당하며, 최저 1/5 이하가 되지 않도록 한다.

㉰ 교실은 칠판을 향해 좌측 채광이 원칙이며 칠판의 현휘를 막기 위해서 정면

의 벽에 접해 1m 정도의 측면 벽을 남긴다.

㉱ 조명은 실내에 음영이 생기지 않게 칠판의 조도가 책상면의 조도보다 높아야 한다.(최저 100 lux 이상)

표 5 각 실의 조도

명 칭	최저(Lx)	최장(Lx)
재봉·제도 등 정밀을 요하는 방	100	200
보통 교실의 책상면 및 흑판면, 도서실, 공작실, 실험실, 체육관 등	50	120
강당, 집회실, 식당	20	100
복도, 계단, 화장실	10	40

㉲ 종래에는 남쪽에 창을 내고 북쪽은 간접적으로 채광하는 것이 이상적이었다. 그러나 최근에는 적극적으로 실안을 균일하게 밝게 해서 모든 학습활동에 적용시키려는 생각이 중요시되고 있다.

㉠ 창부 설계시 직사광이 들어오지 않도록 하는 구체적인 대책

ⓐ 차양
ⓑ 확산 유리
ⓒ 간접 빛
ⓓ 루버(louver)
ⓔ 고측창(highside light) : 측면고창
ⓕ 천창(top light)
ⓖ 유리블록(glass block)

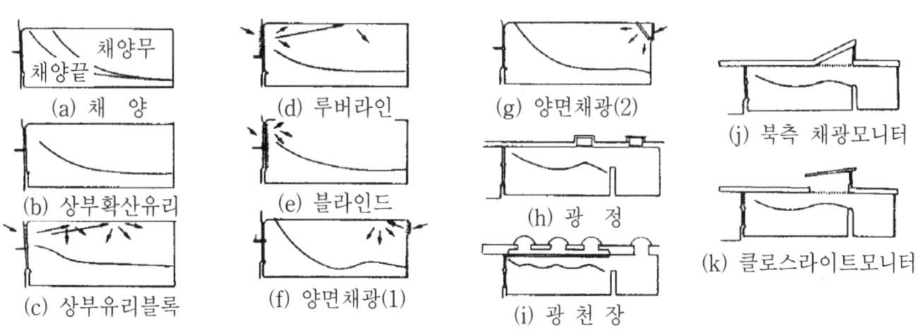

그림 3 교실의 각종 채광단면과 조도분포

④ 교실의 색채

㉮ 학습 환경과 학습 능률을 위해 중요하다. 색채의 선택은 교실의 종류와 나이

에 따라서 달라져야 한다.

㉯ 저학년은 난색 계통이 좋고, 고학년은 남녀의 색감의 차이가 나지만 보통 사고력 증진을 위해 중성색이나 한색 계통을 많이 쓴다.

㉰ 음악교실, 미술교실 등 창작적이고 감성적인 활동을 위한 교실은 난색계통이 좋다.

⑤ 반자

교실 내의 음향이 조절될 수 있게 계획하며, 교실 내 조도 분포를 위해 80% 이상의 반사율을 갖도록 백색에 가까운 색으로 마감한다.

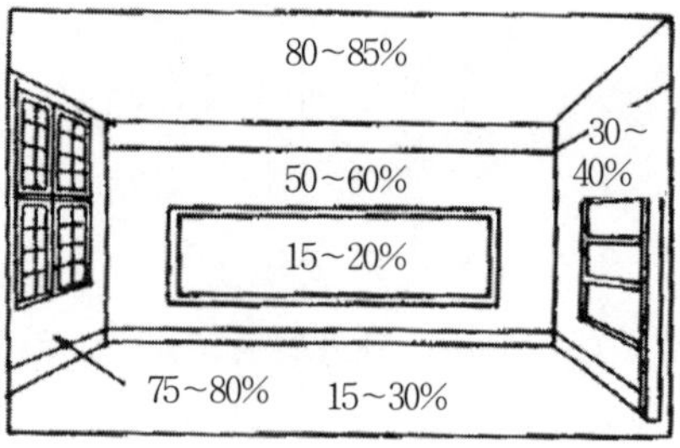

그림 4 실내반사율

6) 특별교실

① 자연과학교실

㉮ 전기, 가스, 급배수의 시설이 필요하므로 가급적 아래층에 설치하여야 한다.

㉯ 실험에 따르는 유독 가스나 산·알칼리의 연기 발생에 따른 영향을 주지 않도록 위치를 선정하여야 한다.

㉰ 실험대는 고정시키는 방법도 있고 가동식도 있다. 가동식은 실험대와 설비계통을 분리한다.

② 생물교실

남면 1층에 두고 사육장, 교재원과의 연락이 용이하도록 하고 직접 옥외에서 출입할 수 있도록 한다.

③ 지학교실

장기간의 기상 관측을 고려하여 교정 가까이에 둔다.

④ 음악교실

㉮ 준비실, 단체 연습실, 개인 연습실 등으로 구성된다.

㉯ 타 학과에 방해가 되지 않도록 하고 소음이 없는 위치로서 강당에 가까울수

록 좋다.

㉰ 교실은 완전한 음향 설계가 필요하다. 적당한 잔향을 갖도록 하기 위해서 반사재와 흡음재를 적절히 사용한다. 강당과 연락이 좋은 위치가 좋다.

⑤ 미술공작교실

㉮ 미술공작교실의 학습 기능은 다양하다.

㉯ 개별 작업, 단체 작업 등에 따라 강의, 제작, 감상, 전시 등의 활동이 진행된다.

㉰ 광선은 남북 2방향 광선이 취해지도록 하고, 책상은 1인용 이동식이어야 한다.

㉱ 부속실로서는 준비실, 공작 기계실, 창고 등이 필요하다.

㉲ 설비는 규모나 학습 내용에 따라 다르며, 각종 장은 물론 싱크, 상하수도, 전기 설비, 가스 설비 등이 필요하다.

⑥ 계단교실

앞, 뒤 좌석의 간격은 80cm로 하며 앞사람의 머리가 가리지 않도록 가시선을 조정하여 단의 높이를 결정한다.

⑦ 어학실

㉮ 어학실에는 그룹학습과 개별학습을 하는 장소로 VTR과 슬라이드, beam projector 등 다양한 시청각 기자재가 사용된다.

㉯ 교실 규모는 기본학습과 심화학습 그리고 보충학습을 모두 충족시킬 수 있도록 계획하며 7.5m×9.0m의 중규모 교실과 7.5m×6.0m의 소규모 교실이 필요하다. 중규모 교실은 1개 학급의 수업이 진행되며, 소규모 교실은 영어회화 수업이 진행되므로 어학실에 인접시켜 교과실 겸 준비실이 함께 고려되어야 한다.

⑧ 시청각실

㉮ 한 학급단위로 이용되는 것이 일반적이지만, 2~3개의 학급을 수용할 수 있는 규모로 하여 이용률을 높이고, 슬라이드 · 필름 · 레코드 등의 정리보관용 준비실을 둔다.

㉯ 준비실을 이용하여 자료센터계획이나 도서실의 부속실과 겸용시키는 배치와 준비실이 영사실이 되게 하는 배치 또는 방송실과 겸용하는 배치 등 각종 방법이 있다.

⑨ 컴퓨터실

㉮ 제 7차 교육과정에서는 정보화시대를 맞이하여 학생들에게 컴퓨터 교육의 비중을 높이고 있다. 특히 고등학교 2~3학년의 선택교과에 있어서 관련분야에 대한 학생들의 수요가 높을 뿐만 아니라, 지역주민들의 욕구를 고려할 때 이 실에 대한 소유실 수의 확보가 충분히 검토되어져야 한다.

㉯ 또한 컴퓨터실은 단일실로서의 기능 외에 수시로 정보를 검색할 수 있고 도서관과 연계되어져 정보센터로서의 역할을 할 수 있는 필요성이 제기되고 있다.

⑩ 교사연구실

교사의 주생활공간이 전체 교사가 모여 있는 기존의 교무실에서 탈피하여 학년별 교사실과 교과교실에 인접한 교과전담 교사실 등으로 연구, 회의, 휴게 기능을 포함한다.

⑪ 도서실

개가식으로 하며 학교의 모든 곳으로부터 편리한 위치로 정한다. 적어도 한 학급이 들어갈 수 있는 실과 동시에 개인 또는 그룹이 이용하는 작은 실이 필요하다. 환경은 밝고 즐겁게 하여 독서를 할 때 쾌적하게 한다.

학습 포인트

▸ 교실면적

교실의 종류		점유 바닥면적
보통(일반)교실		1.4m² 이상
특별교실	사회교실	1.6m²
	자연교실	2.4m²
	음악교실	1.9m²
	미술교실	1.9m²
	공작교실	2.5m²
	가 사 실	2.4m²
	제 봉 실	2.1m²

교실의 종류			점유 바닥면적
특별교실	도서관		1.8m²
	체육관		4.0m²
	식 당		0.7~1m²
	강 당	초	0.4m²
		중	0.5m²
		고	0.6m²
		대	0.8m²

(5) 기타 계획

1) 도서실

① 전체 학생수이 10~15% 정도 이용하는 것으로 본다.

② 학교 학습의 중심이 되며, 전교생이 이용하기에 편리한 위치가 좋다.
③ 독서를 위해 주요 교통로, 강당, 체육관, 음악실 등의 소란한 장소와 분리시킨다.

2) 강당

① 집회의 빈도가 많지 않으므로 전용 집회용보다 평상시 소단위 교육 활동에 쓸 수 있도록 몇 개 공간으로 나눌 수 있는 가변성이 확보되는 것이 좋다.
② 필요시 구획하여 단위 활동다목적 공간으로 쓸 수 있도록 홀딩 문, 슬라이딩 문, 아코디언 벽 등의 설치로 방음벽 설계를 한다.
③ 무대 높이는 바닥에서 1~1.2m, 무대 안 넓이는 5.5m 이상, 폭은 7m 이상이 되어야한다.
④ 대규모 강당에서는 영사실이 필요하나, 적은 규모에서는 휴대용 영사기 위치를 정해 놓고 전원을 바닥에 장치해 두도록 한다.
⑤ 강당의 학생 1인당 소요 면적

표 6 강당의 소요 면적

구 분	1인당 소요 면적
초 등 학 교	0.4m^2/인
중 학 교	0.5m^2/인
고 등 학 교	0.6m^2/인
대 학 교	0.8m^2/인

⑥ 강당 소요 면적 산출시 이동 의자식이든 고정 의자식이든 면적 산정을 같이 본다.

3) 체육관

① 크기
㉮ 초등학교 : 리듬(rhythm) 운동을 할 수 있는 넓이
㉯ 중학교 : 농구 코트를 둘 수 있는 크기
㉮ 리듬 운동 - 8인 1조의 원(직경 4m)을 7~8개 만들 수 있는 크기
㉯ 농구 코트 - 최소 400m^2(12.8m×22.5m), 보통 500m^2(15.2m×28.6m)
② 구조
㉮ 천장 높이 : 6m 이상
㉯ 바닥 마감 : 목재 2중 마루널 깔기

㉰ 징두리벽의 높이 : 각종 운동기구를 설치할 수 있도록 2.5~2.7m 높이로 한다.

③ 배치

㉮ 장축을 동서로 잡고 남북(실의 긴쪽)으로부터 채광을 한다.

㉯ 단변(동, 서)에 개구부를 둘 경우 농구, 배구 경기자의 눈부심을 고려한다.

㉰ 통풍에 의한 자연 환기를 고려한다.

㉱ 창은 실내 측에 철망을 붙이고 천장을 둔다.

㉲ 체육실의 부속 부분-남자용, 여자용, 갱의실, 샤워실, 변소, 운동기구실, 교사실을 둔다.

㉳ 샤워수 : 체육 학급 3~4를 1개로 표준으로 한다.

4) 강당 겸 체육관

① 체육관으로서 사용 빈도가 높으므로 체육관 위주로 계획한다.(초등학교, 중학교의 경우)

② 강당 겸 체육관인 경우 벽, 천장, 바닥, 마감 재료 등을 양자의 목적에 가능하도록 유의해야 한다.

5) 급식실 및 식당

① 급식은 급식실에서 분배하는 방법과 식당을 두어서 식사시키는 방법이 있다.

② 식당은 빈도상 이용률이 적으므로 다른 용도와 겸용하는 것이 좋다.

③ 급식실의 크기(단, 식당 제외)

표 7 급식실의 크기(단, 식당 제외)

학 생 수	급식실의 면적
600명	60m^2
900명	90m^2
1,200명	120m^2
1,500명	150m^2

④ 식당의 크기

학생 1인당 0.7~1.0m^2 정도의 면적이 필요하며 2회 내지 3회 교대로 사용한다.

6) 양호실

① 양호교사가 있어 응급 처치, 휴양, 건강상담을 하게 되며, 조용하고 청결한 장소

에 둔다.

② 필요한 침상수는 학급수에 따라 표 8과 같다.

표 8 양호실의 침상수

학 급 수	남 자 용	여 자 용
9학급 이하	1	1
10~15학급	1	2
16~24학급	2	4

7) 방송실

학교방송이나 전달내용을 방송하는 실로 방송실에서 운동장이나 놀이공간이 보이는 것이 바람직하다. 방송실은 녹음실과 방송기계실로 구성되며 차음 및 방음에 주의해야 한다.

8) 화장실 및 수세장

① 화장실

㉮ 원칙적으로 수세식으로 하며, 초등학교 저학년용은 교실에 인접시킨다.

㉯ 교실에서 분리되더라도 35m 거리 이내에 있어야 하며, 고학년이라도 50m 이상 떨어질 수 없다. 중・고등학교에서는 남자와 여자를 구분하여 설치한다.

㉰ 옥외에서 사용하는 화장실을 두며, 체육관 등을 교외 개방시 개방되는 block 안에 화장실이 포함되도록 한다.

㉱ 변기의 개수(학생 100명당)

구 분	소변기	대변기
남자	4	2
여자	-	5

② 수세장

㉮ 4학급당 1개소 정도로 분산하여 설치한다.

㉯ 급수전과 청소, 회화, 서도용을 겸하며 식수용을 겸하는 것은 피한다.

③ 식수장

교사 내에서 편리한 장소 또는 복도, 계단 홀 등에 적당히 분산 설치하고, 학생 75~100명당 수도꼭지 1개씩이 필요하다.

9) 복도 및 계단

① 복도

㉮ 단순한 통로의 기능 뿐 아니라 쉬는 시간에도 적극 활용되는 공간이 되어야 하며, 또한 전시공간으로 이용되기 때문에 약 3m 정도가 바람직하다.

㉯ 통풍·채광상 중복도식보다 편복도로 하는 것이 좋다.

② 계단

㉮ 계단은 교실 8개마다 2개소, 8개 이상 일 때는 3개소 이상이 필요하다.

㉯ 위치

㉠ 각 층의 학생이 균일하게 이용할 수 있는 위치

㉡ 각 층의 계단 위치는 상하 동일한 위치

㉢ 계단에 접하여 옥외 작업장과 기타 공지에 출입하기 쉬운 장소에 위치

㉰ 보행거리

계단의 최대 유효 이용거리는 50m이고, 유사시 3분 이내에 사람 전부가 건물 밖으로 피난할만한 개수가 있어야 한다.

㉠ 내화구조인 경우 : 50m 이내

㉡ 비내화구조인 경우 : 30m 이내

㉱ 계단 및 계단참의 치수

표 9 계단 및 계단참의 치수

종류	계단 및 계단참의 폭	단높이	단너비	계단참
초등학교	150cm 이하	16cm 이하	26cm 이하	계단의 높이가 3m를 초과할 때 3m마다 계단참을 설치
중·고등학교	150cm 이하	18cm 이하	26cm 이하	

10) 옥외시설 계획

표 10 초·중·고등학교의 옥외시설을 위한 분류

학습용 시설	학교 정원, 학습원, 식물재배원, 새장, 식물원, 관찰 연못, 시냇물, 모래사장, 기상관상대, 온실, 옥외 스테이지
운동용 시설	철봉, 모래사장, 트랙, 100m 코스, 투척판, 축구 코트, 농구·배구 코트, 테니스 코트, 체육장, 백네트, 육상(athletic) 코스, 각종 놀이 시설 등
조경 시설	수소 시설, 파골라, 정자, 벤치, 산책길, 페이브먼트, 모뉴먼트 등
외곽구조 시설	교문, 담장, 스텐드, 네트
관리용 시설	조례대, 옥외 스피커, 시계, 조명등, 깃대, 주차장, 서비스 에어리어, 스프링클러 등

(6) 대학시설

1) 시설 계획의 기본사항

① 상위 계획으로서 학사 계획(academic plan)을 필요로 한다.

② 시설의 대규모화가 될수록 위의 과정을 계획화하는 것이 요구된다.

③ 교육 및 연구와 같은 정규 기능 외에도 생활을 담을 비정규 기능이 요구된다.

④ 상이한 시설 영역으로의 분화와 이들을 통합하는 요소

⑤ 기존 것의 이해와 활용에 바탕을 둔 성장과 변화

⑥ 지역 사회에서의 기여 증대, 부정적 영향의 감소 방안

2) 대학시설 종류와 특성

① 학문 영역상의 특징

㉮ 인문 사회 과학계

시설 이용 효율을 극대화시키기 쉬우며 지급 설비로도 가능하다.

㉯ 자연 및 응용 과학계

과학과 기술의 발전에 따라 가장 큰 변화가 요구되며, 방대하고 높은 수준의 설비를 요한다. 실험 실습실의 이용 효율은 사용 인원당으로는 일반 강의실보다 훨씬 적다.

㉰ 의약계

임상과 밀접한 관계를 가지므로 이것은 가능한 부속병원에 접해야 하며, 지역이 필요로 하는 의료 수준에 따라 영향을 받는다.

㉱ 농학계

대규모의 연습용 농지와 삼림을, 수산계는 임해성(臨海性)을 요구한다. 더 나아가서 입지 조건에서도 국지 기후(局地氣候), 지질, 관개(灌漑) 등과 같은 자연환경이 중요한 요소가 된다.

② 시설 종류의 특성

㉮ 교육시설

학교별, 개열별로 집합 배치되며, 건물에 요구되는 전용성이 크고 상징성은 낮다.

㉯ 교육 및 학생시설을 지원하는 시설(도서관 본부, 학생 회관)

쉬운 접근과 높은 상징성이 요구된다.

㉰ 공용시설(강당, 극장, 박물관)

지역사회에도 개방된다는 것이 위치 선정에 고려되어야 한다.

㉱ 체육시설 및 광장(체육관, 스타디움, 광장)

넓은 면적을 차지하며 다른 시설과의 배타성이 크다. 시설 간의 완충지와 유보지로서의 역할이 크며, 광장은 상징성이 요구된다.

㉲ 주거시설(학생 기숙사, 교수촌)

대학의 정책적 고려에 가장 크게 영향을 받는 시설이다. 시설 수준에서도 큰 차이를 보일 수 있다.

㉳ 부대시설(파워 플랜트, 영선실)

기계적 가능성, 은폐된 위치에 설치 등이 요구된다. 중앙 집중식 또는 건물 그룹별 분산식 간의 대립적 해결에서 적절한 균형을 찾아야 한다.

3) 대학시설 종합계획

① 학사 계획의 반영

② 공간 소요 추정

③ 부지 및 기존 건물 분석

④ 배치 계획

⑤ 건축물과 인접 외부 공간에 관한 기본 지침

⑥ 토목, 조경설비에 관한 기본 지침

⑦ 계획의 시행 방침

4) 교육시설 면적 산정 방법

① 1인당 점유 면적에 의한 방법

정원수에 일반적 통계에 의한 기준 수치인 1인당 점유 면적을 곱함으로써 소요 면적을 산출한다. 교과 과정이 필수이며 수강 인원수가 일정할 때 효과적이다.

② 주당 좌석 사용 시간(Student station house)에 의한 방법

강의실 좌석 1개가 일주일간에 몇 시간 사용되는가를 기초하여 소요시설 규모를 산출한다. 교과 과정의 과목이 여러 계열의 대학 사이에 상호 개방되고 수강 인원수가 고정되지 않는 경우에 효과적이다.

③ 수강 단위 환산(Full-time equivalent)

수강 시간이 다른 비정규 학생수를 정규 학생수로 환산하여 시설 산정을 하도

록 한 것이다.

2. 유치원

(1) 일반사항

1) 보육원과 유치원의 다른 점

학령기 전의 어린이를 맡아 교육하는 것은 차이가 없지만 우리나라의 현 실정에서는 감독관청이 보육원은 보건복지가족부, 유치원은 교육과학기술부로 되어 있으므로 기준 등에 차이가 있다.

① 보육원

0세부터 학령기 전까지의 어린이를 맡아 1일 8시간 보육을 한다.

② 유치원

3세부터 학령기 전까지의 어린이를 사회 훈련을 시키는 것으로 1일 4시간 정도 교육하며 장기 휴가도 있다.

(2) 계획의 목표

① 놀이 중심의 학습 충족

② 영역별 학습과 옥외 공간 확보

③ 환경을 매개로 한 간접 교육의 충족

④ 단형에서 원형 및 자연형의 모색

⑤ 색채 계획은 원색의 배합

⑥ 아동의 신체 치수(dimension)의 척도화

(3) 유치원 규모 산정

① 최적 규모는 학급수가 적을수록 좋지만 현실적으로는 3~4학급 정도가 적당하다.

② 1학급당 인원수는 15~20명 정도가 좋지만 여건상 20~30명 정도를 계획의 기준 단위로 한다.

③ 아동 1인당 교육 공간의 면적은 3~5m^2 정도로 하며, 관리 부분을 제외한 순수 교실면적은 1.5~2.0m^{2}이다.

④ 1인당 옥외 공간은 이의 약 2배 크기로 한다.

(4) 일반 계획

1) 유닛 플랜의 고려사항

㉮ 교사는 원칙적으로 단층 건물로 하되 특별한 사정이 있어서 2층으로 할 때에는 교실, 유희실, 변소시설은 1층에 두도록 한다. 단, 교사가 내화 구조로 경사로(ramp) 등에 의해 피난 상의 조치가 취해져 있으면 2층에 둘 수도 있다.

㉯ 교사와 유원장은 같은 대지 내에 있어야 하며, 교실은 되도록 남쪽으로 가지고 있다.

㉰ 계획에 따라 운동장이 남북으로 나눠질 경우가 생길 수 있는데, 이 경우 남쪽 운동장은 햇빛이 잘 들어오기 때문에 동적인 활동을 위주로 하고, 북쪽은 정적이며 정원식으로 하는 것이 좋다.

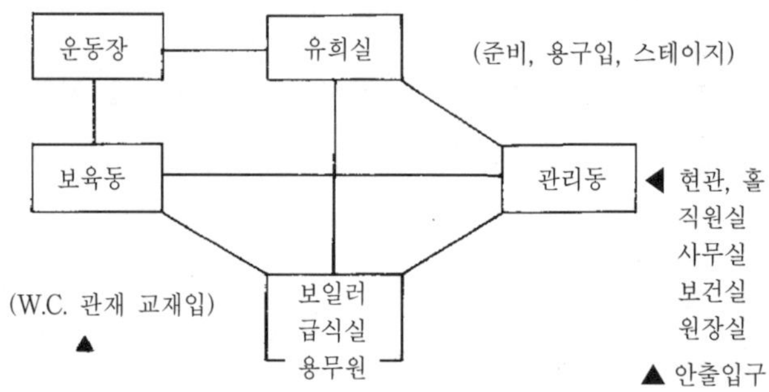

그림 5 4-4 기능도

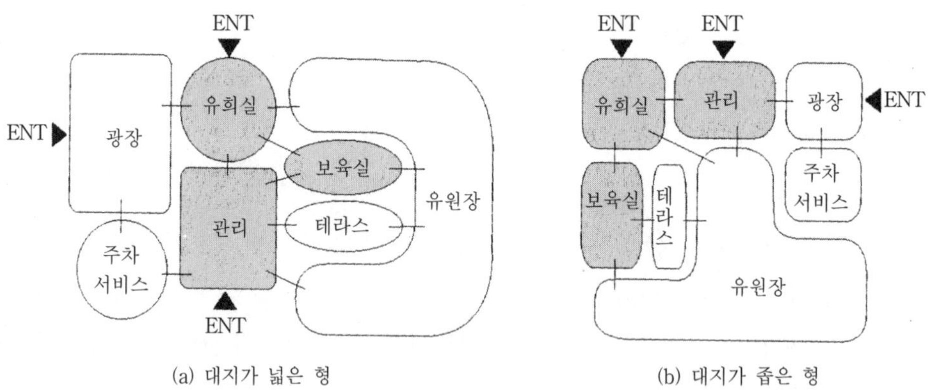

그림 6 블록플랜의 기능도

2) 교사의 평면형

① 1실형

교실과 유희실을 원룸으로 하는 유형이다. 컴팩트에 맞춘 플랜으로 기능적으로 좋지만 독립성이 떨어지므로 소규모 시설에 한정된다..

② 일자형

관리실, 교실 그리고 유희실을 한 줄로 늘어놓은 유형으로 교실을 균등하게 남측면으로 할 수 있다. 각 교실은 채광이 잘 되고 밝지만 한 줄로 병렬되어 단조로워지며, 또한 정원 변화가 결여되어 건물과 뜰이 일체가 되기 어렵다.

③ L자형

놀이공간을 구석부에 두고 관리부문과 보육공간을 L자형으로 하는 유형이다. 관리실에서 교실, 유희실, 유원장을 바라볼 수 있는 장점이 있다.

④ 중정형

안뜰을 확보해서 주위에 관리실, 교실, 유희실을 배치하는 유형이다. 중앙에 중정을 잡고 건물 자체에 변화를 주면 동시에 채광도 좋게 할 수가 있지만 중정이 놀이터가 될 경우 소음문제가 야기될 수 있다.

⑤ 독립형

관리실, 교실, 유희실을 분산시키는 유형이다. 각 실은 독립해서 제각기 앞뜰을 갖게 되므로 자유스럽고 여유가 있는 플랜이다.

⑥ 십자형

유희실을 중앙에 잡고 주위에 관리실과 교실을 배치하는 유형이다. 불필요한 공간이 없고, 기능적이고 활동적이지만 정적인 분위기가 결여되어 있다.

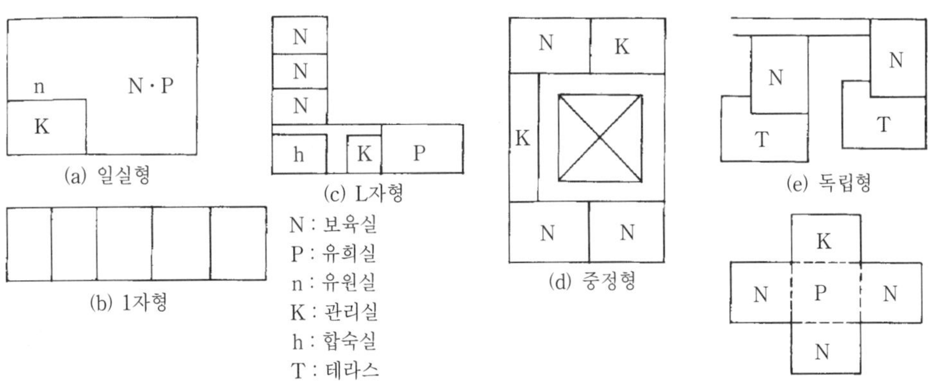

그림 7 교사의 평면 유형

(5) 세부계획

1) 학습 및 놀이공간(교실 및 유희실)

유치원의 교육은 놀이를 통해서 이루어지므로 놀이공간의 계획은 설계의 주안점이 된다. 개별적인 학습공간은 교실과 유희실로 분류되나 규모가 작은 경우 겸용한다.

① 활동 영역의 분류

㉮ 정적이고 물을 사용하지 않는 영역 : 독서활동, 조작놀이.

㉯ 정적이고 물을 사용하는 영역 ; 작업놀이. 과학놀이, 모래놀이.

㉰ 동적이고 물을 사용하는 영역 : 물놀이, 소꿉놀이.

㉱ 동적이고 물을 사용하지 않는 영역 : 음율 활동, 목공놀이, 적목(積木)놀이.

② 계획시 결정 조건

㉮ 놀이공간은 평면적으로나 입체적으로 단조로운 것을 피하고 늘 흥미를 가질 수 있는 형상으로 한다.

㉯ 교사의 자료 정리, 보관용 책상, 선반 등이 있어야 하며 ,청소용구, 그 밖의 용구를 두는 공간이 필요하다.

㉰ 교실은 장시간 생활하게 되므로 세면장, 변소를 인접 설치해서 세면방식, 용변지도를 할 수 있도록 하며, 수업상황을 자연스럽게 볼 수 있는 관찰실이 있으면 좋다.

㉱ 교내수업에서 옥외교육으로 전개할 수 있도록 베란다, 정원 등을 마련하며 이에 따라 책상, 의자의 형상과 배치의 설정도 광범위한 이동을 고려하여 결정한다.

㉲ 놀이공간의 바닥은 목재 플로어링(마루)이 가장 좋으며, 부문적으로 카펫을 깐다.

㉳ 교실의 색채계획은 되도록 적은 색의 조합에 의해 의도된 분위기를 조성하는 것이 바람직하다. 일반적으로 다색을 피하면서 서향 또는 남향에는 연한 녹색이나 푸른색 계통을 북향에는 노란색 계통으로 하고 벽은 빛의 50%를 반사할 만큼 밝게 칠하는 것이 좋다.

㉴ 만일 유희실을 독립시켜 별도로 계획할 경우 바닥은 되도록 카펫이나 융단을 깔아서 뒹굴더라도 다치지 않게 하고 조도가 균일하도록 중앙 천장에 천창을 설치하고 조도분포를 일정하게 한다.

㉵ 벽의 윗부분은 방음처리를 하는 것이 좋고, 라디에이터나 파이프와 같은 돌

출물은 은폐 설치하여 충돌의 위험을 방지한다.

㉺ 천장의 높이는 3~3.3m가 적당하며, 재료는 흡음텍스 등으로 음향처리 시설을 갖추어야 한다.

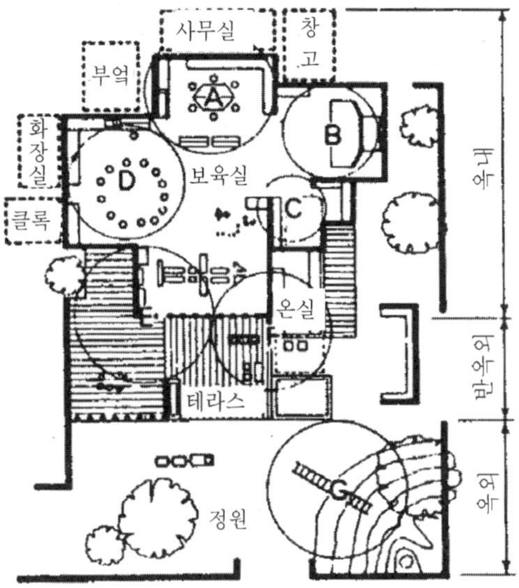

- 정적이고 물을 사용하지 않는 영역 : 독서활동, 조작놀이
- 정적이고 물을 사용하는 영역 : 작업놀이, 과학놀이, 모래놀이
- 동적이고 물을 사용하는 영역 : 물놀이, 소꿉놀이
- 동적이고 물을 사용하지 않는 영역 : 음율활동, 목공놀이, 적목(積木)놀이

그림 8 놀이공간과 교실의 구성 예

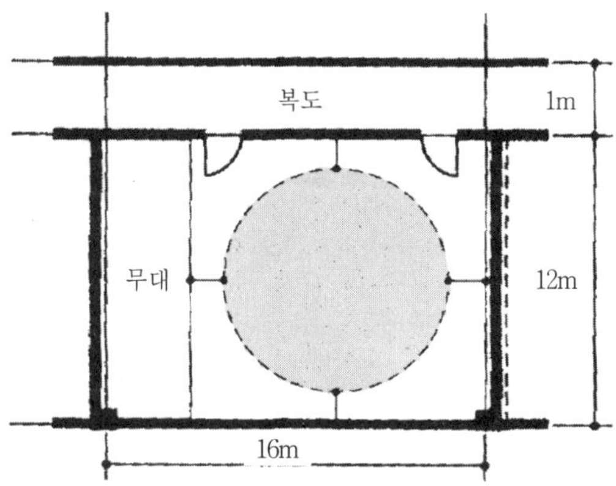

그림 9 유희실의 규모

2) 보건위생공간

① 변소

㉮ 교실에서 가장 가까운 곳으로 늘 지켜보면서 지도할 수 있는 곳에 둔다.

㉯ 변기수는 원아 10명당 1개씩 설치한다.

㉰ 변소는 되도록 수세식으로 하되 바닥 마감은 가정적인 느낌이 나도록 플로어링으로 한다. 교실과의 단차를 없애며 변소 출입시 문은 필요 없다.

㉱ 대변소의 문은 유아에게 충분히 격리된 침착성을 길러준다. 문의 높이가 교사가 들여다 볼 수 있도록 1~1.2m로 하고 열쇠는 달지 않는다.

㉲ 세면기는 출구 근처에 설치하여 손을 깨끗이 하는 습관을 길러준다.

㉳ 한 어린이가 세면기에 면해서 사용하는 너비는 60cm 이상 필요하며 근처에는 각각의 타올걸이, 컵, 칫솔 등을 두는 선반과 거울을 설치한다.

② 세면장

㉮ 따로 설치할 경우 되도록 교실 한구석에 유리 스크린으로 막아 직접 출입할 수 있는 곳에 둔다.

㉯ 세면, 음료수 이외에는 사용하지 않도록 한다.

㉰ 5명마다 1개의 세면기를 설치하되 밝고 청결하며, 충분한 넓이의 장소가 필요하다.

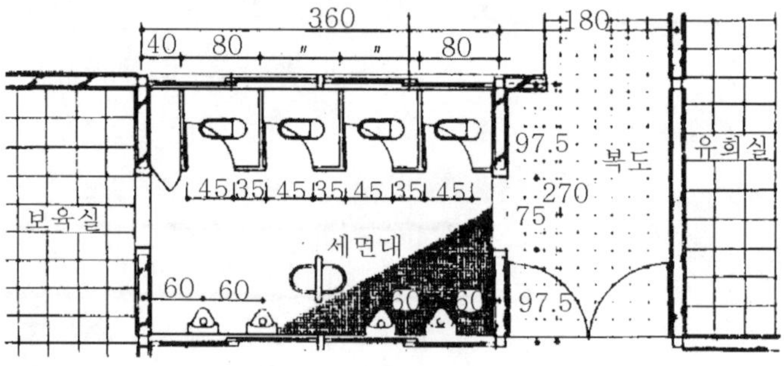

그림 10 유치원의 화장실설계 예

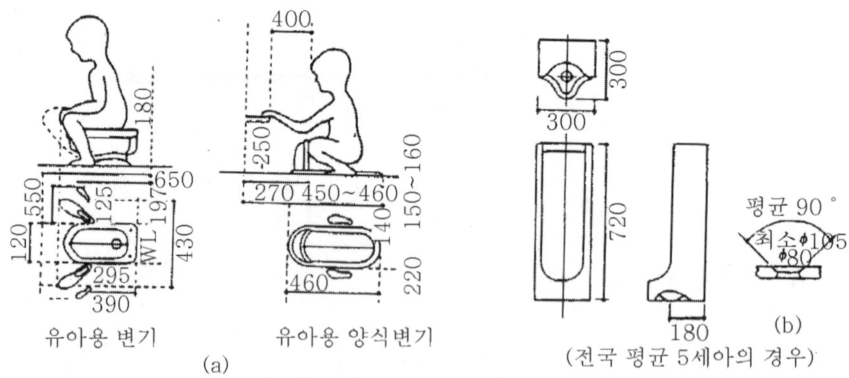

그림 11 체위와 변기치수

3) 관리공간

① 사무실

㉮ 각 교사간의 담화나 휴식장이며 늘 어린이들 속에서 생활하면서 지도해야 할 성격이므로 어린이들로부터 해방되어야 함과 동시에 응접공간이 되도록 하는 것이 새로운 방향이다.

㉯ 위치는 외래자도 가장 찾기 쉽고 또 옥외의 운동장이나 통원상태를 한 눈으로 볼 수 있는 곳으로 한다.

② 의무실

사무실에 가깝게 하며 매일 아침 어린이들의 건강 진단을 해야 하므로 현관에 가깝고 유희실로 가는 도중에 둔다.

③ 급식실

㉮ 조리실, 배식실, 사무실, 창고, 휴게실로 나뉜다.

㉯ 규모가 작은 유치원의 경우 유희실의 한 쪽 코너에 조리실을 설치해서 간식 정도를 제공하는 것이 보통이다.

㉰ 청결과 환기가 충분히 되도록 고려한다.

④ 창고

반드시 필요하며 보관하는 물품의 분류, 영구 보존물, 계절 보존물, 일일 보존물 등 각기 목적에 따라 분류, 수납할 수 있는 것이 중요하다.

⑤ 기타

책이나 자료, 레코드, 슬라이드를 감상하는 방으로서 도서실이나 회의실 등도 독립해서 있으면 바람직하나 반드시 필요하지는 않다.

4) 옥외공간의 계획

① 옥외공간

아이들의 놀이를 수용할 수 있는 여러 가지 시설물을 설치하며 그 종류로는 운동광장, 미끄럼대, 그네, 낮은 철봉, 모래 놀이터, 물 놀이터, 발 닦는 곳 등이 필요하다.

표 11 운동장의 면적

학 급 수	2학급 이하	3학급 이상
면 적	330+30×(학급수-1)	400+80×(학급수-3)

② 문

문에는 정문 · 후문 등이 있고, 정문은 유아 · 내빈이 출입하므로 늘 안전, 청결해야 하며 자동차, 이륜차 등은 후문에서 들어가게 한다.

③ 식재

건물 주위에는 충분히 식재를 조성하며, 놀이 영역이 아닌 사소한 공간에도 적절히 배려하여 쓸모없는 공간이 되지 않도록 한다.

④ 유원장

유원장은 정적 놀이 공간, 중간적 놀이 공간 및 동적인 놀이 공간으로 계획한다.

㉮ 정적인 놀이 공간 : 교실학습의 연장 공간

㉯ 중간적 놀이 공간 : 고정 놀이기구를 이용하여 놀이 활동을 하는 공간

㉰ 동적인 놀이 공간 : 흙이나 잔디로 된 넓은 공지

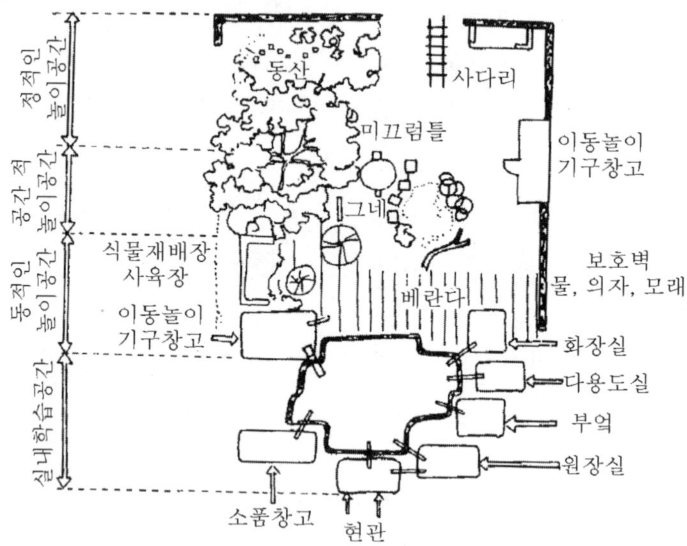

그림 12 유치원 외부공간의 구성요소

(6) 유치원 설립 요소 및 시설의 기준

① 유치원 설립 요소

구 분	1학급	2학급	3학급
유치원원사(교사)	건물 하층 면적+ 동 면적의 20%	좌동	좌동
유원장(운동장)	200m²	250m²	300m²
교실(일반교실)	63m² 1실	63m² 2실	63m²씩 3실
유희실	63m² 1실	63m² 1실	63m² 1실

구 분	1학급	2학급	3학급
사무실	17m² 1실	17m² 1실	17m² 1실
양호실	10m² 1실	10m² 1실	1m² 1실
변소시설	대 2 소 2	대 4 소 4	대 6 소 6

② 시설 기준

제2조	교사 대지면적은 교사 건축면적의 2.5배 이상(건폐율 40%)
제3조 제3항	유치원에서는 유원장을 두되 그 면적은 당해 유치원의 반수가 1반인 경우 200m² 이상, 2반인 경우는 1반을 초과하는 매반마다 50m²를 가산한 면적이다.
제5조	유치원의 교사에는 보통교실(1 학급당 실면적 기준은 66m² 이상) 및 관리용 각 실(원장실, 사무실, 숙직실, 창고 등)과 유희실을 두어야 한다. 다만, 학습상 지장이 없는 한 보통교실과 유희실, 유희실과 유원장, 원장실과 사무실은 이를 각각 겸용할 수 있다.

3. 도서관

(1) 개요

1) 도서관의 기능

도서관은 인류의 사상적 지식, 정보 전달을 목적으로 서적 등의 전달 매체를 수집, 정리, 보존하여 이용할 수 있도록 하는 일정의 문화, 교육 시설로서 그 기능을 크게 나누어 보면 다음과 같다.

① 자료의 수집

② 참고 봉사

③ 자료의 대출

④ 열람 기회 제공

⑤ 시청각 문화 전반

⑥ 커뮤니케이션, 레크리에이션 등의 지역 문화 활동의 핵

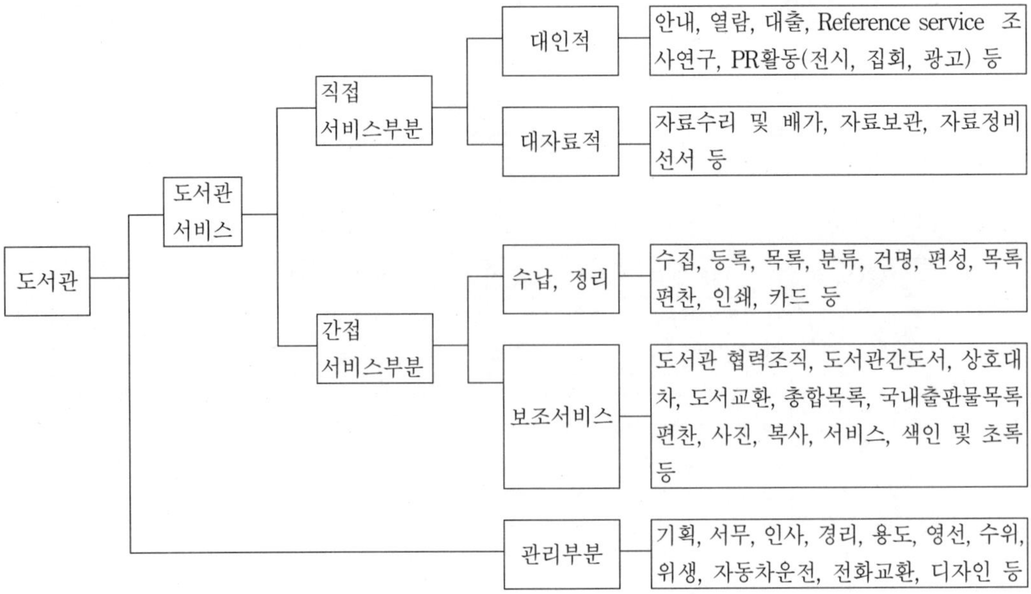

그림 13 도서관의 업무 조직도

2) 도서관의 분류

① 공공 도서관

도서・기록, 기타 필요한 자료를 수집하여 정리하고 보존해서 일반 공중의 교양, 조사 연구, 레크리에이션에 이용되는 것을 목적으로 하는 가장 일반적인 도서관이다.

② 학교 도서관

초・중・고등학교 및 대학 도서관이다. 특히, 대학도서관은 지적자원의 보존 기능을 수행하는 동시에 학문의 존속기구로서 대학의 심장기능을 수행해야 하므로 자료를 보존하는데 그치지 않고 그 효과적인 이용을 시도하고, 적극적으로 학생・교직원들에게 학문적 자료를 제공할 중요한 역할을 하고 있으며, 교육활동 및 연구활동을 도와주는 봉사기관임과 동시에 연구활동을 촉진하기 위한 자료센터의 기능을 갖는다.

③ 전문 도서관

기업체, 연구 기관, 관공서에서 분야별 전문적 자료를 수집, 업무상 편익 도모를 목적으로 한다.

④ 특수 도서관

특수한 환경이 있는 사람(맹인, 병원, 형무소, 선원 등)을 대상으로 운용된다.

⑤ 국회 도서관

도서 및 기타 도서관 자료를 수집해서 국회의원의 직무 수행에 도움이 되도록 하는 한편 전체 국민을 대상으로 행정 및 사법의 각 부분에 대한 도서관 봉사를 한다.

3) 도서관의 봉사 활동

① 관내 열람

열람자가 구하는 도서관 자료를 관내에 두고서 직접 열람하도록 하는 서비스를 말한다.

② 관외 대출

미리 등록된 사람에 대해 일정기간 도서를 대출해서 관외에서의 편리한 열람을 도모하는 서비스를 말한다.

③ 레퍼런스 서비스(참고 봉사, reference service)

관원이 이용자의 조사 연구상의 의문, 질문에 대한 적절한 자료를 알려 주고 제공함으로써 그 해결을 돕는 서비스를 말한다.

④ 관외 활동

북 모빌 방식(book mobile system) : 이동도서관으로 대출, 레퍼런스 서비스, PR, 기타 여러 가지 서비스를 하는 방식

⑤ 시청각 활동(audio-visual)

시청각 자료를 사용하는 활동을 하는데, 영화회, 슬라이드 전시회, 음악 감상 등이 있다.

⑥ 집회 및 P. R. 활동

집회 활동, 독서회, 연구회, 전시회, 감상회, 각종 문화강좌 등이 있다.

⑦ 복사 서비스

⑧ 상호 협력

4) 도서관 건축시 고려사항

① 관내 문화·교육시설과의 분리, 인근 유사 시설과의 상호 관련성 검토

② 봉사의 목적, 내용, 방법의 구체적 분석

③ 상기 목적에 따른 도서관 시설의 구성 요소 검토

④ 장래 20년 정도의 성장에 따른 문제

⑤ 이용 가능한 건설 기금과 경상비 문제

(2) 기본 계획

1) 규모 산정

① 도서관의 종류와 소요실의 구성 방법에 따라 달라진다.

② 일반적으로 먼저 도서관의 성격이 정립되고, 열람실의 규모와 서고 면적과 직원 수 및 작업 내용에 따른 사무·관리 시설이 정해지며, 이의 합계가 전체 소요 면적이 된다.

③ 지역 인구수에 의한 공공 도서관의 규모 산정은 표 12와 같다.

표 12 공공 도서관의 규모 산정

지역 인구수(명)	지역 인구 1,000명당 연면적	예
10,000~20,000	$42m^2$	• 지역 인구수 25,000명의 경우 연면적 $= \frac{25,000}{1,000} \times 39m^2 = 975m^2$ • 도서관의 특별한 기능은 산입하지 않음. (전시실, 공연장, 취미 활동 공간)
20,000~35,000	$39m^2$	
35,000~65,000	$35m^2$	
65,000~100,000	$31m^2$	
100,000 이상	$28m^2$	

2) 구성 요소 및 면적비

① 구성요소

㉮ 독서에 관한 부분

㉯ reference 부분

㉰ 시청각 자료, 마이크로필름 부분

㉱ 목록 부분

㉲ 서고 부분

㉳ 대출 부분

㉴ 공중을 위한 부분

㉵ 보조적 부분

㉶ 작업 부분

㉷ 관리·통제 부분

㉸ 도서 직원을 위한 부분

㉺ 주차 부분

② 면적비

표 13 도서관의 구성 부분별 면적비(%)

실별	목록·대출실	열람 공간	수장 공간	관리 부분	공용 공간	기타	합계
비율(%)	10	35	25	7	8	15	100

※ 기타 부분은 현관, 계단, 화장실, 기계실, 전기실 등을 포함

※ 도서관의 종류별, 규모별로 구성비는 차이가 있다.

3) 대지 선정 및 배치 계획

① 대지 선정시 고려사항

㉮ 지역 사회의 중심적 위치로 이용하기 편리한 장소

㉯ 환경이 양호하고 채광, 통풍이 좋은 곳

㉰ 조용하고 교통이 편리한 곳으로서 보통 1km 이내 거주자가 많이 이용할 수 있는 곳

㉱ 충분한 넓이로서 도서관의 장서는 20년에 약 2배가 되므로 30~40년 장래에 대해 충분한 여지를 가질 수 있는 곳

㉲ 장래의 확장을 고려하여 충분한 공지를 확보할 수 있는 곳

㉳ 재해가 없고 어린이의 이용을 위해 쉽게 접근할 수 있는 곳

㉴ 주차 면적의 확보가 가능한 곳

② 배치 계획

㉮ 기능별로 동선을 분리한다.

㉯ 공중의 접근이 쉬운 친근한 장소로 한다.

㉰ 서고의 증축 공간을 반드시 확보해 둔다.

㉱ 도서관의 성격을 종합해서 결정한다.

㉲ 열람 부분과 서고와의 관계가 중요하며 직원 수에 따라 조절한다.

㉳ 도서관 계획은 본래 확장(50% 이상의 확장 변화의 유연성)과 융통성의 문제가 처음부터 고려되어야 하기 때문에 modular plan으로 확장 변화에 대응해야 한다.

(3) 일반 계획

1) 출납 시스템

① 자유개가식(free open system)

㉮ 열람자 자신이 서가에서 책을 꺼내어 책을 고르고 그대로 검열을 받지 않고 열람하는 형식으로 보통 1실형이고 10,000권 이하의 서적 보관과 열람에 적당하다.

㉯ 참고실, 아동도서관, 소규모 도서관에서 채용하는 방식이다.

㉰ 특징

㉠ 장점

ⓐ 책의 내용 파악 및 선택이 자유롭고 용이하다.

ⓑ 책의 목록이 없이 간편하다.

ⓒ 책 선택시 대출 기록 제출이 없어 분위기가 좋다.

㉡ 단점

ⓐ 서가의 정리가 잘 안되면 혼란스럽게 된다.

ⓑ 책의 마모, 망실이 된다.

② 안전개가식(Safe guarded open access)

㉮ 자유개가식과 반개가식의 장점을 취한 것으로서 열람자가 책을 직접 서가에서 꺼내지만 관원의 검열을 받고 기록을 남긴 후 열람하는 형식이다.

㉯ 보통 1실 규모는 15,000권 이하가 적합하며, 소규모 도서관에 적합하다.

㉰ 특징

㉠ 출납 시스템이 필요치 않아 혼잡하지 않다.

㉡ 도서 열람의 체크 시설이 필요하다.

㉢ 서가 열람이 가능하며 책을 직접 뽑을 수 있다.

㉣ 감시가 필요하지 않다.

③ 반개가식(semi open access)

㉮ 열람자는 직접 서가에 면하여 책의 체제나 표지 정도는 볼 수 있으나 내용을 보려면 관원에게 요구하여 대출 기록을 남긴 후 열람하는 형식이다.

㉯ 신간 서적 안내에 채용되며, 다량의 도서에는 부적당하다.

㉰ 특징

㉠ 출납 시설이 필요하다.

㉡ 서가의 열람이나 감시가 불필요하다.

④ 폐가식(closed access)

㉮ 열람자는 책의 목록에 의해 책을 선택하여 관원에게 대출 기록을 제출한 후 대출받는 형식으로 서고와 열람실이 분리되어 있다.

㉯ 대규모 도서관의 독립된 서고의 경우에 채택되는 방식이다.

㉰ 특징

㉠ 장점

ⓐ 도서의 유지관리가 양호하다.

ⓑ 감시할 필요가 없다.

㉡ 단점

ⓐ 희망한 내용이 아닐 수 있다.

ⓑ 대출 절차가 복잡하고 관원이 작업량이 많다.

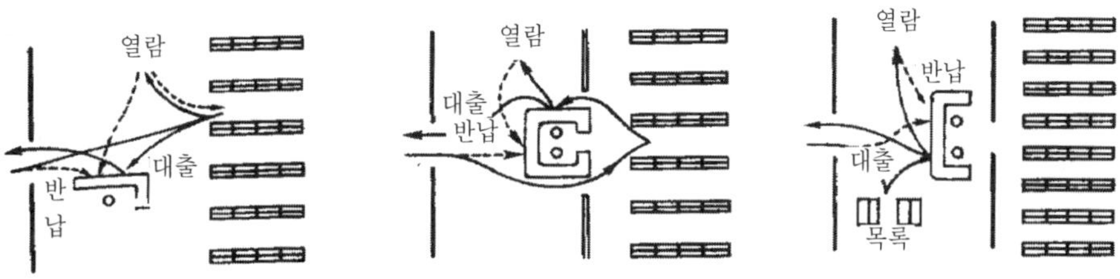

(a) 자유개가식의 경우 (b) 안전개가식의 경우 (c) 폐가식의 경우
실선 및 점선은 열람자의 동선

그림 14 서가와 카운터 주위

2) 평면계획

① 도서관을 구성하는 각 요소는 독립된 실을 갖는 것이 이상적이나 규모에 따라 반드시 독립한 실을 가질 필요는 없다.

② 도서관의 주요 시설은 되도록 주요층에 통합하여 배치하고 1층에 두어 대다수의 이용자가 불편하지 않도록 한다.

③ 서고와 열람실 두 요소를 같은 실에 있는 1실식과 독립실로 된 서고식 중 선택한다.

④ 문헌 부분(reference)과 독서 부분은 함께 두도록 한다.

⑤ 열람실, 참고실에 대부분 개가식 서고가 놓이나 안전접가(安全接架)의 서고 설치가 좋다.

⑥ 자유접가 서고 내에서는 열람용 책상, carrel, 회의실, 세미나실 설치를 고려한다.

⑦ 폐가 서고에는 희귀서, 귀중서, 이요도가 낮은 책상을 수장한다.

⑧ 서적 대출에 대해서는 중요한 책상을 중심에 놓으며 대출 기록, 반납용, 안내용 책상은 분리시키는 것이 좋다.

3) 확장 및 모듈 계획

① 확장 계획

일반적으로 도서는 10년에 약 2배로 장서수가 증가한다. 그러므로 보존 서고를 갖는 경우에는 처음부터 수장부문의 확장을 예상한 평면계획을 세운다.

㉮ 도서관은 장서수와 열람자수가 자연히 증가하므로 계획시 규모와 성장에 대한 고려는 가장 중요한 과제이다.

㉯ 건축 초기부터 장래의 확장 계획을 고려하며, 특히 계획상 적어도 50% 이상의 확장, 변화에 순응할 수 있는 융통성 있는 평면계획이 되어야 한다.

㉰ 대지의 여유는 물론 서고와 열람실에 있어서도 여유를 가져야 한다. 일반적으로 서고의 60~70%가 찰 경우에는 기존 시설의 확충을 고려해야 한다.

② 모듈 계획(modular planning)

모듈은 도서관 건축계획의 기본이 되기 때문에 서고와 관련하여 연구되어야 하며, 이를 위해서는 건축적인 제약을 최소화 하면서 공간의 가변성(flexibility)을 최대한 살려야 한다. 도서관 건축의 모듈은 건물의 치수를 기둥 간격의 배수가 되도록 계획하는 방법이다.

㉮ 바닥면은 가변벽과 독립 서가에 의해 구획하고 필요조건의 변화에 따른 공간의 구획 변경이 가능하며, 특히 독서실과 서고의 적절한 융합이 가능하다.

㉯ 기둥 간격에 의해 설정된 그리드(grid)마다 균질한 구조 계획과 설비 계획이 되도록 한다.

(4) 세부계획

1) 열람실

열람실은 도서관에 있어 중심적인 공간이라 할 수 있는데, 소규모에서는 일반적으로 1~2실로 구성되는 것이 보통이나 대규모의 도서관에서는 목적에 따라서 각종 열람실이 마련된다.

① 열람실 종류

㉮ 일반 열람실

㉠ 일반인과 학생들의 이용률은 7 : 3정도이고 일반인과 학생용열람실을 분리한다.

㉡ 성인 1인당 1.5~2.0m^{2}의 면적이 필요하고, 통로를 포함했을 경우 2.5m^{2}의 면적이 필요하다.

㉯ 아동 열람실

㉠ 성인과 구별하여 열람실을 설치하며 1층에 두고 별도의 출입구를 설치한다.

㉡ 열람실은 자유롭게 열람할 수 있는 자유개가식으로 한다.

㉢ 면적은 1.2~1.5m^2/1석 정도로 한다.

㉰ 참고실(reference room)

㉠ 일반 열람실과 별도로 하여 목록이나 출납실 가까이에 둔다.

㉡ 실내에서는 참고 서적을 두고 안내석을 배치한다.

㉢ 최근 도서관의 기능면에서 중요한 역할을 한다.

㉱ 캐럴(carrel)

㉠ 열람자가 도서 가까이에 있을 필요가 있을 때 서고 내부에 작은 연구실 형식을 취한 열람실이다.

㉡ 1인당 바닥 면적은 2.7~3.7m^2 정도로 한다.

㉢ 특히, 모듈 구조에서는 여러 곳에 이런 종류의 소구획을 만들어서 개실의 연구실로 하는 것이 많다.

㉲ 신문, 잡지 열람실

㉠ 출입이 편리한 현관, 로비, 1층 출입구부분에 설치하여, 일반열람실과는 떨어진 곳이 좋다.

㉡ 크기는 1.1~1.4m^2/석 정도로 한다.

② 열람실 계획

㉮ 기둥은 서가, 열람석에 방해되지 않도록 module을 설정한다.

㉯ 흡음성이 높은 바닥, 천장 마감재를 사용한다.

㉰ 독서 분위기 증진을 위하여 열람실을 소단위로 분할 계획한다.

㉱ micro film, micro card 등을 열람할 수 있는 열람 공간을 설치한다.

㉲ 책상 위의 조도는 600lux로 한다.

㉳ 가까운 곳에 복사 코너를 설치한다.

2) 서고

① 서고 계획시 고려사항

㉮ 서고의 형식은 평면 계획상 가장 중요한 요소로 폐가식과 개가식이 있는데 규모가 큰 도서관의 경우는 폐가식으로 하고, 규모가 작은 도서관의 경우는 개가식을 적용한다.

㉯ 서고는 도서의 수장, 보존에 적합하고 방화, 방습, 유해 가스 제거에 중점을 두며 공조 설비를 갖춘다.

㉰ 적은 면적에 가급적 많은 수의 도서를 수장할 수 있도록 한다.

㉱ 공간에 합리적으로 도서를 수장해서 출납 관리상 편리하게 한다.

㉲ 도서 중가에 따른 장래의 확장을 고려한다.

㉳ 서고의 천장고는 2.3m 전후로 하며 열람실과 별도로 층고 계획을 세운다.

㉴ 서고실은 모듈러 플래닝(modular planning)에 의해서 위치를 고정하지 않도록 한다.

그림 15 열람·사무 블록과 서고 및 층고의 관계

② 서고의 위치

서고의 위치는 도서를 가능한 신속하게 이용자에게 전달해 줄 수 있는 것을 목표로 선택한다.

㉮ 건물 후부의 독립된 위치에 별도로 설치한다.

㉯ 건물의 후부, 중앙부, 지하실을 구획하여 열람실의 그곳에 놓는다.

㉰ 열람실의 내부에 놓는다.

㉱ 열람실의 주위에 놓는다.

㉲ 모듈러 시스템에 의하며, 위치를 고정하지 않는다.

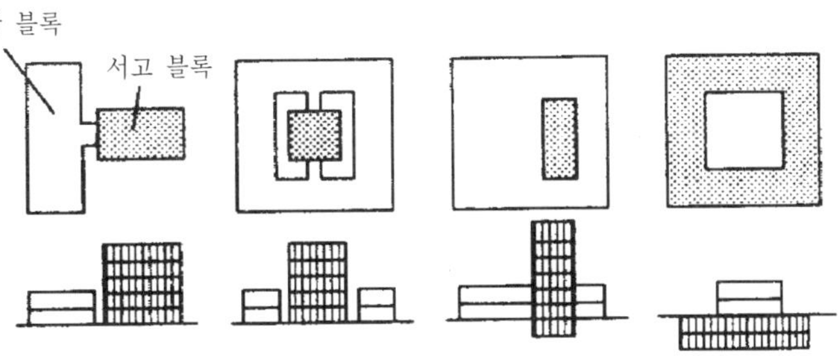

(a) 열람·사무 블록과 서고 블록을 별도 구조로 하는 방식

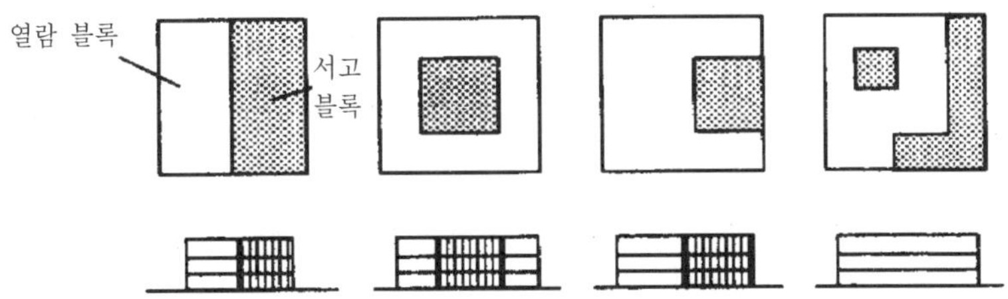

(b) 열람·사무 블록과 서고 블록을 일체 구조로 하는 방식

그림 16 열람·사무 블록과 서고 블록

③ 서고의 크기(수장능력)

㉮ 책 선반 1단 길이 : 1m당 20~30권(평균 25권)

㉯ 서고 면적 : $1m^2$당 150~250권(평균 200권) - 밀집서가의 경우 : 280~350권

㉰ 서고 공간 : $1m^3$당 약 66권

㉱ 마이크로필름 릴 : $1m^2$당 평균 800릴

㉲ 마이크로카드 : $1m^2$당 평균 20,000매

㉳ 표준편측서가 : 폭 90cm, 높이 230cm, 선반 7단, 안쪽 깊이 30cm,도서 수장 수는 175~200권

〔예제 6〕 공공도서관에 있어서 성인 100명 수용의 열람실과 장서 40,000권의 서고를 계획할 때 바닥면적은?

해설 열람실 : 1.5~$2.0m^2$/인, 100명×(1.5~2.0)=150~$200m^2$→ $200m^2$
서고 : 150~200권/m^2, 40,000권÷(150~250)=160~$267m^2$→ $200m^2$

④ 서가의 배열

㉮ 평행 직선형이 보통이며 불규칙한 배열은 손님이 많다.

㉯ 통로의 벽 : 0.75~1m(서가 사이를 열람자가 이용할 경우에는 1.4m 정도)

서가 배치 기준 (단위 : cm)

	a	b
폐가식 서고	90~150	130~150
개가식 서고	150~200	165~180

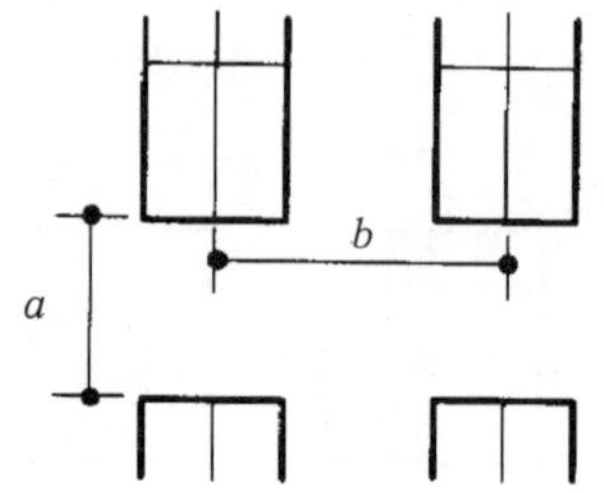

⑤ 도서 보관상 유의사항

㉮ 도서 보존을 위해 어두운 편이 좋고 인공조명과 기계환기로 방진, 방온, 방습과 함께 세균의 침입을 막는다.

㉯ 내화, 내진 등을 고려한 건물과 서가가 재해에 대해 안전해야 한다.

㉰ 서고 내 기후는 온도 15℃, 습도 63% 이하로 한다.

㉱ 자료 자체가 내구적(소독, 제본, 수리에 편리) 이어야 한다.

㉲ 기계 장치에 의한 밀집서가 적당하다.

㉳ 자료의 micro 재생산이 필요하다.

㉴ 잘 쓰여지지 않는 책은 창고에 보관한다.

㉵ 서가가 65~70%는 찰 경우에는 기존 시설의 확충을 고려한다.

⑥ 서고의 구조

㉮ 적층서가식 구조

㉠ 대단위 서고처럼 건물의 한쪽을 최하층에서 최상층까지 차지할 수 있는 경우는 특수 구조를 사용할 수 있다.

㉡ 강철제의 서가 기둥은 그 상부 전체의 하중을 지지하고, 그 기둥에 바닥 슬래브를 붙여서 몇 개의 층의 서고를 구성한다.

㉯ 단독서가식 구조

㉠ 건물 각층 바닥에 서가를 넣은 것으로 이 방법의 서가는 고정식이 아니기 때문에 평면 계획상 유연성이 있다.

㉡ modular construction을 선택한 경우는 각 면적에 조화를 줄 수가 있다.

㉰ 절충식 서가의 서고

㉠ 단독식과 적층식을 절충한 방법이다.

㉡ 절충식은 코어 플랜(core plan)과 같이 서고 구조체의 일부에 계획하는 경우 적합하다.

학습 포인트

▸ 열람실과 서고

열람실	서고
① 종류 ㉮ 일반 열람실 ㉠ 성인 열람실 : 1.5~1.1m²인 ㉡ 아동 열람실 1.1m²/인 ㉯ 특별 열람실 - 캐럴 : 2.7~3.7m²/인 ② 천장고는 일반적으로 높게 하며, 서고와는 달리한다.(별도의 층고 계획) ③ 책상 위 조도 : 600lx	① 수장능력 ㉮ 서기1단1m당 : 20~30권 정도(평균 25권) ㉯ 서고 1m² 당 : 150~250권(평균 200권/m²인), 밀집인 경우 : 280~350권/m² ㉰ 서고 공간 1m³당 : 약 66권 정도 ② 천장고는 2.3m 정도로 각층마다 같게 한다.(모듈러 플래닝) ③ 소요 조도 : 50~100lx(도서 보관상 조도를 낮춘다.) ④ 온도 15℃, 습도 63% 이하 ⑤ 장래 확장 고려(서가가 65~70% 찰 경우)

▸ 건물용도별 적정 온습도

	도서관(서고)	병원(수술실)	은행(사무기계실)	미술관(전시실)
온도	15℃	26.6℃ 이상	18~25℃	20~23℃
습도	63% 이하	55% 이상	40~60%	60%

3) 기타

① 시청각 자료실

영사실, 음악실, 마이크로리더 등의 설비가 필요하다. 각 기기의 음성이나 빛으로부터 다른 분야의 장애를 방지하기 위하여 그루핑을 고려한다.

② 목록실

㉮ 소규모 도서관에서는 중앙에 설치하지 않고 각 부분별로 서가에 배치하는 경우가 많다.

㉯ 대규모 도서관에서는 5~15개의 케이스이 조를 대위에 놓고 카운터 책상 근

처에 설치한다.

③ 귀중품·고문서실

자료 망실에 주의하여야 하며 실물의 열람을 위해 일반 열람실과는 분리된 개실 또는 전용 space에 설치한다. 특히 내화, 방습에 주의가 필요하다.

④ 향토 자료실

일실에 배치한다.

⑤ 소독실

장서 3,000권에 대해 $10m^2$를 표준으로 한다.(소독약 : 포르말린)

⑥ 도서관 기능의 자동화 계획

㉮ 목록 카드의 전산화

㉯ 온라인 정보 체계

㉰ 전자식 출구 통계

㉱ 기계식 도서 운반기

참 고

▸도서관 기능의 자동화 장치

① 기송관 : 대출 신청서 서고 전송

② 랜드 트리버 : 서고의 책 운송

③ 태틀 테이프 : 도서 반출 여부 체크

④ 데이터 폰 : 이용자에게 참고 자료, 정보 제공

⑤ 데크 플레이어 : 시청각 자료의 열람을 위한 장치

▸BDS(Book Detection System)

도서의 분실을 방지하기 위해 도서에 디텍션 테이프(Detection type) 또는 마그네틱 장치를 붙여 놓고 출구에 설치된 탐지 장치를 통과할 때 경보음이 나게 하는 장치로서 출구와 입구에 각각 설치한다.

제5장 교육시설 익 힘 문 제

1. 학교 건축에서 핑거플랜(finger plan)에 대하여 설명하라.
2. 학교의 교사배치형식 중 폐쇄형에 대하여 설명하라.
3. 초등학교 단층교사가 2층 이상의 교사에 비해 갖는 잇점은?
4. 학교 운영방식에 관하여 간단히 설명하라.
   ㉠ U형 :
   ㉡ E형 :
   ㉢ U+V형 :
   ㉣ V형 :
5. 학교 운영방식 중에서 플라톤형(Platon type)에 관하여 설명하라.
6. 학교 운영방식의 종류 중 학급, 학생 구분을 없애고 학생들은 각자의 능력에 맞게 교과를 선택하고 일정한 교과가 끝나면 졸업하는 방식은?
7. 오픈스쿨(Open school) 운영방식의 특성은?
8. 1주간의 평균수업시간이 35시간인 어느 학교에서 제도실이 사용되는 시간은 1주에 28시간인데, 이 중 10시간은 구조강의를 위해 사용된다면, 제도실의 이용률과 순수율은?
9. 초등학교의 운영방식은 ?
10. 학교 건축계획에서 공간의 융통성의 요구를 해결할 수 있는 효율적 방안은?
11. 교실의 배치형식 중에서 엘보우형(elbow access)에 대하여 설명하라.
12. 학교 건축에 있어서 블록플랜(block plan)을 위한 클러스터링(clustering)이란?
13. 초등학교 건축의 교실환경계획에 관하여 설명하라.
14. 음악교실 계획시 음향계획에 대하여 설명하라.
15. 학교시설의 강당 겸 체육관 계획상 가장 문제점으로 나타나는 부분은?
16. 유치원 계획의 목표를 서술하라.
17. 유치원 교사의 평면형 중 불필요한 공간 없이 기능적이고 활동적이지만 정적인 분위기가 결여된 형식은?
18. 도서관 건축계획에서 다른 종류의 건축계획과 비교하여 상대적으로 그 중요도가 가장 큰 내용은 무엇인가?
19. 도서관 설계에 채용되는 Modular Planning에 대하여 설명하라.
20. 도서관 평면의 모듈 결정시 고려해야 할 사항은?

21. 도서관 건축계획에서 장래 증축을 반드시 고려해야 할 부분은?

22. 도서실 계획시 일반 열람실의 1인당 점유면적은 통로를 포함할 때 어느 정도가 적당한가?

23. 도서관의 서고계획에 대하여 설명하라.

제6장

문화시설

1. 극장 · 영화관
2. 미술관 · 박물관

익힘문제

제6장 문화시설

1. 극장·영화관

(1) 개요

1) 전망

연극, 영화는 현대 생활의 정신적인 양식이 되어 왔고, 극장이란 계획적으로 진행되는 연기를 감상하려고 모여드는 관람자를 수용하는 장소이며, 고도로 발전하는 공연 수법들을 실연 가능케 하는 시설과 관객으로 하여금 연극을 충분히 관람하여 감상할 수 있는 공간이어야 한다.

2) 극장의 종류

① 전용 극장
　㉮ 일반 극장
　㉯ 오페라 극장
　㉰ 뮤직 홀(music hall)
　㉱ 영화관
② 다목적 홀(극장) : 문화 회관 등에 주로 사용된다.
③ 특수 극장 : 레스토랑 극장, 야외 극장, 실험 극장

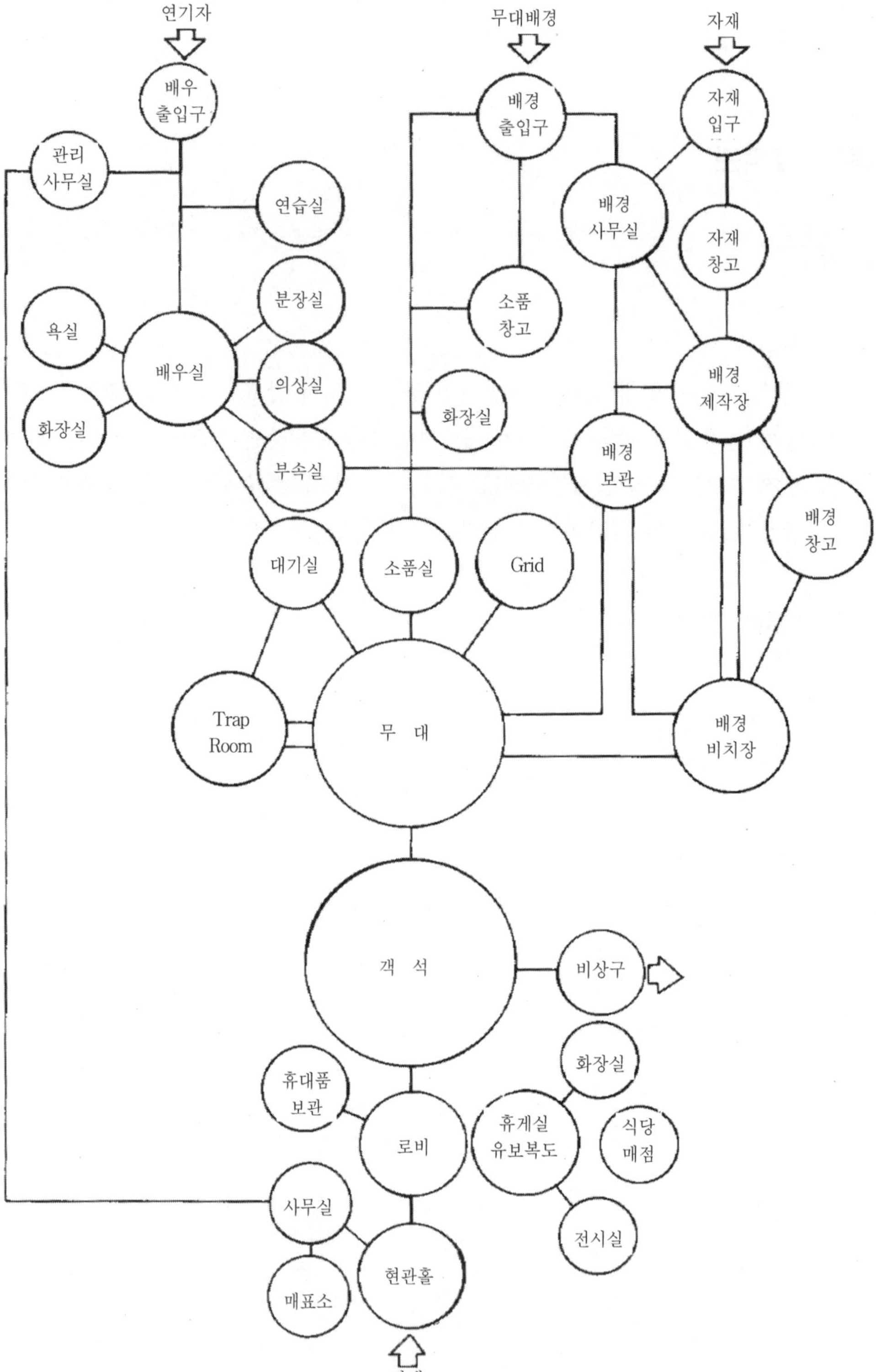

그림 1 극장 기능별 계통도

3) 대지 선정 조건

① 번화한 장소

② 교통이 편리한 곳

③ 주차 시설이 가능한 곳으로 많은 관객을 유지할 수 있는 곳

④ 기본 계획 초기에 반드시 도시 계획적 조사를 할 것

⑤ 주차나 피난의 경우를 위해 넓은 도로에 가능한 한 많이 접히고 2면 이상의 넓은 도로에 접하거나 개방된 공지가 있는 곳

4) 대지와 주차장

① 자동차 이용률의 상승에 따라 계획상 중요한 문제가 된다.

② 주차 시설이 되어 있지 않을 경우 도심의 극장을 피하고 교외의 극장으로 가게 된다.

5) 대지 면적과 객석수

극장 경영 방침 및 종류에 따라 다르나 부지 면적당 수용 인원은 다음과 같다.

① 극장 : $1m^2$당 0.9인

② 영화관 : $1m^2$당 0.9~1.26인

6) 객석수와 건축면적

① 상업 건축에서 A(객석 수)/B(건축 면적)는 경영상 중요 요소이며, A, B값이 클수록 1석당 시설비가 낮아진다.

② 일반적으로 적당한 A/B값은 다음과 같다.

	객석수/건축면적(m^2)	객석수/연면적(m^2)
영 화 관	0.5~0.9	0.5~0.8
일 반 극 장	0.3~0.45(식당 제외)	0.4~0.6
대 극 장	0.25~0.4	

〔예제 1〕 수용인원 1,500명의 공연장 객석의 바닥면적은?

해설 객석 1인당 바닥 면적은 $0.5m^2$(통로 부분 포함)이므로, $1{,}500 \times 0.5 = 750m^2$ 정도이다.

(2) 평면계획

1) 평면형식

① 프로세니움(proscenium)형

프로세니움(proscenia) 벽이 연기공간과 관객공간을 분리하여 프로세니움 아치의 개구부를 통해 무대를 보는 가장 일반적인형식이다.

① 강연, 콘서트, 독주, 연극 등에 가장 좋다.

② 연기자가 일정한 방향으로만 관객을 대하게 된다.

③ 투시도법을 무대 공간에 응용함으로써 발생한 것으로, 연극의 내용을 한정된 고정액자 속에서 보는 듯한 하나의 구성화(構成畵)와 같은 느낌이 들게 한다.

④ 배경은 한 폭의 그림과 같은 느낌을 주게 되어 전체적인 통일의 효과를 얻는데 가장 좋은 형태이다.

⑤ 연기자와 관객의 접촉면이 한정되어 있으므로 많은 관람석을 두려면 거리가 멀어져 객석 수용능력에 있어서 제한을 받는다.

⑥ 이러한 프로세니움형은 pictue frame stage라고도 불리운다.

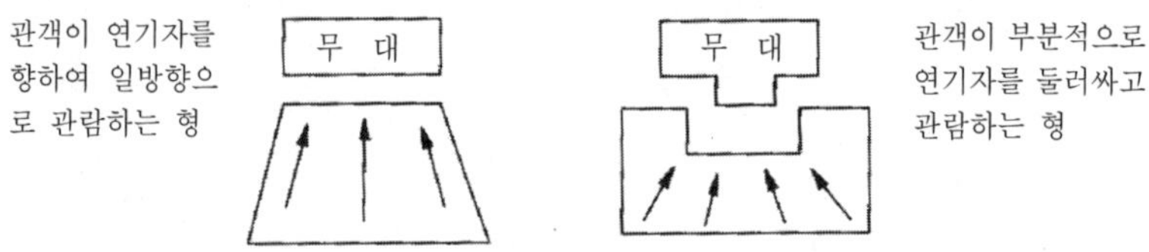

그림 2 프로세니움형

② 오픈 스테이지(open stage)형

관객이 부분적으로 연기자를 둘러싸고 관람하는 형으로 210°~220°, 180°, 90° 위요형 등이 있다.

㉮ 관객이 연기자에 좀 더 근접하여 관람할 수 있다.

㉯ 연기자는 혼란한 방향감 때문에 통일된 효과를 내는 것이 쉽지 않다.

㉰ 애리너 형식과 마찬가지로 무대 장치를 꾸미는 데 어려움이 있다.

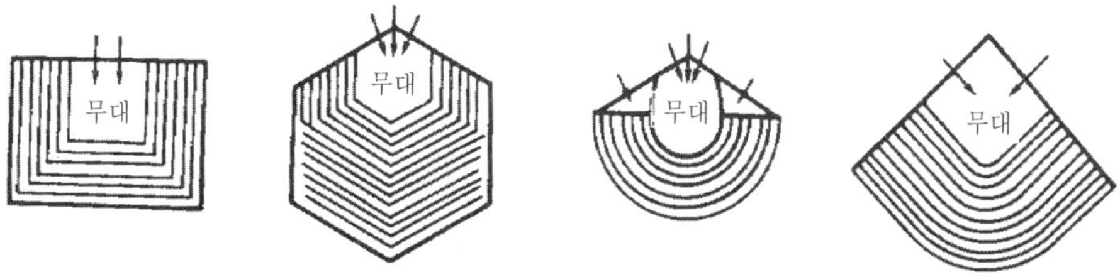

그림 3 오픈 스테이지 형

③ 애리너(arena)형

관객이 연기자를 360° 둘러싸고 관람하는 형식이다.

㉮ 가까운 거리에서 관람하면서 가장 많은 관객을 수용할 수 있다.

㉯ 객석과 무대가 하나의 공간에 있으므로 양자의 일체감을 높여 긴장감이 높은 연극 공간을 형성한다.

㉰ 무대와 배경을 만들지 않으므로 경제성이 있다.

㉱ 무대의 장치나 소품은 주로 낮은 가구들로 구성된다.

㉲ 관객이 무대를 둘러앉기 때문에 시점(視點)이 현저하게 다르게 되고, 연기자가 전체적인 통일효과를 얻기 위한 극을 구성하기가 곤란하다.

㉳ 관객이 무대 주위를 둘러싸기 때문에 연기자를 가리게 되는 단점이 있다.

㉴ 에리너 형은 central stage형이라고도 한다.

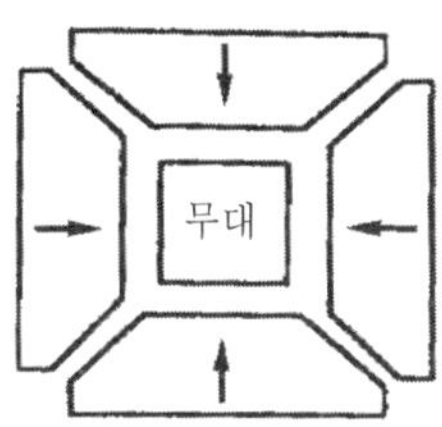

그림 4 애리너 형

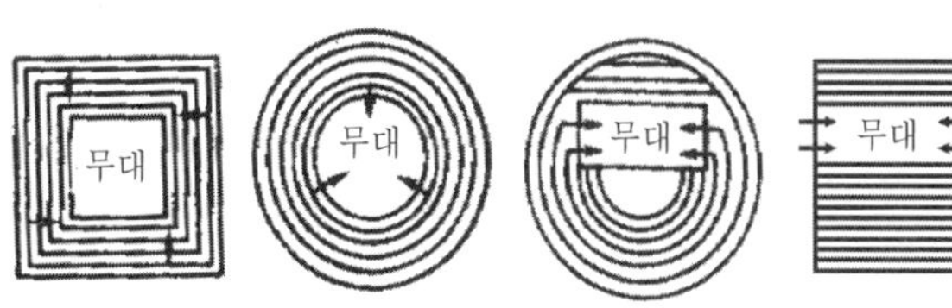

그림 5 애리너 형 변형의 예

④ 가변형 무대(adaptable stage)

필요에 따라서 무대와 객석이 변화될 수 있는 형식이다.

㉮ 무대와 객석의 크기, 모양, 배열, 그리고 그 상호 관계를 한정하지 않고 필요에 따라서 변경할 수 있다.

㉯ 상연하는 작품의 성격에 따라서 연출에 가장 적합한 성격의 공간을 만들어 낼 수 있다.

㉰ 최소한의 비용으로 극장 표현에 대한 최대한이 선택가능성을 부여한다.

㉱ 다양한 변화 방법이 고려되어야 한다.

㉲ 대학 연구소 등의 실험적 요소가 있는 공간에 많이 이용된다.

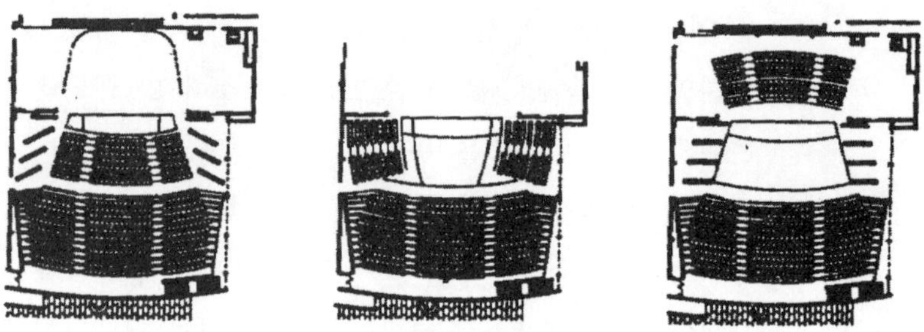

(a) (b) (c)

그림 6 가변형 무대

(3) 세부계획

1) 관람석

관람석은 관객이 어느 위치에서라도 무대 위 연기자의 연기가 쉽게 보일 수 있고, 연기자의 음성이나 음악이 잘 들리도록 계획되어야 한다.

① 평면형

부채형, 우절형(隅切型)이 많이 쓰여지고 있으며 시각적, 음향적으로 우수한 형이다.

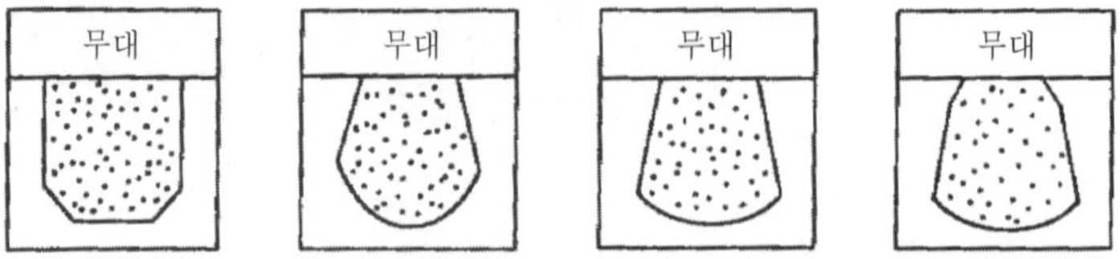

(a) 각형 (b) 마제형 (c) 부채형 (d) 우절형

그림 7 관람석의 평면형

② 평면형의 한계

㉮ A 구역 : 배우의 표정이나 동작을 상세히 감상할 수 있는 사선 거리의 생리적 한도는 15m이다. 따라서 인형극이나 아동극은 이 한계 내에 있어야 한다.

㉯ B 구역 : 실제의 극장 건축에서는 될 수 있는 한 수용을 많이 하려는 생각에서 22m까지를 1차 허용한도로 정하며, 국악이나 신극, 실내악 등은 이 범위 내에 객석을 둘 수 있다.

㉰ C 구역 : 현대 연극, 그랜드 오페라, 발레, 뮤지컬은 배우의 일반적인 동작만 보이면 감상하는 데는 별 지장이 없으므로 이를 제2차 허용한도라 하고, 35m까지 둘 수 있다. 따라서 심포니오케스트라(symphony orchestra)와 같은 것은 이 이상의 시선 거리에서는 감상이 곤란해진다.

※ 무대 예술의 감상에 있어서, 배우 상호간, 배우와 배경과의 관계 때문에 수평편각의 허용도는 중심선에서 60°의 범위로 한다.

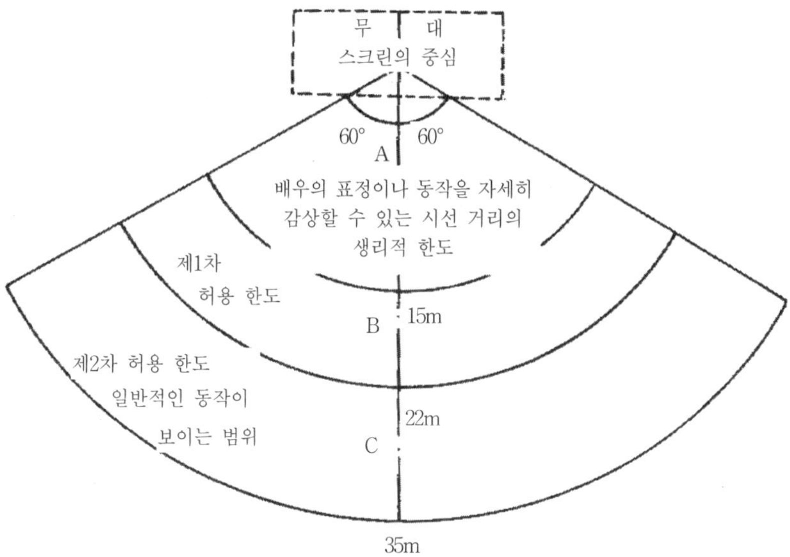

그림 8 관객석의 한계

③ 객석의 호감대

시거리와 수평시각의 양쪽의 제약에서 관객석의 평면적 한계 범위를 그리면 다음과 같다. 또 ABC의 각 면적을 계산함으로써 수용인원도 계산할 수 있다. 그러나 무대의 연극을 보기 위해서는 각 객석에서 무대 전면이 보여야 되므로 시각은 작을수록 이상적이다.

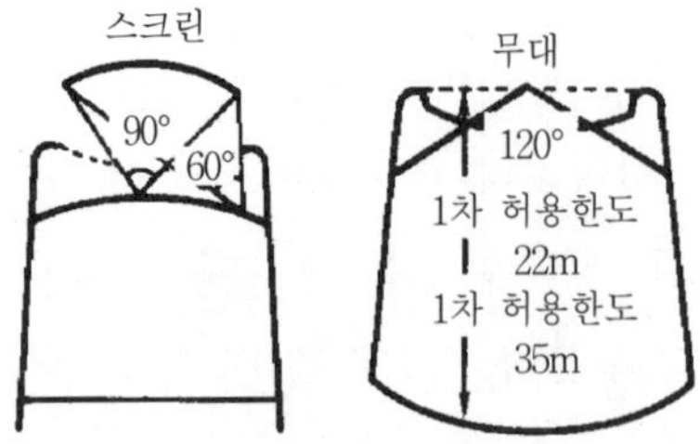

그림 9 객석의 범위

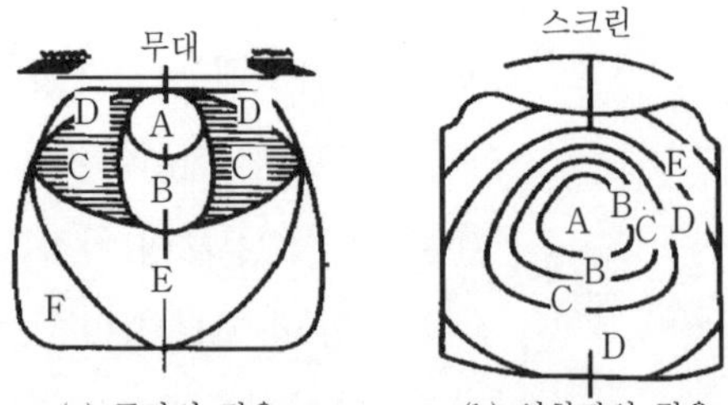

(a) 극장의 경우 (b) 영화관의 경우

위의 그림은 관객이 자유롭게 선택하여 앉는 경우의 그림으로서 ABC의 순으로 되어 있다.

그림 10 이상적인 객석의 위치

④ 가시선(sight line) 계획

가시선이란 전열의 관객의 머리로 인해 무대나, 스크린이 보이지 않으므로 뒤로 바닥을 높이게 되는데, 이때의 바닥 기울기를 말한다.

가시선 계획을 통해 무대 연기, 영상을 잘 보이도록 하는 것이며, 특히 프로세니움 무대형의 경우 전체 객석에서 무대의 액팅 에어리(acting area)전체를 볼 수 있게 하기 위함이다.

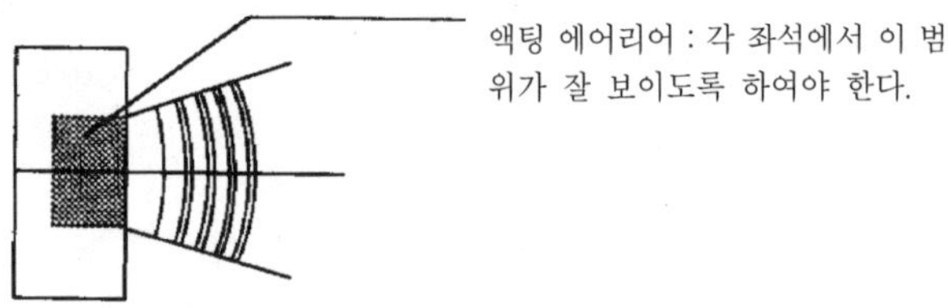

그림 11 액팅 에리어

㉮ 가시선 평면 계획

최단부 좌석과 프로세니움 단부를 이은 선인 무대 중심 선상의 연장선생에서 프로세니움의 폭 PW의 2배의 점까지 보이는 각도를 104°로 계획한다.

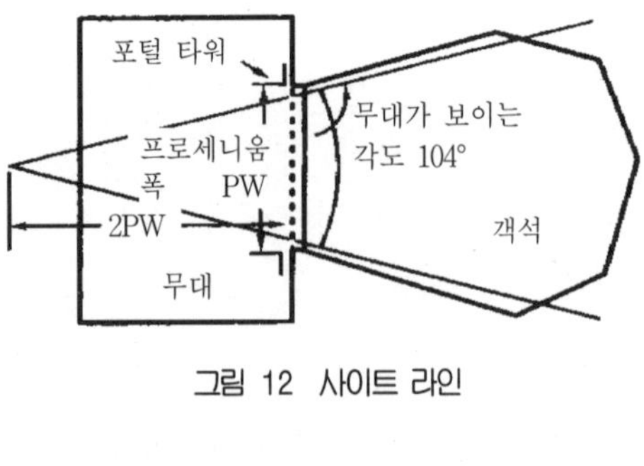

그림 12 사이트 라인

㉯ 가시선 단면 계획

㉠ 전열 관객의 머리·어깨 너머로 무대 선단이 보이도록 한다.

㉡ 1층 최후열 관객 눈과 프로세니움 정점을 이은 선에 2층의 발코니 선단이 겹치지 않도록 한다.

㉢ 높은 2층 좌석 최후열 관객 눈이 위치는 프로세니움 정점보다 아래에 있어야 이상적이다.

㉣ 바닥의 경사도는 5°~25° 정도 범위가 적당하다.

㉤ 스크린이 중심과 영사기의 각도는 10° 이내이어야 한다.

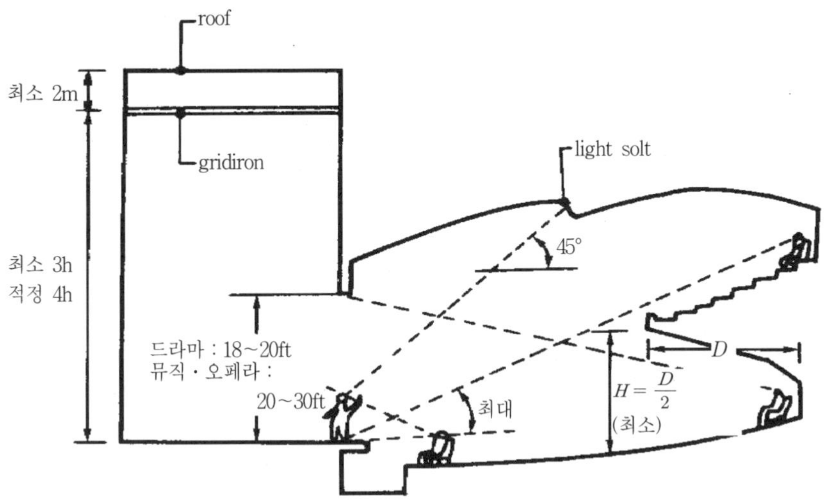

그림 13 단면상의 가시선

⑤ 좌석의 한도

㉮ 최전열의 좌석이 스크린에 가까이 할 수 있는 한도

㉠ 평면상 : A≦90°, B≦60°

㉡ 단면상 : C≦30°, D≦15°

㉯ 스크린과 객석의 거리

㉠ 최소 : 스크린 폭의 1.2~1.5배

㉡ 최대 : 스크린 폭의 4~6배(30m) 정도

㉢ 뒷벽의 객석의 폭 : 스크린 폭의 2.5배~3.5배

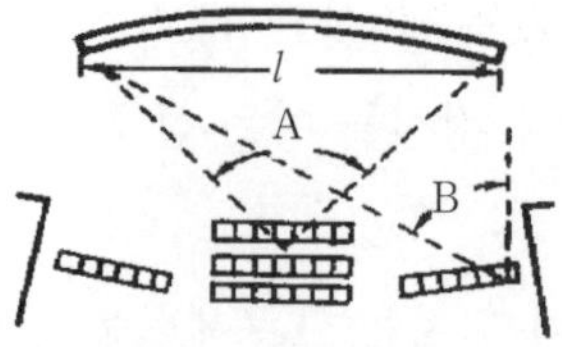

(a) 평면상 최전열 좌석의 한도

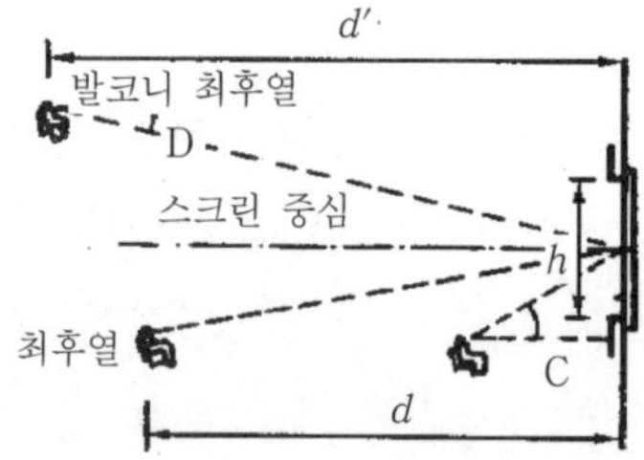

(b) 단면상 최전열 좌석의 한도

그림 14 좌석의 한도

⑥ 객석 계획 및 설계 기준

㉮ 관람석의 크기

㉠ 건축 연면적의 약 50% 정도

㉡ 1인당 바닥면적 : 0.5~0.6m^2 정도

㉯ 좌석의 배열

㉠ 관람석 의자의 크기

ⓐ 폭 : 45~50cm로 한다.

ⓑ 전후의 간격

- 횡렬 6석 이하 : 80cm 이상
- 횡렬 7석 이하 : 85cm 이상

㉡ 통로의 폭

ⓐ 의자 전후의 간격 80~90cm일 경우

- 양측 통로 : 연결 8석
- 편측 통로 : 연결 4석

ⓑ 의자 전후 간격 90cm 이상일 경우

- 양측 통로 : 연결 12석
- 편측 통로 : 연결 6석

㉢ continental type의 경우, 의자 전후 간격이 110cm 이상이면 종횡통로를 두지 않아도 된다.

㉣ 편측 통로폭 60~120cm, 종 20석마다 횡 통로폭 100cm 이상 1개소

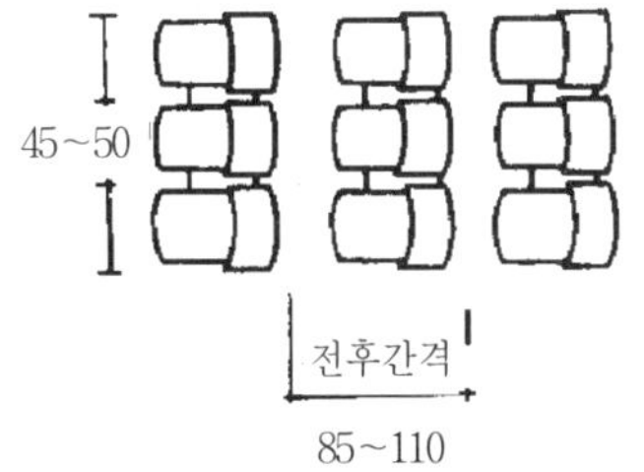

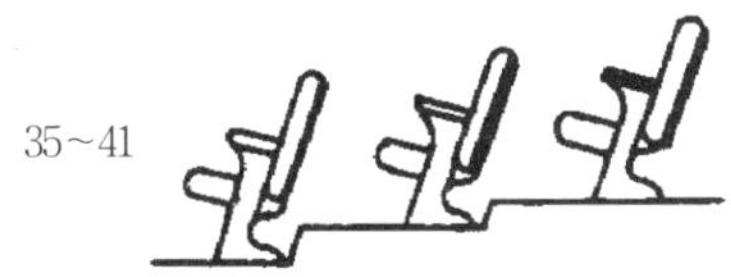

극장 타입의 의자대

그림 15 객석의 치수(단위 : cm)

표 1 통로의 설치 기준

통로 \ 객석		객석 상호간의 객석수	
		의자 전후 간격 90cm 이상	의자 전후 간격 90cm 이하
세로통로	중앙부	12석 이내	8석 이내
	편 측	6석 이내	4석 이내
가로통로		20석 이내	15석 이내

㉰ 바닥

㉠ 바닥은 방습·배수에 대한 고려를 한다.

㉡ 바닥면 경사는 1/10 이하로 한다.

㉢ 무대 앞쪽 1/3을 수평, 뒷부분 2/3를 구배 1/12 정도로 경사진 바닥으로 하는 경우가 많다.

㉣ 미끄럼 방지를 한다.

㉤ 객석단 상하의 바닥차 50cm 이하, 높이 3m마다 횡 통로를 두고 복도 및 계단에 통하게 한다.

㉱ 2층 발코니 객석

㉠ 경사를 급하게 두면 위험하므로 객석 의자가 놓이는 단의 높이는 50cm 이내, 단의 폭은 80cm 이상 되도록 한다.

㉡ 발코니 단면형은 그 앞쪽 끝이 1층 제일 뒤 관객 시선과 스크린 윗부분으로부터 60~90cm의 높이의 점(영화관)이나, 프로세니움 아치 상단을 연결하는 가시선 이상(극장)의 위치에 있는 것이 좋다.

⑦ 객석 방재 계획

㉮ 화재의 발생이라는 점에서 무대가 가장 위험도가 크다.

무대에서 발생한 연기나 불이 객석까지 미치는 것을 방지하기 위해 프로세니움에는 방화문이나 이에 대신하는 설비를 만들고, 무대 윗부분에는 배연구(smoke tower)를 만든다.

㉯ 완전한 피난로를 만든다.

특히 객석에 피난층이 없는 경우에는 주의해야 한다. 그리고 층외로 통하는 피난 계단을 만들어야 한다.

㉰ 분장실이나 투광실 및 기술실 등의 피난계획에도 충분한 배려가 필요하다. 비상시에 대응할 수 전담 유도원은 공연할 때는 관내에 있는 출연자와 공연 관계자도 건물의 특성에 익숙하지 않다는 전제하에 방재 및 피난 계획에 충분한 계획을 세워야 한다.

2) 무대계획

① 무대의 구성

㉮ 프로세니움 아치(procenium arch)

㉠ 무대와 객석의 경계를 이루는 것으로 관객은 이 procenium arch를 통해 무대의 연기를 보게 된다.

㉡ procenium arch의 개구부는 일반적으로 직사각형으로 그 비례는 황금비로 구성되는 경우가 많다.

㉢ procenium은 그림액자와 같이 관객이 눈을 무대에 쏠리게 하는 시각적 효과를 가지며 또한 관객의 시선이 무대가 아닌 조명기구나 막, 기타 장치를 놓은 후면무대(back stage)를 가리는 역할을 한다.

㉯ curtain line

procenium arch 바로 뒤 막이 쳐지는 막의 위치

㉰ 무대

㉠ 앞 무대(apron stage) : 막을 경계로 객석 쪽으로 나온 부분

㉡ 측면 무대(side stage) : 객석 측면벽을 따라 돌출한 무대

㉢ 연기 부분 무대(acting area stage) : curtain line 안쪽 무대로 연기를 행하거나, 무대 배경 장치를 설치하기에 충분한 넓은 공간이 필요하다.

㉣ 무대크기

공연 종류별 무대 크기는 다음과 같다.

구 분	폭	높 이
연 극	10~17m	6.5~9m
뮤지컬	13~14m	8~9m
오페라	20m	9~12m

ⓜ 무대 폭 : 프로세니움 아치 폭의 2배 이상

ⓑ 무대 깊이 : 프로세니움 아치 폭 정도 이상

ⓢ 무대 단면 : 상부 공간(fly loft)크기

극장 경우 $C_h \fallingdotseq 3ph$· 이하, 높이 $C_h \fallingdotseq 4ph$ 이상

$$\frac{P_h}{AB} = \frac{C_h}{AB+BB},$$

P_h=proscenium의 높이

C_h=cyclorama의 높이

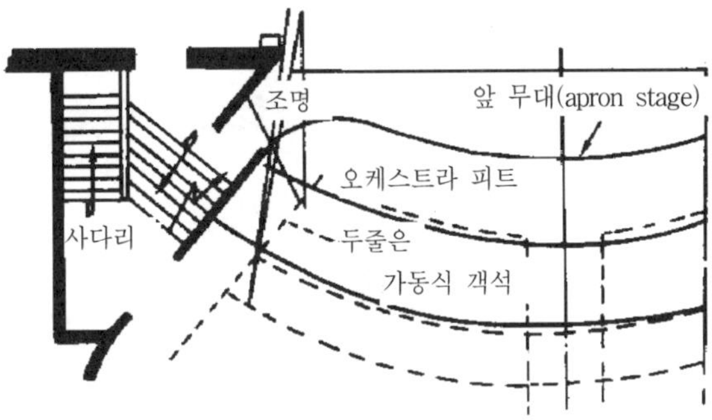

그림 16 앞무대(apron stage)의 예

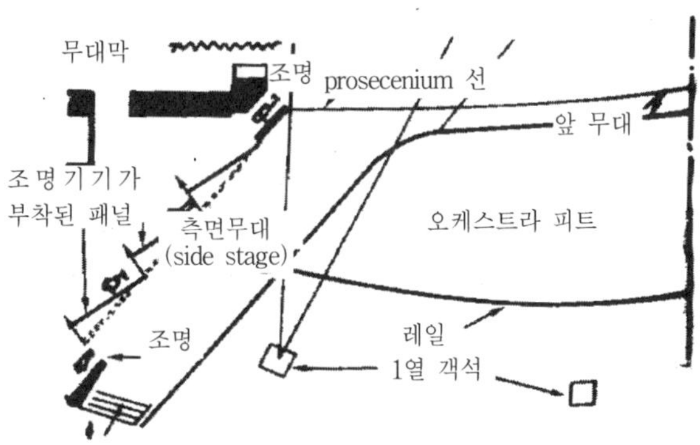

그림 17 측면무대(side stage)의 예

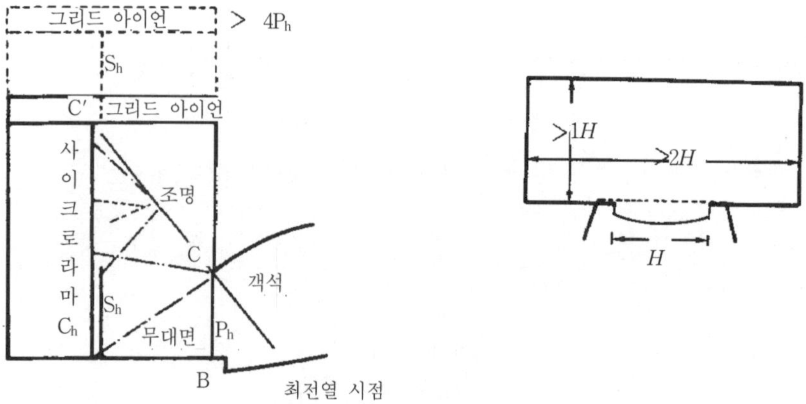

그림 18 무대의 단면

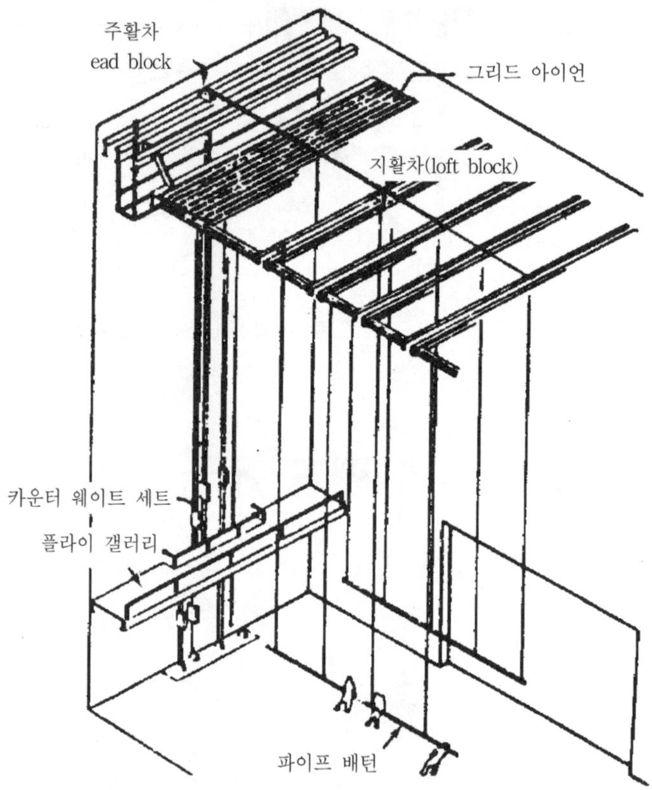

그림 19 무대상부기구 설명도

② 오케스트라 피트(orchestra pit, orchestra box)

㉮ 보통 객석의 제일 앞쪽 무대 바로 앞에 있고 apron stage 및 side stage와 나란히 해서 설치된다.

㉯ pit 바닥은 연주자 상체, 악기가 관객의 시선을 방해하지 않도록 객석 바닥보

다 낮게 하나, 지휘자는 무대를 볼 수 있는 높이로 한다.

㉰ 피트 출입구는 무대 밑 계단으로 통한다.

㉱ 크기는 악단수를 보통 80~100인으로 보고 점유 면적은 1m²/인 정도 보며, 연주용 피아노는 9m² 정도, harp 2m², 드럼 4m² 정도로 본다.

③ 무대 전환 장치

㉮ 수평 전환 장치

㉠ 활주 이동 무대(sliding stage)

㉡ 회전 무대(revolving stage)

㉯ 수직 전환 장치

㉠ 조물(batten)

㉡ 승강 무대 장치

ⓐ 트랩 엘리베이터(trap elevator) : 승강과 높이를 자유로이 조절할 수 있다.

ⓑ 테이블 엘리베이터(table elevator) : 콘서트, 코러스 등에 편리하다.

ⓒ 플래토 엘리베이터(plateau elevator) : trap room에서 무대 배경의 전 세트를 올려놓고 한 번에 올라오거나 내려갈 수 있다.

④ 무대 천장 부분(fly loft)기구

㉮ 그리드 아이언(grid iron) : 무대 천장 밑에 있는 철골 격자 발판으로 무대 배경, 조명 기구, 연기자, 음향 반사판 등을 매달 수 있게 한 장치이다. 무대 천장 밑의 제일 낮은 보 밑에서 1.8m의 위치에 바닥을 둔다.

㉯ loft block : grid iron에 설치된 활차

㉰ pipe batten : 배경을 매달기 위한 긴 철봉, 간격은 25~30cm 정도로 procenium에 평행으로 매단다.

㉱ 플라이 갤러리(fly gallery)

㉠ 그리드 아이언에 올라가는 계단과 연결되게 무대 주위의 벽에 6~9m 높이로 설치되는 좁은 통로(폭은 1.2~2.0m 정도)

㉡ 조명 또는 눈이 내리는 장면을 위해 사용한다.

㉲ 로크 레일(lock rail) : 와이어로프를 한 곳에 모아서 조정하는 장소

㉳ 잔교(light bridge) : 프로세니움 바로 뒤에 접하여 설치된 발판, 조명, 조작·비·눈 내리는 장면 위해 필요하다.

⑤ 기타 무대 관련설비

㉮ 사이클로라마(cyclorama or horizont)

㉠ 무대 제일 뒤쪽에 설치되는 무대 배경 곡면벽, 여기에 광선 투사, 구름, 무지개, 낮과 밤 등의 영상을 연출하는 장치이다.

㉡ 무대 뒤나, 양옆 부분을 보이지 않게 하는 masking 역할을 한다.

㉢ 크기는 조명 효과와 관객의 수직·수평 시선에 대한 masking 관계에 의해 결정된다.

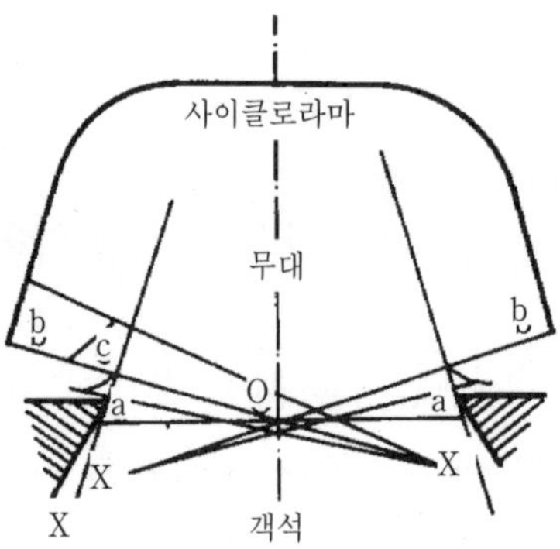

객석 제일 앞줄 양쪽 끝의 관객석의 가시선이 서로 반대쪽 무대의 개구부 부분의 a와 연결 연장된 선에서 사이클로라마의 양단이 끝났다. 또, C는 무대의 상부를 가리기 위해 필요한 경우가 있다.

그림 20 사이클로라마 평면적 위치

㉯ 프롬프터 박스(prompter Box)

무대중앙에 설치하여 prompter가 들어가는 곳으로 객석측을 둘러싸고 무대측만을 개방하여 이곳에서 대사를 불러주며, 기타연기의 주의 환기를 주지시키는 곳.

⑥ 무대관련 제실

㉮ 의상실(dress room)

연기자가 분장·화장·의상을 갈아입는 곳으로 실의 크기는 최소 4~5m^2/인 필요하다. 위치는 가능한 무대 근처 또는 같은 층에 있는 것이 이상적이다.

㉯ 출연 대기실(green room)

출연자 대기실로 무대와 같은 층의 가까운 곳에 둔다.

크기는 30m^2이상, 무대 감독실은 green room과 인접시킨다.

㉰ 연주자실

orchestra 연주자 대기실로 pit와 같은 층에 두는 것이 보통이다. 크기는 최소 30m^2 이상 필요하다.

㉱ 연습실(rehearsal room)

연기 무대에서 실제 연기를 행하는 넓이와 같은 면적이 필요하나 규모에 맞게 설정한다. 콘서트 홀 경우 악기 보관고와 라커룸이 필요하다.

㉲ 배경 제작실

위치는 무대 근처가 좋으며, 제작 중 소음을 고려하여 차음 설비가 필요하다 크기는 보통 5m×7m 내외, 천장 높이 6m 이상 잡기도 한다.

㉳ 조명 제어실

무대 전면의 효과가 보이는 위치에 두는 것이 이상적이다. 효과실, 투과실은 조명 제어실 근처에 두는 것이 보통이다. 크기는 보통 5m×10m 정도 소요된다.

㉴ 음향 조정실(sound control room)

무대 보기가 쉽고 가능하며(객석도 어느 정도 보이며), 장내의 음을 듣기 쉬운 위치에 두는 것이 좋다. 크기는 보통 3m×4m 정도 필요하다.

㉵ 관리 관계실

⑦ 스크린(screen)

㉮ 비례 : 크기는 초점거리 3m, 영사거리 35m의 경우 8m×20m 정도

㉯ 위치는 바닥으로부터 50m~100cm 이상, 앞줄 객석으로부터 6m 이상 떨어져야 한다.

㉰ 영사각은 투사광이 중심이 수평선과 이루는 각도로서 작을수록 이상적이며, 시네마스코프의 경우 10° 이내, 표준인 경우 15° 이내가 되게 한다.

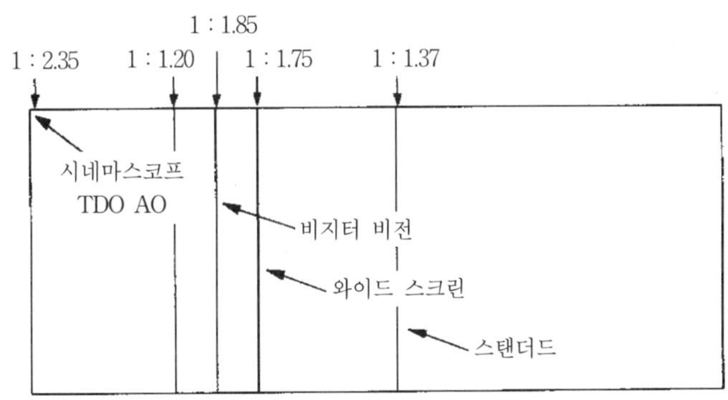

그림 21 스크린 크기의 비율

3) 부속실 계획

① 출입구

출입구 및 비상구의 폭의 합계는 객석 바닥 면적 $10m^2$당 17cm 이상, 현관 주출입구의 경우는 그것의 1/2배 이상

② 매표장 입구

창구의 수는 당일 판매 1,000석에 대해서 1개, 예매에 대비하기 위해서 1개를 추가한다.

③ 라운지

각 층마다 두고 면적은 그 층의 바닥면적의 1/20 이상

종 류	1인당 면적
오 페 라	$0.7m^2$
일반극장	$0.5m^2$
영 화 관	$0.1m^2$

④ 영사실

㉮ 위치는 영사각을 최소한으로 할 수 있는 높이에 두며 철근 콘크리트조로 한다.

㉯ 개구는 2m 이상, 폭은 3m 이상, 천장높이 2.1m 이상, 벽, 바닥, 및 반자는 내화구조, 그리고 $4m^2$ 이상의 기사실을 고려한다.

㉰ 출입문 : 폭 60cm 높이 175cm 이상, 밖으로부터 여는 자폐방화문(自斃防火門)

⑤ 휴대품 보관소(check room)

㉮ 로비에서 객석과 라운지로 나뉘는 잘 보이는 위치에 두는 것이 이상적이다.

㉯ 객석 1,000석당 5명의 종업원용 카운터가 필요하다.

㉰ 대규모 관객석의 극장에서는 몇 개의 군으로 나누어 각각 휴대품 보관소를 설치, 혼잡을 막는 것이 좋다.

⑥ 계단

㉮ 많은 관객을 단시간에 입장·퇴장시킬 수 있으며, 긴급 피난시 안전하게 대피할 수 있는 위치를 선정한다.

㉯ 주계단 외에 퇴장시에 쓰이는 퇴장용·비상용계단 설치를 고려한다.

⑦ 화장실

표 2 극장의 변기수

<table>
<tr><th rowspan="2">인 원</th><th colspan="2">남자용</th><th rowspan="2">여자용</th></tr>
<tr><th>대변기</th><th>소변기</th></tr>
<tr><td>500인 이하</td><td>3개/100인</td><td rowspan="3">남자 대변기수의 2배 이상</td><td rowspan="3">남자 대변기수의 3배 이상</td></tr>
<tr><td>500인을 넘을 때의 가산 비율</td><td>1개/100인</td></tr>
<tr><td>1,000인을 넘을 때의 가산 비율</td><td>1개/300인</td></tr>
</table>

(4) 환경 및 설비계획

1) 소음(Noise)

객석 내의 소음은 30~35dB 이하로 하고 소음 방지를 위한 유의사항은 다음과 같다.

① 출입구는 밀폐하고 도로면을 피하며, 가능한 한 2중문으로 한다.

② 창은 이중으로 한다.

③ 지붕과 천장은 차음구조로 한다.

④ 영사실은 천장에 반드시 흡음재를 사용한다.

⑤ 공기의 난류에 의한 소음을 방지하기 위하여 덕트(duct)를 유선화 한다.

2) 음의 전달

① 실용적과 객석수

1,000석 내외 3.5m³/인, 1,500~2,000석일 경우 5m³/인 정도의 용적이 요구되며, 콘서트홀에서는 5.6m³/인 이상이 요구된다.

② 평면 형태

무대 쪽으로 좁은 부채꼴형이 좋다. echo 현상을 일으키는 원형과 타원형은 별도로 음의 확산 설계가 필요하다.

③ 단면형에 있어서의 유의사항

㉮ 직접음과 1차 반사음 사이의 경로차(path difference)는 17m 이내

㉯ 천장은 음을 객석에 고루 분산시키는 형일 것

㉰ 발코니 객석 길이는 1/3 이내일 것

㉱ 발코니 저면 및 후면은 흡음에 유의할 것

㉱ 잔향시간

㉮ 잔향시간을 조절할 것

㉯ 잔향시간은 실용적에 비례하고, 흡음력에 반비례한다. 적정치는 7~9m³/석 정도이다.

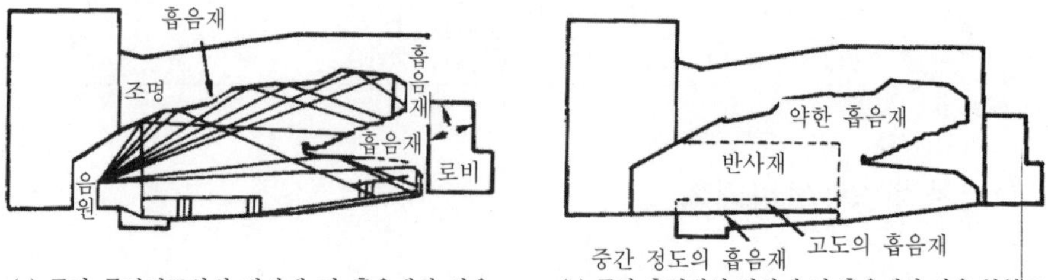

(a) 극장 종단면도상의 반사재 및 흡음재의 사용 부분도 (b) 극장 측면벽의 반사재 및 흡음재의 사용 부분도

그림 22 반사재 · 흡음재의 사용

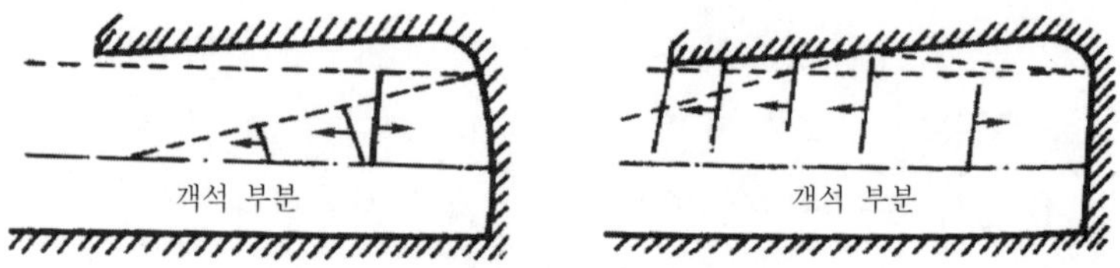

(a) 발코니 하부 뒷벽면이 경사지게 된 경우 응믄 뒷벽으로부터 발코니 밑 전면에 균등하게 반사된다.

(b) 발코니 하부 뒷면이 수직으로 처리된 경우 뒷벽에 맞은 음은 객석 부분의 시청자에게는 이르지 않고 오디토리움의 가운데 부분으로 반사된다.

그림 23 발코니 하부 단면 계획

3) 객석의 재료

바 닥	벽 천 장
리놀륨 · 카펫 · 타일 · 모르타르	반사재 : 대리석 · 합판 · 모자이크 타일 · 철판 흡음재 : 코펜하겐리브 · 텍스류 · 유공보드 · 석면 · 플라스터 등

4) 냉 · 난방계획

난방설비로는 공기 조화 방식(air conditioning)을 채태한다. 그 이유는

① 사용 시간이 짧아서 실내 온도를 단시간에 변화시킬 수 있어야 한다.

② 많은 사람이 집합하므로 공기 오염의 방지 가능

③ 냉난방 용적에 비해 설치비 저렴

④ 실내 천장 높이가 높아 직접 난방으로는 상부 온도만 높아져 효과가 없다.

⑤ 환기량은 1인당 매분 0.3m³의 신선한 공기가 필요하다.

학습 포인트

▶ 단면계획

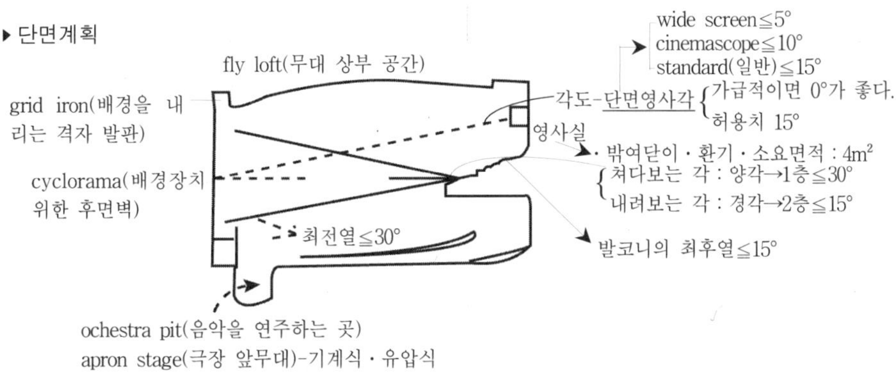

- 출연자 대기실 : green room≧30m²
- 출연 직전대기실 : anti room
- 대사 수정실 : prompter box
- floor trap : 무대와 trap room 사이의 연결 부분으로 연기자의 등장과 퇴장이 임의의 장소에서 이루어지도록 한 시설(위치 : 무대의 뒤쪽)
- 객석의 바닥 : 리놀륨
- 의자 : 고정식으로 한다.
- 의자 간격 : 40~60cm
- 상영 중 조도 : 2.5lux(휴식 중 조도 : 50lx)
- 의자에 앉은 관객의 눈높이 : 바닥으로부터 110cm
- 관객의 눈과 머리 최고부와의 사이 간격 : 12cm 내외

▶ 음향계획

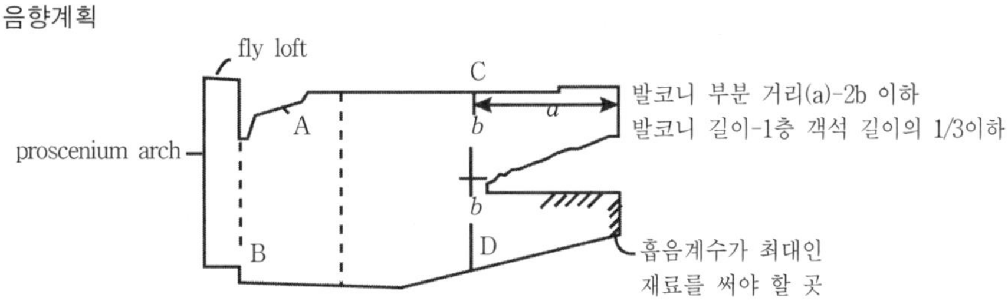

- A, B부분-무대 근처 : 반사성의 마감(반사재)
  - 회반죽(plaster)마감
- C, D부분-객석 후방 : 흡음재의 마감(흡음재)
  - 코펜하겐리브 · 텍스(tex) · 코르크판
- 1층 객석의 1/3은 평면으로 하고, 그 뒷부분은 구배 1/12(8°)로 한다. 바닥재료는 리놀륨을 쓴다.

2. 미술관·박물관

(1) 개요

1) 전망

미술관 및 박물관은 역사, 예술, 민속, 자연과학, 인류학, 우주 항공 등에 관계되는 자료를 수집, 보관, 전시함으로써 일반의 이용에 기여하고 있으며, 특히 현대 미술관의 기능은 단순히, 수집, 보관, 전시의 범위를 넘어 연구와 보급의 차원까지 확대되고 있다.

2) 대지 선정시 고려사항

① 대중이 용이하게 갈 수 있는 위치
② 매연, 먼지, 소음, 방재로부터의 피해가 없을 것
③ 일상생활과 밀접한 장소
④ 도심 지구와 주거 지역의 중간적 지역

(2) 평면계획

1) 관람공간의 요구사항

① 건물의 각부를 용이하게 출입을 할 수 있어야 한다.
② 통로는 알기 쉬운 표시로 명시한다.
③ 전시실은 전시 효과가 우수해야 하며, 전시물의 크기와 수량 및 관객수에 적합하게 계획한다.
④ 주의 집중에서 오는 피로를 풀 수 있는 휴식 시설이 있어야 한다.
⑤ 미술관 전문 위원 및 여러 관계원의 접촉이 용이하게 될 수 있어야 한다.
⑥ 일반 전시와 특별 전시(연구용)의 시설로 구분한다.
⑦ 조명과 온습도는 관객 및 전시물에 최적의 상태로 조정되어 있어야 한다.
⑧ 관람자의 편의, 쾌적함을 만족시킬 수 있는 설비를 갖춘다(시계, 화장실, 휴게실, 식당 등). 대규모일 때 특히 고려한다.

2) 관리 공간의 요구사항

① 쾌적한 공간 및 타원(他員)과의 연락이 밀접한 관계에 있어야 한다.

② 관원은 관람자에 가까이 할 수 있어야 한다. 그러나 관객이 관리 부분에 우연히 들어오는 일이 없도록 합리적인 동선 계획이 필요하다.

③ 물품의 수령, 화물 풀기, 기록, 격납, 반출을 위하여 적당한 설비를 하고 이에 대응한 동선계획이 되어야 한다.

④ 전시물의 준비, 수리, 분류, 기명(記名)의 부서를 둔다.

⑤ 전시물의 반출입이 용이하게 운반 시설을 갖춘다.

⑥ 건물의 유지 관리가 편리하도록 한다.(청소, 전구의 교환, 도장, 화재 방지 등)

⑦ 전시물의 보호를 위한 각종 설비 시설을 한다.(온습도 조정, 도난방지설비 등)

3) 공간의 기능(Grouping)

시설로서 요구되는 기능은 그대로 활동과 공간을 나타내는 것이 된다. 기능별 소요실은 표 3과 같다.

표 3 기능·활동 내용·소요실

<table>
<tr><th>기 능</th><th>활동 내용</th><th>소 요 실</th><th>면 적</th></tr>
<tr><td>전시</td><td>• 자료의 전시</td><td>• 전시실, 옥외 전시장</td><td>30%</td></tr>
<tr><td>교육</td><td>• 집회, 강의, 자료의 열람
• 창작 활동
• 정보 교환</td><td>• 집회실, 강의실, 참고 자료 열람실·서고
• 도예실, 공예실, 조소실·미술실·옥외 실습장
• 가이던스 룸·학예 상담실</td><td>30%</td></tr>
<tr><td>연구</td><td>• 자료의 수집·정리·연구·수리·기록</td><td>• 자료실·기록실·사진관(암실)·실험실·기계실·공작실</td><td>5%</td></tr>
<tr><td>수장</td><td>• 자료의 보호·수납
• 자료의 운반·포장</td><td>• 미술품 보관고·자료 준비실(전시 준비실, 심사실)·자료창고·소독실·스튜디오·접수실</td><td>20~25%</td></tr>
<tr><td>관리</td><td>• 시설의 운영을 원활히 하기 위한 업무·사무
• 시설의 유지·관리</td><td>• 관장실·부관장실·사무실·응접실·회의실·접수·안내·홀·로비·복도·계단·숙직실·용무원실·경비원실·기계실·전기실·공조실·방송실·휴양실·탕비실·갱의실·대기실·의무실·변소(신체장애자용)·엘리베이터·반입리프트·차고·창고·파킹</td><td rowspan="2">20% 내외</td></tr>
<tr><td>봉사</td><td>• 휴식·식사·물품판매</td><td>• 휴게실·다실·식당·매점·주방·클로크 룸</td></tr>
</table>

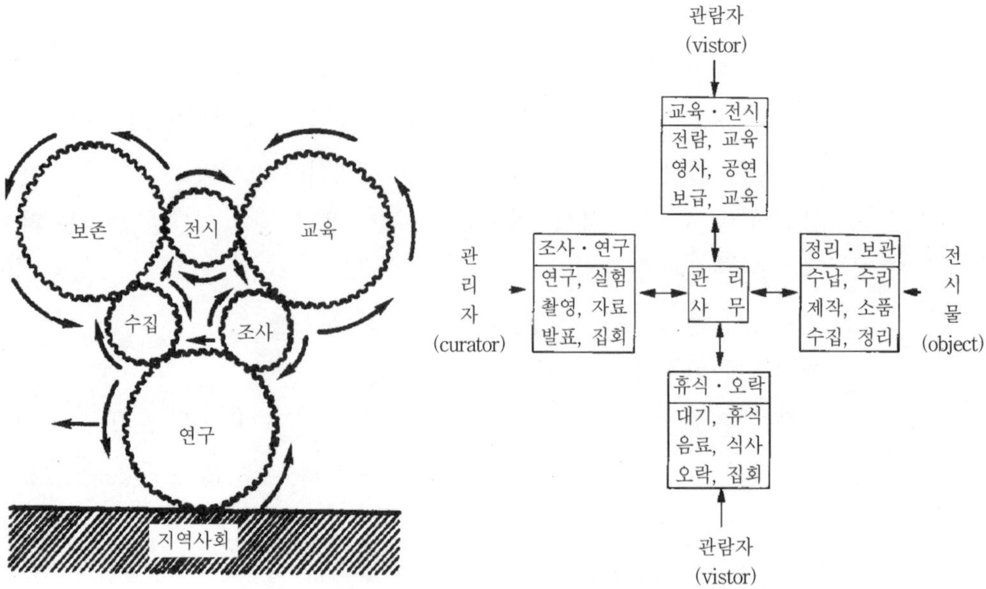

그림 24 미술관 및 박물관의 기능도

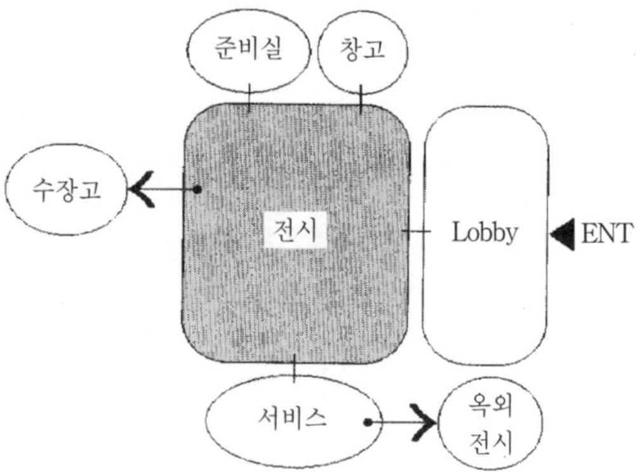

그림 25 전시부분 기능도

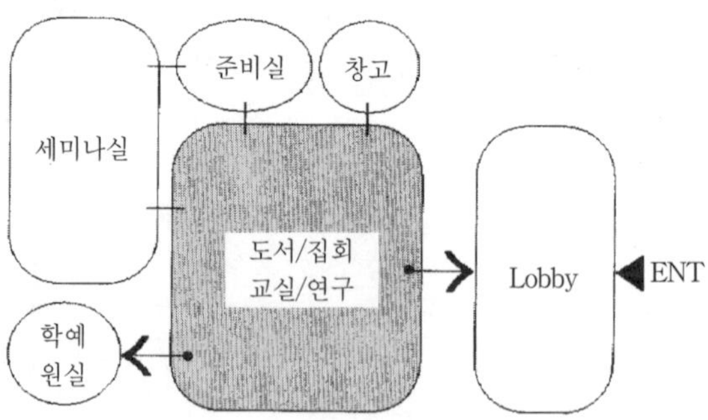

그림 26 교육연구부문 기능도

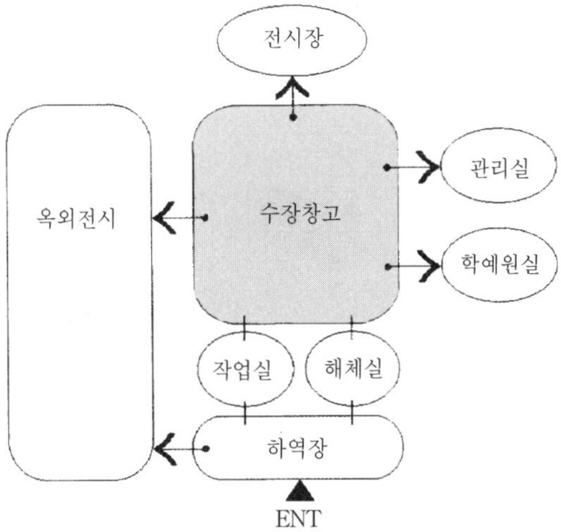

그림 27 수장부분 기능도

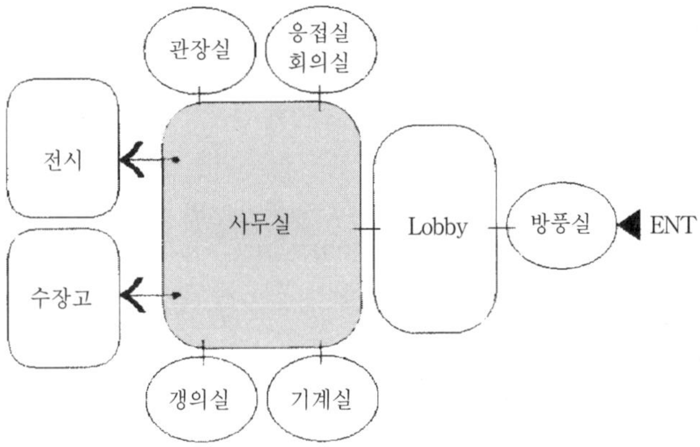

그림 28 관리부분 기능도

4) 전시실 동선

① 관객의 무의식적 습관이 미국에서 조사한 바에 의하면 일반적으로 관객은 왼손을 축(axis)으로 좌회(左廻)로 순회(시계 반대방향)하여 오른쪽 벽을 바라보려고 한다는 보고가 있다. 이것은 전시실에서 좌측통행의 원칙이 심리적인 영향으로 적용되고 있다는 것을 알 수 있다.

② 전시실 전관(全館)의 주동선 방향이 정해지면 개개의 전시실은 입구에서 출구에 이르기까지 연속적인 동선으로 일방통행 동선으로 교차의 역순을 피해야 한다.

③ 관람객의 동선은 자연스럽고 흐름에 막힘이 없어야 한다.

④ 관람객을 피로하지 않게 해야 한다.

표 4 전시벽면과 동선 관계의 여러 가지 유형

	ㅇ연속된 편면의 전시벽면 • 입구와 출구가 분리되어 명료하게 한정된 동선
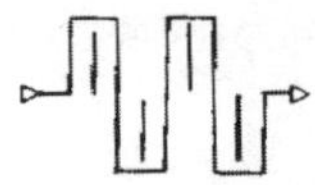	ㅇ분리된 양면의 전시벽면 • 입구와 출구가 분리되어 명료하게 한정된 동선
	ㅇ연속된 양면의 전시벽면 • 입구와 출구가 공통되어 더욱 명료하게 한정된 동선
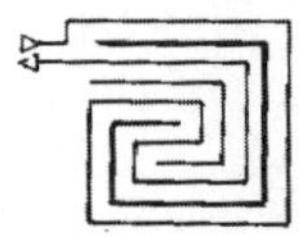	ㅇ나선형상으로 배치된 양벽의 전시벽면 • 입구와 출구가 공통되어 더욱 명료하게 한정된 동선
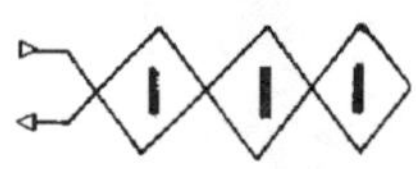	ㅇ분리된 양면의 전시벽면 • 입구와 출구가 공통되어 교차되는 동선
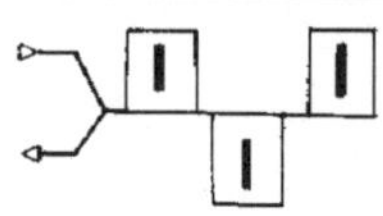	ㅇ분리된 양면의 전시벽면 • 입구와 출구가 공통되어 분리되는 동선
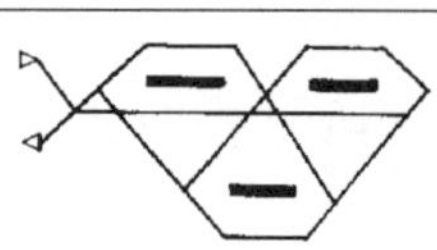	ㅇ분리된 양면의 전시벽면 • 입구와 출구가 공통되어 교차로서 분기되는 동선

5) 전시실의 순로(순회) 형식

① 연속 순로(순회) 형식

구형(矩形)또는 다각형의 각 전시실을 연속적으로 연결하는 형식이다.

㉮ 단순하고 공간이 절약된다.

㉯ 소규모의 전시실에 적합하다.

㉰ 전시 벽면을 많이 만들 수 있다.

㉱ 많은 실을 순서별로 통해야 하고 1실을 닫으면 전체 동선이 막히게 된다.

② 갤러리(gallery) 및 코리더(corridor) 형식

연속된 전시실의 한쪽 복도에 의해서 각 실을 배치한 형식이며, 그 복도가 중정(中庭)을 포위하여 순로(巡路)를 구성하는 경우가 많다.

㉮ 각 실에 직접 들어갈 수 있는 점이 유리하며, 필요시에 자유로이 독립적으로 폐쇄할 수가 있다.

㉯ 복도 자체도 전시 공간으로 이용이 가능하다.

㉰ 르 코르뷔지에의 와상 동선(渦狀動線)을 발전시켰고 통일된 미술관 안(案)으로 '성장하는 미술관'을 계획하였다. 이는 전체를 와상동선으로 통일함에 따라 최소의 면적으로 최대의 전시 벽면을 얻으려는 동시에 천창 채광, 상하층 공간의 이용, 순로의 단축가능과 확장 가능성을 등을 고려한 계획이다.

[예] 르 코르뷔지에의 '성장하는 미술관', 동경의 국립 서양 미술관, 과천 국립 현대 미술관

③ 중앙 홀 형식

중심부에 하나의 큰 홀을 두고 그 주위에 각 전시실을 배치하여 자유로이 출입하는 형식이다.

㉮ 과거에 많이 사용한 평면으로 중앙 홀에 높은 천장을 설치하여 고창(高窓)으로부터 채광하는 방식이 많았다.

㉯ 대지의 이용률이 높은 지점에 건립할 수 있으며, 중앙 홀이 크면 동선의 혼란은 없으나 장래의 확장에 많은 무리가 따른다.

[예] 뉴욕 근대 미술관, 프랭크 로이드 라이트의 구겐하임 미술관(뉴욕)

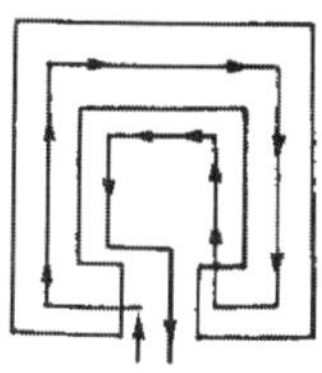

(a) 연속 순로 형식

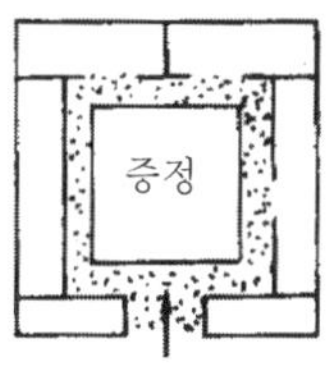

(b) 갤러리 및 코리도 형식

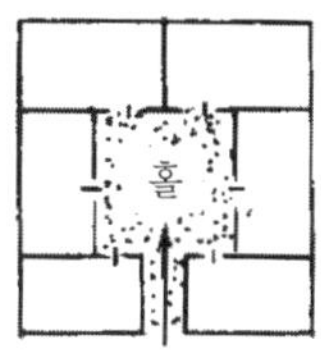

(c) 중앙 홀 형식

그림 29 전시실의 순회 형식

(3) 세부계획

1) 전시실의 면적 구성

① 전시 공간

박물관에 있어서는 전시 공간이 연면적에 대해 대개 30~50% 정도이며 미술관에 있어서는 약 50% 이상을 차지한다.

② 용도별 면적 구성

㉮ 전시 부분 : 40~50%

㉯ 교육・보급 부분 : 4~8%

㉰ 수집・보관 부분 : 10~15%

㉱ 조사・연구 부분 : 3~8%

㉲ 관리 부분 : 7~8%

㉳ 기타 : 30% 정도

2) 전시공간의 평면 유형

① 대칭 형태 : 고건축물을 개조하여 사용하는 경우에 많이 나타남.

② 직4각형 형태 : 일반적으로 가장 많이 사용되는 형태

③ 원 형

④ 자유로운 형태

⑤ 작은 방의 조합

⑥ 부채꼴 형태 : 소규모 전시실에 가능

⑦ 연속성을 가잔 공간

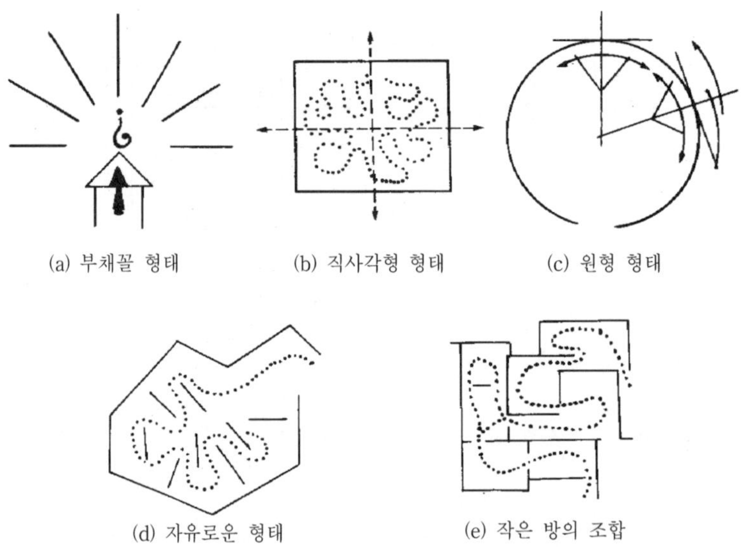

(a) 부채꼴 형태 (b) 직사각형 형태 (c) 원형 형태

(d) 자유로운 형태 (e) 작은 방의 조합

그림 30 평면 유형

3) 전시실의 크기

① 실 길이 : 폭의 1.5~2배 정도

㉮ 소형 : 1.8m 이상

㉯ 대형 : 6.0m 이상 떨어져 관람하는 것이 보통이다.

㉰ 시각은 45°이내, 최량 시각(最良視角)은 27~30%이다.

㉱ 실 폭은 5.5m가 최소, 큰 전시실에서는 최소 6.0m 이상(평균 8m), 다수의 관객이 통행할 때는 2.0m 이내의 통로 여유가 필요하다.

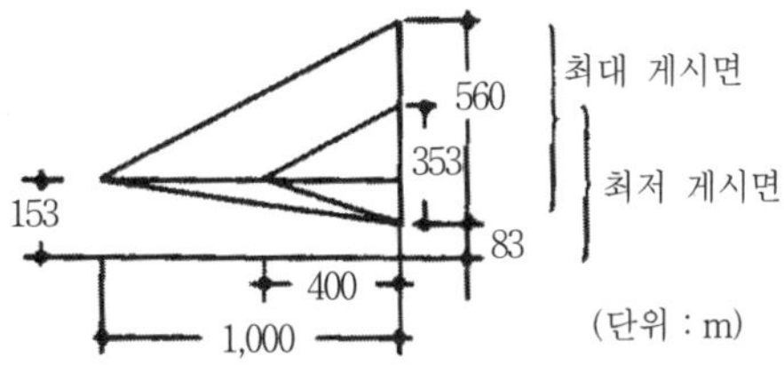

그림 31 가시 벽면고(可視壁面高)

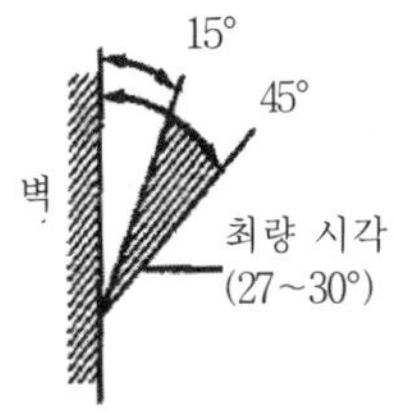

그림 32 최량 시각

4) 특수 전시기법

① 디오라마(diorama) 전시

디오라마 전시 기법은 '하나의 사실' 또는 '주제의 시간 상황을 고정'시켜 연출하는 것으로 현장에 임한 듯한 느낌을 가지고 관찰할 수 있는 전시 기법이다.

② 파노라마(panorama) 전시

연속적인 주제를 선적(線的)으로 연계성을 표현하기 위한 전시로 벽면 전시와 입체물이 병행되는 것이 일반적인 유형으로 넓은 시야의 실경(實景)을 보는 듯한 감각을 주는 전시 기법이다.

③ 아일랜드(island) 전시

벽이나 천장을 직접 이용하지 않고 전시물 또는 전시장치를 배치함으로써 전시공간을 만들어 내는 기법으로 대형 전시물이나 소형 전시물인 경우에 유리하다.

④ 하모니카(harmonica) 전시

전시 평면이 하모니카 흡입구처럼 동일한 공간으로 연속되어 배치되는 전시기법으로 전시내용을 통일된 형식 속에서 규칙, 반복되어 나타나게 하는 방법으로 동일 종류의 전시물을 반복 전시할 때 유리하다.

⑤ 영상(映像) 전시

영상 매체는 크게 정지 화면인 슬라이드, OHP 등과 동적 화면인 영화, 비디오, 멀티비전 등으로 구분된다. 영상 매체는 현물을 직접 전시할 수 없는 경우나 오브제 전시만의 한계를 극복하기 위하여 사용한다.

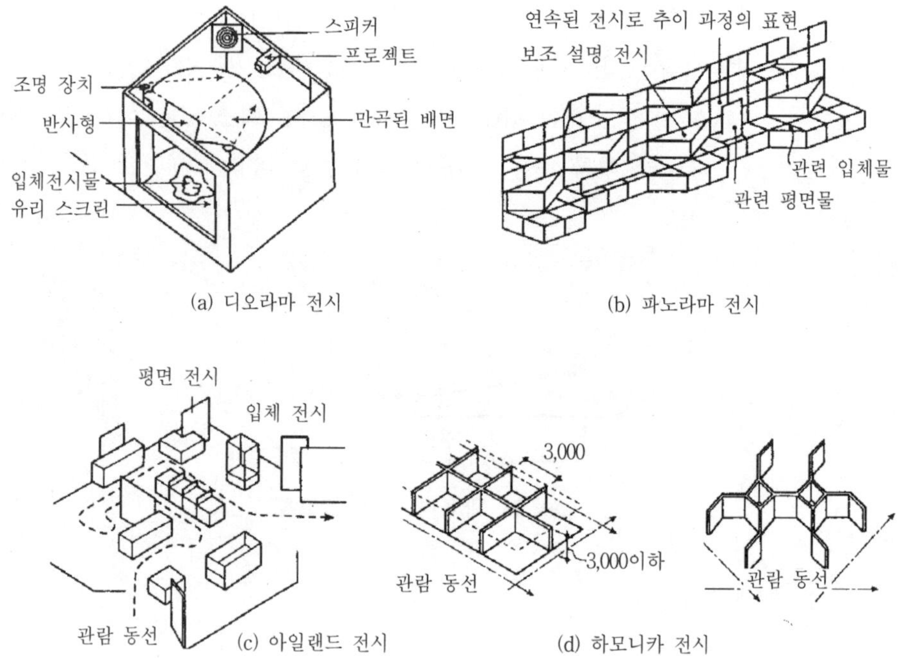

그림 33 특수전시기법

5) 관리실 및 기타 제실

① 관람자 이용의 제실 : 휴게실, 식당, 다실, 매점, 세면소 등

② 사무 관계 제실 : 관장실, 부장실, 사무실, 응접실, 회의실, 직원 식당, 수위실, 사환·숙직실

③ 진열품 보존 정리에 관한 제실 : 보존실, 조리실, 소독실, 인쇄실, 사진실, 창고

④ 연구용 제실 : 연구실, 자료실, 도서실, 소강당, 영사실, 전람회장 등

⑤ 기타 제실 : 보일러실, 기계, 전기실 등

(4) 채광·조명계획

1) 채광·조명계획

조명과 채광은 전시실의 질을 결정하는 가장 중요한 요인이 되고 있다. 합리적 조명으로서 인공조명이나 색 및 관람자의 기분을 고려한 자연광, 양자를 mixed light 한 최적 효과를 다음과 같은 설계 조건으로 하는 것이 좋다.

① 광원이 현휘(眩輝)를 주지 않을 것

② 전시물이 항상 적당한 조도를 가지되 균등하게 조명되어 있을 것

③ 실내의 조도 및 휘도 분포가 적당할 것
④ 관람자의 그림자가 전시물상에 나타나지 않을 것
⑤ 화면 또는 케이스의 유리에 다른 영상을 나타내지 않을 것
⑥ 대상에 따라 필요한 점광원(spot light의 방향성)을 고려할 것
⑦ 광색이 적당해야 하며 변화가 없을 것

2) 계획상의 자연채광 형식

일반적으로 창에 의한 자연채광 방식과 광원의 위치에 따라 분류하면 다음 표 5와 같다.

표 5 자연채광 형식의 종류

채 광 형 식	특 징	단 면 형 태
정광창 형식 (top light)	천장의 중앙에 천장을 설계하는 방법 ① 전시실 중앙을 밝게 하여 전시 벽면 조도를 균등하게 한다. ② 천장의 직접 광선을 막기 위해 천장 부분에 루버를 설치하거나 2중으로 한다. ③ 채광량이 많아 조각품 전시에 적합하고 유리창 내의 공예품 전시에는 부적합하다.	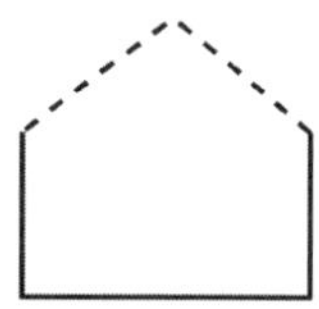
측광창 형식 (side light)	측면 창에 광선을 들이는 방법 ① 전시실 채광 방식 중 가장 불리하다. ② 소규모 전시실 이외는 부적합하다. ③ 광선의 확산, 광량의 조절, 열전열설비를 병용하는 것이 좋다.	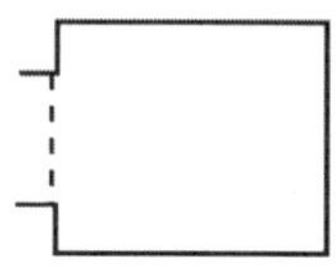
고측광창 형식 (clerestory)	천장에 가까운 측면에서 채광하는 방법 측광창식, 정광창식의 절충 방식	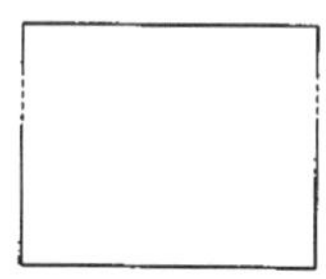
정측광창 형식 (top side light monitor)	관람자가 서 있는 위치 상부에 천장을 불투명하게 하여 측벽에 가깝게 채광창을 설치하는 방법 ① 관람자의 위치(중앙부)는 어둡고 전시 벽면의 조도가 밝은 이상적인 형식이다. ② 천장이 높기 때문에 측광창의 광선이 약할 우려가 있다.	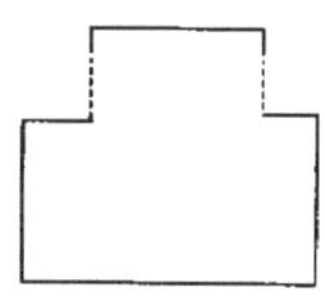
특수채광 형식	천창은 상부에서 경사 방향으로 빛을 도입하여 벽면을 주로 비치게 하는 방법	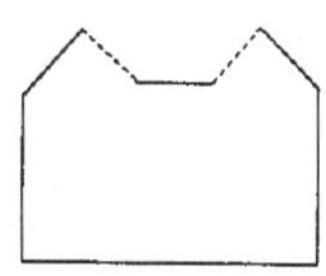

제6장 문화시설 익힘문제

1. 극장 건축의 평면형식 중 애리나(Arena)형의 특성은?
2. 극장계획에서 연극을 감상하는 경우 연기자의 표정을 읽을 수 있는 시각한계(視覺限界)는?
3. 극장에서 잘 보여야하는 동시에 많은 관객을 수용하기 위한 시거리의 1차 허용한계 및 연기자의 일반적 동작을 어느 정도 감상할 수 있는 2차 허용한계는 각각 얼마인가?
4. 극장 건축에서 최전열의 좌석이 스크린에 가까이 할 수 있는 한도는?
5. 음향설계적 측면을 고려한 관객석 계획을 요약하라.
6. 극장 건축의 방재계획에 대하여 설명하라.
7. 극장의 무대계획에 대하여 설명하라.
8. 다음의 극장 건축에 관련된 용어에 대하여 설명하라.
   ㉠ 그리드 아이언(grid iron)
   ㉡ 플라이 갤러리(fly gallery)
   ㉢ 사이클로라마(cyclorama)
   ㉣ 그린룸(green room)
9. 극장 건축에서 플라이 로프트(fly loft)는 어느 부분을 말하는가?
10. 다음 극장 무대의 각부 명칭을 설명하라.
    ㉠ 앞 무대(apron stage)
    ㉡ 사이크로라마(cyclorama)
    ㉢ 커튼 라인(curtain line)
11. 극장 건축에서 프로세니움 아치에 관하여 설명하라.
12. 극장무대에서 프라이 로프트(무대상부공간)의 높이는 프로시니엄(proscenium) 높이의 몇 배 이상이 적당한가?
13. 무대 주위의 벽에 6-9m 높이로 설치되는 좁은 통로를 무엇이라고 하는가?
14. 무대도구제작실(배경 제작실)에 대하여 설명하라.
15. 극장 계획에 있어서 일반적인 프로세니움 아치(Procenium arch)형식의 무대를 위해 무대 전환방식은?
16. 극장에서 green room이란 무엇을 뜻하는가?
17. 극장 건축의 단면계획에 대하여 그림으로 도해하고 중요사항을 설명하라.
18. 극장 건축의 음향계획에 대하여 그림으로 도해하고 중요사항을 설명하라.
19. 박물관의 기본 기능은?

20. 현대적 개념으로 부상하고 있는 미술관의 기능적 역할은?
21. 미술관 설계시 대공간(Major Space)을 두는 의미는?
22. 미술관의 관람객 동선 처리는?
23. 전시실의 동선계획에서 연속 순로형식의 특성은?
24. 미술관 계획에 있어 회화의 명시조건 중 최량시각(最良視覺)은?
25. 전시실의 특수전시기법의 종류를 들고 간단히 설명하라.
26. 미술관 전시실의 적정 온・습도는?
27. 박물관의 전시실 조명 및 채광계획에서 우선적으로 고려해야 할 사항은?
28. 미술관의 창에 의한 자연채광 형식에 대하여 설명하라.

의료시설

제7장

제7장 의료시설

1. 병원

(1) 개요

병원은 고도의 건축 및 환경기술에 의해 다양하고 복잡한 의료기기로 효과적인 환자 치료의 기능을 요구하는 건축이다. 기능적으로 복잡하고 계획 시 병원 관리 및 운영에 대한 지식을 갖추어야 하는 등 건축 이외의 전문적인 지식을 갖추어야 하며 이들을 슬기롭게 종합시키는 건축가적 능력이 요구된다. 또한 건축물 중에서 많은 변화에 대응한 증·개축이 요구되는 건축물로서 미래의 예측과 현재의 시스템을 충족시켜 성장과 변화에 대응할 수 있는 합리적이고 과학적인 예측이 요구된다.

1) 대지 선정 조건

① 지역 : 주거 전용 지역, 전용 공업 지역, 일반 공업 지역에서는 병원 건축이 금지된다.
② 근린 : 매연, 진애, 소음, 진동 등의 공해가 적은 조용한 곳
③ 거리 : 환자가 도보로 1km 이내의 이용 거리일 것
④ 공공시설 : 충분한 수압과 양질의 급수량을 확보할 수 있는 장소로 배수가 잘 될 것
⑤ 방위 : 남향, 동향 혹은 동·서향으로 경사지고 전망, 풍경이 양호한 곳
⑥ 면적 : 환자 1인당 100~150평의 대지 면적이 필요하며, 100% 확장 가능한 대지를 확보해야 한다. 아울러 주차 면적도 확보해야 한다.

그림 1 서울대학교병원

2) 건축 형식의 분류

① 분관식(pavilion type)

㉮ 배치 형식

평면 분산식으로 각 건물은 3층 이하의 저층 건물이며 외래부, 부속 진료부, 병동을 각각 별동으로 하여 분산시키고 복도로 연결시키는 방법으로서 치료와 의사 본위의 병원 형식이다. 각 과별 전용 시설, 진료 시설, 사무실 등이 확보되어야 한다.

㉯ 특성

㉠ 각 병을 남향으로 할 수 있어 일조, 통풍 조건이 좋아진다.

㉡ 넓은 부지가 필요하며 설비가 분산적이고 보행 거리가 멀어진다.

㉢ 내부 환자는 주로 경사로를 이용한 보행 또는 들것으로 운반한다.

② 집중식(block type)

㉮ 배치 형식

외래부, 부속 진료부, 병동을 합쳐서 한 건물로 하고, 특히 병동은 고층으로 하여 환자를 운송하는 방법이다. 현대 대병원 건축은 이 방식으로 건축된다.

㉯ 특성

㉠ 고층화가 가능해서 도시 지역에 적합하다.

㉡ 관리가 편리하고 설비 등의 시설비가 적게 든다.

㉢ 의료, 간호, 급식, 등의 서비스가 원활하다.

㉣ 일조, 통풍 등의 조건이 불리해지며, 각 병실의 환경이 균일하지 못하다.

③ 다익형

최근 의료 수요 변화, 진료, 설비 기술의 진보 및 변화에 따라 병원각 부의 증·개축이 필요하게 되어 출현하게 되었다.

표 1 분관식과 집중식의 비교

구 분	분 관 식	집 중 식
배치 형식	저층, 분산식(별동)	고층, 집약식
환경조건	양호(균등)	불량(불균등)
대지의 이용도	비경제적(넓은 대지)	경제적(좁은 대지)
설비시설	분산적	집중적
관리의 편의성	불편함	편리함
보행거리	멀다	짧다
적용대상	특수 병원	도심의 대규모 병원

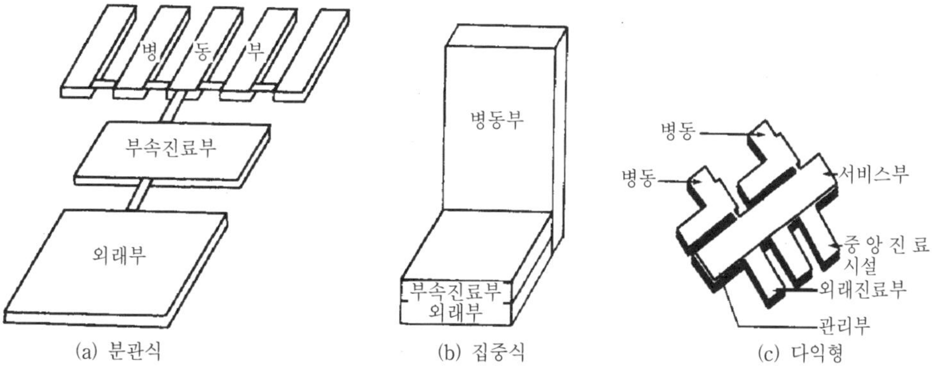

그림 2 건축 형식

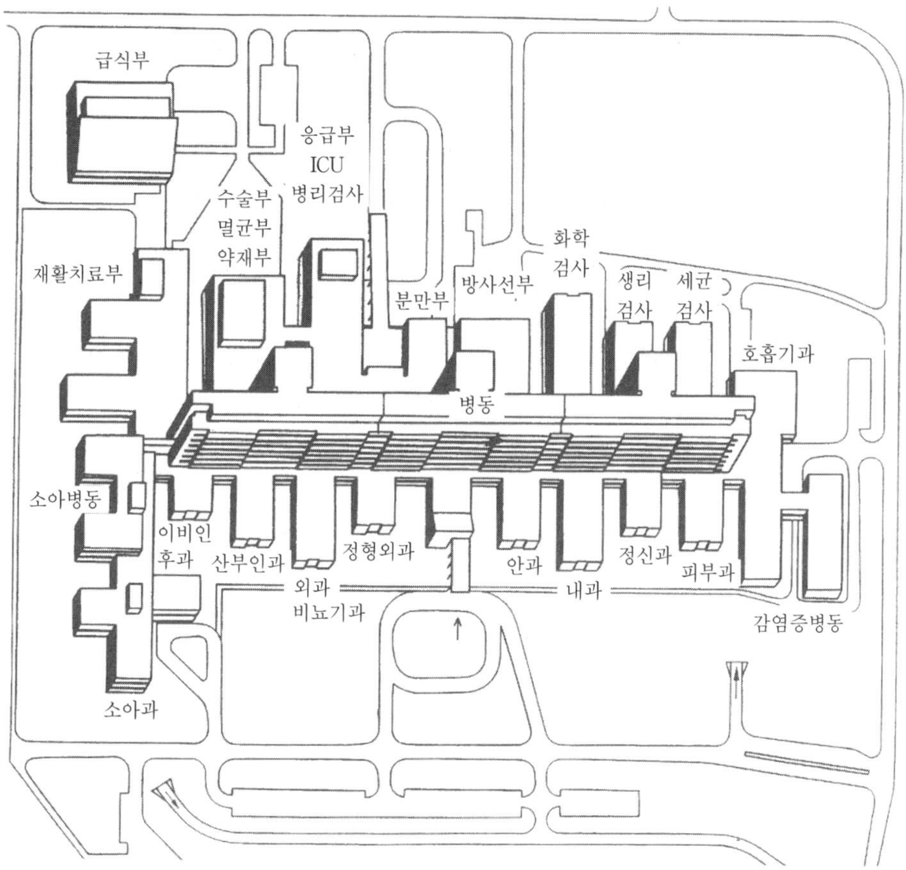

- 철저한 다익형으로 각 과별로 날개가 있고 진료부분도 기능에 따라 날개를 가지고 있다. 인구 27만명에 대응한 주립병원. 지상 8층에 1,084병상. 저층 기단부에 진료와 공급부문이 있다. 설계와 시공에 20년이 소요 되었다.

그림 3 선즈발(Sundsvall)병원(스웨덴, 1974년 준공)

3) 병원 설계의 방침

① 병실 주위는 휴양·수면의 환경으로서 쾌적한 것이어야 할 것은 물론 환자를 위주로 한 채광, 음향, 실내 기후, 조명, 색채 마감의 디테일에 이르기까지 주의를 기울여야 한다.

② 새로운 관리 방식에 따를 것 : 환자들에게 의료, 간호 서비스를 병원에서 책임을 갖고서 완전히 능률적으로 하기 위하여 의료 설비를 중앙화하여 기구를 단순화하도록 한다.

③ 간호원의 부담, 노력을 줄일 것 : 의사의 진료를 돕고 환자를 돕는 것은 거의 간호원이 하기 때문에 환자에게는 의사 이상으로 영향력을 갖고 있을 뿐만 아니라 활동량이 많기 때문에 간호원의 동선이 단축되고 일하기 쉬운 곳으로 하여야 한다.

④ 각종의 동선이 잘 처리되어야 한다 : 병원에서는 많은 계층의 사람들이 각각 독자적으로 또는 상호 밀접한 관계를 가지고 활동하기 때문에 사람이나 물품의 이동으로 동선이 복잡하게 되고, 또 많은 종류의 운송차가 움직이기 때문에 동선계획은 병원의 평면 계획상 가장 중요하다.

⑤ 근대적 의료 설비를 집약적으로 설비하고 이것들이 충분히 이용될 수 있도록 배려해야 한다. 종래에 병동부, 외래부에 산재하고 있었던 각종 진단 및 치료 장비는 원칙적으로 중앙진료부로서 중앙에 집중시켜 높은 이용률을 가지고 이용되게 하고 병동부, 외래부에는 고도의 의료설비가 없는 균일한 조건의 실들을 앞으로의 변경이 쉽도록 배치한다.

⑥ 장래의 확장, 변경을 고려할 것 : 의학·의술의 급속한 진보, 지역 사회의 발전에 따른 확장을 사전에 충분히 고려한다.

⑦ 블록 플랜의 기본형은 본관을 중심으로 한 분동식인 "파빌리언 타입"보다 다층의 건물블록 속에 병원의 전기능을 수용하는 유기적으로 집약된 "블록 타입"이 특히 도심지에서는 유리하다.

⑧ 방재 대책 및 대피를 충분히 고려할 것

(2) 평면계획

1) 병원의 조직

① 병동부

환자를 입원시켜 진료와 간호를 행하는 곳으로 병원의 가장 중요한 부문이다.

병실, 숙직실, 의사실, 간호사 대기실, 면회실 등이 배치된다.

② 중앙진료부

입원 환자와 외래 환자를 다같이 취급하는 곳으로 약국, 수술부, 중앙소독재료부, 분만부, X선부, 물리요법부, 검사부, 혈액은행, 의료사회부, 구급부, 육아부 등이 배치된다.

③ 외래진료부

환자가 일정 기간동안 통원하면서 진찰을 받는 부문이다. 기능면이나 시설면에서도 병원의 외래진료부문이 중요한 위치를 차지한다. 내과, 소아과, 외과, 정형외과, 산부인과, 피부비뇨기과, 이비인후과, 안화, 치과 등이 배치된다.

④ 서비스부(공급부)

위의 각 부문의 활동에 대하여 여러 가지 물품을 공급하는 부문이다.

㉮ 급식관계제실 : 주방, 영양사실, 취사장, 냉동실, 조리실, 배선실, 특별조리실, 식기 세척, 식당, 쓰레기처리장, 화장실 등

㉯ 세탁관계제실 : 세탁실, 건조실, 소독실, 아이론실, 피복창고 등

㉰ 기계관계제실 : 보일러실, 기사실, 연료 창고, 전기실, 공기조화기계실 등

㉱ 기타제실 : 장례식장, 창고시설, 정비작업장, 매점 등

⑤ 관리부

병원장을 중심으로 하는 병원 전체의 관리·운영·유지를 담당하는 부문이다.

㉮ 환자용 : 입구, 주차장, 로비, 대합실, 공중전화, 접수, 통보(교환기), 면회실, 특별 서비스실

㉯ 직원용 : 원장, 부원장실, 사무관리제실, 입퇴원 사무실, 간호부장실, 의사 기록실, 도서실 및 회의실, 의사 담화실, 연구실, 전화교환실

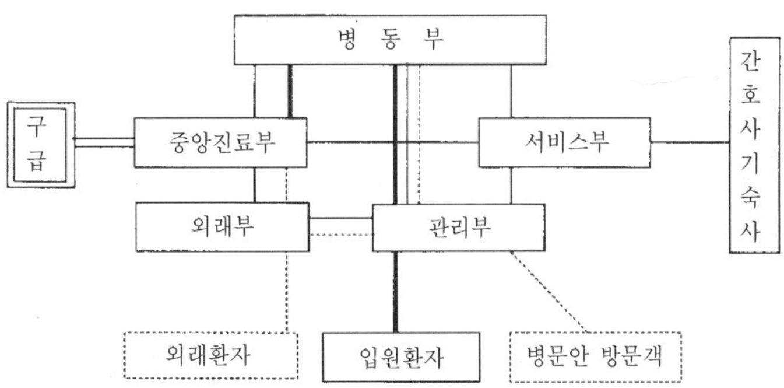

그림 4 병원의 주요부 구성도

표 2 병원의 부문 구성과 기능

부 문	구 성	내 용	계획상의 요점
병동부문	병실 간호관계실 통로	① 환자가 입원생활을 하면서 진료, 간호를 받는다. ② 환자가 주야로 생활하는 곳이기 때문에 병원 기능상 가장 중요한 곳이다.	① 병원 전체의 40% 전후의 면적을 차지함. 배치계획의 중심이 된다. ② 환자들의 생활터전이므로 풍요로운 환경이 될 수 있도록 내·외 공간과 일조, 외부소음, 전망 등을 고려하여 계획한다. ③ 간호단위는 독립된 것으로 계획하고 필요없는 동선이 교차되지 않도록 한다. ④ 병상의 규모는 병원 전체의 규모가 된다. 진료, 간호생활면에서 적절한 치수를 확보한다. ⑤ 장래의 병상 수 증가에 대한 대응을 고려한다.
중앙진료부문	검사부 : 검체검사, 생리검사, 방사선부 : X-선 진단, 치료, 핵의학 수술부, 분만부, 재활의학부, 특수진료	특수한 의료기기를 갖춘 전문적, 공통적인 진료활동이나 자재, 약품의 준비를 하여 병동과 외래진료부의 진료활동을 돕는다.	① 대부분의 경우 환자를 해당 부에 운반하여야 하기 때문에 동선의 단축을 고려하고 물품의 이동(검사부, 약국, 중앙공급실)은 반송방법을 신중히 검토한다. ② 성장, 변화가 많은 부문이다. 부분마다이 확장이나 모양의 변경이 쉬운 형태, 구조, 설비로 한다.
외래진료부문	① 외래진료부 응급부 ② 최근에는 건강진단부문도 증가하고 있다.	① 환자가 통원하면서 진찰, 치료받는 곳이다. 병원 이용의 일차적 창구이다.	① 환자들이 알기 쉽고 접근하기 쉬운 곳에 배치한다. ② 대기실은 동반자들을 고려하여 넓이를 고려한다. ③ 진료실은 외부로부터의 시선과 소음에 주의한다. ④ 응급실은 일반외래와는

			별도의 출입구를 설치한다. ⑤ 약국, 사무실, 방사선과 검사부, 재활의학부, 혈액투석실 등과 관계가 깊으므로 접근하기 쉽도록 계획한다.
공급부문	약제부, 중앙공급실, 혈액은행, 급식부, 세탁부, 중앙창고, 기기실	물품, 에너지의 공급과 처리 및 직원에 대한 생활서비스로 병원 전체의 활동을 간접적으로 지원한다.	① 식품, 연료, 약품, 기타 물품의 반입, 폐기물 등의 동선 처리를 고려한다. ② 대형 기계의 신설, 반입 경로를 고려한다. ③ 보일러의 소음과 열, 급식부의 냄새가 병원에 퍼지는 것을 고려한다. ④ 병동으로의 급식 경로를 고려한다.
관리부문	운영관계 후생관계	① 진료적인 면과 사무적인 면의 활동을 뒷바라지한다. ② 정보를 관리한다. ③ 대외관계를 처리한다.	① 진료·사무관계의 일부(외래접수, 회계)는 외래부에 둔다. ② 일반사무실은 원내 전체에 관계하지만 공급부와의 관계가 특히 많다.

2) 설계방향

① 기본 방향

건물을 평면적으로 넓히는 것을 피하고 특히 병동부는 고층화하여 간호 및 각종 서비스의 능률을 향상시킨다.

② 병동부

관리상 간호 단위는 능률적인 간호를 할 수 있도록 병동부이 병상을 구분한다.

㉮ 일반 간호 단위(내과, 외과, 혼합 등), 산과, 소아, 노인 등의 간호 단위

㉯ 특별 간호 단위(결핵, 전염병, 정신병 등)

㉰ 총실(경환자)과 개실(중환자)

㉱ 남·녀별

③ 중앙진료부

㉮ 외래부와 병동부 중간 위치가 좋으며 특히 수술부, 물리치료부, 분만부 등은

통과 교통이 되지 않도록 한다.

㉯ 환자와 물건의 동선을 교차되지 않도록 한다.

㉰ 환자의 동선은 이동하기 쉬운 저층에 설치한다.

㉱ 약국, 주사실, 외래진료부, 현관과 연락이 좋은 곳에 설치한다.

④ 외래부

㉮ 환자의 이용에 편리한 위치에 1개소로 모으고 환자에게 친근감을 줄 수 있도록 계획한다.

㉯ 외래 진료, 간단한 처치, 소검사 등을 주로 하고 특수 시설을 요하는 의료시설, 검사 시설은 원칙적으로 중앙진료부에 둔다.

⑤ 관리부

이용자가 근접하기 쉽고 능률적인 위치에 둔다.

3) 병원의 각부 면적비

① 전체 면적에서 병동부가 차지하는 면적

㉮ 종합병원 : 연면적의 1/3 정도

㉯ 결핵병원 : 연면적의 1/2 정도

㉰ 정신병원 : 연면적의 2/3 정도

② 각 부분별 면적비

㉮ 외래진료부 · 사무관리부 : 30~40%

㉯ 병실부 : 30~40%

㉰ 부속실 : 15%

㉱ 간호사 기숙사 : 10%

③ 1병상당 면적 표준 연면적(30~50m²/bed)

㉮ 전체 면적(외래, 간호사 기숙사 포함) : 43~63m²/bed

㉯ 병동 면적 : 20~27m²/bed

㉰ 병실 면적 : 10~13m²/bed

㉱ 간호사 기숙사 : 12m²/인

〔예제 1〕 병상수 300bed를 두는 종합병원의 연면적은?

해설 연면적 43~63m²/bed 이므로 300bed×(43~63)=12,900~19,800m²

(3) 세부계획

1) 병동부

병원 기능상 가장 중요한 곳으로 병실, 의사실, 간호사 대기실, 면회실 등으로 구성된다.

병동부의 면적 구성비

① 종합병원 : 연면적의 1/3 정도

② 결핵병원 : 연면적의 1/2 정도

③ 정신병원 : 연면적의 2/3 정도

전경(항공사진)

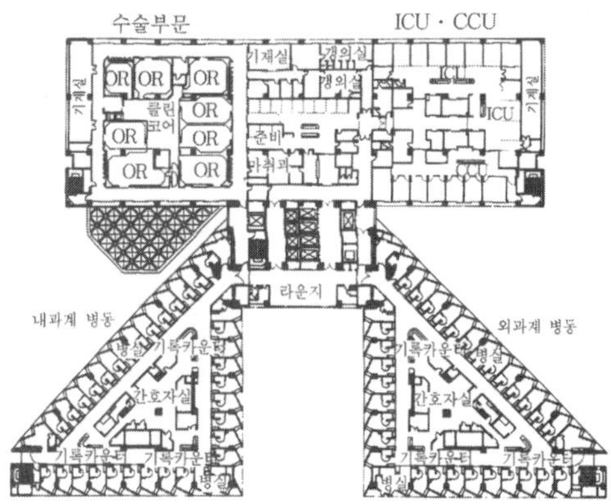

4층 평면도

그림 5 성누가 병원 병동 평면과 전경(일본)

① 병실

㉮ 위치 : 병실은 둘 이상의 계단과 피난계단이 있는 경우를 제외하고는 지하 또는 3층 이상에 설치하지 않아야 한다.

㉯ 크기

㉠ 1인용실 : 6.3m^2 이상

㉡ 2인용실 : 8.6m^2 이상(1인에 대해 4.3m 이상)

㉢ 아동실은 성인의 2/3 이상

㉰ 병상 1개에 대한 각 면적의 표준

㉠ 건물 연면적(외래, 간호원 기숙사 포함.) : 43~63m^2/bed

㉡ 병동 면적 : 20~27m^2/bed

㉢ 병실 면적 : 10~13m^2/bed

㉣ 병실 계획시 유의사항

㉠ 병실의 천장은 환자의 시선이 늘 닿는 곳으로 조도가 높고 반사율이 큰 마감재료는 피한다.

㉡ 병실의 조명은 형광등이 반드시 좋은 것은 아니다.

㉢ 병실의 출입문은 안여닫이로 하고 문지방은 두지 않는다.

㉣ 병실의 출입구는 외여닫이로 하되, 폭 1.15m 이상으로 하여 침대가 통과할 수 있는 폭이어야 한다.

㉤ 창면적은 바닥면적의 1/3~1/4 정도로 하며, 창대의 높이는 90cm 이하로 하여 환자가 병상에서 외부를 전망할 수 있도록 한다.

㉥ 실중앙의 조명은 피하고 환자마다 머리 후면에 개별 조명시설을 하여 직사광선을 피할 수 있도록 실 중앙에 전등을 달지 않는다. 또한 bed마다 인터폰, 라이트, 테이블, 로커를 설치한다.

㉤ 구분

총실과 개실의 그룹별로 층 구성을 하며 병상수의 비율은 4 : 1 혹은 3 : 1로 한다.

※ 큐비클 시스템(cubicle system) : 천장에 닿지 않는 커튼이나 칸막이를 써서 총실을 몇 개의 큐비클로 나누어 bed를 배치하는 방식

[특징]

㉠ 간호나 급식 서비스가 용이하다.

㉡ 개방감이 있고 북향 부분도 실의 환경이 균등하다.

㉢ 공간을 유용하게 사용할 수 있다.

㉣ 독립성이 떨어진다.

㉤ 면회자들로 인한 실내공기가 오염될 가능성이 크고 시끄럽다.

② 간호단위(nursing unit)

㉮ 1간호단위

1조(8~10명)의 간호사가 간호하기에 적절한 병상수로 25베드가 이상적이며 보통 30~40 베드이다.

㉯ 간호사 대기실

각 간호단위 또는 층별, 동별로 설치하며 간호 작업에 편리한 계단, 엘리베이터에 근접시키며 외인의 출입도 감시할 수 있게 한다.

㉰ 간호사의 보행거리는 24m 이내로 환자를 돌보기 쉽도록 병실군의 중앙에 위

치하게 한다.

㉱ 병동부의 관리상 간호 단위

㉠ 일반 간호 단위(내과, 외과, 혼합 등), 산과, 소아, 노인 등의 간호 단위

㉡ 특별 간호 단위(결핵, 전염병, 정신병 등)

㉢ 총실(경환자)과 개설(중환자)

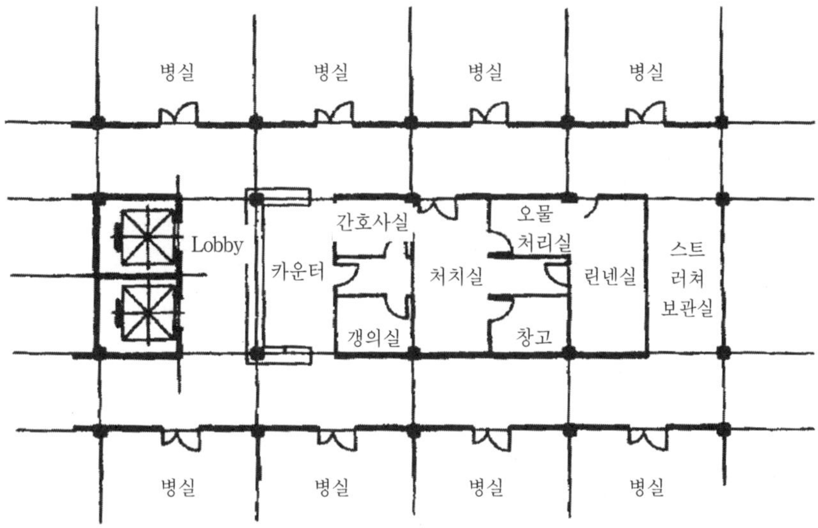

그림 6 N.S의 기본 Unit

㉲ P.P.C 계획

㉠ 병동은 환자의 거주성과 치료라는 2가지 주된 기능이 있으며, 이러한 기능은 환자에게 쾌적한 환경, 프라이버시 확보, 효과적인 환자의 관찰과 통제, 효율성 및 경제성의 4가지 요소를 만족시켜야 한다.

㉡ 병을 단계적으로 치료한다는 의미로 병동을 환자의 증세에 따라 몇 개의 단위로 구분하는 방법이다.

㉢ 종류

ⓐ I.C.U(Intensive Care Unit) : 중환자 병동으로 총 환자수의 약 10%를 차지한다.

ⓑ I.D.C.U(Intermitate Care Unit) : 거동이 자유롭지 않아 self care unit에 수용할 수 없는 환자로 30~40%를 차지한다.

ⓒ S.C.U(Self Care Unit) : 자가 간호 단위로 30~40%를 차지한다.

ⓓ L.T.C.U(Long Term Care Unit) : 요양소와 같은 장기 병동으로 총 환

자수의 20%를 차지한다.

ⓔ C.C.U(Coronary care unit) : 심근, 협심증 환자를 대상으로 집중 치료를 하는 간호 단위

③ 복도

㉮ 보통 2.1~2.4m가 필요하다.

㉯ 계단 및 계단참의 폭을 120cm 이상이 필요하다.

㉰ 계단까지의 보행거리는 주요구조부가 내화구조일 때 50m 이내, 그 이외는 30m 이내이다.

2) 중앙진료부

① 특성

㉮ 병동부와 외래진료부의 관계를 충분히 고려하여 위치를 정한다.

㉯ 환자와 물건의 동선은 교차되지 않도록 한다.

㉰ 환자의 동선은 이동하기 쉬운 저층에 설치한다.

㉱ 중앙진료부는 외래진료부와 병동부의 중간 위치가 좋으며, 특히 수술실, 물리치료실, 분만실 등은 통과교통이 되지 않도록 한다.

㉲ 약국은 외래진료부, 현관과의 연락이 좋은 곳에 설치한다.

㉳ 병원 전체에서 중앙진료시설이 차지하는 면적은 15~20% 정도이다.

② 구성

약국, 주사실, 중앙소독재료부, X선부, 분만부, 검사부, 구급(응급)부 등으로 구성된다. 보통 오래 환자들이 이용하기 쉬운 장소로 출입구 부근이 좋다.

㉮ 수술실

㉠ 기능 및 위치

ⓐ 외래와 병동의 사이에 중앙진료부와 가까운 부분에 위치하여 쌍방이 모두 이용하게 한다.

ⓑ 타 부분과 통과 교통이 되지 않는 cul-de-sac 부분에 둔다.

ⓒ 중앙소독공급부(supply center)와 수직, 수평적으로 근접된 부분에 둔다.

ⓓ 관리가 편리하도록 대, 중, 소 여러 개의 수술실을 관계 부속설비와 같이 집중배치 한다.

ⓔ 병동 및 응급부에서 환자 수송이 용이한 곳에 둔다.

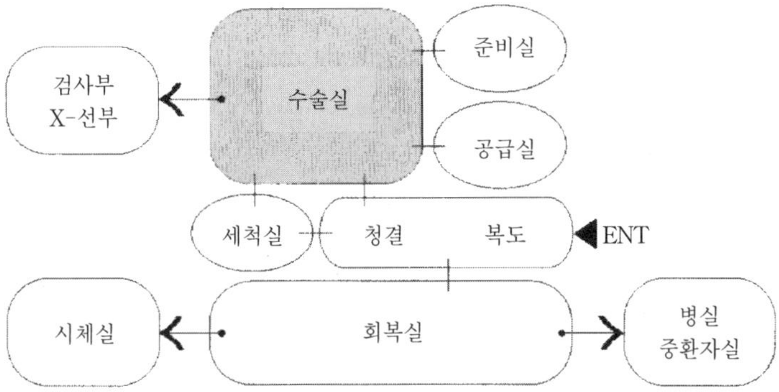

그림 7 수술실 기능도

㉡ 계획상의 요점

ⓐ 규모 : 100병상에 대하여 대·소 수술실 각 1개씩 설치하고, 50병상 증가시 1실씩 증가한다.

ⓑ 수술실의 크기

- 대수술실 : 6.0m×6.0m
- 소수술실 : 4.5m×4.5m

모든 설비는 수술대를 중심으로 배열하고 작업하는 데 충분한 넓이일 것

ⓒ 창 : 직사일광을 피하고, 밝기는 일정하게 방위와는 무관하게 한다.

ⓓ 조명 : 인공조명을 주로 이용하고 무영등을 사용한다.

ⓔ 출입구 : 양여닫이로 하며 1.5m 전후의 폭으로 하고, 손잡이는 팔꿈치 조작식으로 한다. 또는 자동문으로 하고 내부를 엿볼 수 있는 유리 낀 작은 구멍을 설치한다.

ⓕ 벽 : 실내벽 재료는 피의 보색인 녹색계 타일로 하여 적색의 식별이 용이하도록 한다.

ⓖ 바닥

- 수세에 편리한 재료 사용-타일, 테라초 갈기, 카본계, 타일, 염화비닐계 타일 등
- 폭발성 마취약 사용으로 전기 S/W 등 모든 전기기구를 스파크 방지 장치가 붙은 것을 사용하고, 바닥도 전기도체성 타일을 사용한다. 콘센트 위치는 1m 이상 사용한다.

ⓗ 온·습도

- 실내의 온도가 26.6℃ 이상의 고온이어야 하며, 습도가 55% 이상으

로 한다.

- 공기조화설비시 공기를 재순환 시키지 않는다.

ⓘ 안과 수술실에는 암막장치를 필요로 한다.

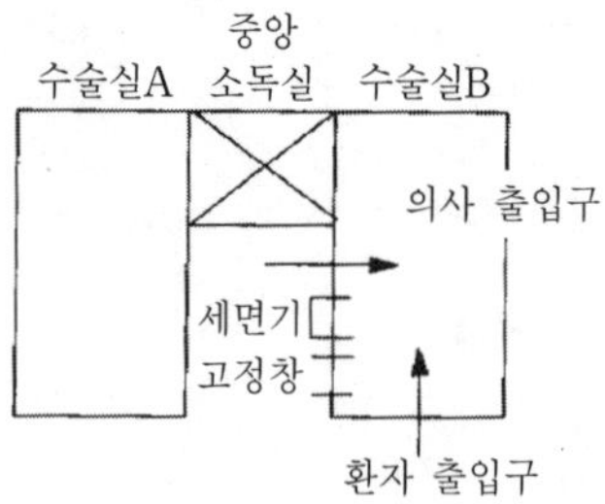

그림 8 수술실

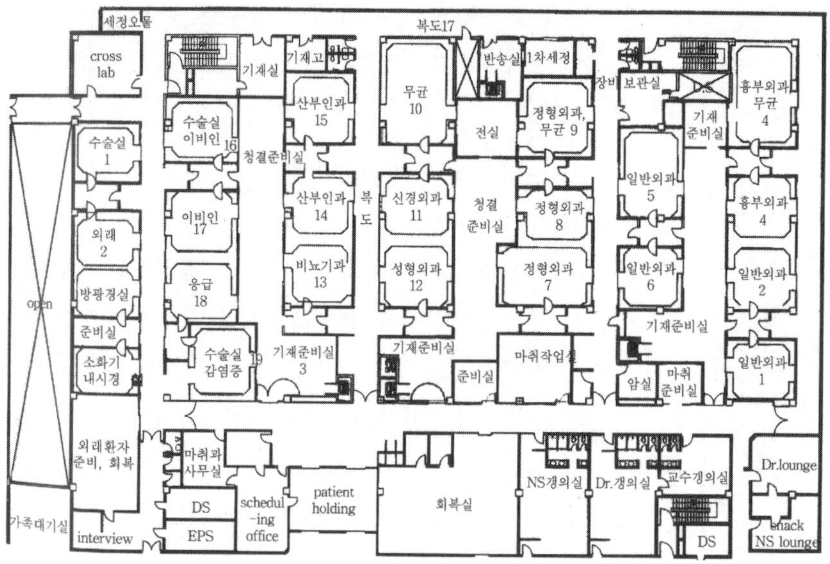

그림 9 수술실 설계의 예(삼성의료원)

㉢ 부속실

㉠ 소독실 : 수술실, 2실 사이에 설치

㉡ 수세실 : 수술전 솔로 손을 닦는 실, 멸균 온냉수 사용

㉢ 세척실 : 수술 전후 기구를 닦는 실

㉣ 기계실 : 수술기구 보관실

㉤ 마취실 : 마취가스 보관실, 외부에 만하여 환기가 용이한 곳

㉥ 검사실

㉦ 갱의실

㉯ 중앙소독재료부

㉠ 의료기계, 자재, 수술용 자재 등을 소독, 저장하여 요구에 의해 공급하는 곳

㉡ 수술부 부근에 위치하며 또한 병동의 nurse station과도 인접된다.

㉰ 분만부

㉠ 수술실과 같은 고려가 필요하며 산과 병상(20bed 이하당) 1실 이상이 필요하며, 10병상당 1실의 진통실이 필요하다.

㉡ 소요실로는 분만실, 진통실, 소독 수세실, 소독재료실, 대합실, 목욕실, 기록실 등이 필요하다.

㉱ 약국

㉠ 외래환자 및 입원 각 환자에게 약제를 공급한다.

㉡ 외래 출입구 부근에 설치하며 간호사실로부터도 이용이 편리해야 하며 조제실, 정제실, 주사약실, 세정 소독실, 약품 창고, 시험실, 약국 사무실, 약사실, 숙직실 등이 필요하다.

㉲ 방사선부

㉠ 외래 환자에 편리한 위치에 설치한다.

㉡ 벽, 바닥, 천장은 연판으로 피복한 후 콘크리트로 처리한다.

㉳ 물리요법부

㉠ 외래 환자가 많고 치료 시간이 길다는 것을 유념하여야 하며 이용에 편리한 1층에 둔다.

㉡ 소요실로는 전기 치료실, 광선 치료실, 물(水)치료실, 마사지실, 체조실, 대합실, 재료실, 일광욕실 등이 있다.

㉴ 검사부 · 혈액은행

· 병동과 외래에서 가까운 위치가 좋고 북향을 취한다.

㉵ 의료사업부

㉠ 구급부(응급부)

ⓐ 병원의 출입구는 입원, 외래, 관리 이외에 구급부에 별도로 설치한다.

ⓑ 구급용 출입구는 입원 환자의 눈에 띄지 않으며, 구급차가 접하여 환자를 옮기는 데 충분한 넓이로 하고 처리실, X선부, 수술부와는 짧은 동선으로 이어지는 위치에 둔다.

㉡ 육아부

산과의 중앙에 배치하며 분만실과는 격리시킨다.

3) 외래진료부

① 외래진료부의 운영 방식

㉮ 오픈 시스템(open system) : 종합병원 근처의 일반 개업이사는 종합병원에 동록되어 있어서, 종합병원에 등록되어 있어서 종합병원의 큰 시설을 이용할 수 있고, 자기 환자를 종합병원 진찰실에서 예약된 시간과 장소에서 행하며 입원시킬 수 있는 제도이다.

㉯ 클로즈드 시스템(closed system) : 대규모의 각종 과를 필요로 하며 대부분 우리나라의 종합병원의 외래진료 방식이다.

② 계획상의 요점

㉮ 환자가 이용하기 편리하도록 1층 또는 2층 이하에 둔다.

㉯ 부속진료시설을 인접하게 하여 이용상의 편리를 도모한다.

㉰ 임상검사, X선 촬영, 투시, 소수술, 주사, 등은 각과 공동으로 한다.

㉱ 중앙주사실, 회계, 약국 등은 정면 출입구 근처에 설치한다.

㉲ 내과 계통은 진료검사에 시간을 요하므로 소진료실을 다수 설치하도록 한다.

㉳ 의과 계통 각과는 1실에서 여러 환자를 볼 수 있도록 대실로 한다.

㉴ 실의 깊이는 이비인후과, 치과 등은 4.5m, 기타는 약 5.5m로 한다.

㉵ 창틀 높이 75~90cm, 창면적은 바닥 면적의 1/7~1/5, 천장 높이는 2.7m 내외로 한다.

㉶ 동선을 체계화하고 대기 공간을 통로 공간과 분리해서 대기실을 독립적으로 배치하면서 프라이버시를 확보하도록 한다.

㉷ 실내 환경에 대한 배려로서 환자의 심리 고통을 덜어줄 수 있는 환경심리적 요인을 반영시킨다.

㉸ 불확실한 미래의 요구에 대비하기 위해서는 확장, 용도 변경 등에 대응할 수 있는 기본적인 방향을 수립해야 한다.

㉹ 전체 병원에 대하외래부의 면적 비율은 10~15% 정도로 한다.

③ 각과별 계획

㉮ 내과

소아과와 격리되고 임상검사실, 외래 X-ray실과 인접한다. 진료에 시간을 요하므로 소진료실을 여러 개 설치한다. 결핵 등 전염병 질환은 별도의 실을 준비한다. 환자는 탈의를 하므로 충분한 난방을 필요로 한다.

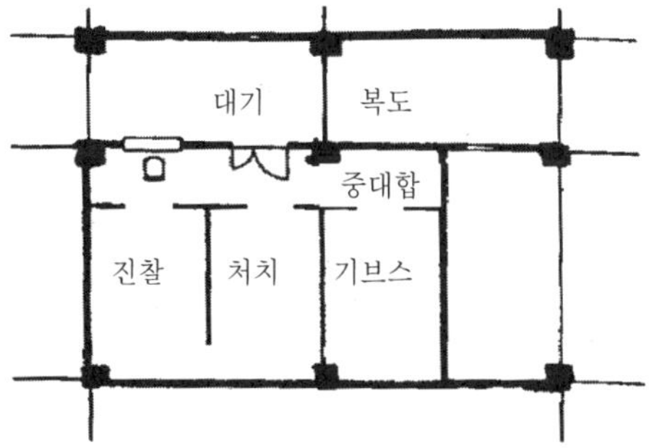

그림 10 내과 진료 Unit

㉯ 소아과

전염성 질환 환자와 완전 격리하고 소음에 유의하며 남쪽에 배치한다. 부모가 동반하므로 충분한 넓이가 필요하고, 소란스러우므로 타 부분에 영향을 미치지 않도록 격리 배치한다.

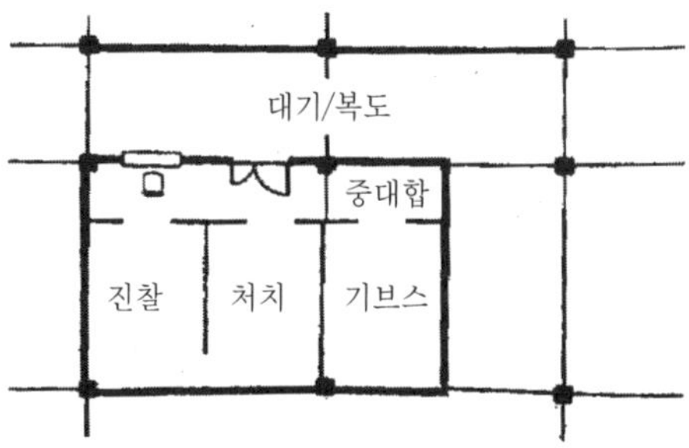

그림 11 소아과 진료 Unit

㉰ 외과

진찰실과 처치실로 구분한다. 진찰실은 초진, 재진으로 구분한다. 외래 수술실에 인접하여 배치하며, 1층 또는 수술실 가까이에 둔다.

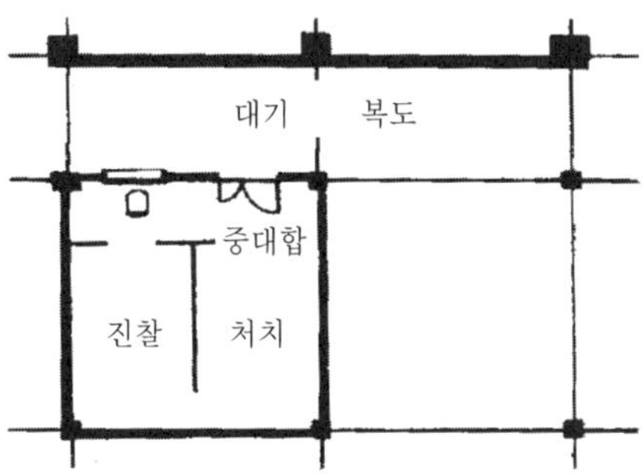

그림 12 외과 진료 Unit

㉣ 정형외과

X-ray실과 인접하여 배치하며, 대합실 내 보호자의 부축 스페이스가 필요하므로 다른 진료실보다 넓은 면적이 필요하다. 보행에 부자유한 환자가 많으므로 되도록 최하층에 두고, 미끄러질 염려가 있는 리놀륨이나 경사로 등은 피한다.

㉤ 산부인과

임산부를 주로 돌보는 산과와 부인병을 주로 치료하는 부인과로 구분되며 실 전체를 다른 환자들로부터 완전 격리하고 회복실을 둔다.

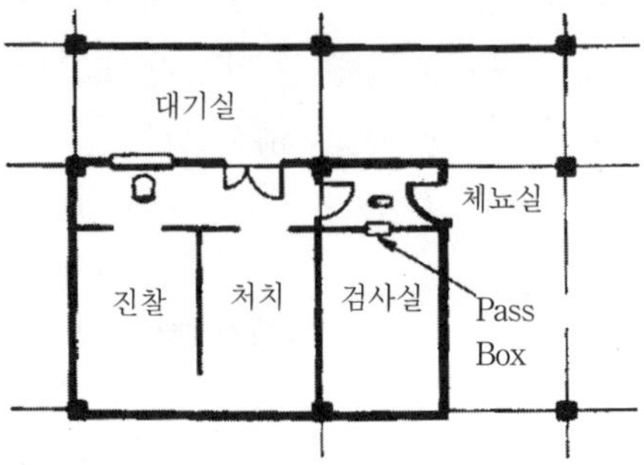

그림 13 산부인과 진료 Unit

㉥ 이비인후과

남쪽 광선을 차단하고 북측 채광을 하되 소수술 후 휴양하는 침대를 설치한다. 청력검사용 방음실을 둔다.

㉦ 피부비뇨기과

피부과와 비뇨기과로 구분되며, 진찰실과 처치실을 각각 설치한다. 비뇨기과에는 검뇨실과 인접하여 채뇨할 수 있도록 화장실과 인접시키고, 광선치료실 · 방광경실 등을 설치한다.

㉧ 안과

북측이 좋고, 시력검사를 위해 진찰실의 한쪽 길이는 5m 정도의 거리를 확보한다.

⑨ 치과

진료실, 기공실, 휴게실을 설치하되 X선 기계는 1m 각의 장소를 차지한다. 진료실은 북측이 좋으며, 1실에 여러 대의 진료의자를 설치할 때에는 상호간 간단한 칸막이를 설치하는 것도 좋다. 기공실은 별도 배기설비를 한다.

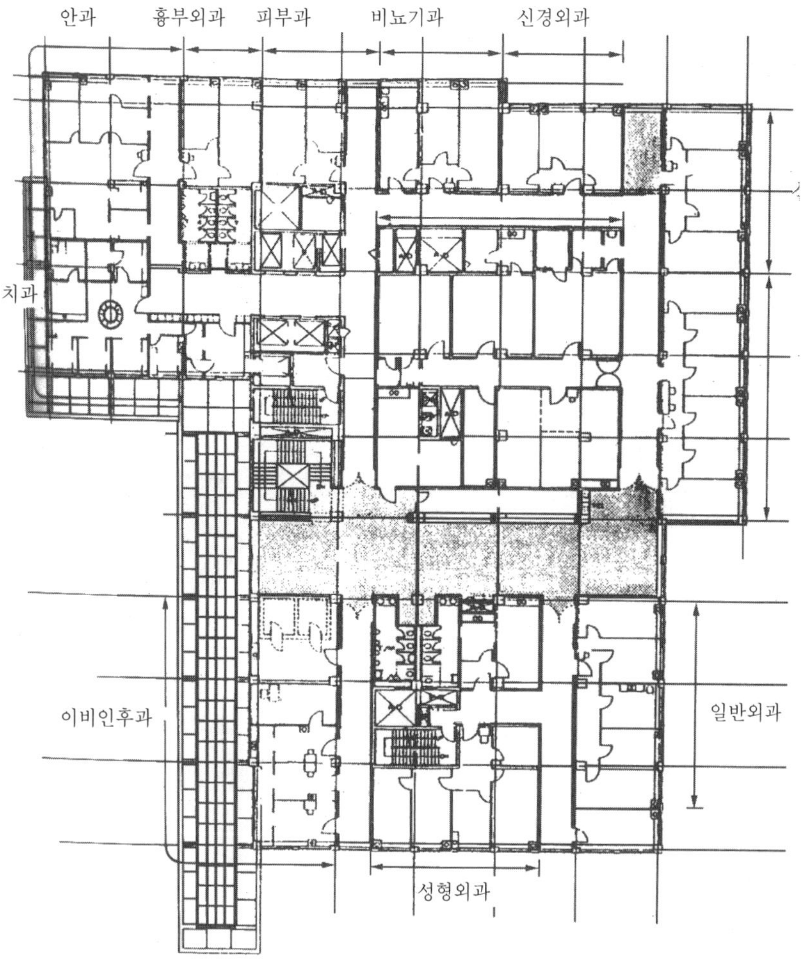

그림 14 B병원 외래부 평면의 예(600병상)

(4) 기타 계획

1) 특수 병동

① 정신 병원

㉮ 정신 병원은 일반적으로 입원 기간이 길어 1개월 이상 입원하는 환자가 많다.

㉯ 정신 병원의 계획 요점

㉠ 병실 system은 개방성 병실과 비개방성 병실로 구분할 수 있다.

㉡ 정신 병원의 경우, 재원 기간이 길기 때문에 설계를 할 경우에는 생활 지도라든가 작업요법, 레크리에이션 요법을 중시하게 된다. 또 지면과의 연

결을 중시하고 화재시 피난 등을 고려하여야 한다.

㉢ 병동부의 면적은 병원 연면적의 60% 이상을 차지한다. 병동에서는 특히 거주성을 중시하여야 하며, 각자의 침실 외에 주간의 생활의 장으로서 거실, 식당, 오락실 등을 설치한다.

- 병원 연면적의 60% 이상 차지한다.
- 지면과의 연결을 중시하고 화재시 피난을 고려한다.
- 거주성을 중시하여 침실 외에 거실, 식당, 오락실 등을 설치한다.
- 병실계획
  - 간호사 대기실에서 입원실 복도를 감시할 수 있게 하며, 유리는 강화유리를 사용한다.
  - 자물쇠는 외부에서 채울 수 있도록 한다.
  - 병실문은 안여닫이로 하며, 실내를 감시할 수 있는 구멍을 설치한다.
  - 화장실내의 기구 등은 튼튼하고 돌출물이 없게 하며, 노끈 등 목을 맬 위험물이 없게 한다.

㉣ 동원 치료 환자는 그다지 많지 않기 때문에 외래부는 별로 중요하지 않다.

㉤ 검사부는 어느 정도의 내용은 필요하지만 X선부, 수술부의 이용 빈도는 극히 적다. 충실하여야 할 부분은 작업 요법, 레크리에이션 요법을 위한 실들이고, 강당 겸 체육관도 있으면 더욱 좋을 것이다.

② 결핵 병원

㉮ 원칙적으로 종합병원에 포함시키지 않으며, 포함시 20병상 이하로 하여 독립시킨다.

㉯ 병실은 남향으로 하여 충분한 채광 환기가 가능토록 한다.

㉰ 병동 단부 등 채광이 잘 되는 위치에 일광욕실을 설치한다.

㉱ 간호사 갱의실 겸 휴게실을 설치함과 동시에 인접하여 간호사 위생복실, 세면기를 설치한다.

㉲ 유틸리티 룸(Utility room)은 청결, 불결의 2실로 하고, 불결한 쪽에 소각로, 싱크 , 세면기 등을 설치한다.

㉳ 검사실 및 처치실을 설치하여 환자가 검사, 치료 등을 위해 타 병동에 갈 기회를 적게 한다.

㉴ 급식설비는 식사 운반차를 이용하며, 병실에 식사 공급 후 오염 식기 회수 이전에 식사 운반차가 주(主)주방에 돌아올 수 있도록 한다.

③ 전염병동

㉮ 일반 종합병원에는 보통 포함하지 않으며, 격리된 별동으로 하고 간호사 대기소 근처에 유틸리티실을 설치하여 소독기설비를 충분히 한다.

㉯ 방문객은 내부 출입을 금하고 병실 외부 발코니에서 유리를 통하여 볼 수 있게 하는 것이 좋다.

㉰ 취사장설비는 별도로 하며, 식기류는 2회 이상 급탕 소독세척을 한다.

④ 소아 병동

㉮ 15세 미만의 소아의 질병을 종합적으로 다루는 소아 병원이 구미 여러 나라에서는 오래 전부터 많이 발전하고 있는데, 우리나라에서는 1985년 서울대에 처음으로 본격적으로 소아 병원이 건립되었다. 소아 병동은 질병의 종류에 관계없이 어린이만으로 구성되는 병동으로 정신적·육체적으로 발전 과정에 있는 소아에 대해 보육을 포함하여 그에 맞는 요양의 장소를 제공하는 것이다.

㉯ 소아 병원 계획의 요점

㉠ 대상이 소아이기 때문에 진료 내용은 전신에 걸쳐 행하게 된다. 병원으로서의 구성요소는 종합 병원과 별로 차이는 없으나 대상이 소아라는 점에서 여러 가지 배려가 필요하다.

㉡ 연령적으로는 0세가 가장 많다. 그렇기 때문에 병실에서는 감시에 중점을 두어야 한다. 나이가 든 학동들의 병실에는 유희실을 비롯한 어린이들의 생활면의 대응도 필요하다.

㉢ 비교적 많은 인력을 필요로 하기 때문에 간호 단위도 30베드 전후가 바람직하다는 의견이 많다.

㉣ 병실은 부모가 간병할 것인가 또는 완전 간호할 것인가를 미리 정하여 놓고 크기를 결정하여야 한다.

㉤ 소아의 특성에 맞는 변기, 욕조, 세면기 등의 치수를 고려한다.

㉥ 전염성이 강하고 병균의 저항성이 약하므로 투명 비닐 등 안전 스크린 장치를 설치한다.

2) 리해빌리테이션(Rehabilitation) 병원

① 모든 질병에 대한 리해빌리테이션의 중요성이 점차 커지고 있다. 최근에는 일반 질병에도 리해빌리테이션부가 설치되고, 동시에 리해빌리테이션 전문병원이 외

국에서는 많이 건설되고 있다. 주대상은 골근육 등의 장해와 뇌졸중, 후유증 등이다. 사회 환경이나 질병 구조의 장래로 볼 때 그 중요성은 더욱 커질 것이다.

② 계획의 요점

㉮ 오랜 기간 동안의 치료가 보통이기 때문에 환경 조건에 특징이 있는 것이 바람직하다. 예를 들면 부지가 넓다든가 경치가 좋다든가 하는 것은 계획의 좋은 조건이 될 수 있다.

㉯ 병동은 주거성에 중점을 둔다.

㉰ 경증 환자인 경우 거실과 침실을 분리시키는 것도 좋다.

2. 장애인시설(Barrier free Design)

(1) 계획의 기본 요소

1) 휠체어 사용자에 의한 동작 영역

① 회전과 수평 이동의 경우

휠체어 바퀴에 먼 쪽 발걸이까지의 최소 회전 반경 : 95cm(360° 회전)

② 보통 최소 회전 면적 : 1.5m×1.5m(360° 회전)

③ 90° 회전시 필요한 회전 반경 : 1.34m

④ 2대가 교차하여 지나갈 경우 : 1.65m 정도의 폭이 필요

⑤ 1대의 최소 진행 폭 : 76cm

2) 휠체어 사용 중 개인의 행동반경 (평균치)

① 수직으로 뻗을 수 있는 평균거리 : 152.4cm(범위 137.16~198.21cm)

② 수평으로 받칠 수 있는 평균거리 : 78.25cm(범위 72.39~84.33cm)

③ 양쪽 수평으로 받칠 경우 : 137.16cm(범위 평균 163.83cm)

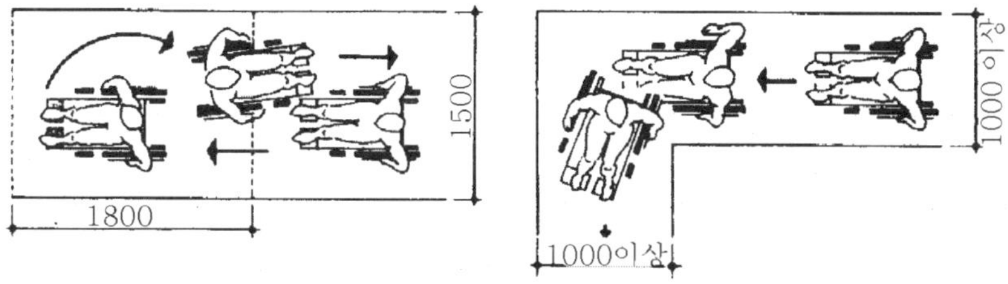

(a) 180° 방향 전환 (b) 90° 방향 전환

그림 15 수평이동(통로)

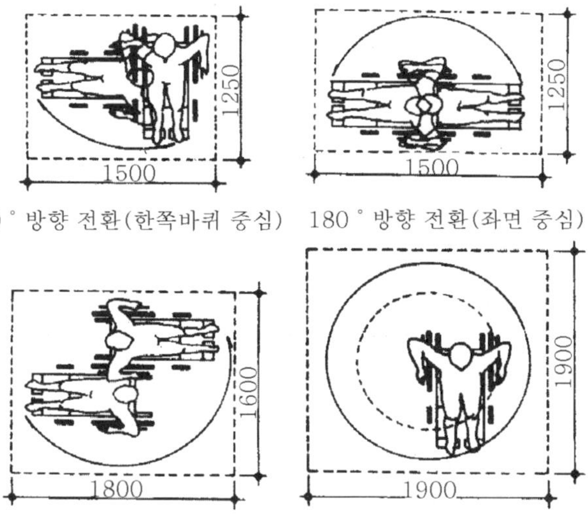

90° 방향 전환(한쪽바퀴 중심) 180° 방향 전환(좌면 중심)

180° 방향 전환(한쪽바퀴중심) 360° 방향 전환(한쪽바퀴중심)

그림 16 휠체어 회전이동

(2) 건축기준 설정시 고려 사항

신체장애인들을 위한 표준설계는 주로 이들이 이용하는 보조기 및 보조장구인 휠체어(wheel chair)가 대상이 된다.

(3) 인체 측정학적 기준

휠체어 사용자들이 생활환경을 설계하는데 있어서 가장 중요한 요소는 손발이 닿는 범위가 한정되어 있다는 것이다.

1) 손닿은 범위

① 신장 1.3m 정도의 사람으로 계획한다.

② 하단 높이 : 60~65cm 정도(책상, 카운터, 개수대, 세면기, 전화대, 자동판매기

등은 무릎을 넣을 수 있을 정도의 공간)

2) 바닥의 단차

바닥의 단차는 없애고 경사로의 구배는 최대한 완만하게 한다.

① 요철부는 2cm 이하

② 수직이동이 불가능하다.

- 경사로의 구배 : 1/12(자주 이용하는 구배 : 1/14 정도)
- 9m 마다 참(landing)을 설치한다.

3) 갈아타는 장소

갈아타는 것은 곤란하므로 최소화한다.

㉮ 피이승물과 바퀴 의자의 높이를 같은 높이로 한다. (40cm×45cm)

㉯ 양자의 접근거리가 최소로 될 수 있게 발꿈치가 들어갈 공간을 피이승물 측에 둔다.

㉰ 주위에 몸을 지탱할 수 있는 손잡이 등의 보조구를 만든다.

(4) 내부공간 계획

1) 현관 홀

현관 홀은 장애인도 주현관을 이용하도록 하고, servicing 통로를 이용하는 일이 없도록 계획한다. 현관 홀에서 건물 내 주요 부분을 전부 인지할 수 있도록 하고, 고층 건물일 경우 엘리베이터, 에스컬레이터, 주요 계단이 보이도록 하여 접근이 용이하도록 한다.

① 단차를 2cm 정도로 최소화 한다.

② 현관 홀에는 1.5m×1.5m(1.35m×1.6m) 정도의 휠체어가 회전할 수 있는 공간이 필요하다.

③ 출입문 : 여닫이문 형식으로 하며, 최소 90cm의 크기로 한다.

④ 외출용과 실내용의 휠체어를 바꿔 타기 때문에 이를 보관할 수 있는 수납공간이 필요하다.

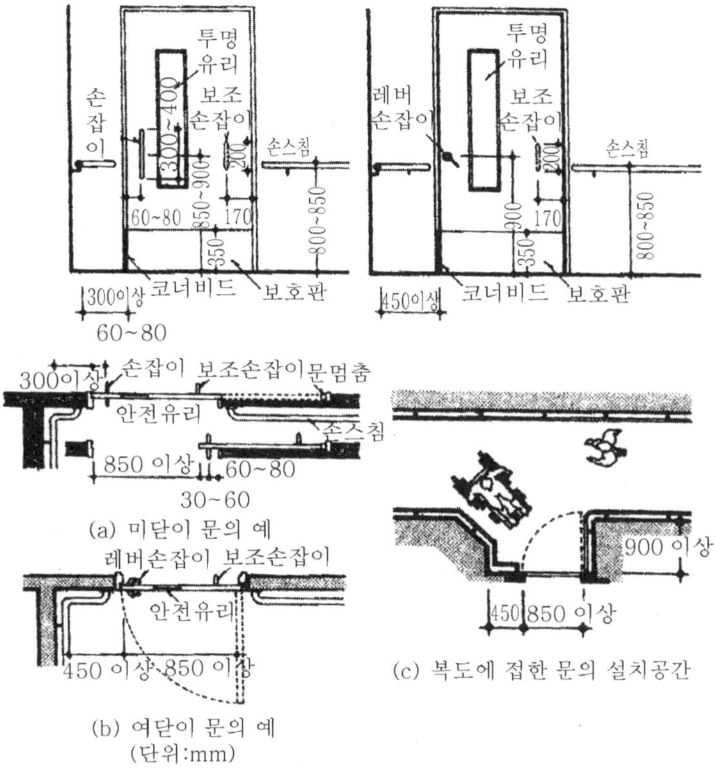

그림 17 출입문

2) 복도

복도는 수직 교통과 직교 시스템으로 계획한다. 장애인은 대피 시간이 정상인보다 길므로 대피 경로가 되도록 짧도록 계획하고, 막다른 통로나 외부에 직결되지 않는 복도는 대피시 곤란하다.

3) 복도의 유효폭

휠체어 사용시 통행 120cm 이상, 180° 회전에 150cm 이상 필요, 방향 전환(최저) 135cm 이상, 휠체어가 엇갈림 가능한 정도 180cm 이상으로 한다.

4) 복도의 마감재료

잘 미끄러지지 않고 넘어져도 충격이 작은 바닥 재료를 사용한다. 단차나 레벨차가 있는 경우 미끄럼 방지가 되는 마감재료로 처리한다. 진료소, 노인시설 등 다수의 장애인이 이용 하는 곳은 복도에 난간을 설치한다.

5) 계단

계단은 꺾임 계단이 가장 적당하다. 단높이는 15~16cm, 너비 30~32cm 적당하다. 챌면은 반드시 붙이고 목발의 발판이 아래쪽에 걸리지 않도록 단부를 평활하게 하는 것이 좋다.

6) 경사로

경사로 나비는 계단참에서 회전이 가능하도록 150cm 이상, 구배 1/12 정도로 한다.

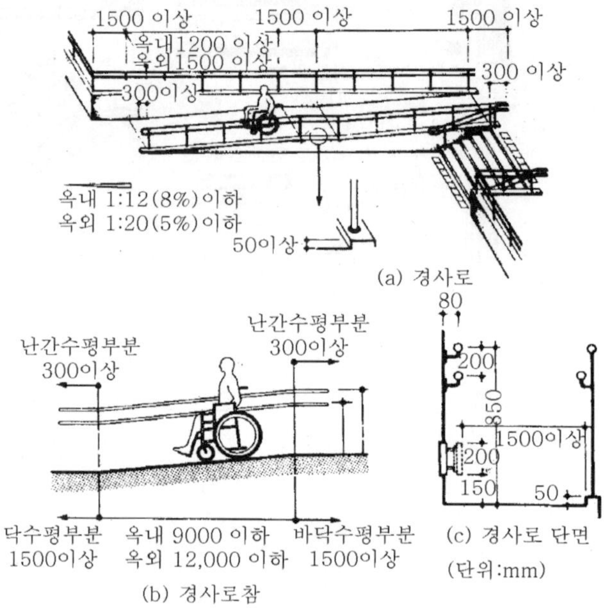

(a) 경사로 (b) 경사로참 (c) 경사로 단면 (단위:mm)

그림 18 경사로

7) 출입구

① 유효 나비는 85cm 이상(최저 80cm)으로 한다.

② 미서기문의 사용 방법이나 조작이 용이하도록 한다.

③ 손잡이는 레버 핸들(lever handel)을 사용하는 것이 바람직하다.

8) 화장실

① 변기

㉮ 휠체어에서 변기로 옮겨 앉기 용이하게 변기의 양쪽에는 난간을 설치해야 하며, 휠체어로 회전할 수 있는 공간도 필요하다.(150cm의 원이 내접할 수

있을 정도)

㉯ 변기의 높이 : 42~45cm

㉰ 플러시밸브는 변기에 앉은 자세에서 손이 닿을 수 있도록 하고 상지체장애인에게도 사용하기 쉬운 형식으로 한다.

㉱ 페이퍼 홀더(paper holder)는 변기에 앉은 자세에서 손이 닿도록 하고, 양쪽에 부착하는 것이 좋다.

㉲ 변기수

- 여자용 : 10명당 1개 이상
- 남자용 : 15명당 대변기 1개, 소변기 1개

② 세면기

㉮ 세면기의 높이 : 72cm 정도

㉯ 거울의 높이 : 바닥에서 95~155cm

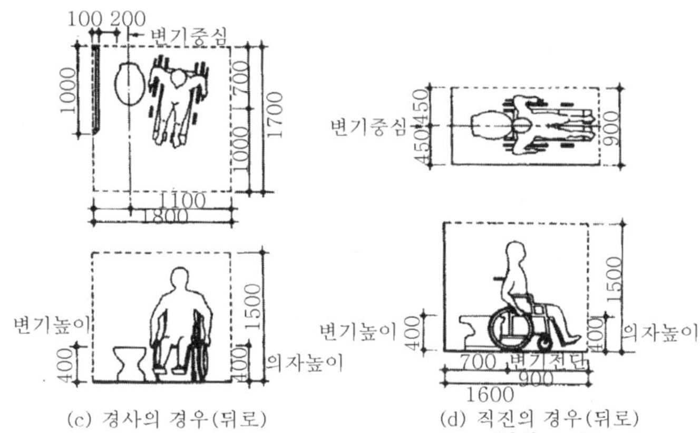

(c) 경사의 경우(뒤로) (d) 직진의 경우(뒤로)
(단위:mm)

그림 19 장애인 화장실

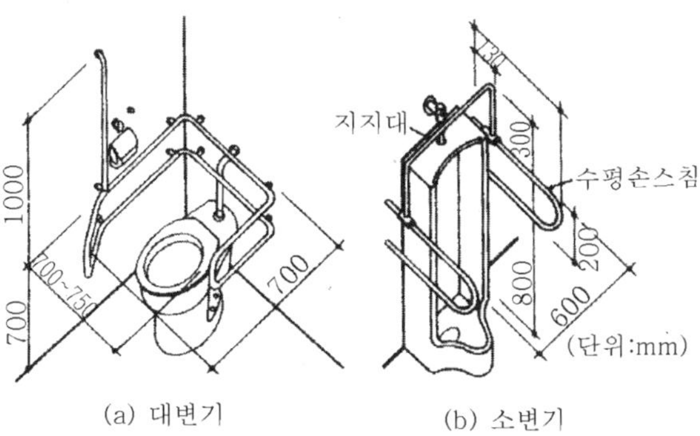

(a) 대변기 (b) 소변기

그림 20 장애인 대·소변기

9) 엘리베이터

① 내부공간의 최소 유효 폭은 휠체어가 180° 회전이 가능하도록 하고 1.5m, 길이 1.7m 정도로 한다.

② 승강기와 복도의 단차를 없애고 자동 조정장치를 설치한다.

③ 각층 바닥과 승강기와의 간격은 2cm 이하로 한다.

④ 조작장치의 위치는 바닥위 0.6~1.2m 정도로 한다.

⑤ 승강기의 중앙에는 외부를 투시할 수 있는 유리창을 설치한다.

⑥ 내외문의 사이에는 바닥 높이 0.3~1.1m에 광전관을 2개소씩 모두 4개를 설치하며, 휠체어 통과시 문이 닫혀지지 않도록 한다.

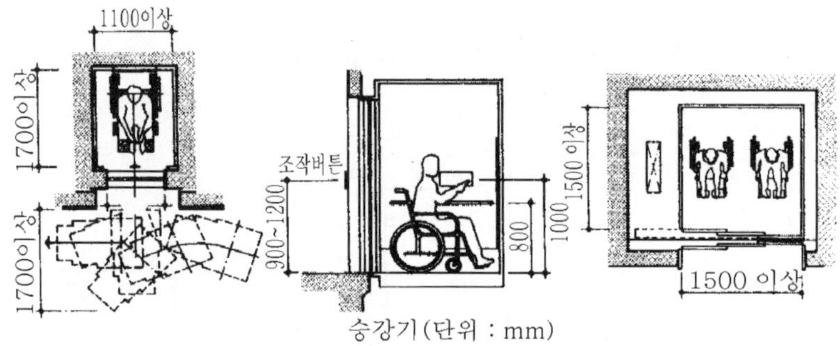

그림 21 엘리베이터

10) 에스컬레이터

① 발걸이 1m 이상 전면에 손잡이를 설치한다.

② 구배 : 30° 이하

③ 속도 : 40m/min 이하

(5) 주거공간 계획

1) 거실

① 외부에서 접근이 용이하고 주위 사람과 연락을 취하기 쉬운 곳에 위치한다.

② 되도록 자립된 생황을 용이하도록 변소나 부엌에서 가까운 곳에 위치한다.

③ 식사 공간은 부엌에서 가깝거나 바로 연결될 수 있도록 계획한다.

④ 거실의 면적은 복도, 다락 등을 제외한 피수용자 1인당 5세 미만의 경우에는

2m² 이상, 5세 이상인 경우에는 3.3m² 이상으로 한다.

2) 침실

① 프라이버시상 독립시키는 것이 좋으나 장애인의 침실은 간호하기 쉽도록 부부 침실의 가까이에 두는 것이 좋다.

② 가벼운 장애인용 침대는 한쪽을 벽에 붙이는 방법으로 배치해도 좋으나 중정도의 장애인은 머리쪽만 벽에 붙이고 주위에서 시중을 들도록 배치하고, 휠체어 사용자의 경우에는 보조식 난간 또는 보조대가 필요하다.

③ 각부 치수

㉮ 눈높이 : 110cm

㉯ 손잡이의 높이 : 121cm

㉰ 창높이는 낮게 한다.

㉱ 소요면적 : 1인용은 8.9m², 부부용은 13.9m²

3) 욕실

① 욕조 : 2면 또는 3면이 트이게 하고, 휠체어의 회전 또는 보조자의 작업 공간을 확보한다.

② 욕조의 높이 : 45cm 전후로 하고 욕조의 가장자리에 운반대를 설치한다.

③ 변기 : 휠체어에서 변기로 옮겨 앉기 용이하게 변기의 양쪽에 난간 설치하고, 휠체어로 회전할 수 있는 공간(∅150cm의 원이 내접할 수 있을 정도)을 확보한다.

④ 변기의 높이 : 휠체어의 앉은 높이와 같은 범위가 42~45cm 정도로 한다.

㉮ 세정 장치의 플래시 밸브(flash valve)는 변기에 앉은 자세에서 손이 닿을 수 있도록 하고 상지체장애인(上肢體障碍人)에게도 사용하기 쉬운 형식이다.

㉯ Paper holder는 변기에 앉은 자세에서 손이 닿도록 하고 양쪽에 부착하는 것이 좋다.

⑤ 세면기 : 휠체어 사용자용은 세면기의 상단이 80cm 정도, 하단이 65cm 정도로 한다. 벽까지의 깊이는 55~60cm 정도로 하고, 기구 밑으로 무릎이 들어갈 수 있도록 계획한다.

4) 부엌

① 싱크대의 높이 : 75cm

② 수납부분의 높이 : 30~130cm

③ 4인 가족 기준 : 최소 $10m^2$ 정도의 넓이가 필요

(6) 외부공간 계획

1) 대지로의 접근(access)

① 건물로 향하는 모든 통로의 폭은 최소 1.5m 이상으로 한다.

② 길의 횡단이 필요한 곳에서는 인도나 차로 사이의 턱을 제거한다. 턱 제거시에는 시각장애인들을 위해 점자 블록에 의한 유도 방법을 고려한다.

③ 표면은 매끄럽지 않도록 한다.

2) 안내

① 장애인이 쉽게 이용할 수 있는 건물시설임을 표시하고 국제 심벌마크를 사용한다.

② 게시할 수 있는 시설

㉮ 현관

㉯ 출입구

㉰ 경사로

㉱ 통로 및 복도

㉲ 변소

㉳ 승강기

3) 보행로

① 경사로 (slope, lamp)

㉮ 옥외의 최대 1/20 이하가 좋다. 보행을 위해 3% 이내의 경사가 적당하다.

㉯ 3~5%의 경사는 경사로참을 최소 폭 1.2m 정도로 설치하며, 5% 이내의 경사에서는 난간을 설치하지 않아도 좋다

㉰ 5~8%의 경사는 9m마다 휴식장소와 최소 5cm 높이 가장자리 보호대, 양쪽 난간이 필요하다.

㉱ 경사로의 최대 경사는 8~10%이며, 이 경우 4.6m마다 휴식장소와 난간, 그리고 76.2cm 간격으로 속도 감속턱을 설치한다.

㉲ 난간은 경사로위 80cm 높이로 적어도 한쪽에는 설치하여야 하며, 경사로의

상단과 하단에 최소 30cm가 연장되어 설치되어야 한다.

㉳ 경사로의 상하단에는 최소 1.5m 이상의 휠체어 정차거리를 고려한 평평하고, 직선적으로 된 경사로 참을 둔다.

② 보도

㉮ 휠체어 한 대가 통행상 필요한 너비 120cm, 여유치 135cm

㉯ 보행자와 교차시 통행상 필요한 너비 165cm, 여유치 180cm

4) 정거장 및 주차장

① 정거장

㉮ 버스 정류장 앞에는 승강대를 놓고, 승강을 쉽게 돕기 위해 보도의 너비를 가능한 한 250cm 이상 확보한다.

㉯ 전철의 플랫폼도 승객, 특히 조종자의 안전을 고려하여 250cm의 너비를 확보한다.

② 주차장

㉮ 건물에서 가까운 곳에 설치한다.

㉯ 장애인 전용 주차 공간은 1개소 또는 주차장 면적의 2% 이상 제공한다.

㉰ 하차에 도움이 되도록 주차 지역과 내리는 지역에 고저차를 둔다.

㉱ 장애인을 위한 주차공간 : 최소 3.5~5m 이상

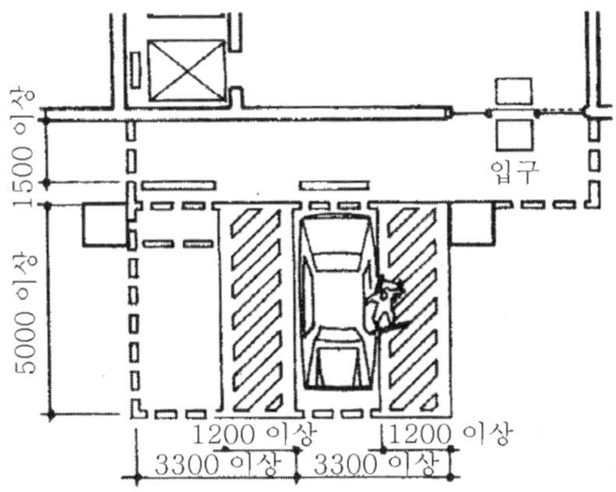

그림 22 신체장애인 주차장

5) 공원의 출입구

공원의 출입구는 단차를 없애고 부득이한 경우 도로에서 2cm 이하의 높이에서의 원만한 구배 1/10 이하의 경사로를 설치한다. 도중에 차 멈춤판을 설치할 때 휠체어가 통행할 수 있도록 유효 통로 너비를 90cm 이상으로 하고 그 앞뒤에 150cm 이상의 수평 부분을 설치한다.

제7장 의료시설 익힘문제

1. 병원 건축의 대지선정 요건은?
2. 병원 건축의 병동배치에서 분관식(pavilion type)이 집중식(block type)보다 좋은 점은?
3. 병원 건축의 주요부 구성요소를 설명하라.
4. 병원의 설계계획에서 면적산출의 기준이 되는 것은?
5. 병상수 200Bed를 둘 때 일반 종합병원의 건축 연면적은?
6. 병원의 평면계획상 구급동선은 어디에 연결되어야 하는가?
7. 큐비클 시스템(cubicle system)에 대하여 설명하고 특징을 열거하라.
8. 일반 종합병원 계획상 간호단위(nursing unit)의 병상수와 보행거리는?
9. 병원 건축의 PPC 계획에 대하여 설명하라.
10. 병원의 수술실 계획에 대하여 설명하라.
11. 병원건축계획의 다음 내용에 대하여 답하라.
    ㉠ 병동부의 면적
    ㉡ 병실의 면적
    ㉢ 수술실의 바닥마감재료
    ㉣ 수술실의 온・습도
12. 외래진료부의 운영 방식에 대하여 설명하라.
13. 리해빌리테이션(Rehabilitation) 병원이란?

제8장

숙박시설

1. 호텔
2. 레스토랑

익힘문제

제8장 숙박시설

1. 호텔

(1) 개요

1) 호텔의 종류와 입지 조건

① 시티호텔(city hotel)

교통 및 상업의 중심지인 도시에 위치하여 일반 여행자의 단기간 체제를 대상으로 하거나 또는 도시의 사교적 집회 및 연회 등의 장소로 이용되는 호텔이다. 호텔의 경영측면에서 볼 때 사교적 집회나 연회에 의한 수입을 중요시하고 이에 따른 설비를 충분히 하고 있다. 특히 객실과 공공공간과의 관계도 기능적으로 충분히 고려해야 한다.

표 1 시티 호텔의 종류와 특징 및 입지 조건

종 류	특 징	대 지 조 건
커머셜 호텔 (commercial hotel)	주로 상업상, 사무상의 여행자용으로서, 비즈니스를 주체로 한 호텔로서 도심의 변화한 교통 중심지에 고층화된다.	① 환경이 좋고 조용할 것 ② 이용, 교통기관이 편리할 것 ③ 자동차 교통에 대한 어프로치가 좋고 주차 공간이 충분할 것 ④ 근처에 있는 호텔과 경영상의 경쟁 및 제휴를 고려할 것
레지던셜 호텔 (residential hotel)	상업상 여행자나 관광객 등이 단기 체재하는 호텔로서, 커머셜 호텔보다 규모가 작고 설비는 고급이며, 도심을 약간 피하여 조금 안정한 곳에 위치한다.	
아파트먼트 호텔 (apartment hotel)	장기간 체제하는데 적합한 호텔로서 부엌과 셀프 서비스시설을 갖추는 것이 일반적이다.	
터미널 호텔 (terminal hotel)	교통기관의 발착 지점에 위치한 호텔로서, 스테이션 호텔(station hotel), 하버호텔(habor hotel), 에어포트 호텔(airport hotel) 등이 있다.	

② 리조트 호텔(resort hotel)

피서 및 휴양을 위주로 하여 관광객이나 휴양객이 많이 이용되는 호텔로서, 산, 바다, 호수, 강, 공원 등 도시에서 떨어진 관광지 등의 넓은 대지에 운동시설, 레크레이션 시설 등을 갖추고 그 특색을 충분히 살린 호텔이다. 이에 따라 호텔의 종류와 규모가 다양하며, 스키장이나 호반에 위치한 작은 규모의 호텔은 일종의 클럽의 모습을 나타내기도 한다.

표 2 리조트 호텔의 종류와 특징 및 입지 조건

종 류	특 징	대 지 조 건
해변 호텔 (beach hotel)	각각의 위치와 성격에 따라 다양한 형태를 갖는다.	① 수량이 풍부하고 수질이 좋은 수원이 있을 것 ② 자연재해의 위험이 없고 계절풍에 대한 대비가 있을 것 ③ 식료품이나 린넨류의 구입이 쉬운 곳 ④ 조망 및 주변 경관이 좋은 곳 ⑤ 관광지 성격을 충분히 이용할 수 있는 곳
산장 호텔 (mountain hotel)		
온천 호텔 (hot spring hotel)		
스키이 호텔 (ski hotel)	스포츠 시설을 위주로 이용되는 숙박시설을 갖추고 있다.	
스포츠 호텔 (sports hotel)		
클럽 하우스 (club house)		

③ 기타 호텔

㉮ 모텔(motel)

모터리스트의 호텔(motorist hotel)이라는 뜻으로서 자동차 여행자를 위한 숙박시설로 자동차 도로변의 도시 근교에 많으며, 관광지에 있는 것은 로비나 라운지를 갖춘 대규모의 것도 있다. 일반적으로 객실은 10~20실 정도이며 객실, 식당, 관리실 등으로 간단하게 구성되어 있다. 우리나라는 고속도로의 휴게실에 위치한 경우가 많다.

㉯ 유스 호스텔(youth hostel)

국적과 환경이 다른 청소년이 우호적인 분위기로 화합할 수 있는 장소로 저렴한 요금으로 주로 청소년을 숙박시키는 호텔로서 최근에는 각 업체에서 하계·동계·주말에 오리엔테이션시에 많이 이용하는 경향이 있다.

표 3 유스 호스텔의 종류

구 분	종 류	특 징
여행 유스호스텔		여행 도중에 있는 가장 일반적인 것
휴가 유스호스텔	하계스포츠 유스호스텔	수일간 체재하는데 적합한 설비가 있고, 부근의 산책, 하이킹, 해수욕 등을 할 수 있는 위치에 건축되

		고, 스포츠 시설이 있다.
	동계스포츠 유스호스텔	스키, 스케이트를 위해 수일 체재할 수 있으며 난방, 건조실, 스키를 두는 광, 조리장 등이 있다.
	주말 유스호스텔	대도시 주변에 있으며 레크리에이션, 회의, 이동 교실에 이용하고 있다.
도시 유스호스텔	통과형 유스호스텔	교통 중심 도시에 설치되어 있으며, 통과 여행의 이용자가 많고, 여행호스텔보다 규모가 크며 수용력이 크다.

[특징] 건축기준

㉠ 주요구조부는 내화구조 및 불연재료로 한다.

㉡ 4대 이상 8대 이하의 침대를 준비하고 침실은 총수의 반수 이상으로 하며, 1실 20대를 초과하지 않는다.

㉢ 침실은 입구에서 남녀로 구분한다.

㉣ 수용 인원에 대비한 로커를 설치한다.

㉤ 집회실을 두고, 150m^{2}를 초과하는 집회실은 2실로 구분할 수 있게 한다.

㉥ 식당은 1인당 0.5m^2 이상의 규모로 하며, 스스로 조리할 수 있는 조리실을 설치한다.

㉦ 15인 이하를 기준을 1개의 온수 샤워시설을 샤워실에 설치한다.

㈐ 콘도미니엄(condominium)

콘도미니엄(condominium)은 임대 또는 회원제로 이용하는 관광・휴양 숙박시설의 일종으로 일명 콘도(condo), 아파트먼트 호텔(apartment hotel)이라고 하며, 가족 단위를 수용할 수 있는 완벽한 시설을 갖추고 휴가, 휴양시설을 확보한 숙박시설이다.

[특징]

㉠ 콘도미니엄은 분양 호텔로서 가족 단위를 수용할 수 있는 완벽한 시설을 갖춘 관광 숙박시설이다.

㉡ 콘도미니엄은 저렴하고 유리한 조건으로 휴가, 휴양 시설을 용이하게 확보할 수 있으며, 안전한 투자 대상이 된다.

㉢ 소유권은 개인이 가지거나 공동으로 소유되며, 관리는 관리 회사가 맡아 한다.

㉣ 경비 절감, 수익증진 및 투자 효과의 특징이 있다.

㉤ 프라이버시가 최대한으로 보장된다.

2) 호텔의 배치계획

① 객실과 연회 손님의 접근을 분리하며, 관리 서비스의 교통을 별도로 취급한다. 주접근로 - 주현관 - 주차장의 삼각관계가 대지 내에서 순환되도록 한다.

② 연회장, 요식, 상업시설의 공공부분과 객실 부분이 조닝으로 구분되며, 일반적으로는 공용부분이 저층부로, 객실 부분이 고층부로 구성된다.

③ 객실부는 주변으로부터의 충분한 프라이버시를 고려하고, 리조트 호텔의 경우 조망은 객실의 향위(向位)를 결정케 한다.

④ 규모는 일반적인 시티 호텔의 경우 객실당 50~130m^2 연면적 정도이며, 기준층의 70% 정도가 유효 면적으로 간주되는 전체 연면적 중 약 50%가 수익 부분이 된다.

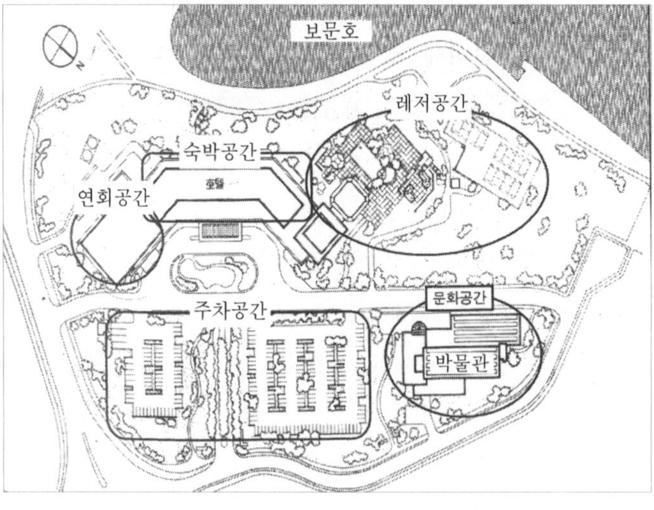

그림 1 공간배치계획의 예(경주힐튼호텔)

(2) 평면계획

1) 호텔 기능의 3요소

호텔의 기능적 분류는 다음과 같이 3부분으로 나누어지며, 이들은 공간적으로 분명한 조닝(zoning)의 체계에 의해 계획되어야 한다.

① 관리 부분(managing part)

복잡한 경영과 서비스의 중추적 핵이 되며, 각 부문의 상황을 즉시 파악하고, 조절할 수 있어야 한다. 프런트 오피스(front office)는 컴퓨터화 된 시설이 요구된다.

② 공공 부분 또는 사교 부분(public or social part)

현대적 호텔은 점차 공공부분 서비스의 질과 양을 높여가는 추세에 있으며, 호텔 전체의 매개 공간 역할을 하는 부분이다. 공공부분은 크게 수익성 부분과 비수익성 부분으로 나누어지며, 객실부와는 독립되나 계단, 엘리베이터 등의 축에 의한 연결을 한다. 수익성 부분은 요식부, 레크레이션부, 연회장부로 구분되며, 1층과 지하층에 두는 경우가 일반적이다.

③ 숙박 부분(loding part)

㉮ 호텔의 가장 중요한 부분으로 이에 의해서 호텔의 형태가 거의 결정된다.

㉠ 시티 호텔 : 대지가 제약되므로 복도 면적을 적게 하고, 고층화에 적합한 평면형을 지향한다.

㉡ 리조트 호텔 : 복도 면적이 다소 많더라도 조망, 쾌적함 위주로 하며 장래 증축을 고려한다.

㉢ 아파트먼트 호텔 : 시티 호텔과 리조트 호텔의 중간적 배치 방법으로 거주성을 생각하여 통풍, 채광이 좋은 평면형이 요구된다.

㉯ 객실은 쾌적성과 개성을 고려하며, 필요에 따라 변화를 주어 호텔의 특성을 살려야 한다. 객실의 용적은 경제성을 충분히 고려하여 결정되며, 대체로 규격화된 단위가 전체 평면의 모듈로 파악된다.

㉰ 숙박부분은 시티 호텔의 경우 대지의 제한으로 대지경계선에 따라 형태가 결정되기 쉬우나, 리조트 호텔의 경우에는 공공부분과는 무관하게 배치될 수 있어서 자유로운 형태로 디자인 할 수 있으며 대지의 환경, 기후 조건에 따라 적절한 아이디어를 창출할 수 있으므로 객실의 변화감과 개성의 표현이 고려된다.

2) 호텔의 시설 기준

시설 구분		호텔 갑류
객실	객실수	15실 이상
	바닥면적	9m² 이상
	출입구, 창	시정(施錠) 장치
	객실과 객실 또는 복도와의 사이	벽으로 칸막이
	설비	옷장, 전화, 벨, 응접탁자와 의자 또는 방석(한식)
	위생 설비	수세식 화장실, 욕조 또는 샤워설비, 세면설비
기타 설비		환기, 채광, 조명, 방습 및 방취설비

시설 구분	호텔 갑류
공동용 설비	남녀구분 수세식 화장실, 방충망, 방충설비
외기에 면하는 개구부	방충이 필요한 때는 방충망

※ 을류는 객실수 10실 이상, 바닥면적 $8m^2$ 이상, 그 외의 기준은 호텔 갑류와 동일함.

3) 소요실 계획

호텔의 소요실은 숙박 부분, 공공 부분(public space), 관리 부분, 요리관계 부분, 설비관계 부분, 대실 부분으로 구분할 수 있다.

표 4 기능별 실의 배치

부 분 별	주요 각 실의 명칭
숙박 부분	객실 및 이에 부수되는 공동화장실, 공동욕실, 보이실, 메이드실, 린넨실. 트렁크(trunk)실, 복도, 계단 등
퍼블릭 스페이스 (public space)	현관, 홀, 로비, 라운지, 식당, 연회장, 오락실, 매점, 나이트 클럽, 스탠드 바, 볼룸, 커피숍, 그릴, 담화실, 독서실, 진열장, 흡연실(smoke room), 프런트 카운터(front coouter), 이용실, 미용실, 엘리베이터, 복도, 계단, 정원 등
관리 부분	프런트 오피스(front office), 클로크 룸(cloak room), 지배인실, 컴퓨터실, 사무실, 공작실, 창고, 전화 교환실, 종업원 관계 제실 및 이에 부수되는 화장실, 복도, 계단 등
요리관계 부분	배선실, 주방, 식기실, 냉장고, 식료품 창고 및 이에 부수되는 화장실, 복도, 계단 등
설비관계 부분	보일러실, 각종 기계실, 세탁실 및 이에 부수되는 창고, 복도, 계단 등
대실 부분	상점, 창고, 임대사무실, 클럽(club) 등

4) 각 실의 면적 구성 비율

표 5 각 실의 면적 구성 비율

분 류 \ 종 류	리조트 호텔	시티 호텔	아파트먼트 호텔
규모(객실 1에 대한 연면적)	$40 \sim 91m^2$	$28 \sim 50m^2$	$70 \sim 100m^2$
숙박부 면적(연면적에 대한)	41~56%	49~73%	32~48%
퍼블릭 스페이스 면적비 (연면적에 대한)	22~38%	11~30%	35~58%
관리부 면적비(연면적에 대한)	6.5~9.3%		
설비부 면적비(연면적에 대한)	약 5.2%		
로비 면적(객실 1에 대한 면적	$3 \sim 6.2m^2$	$1.9 \sim 3.2m^2$	$5.3 \sim 8.5m^2$

〔예제 1〕 도심지에 객실수 300개의 커머셜(commercial) 호텔을 건축함에 있어 연면적은?

해설 도심 호텔(커미션 호텔, 터미널 호텔 등)은 1객실당 30~50m²의 연면적을 필요로 하므로 30~50m²의 연면적을 필요로 하므로 300×40m²=12,000m² 정도가 좋다.

5) 호텔의 기능도

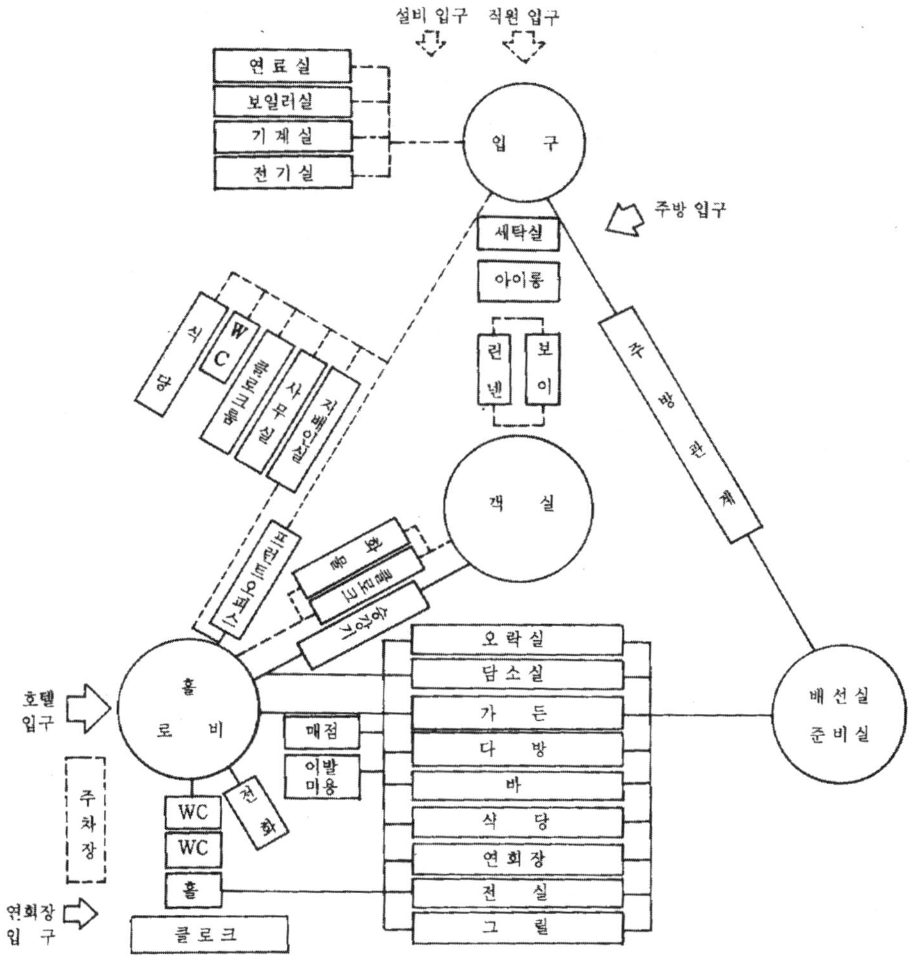

그림 2 호텔의 기능도

6) 기준층 계획

① 기준층 계획시 특기사항

㉮ 호텔의 기준층은 객실이 있는 대표적인 층으로 그 층의 합리적인 규모 및

구조계획에 따라 호텔의 형태가 좌우되며, 기준 평면의 규격과 구조적인 해결로써 호텔 전체의 통일을 고려한다.

㉯ 기준층의 스팬을 정하는 방법으로는 2실을 연결한 것을 최소의 기둥 간격으로 보면 구조나 시공상의 어려움이 없다.

㉰ 기준층의 객실수를 배치하는 방법은 기준층의 면적과 기둥간격의 구조에 따라 결정되며, 기준층의 스팬은 2개의 객실을 최소 기둥간격으로 보면 구조상이나 시공상 어려움은 없다. 즉, 스팬(span, 주간)은 실의 크기에 따라 달라질 수 있으나 일반적으로 아래와 같은 방법으로 구한다.

기둥간격(span)=(최소의 욕실 폭+각실 입구 통로 폭+반침 폭)×2배

㉱ 동일 층에서는 서비스실, 배선실, 엘리베이터, 계단실을 고려한다.

㉲ 기준층은 객실의 형태나 구조, 설비, 특히 엘리베이터 등의 동선계획 외에도 방재계획 및 피난 계획에 주의한다.

② 기준층의 평면형

표 6 기준층의 평면형과 구조계획

유 형	패 턴	요 점
리니어형	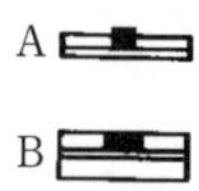	• 정형 라멘이 주체가 되어 코어 주위에 내진 요소가 배치된다. • 방수를 더하기 이해서는 평면 길이가 커지기 쉽다.
이형(異形) 리니어형	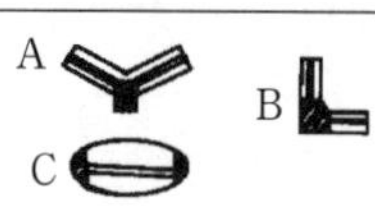	• 리니어형 변형시킨 것으로 보통 구조계가 복잡하게 되므로 신중한 검토를 요한다.
교차형	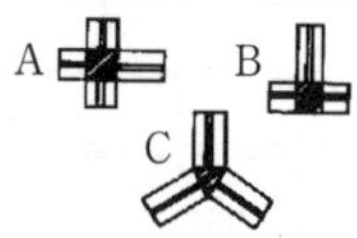	• 일반적으로 구조계가 보다 복잡하며, 고층 건물에는 적당하지 않는 경우가 있다.
병렬형	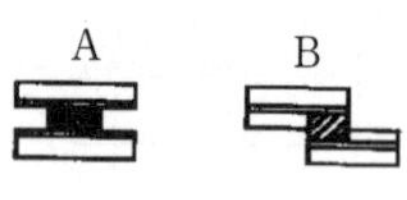	• 코어를 끼고 방을 배치함으로써 건물의 속 길이 치수가 커지며, 리니어형에 비하여 평면적인 폭 길이비, 입면적인 폭 높이 비가 구조적으로 유리하다.
폐쇄형	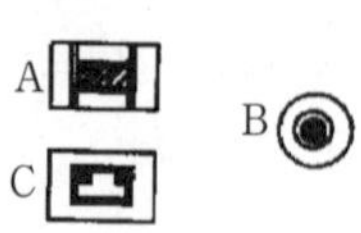	• 병렬형과 같이 건물 평면의 폭 길이비, 폭 높이비는 구조적으로 유리하다. • 각 타입 모두 대칭축을 가진 평면형이며, 편심이 생기지 않는다.
복합형		• 가장 복잡한 구조 체계가 되기 쉽고, 일반적으로는 고층건물에는 적당하지 않다.

③ 기준층(숙박부분)과 공공부분의 연결 방식

㉮ 밀집형

저층부를 기단 모양으로 하고 그 위에 숙박부를 올린 형으로 도시에서의 고층 건물에 적합하다.

㉯ 인접형

숙박부분과 공공부분이 인접되어 있는 형으로 각 부분마다 최적의 구조와 설비가 계획될 수 있으므로 경제적이고, 넓은 대지의 호텔에 적합하다.

㉰ 개방형

숙박부분은 넓은 대지에 집단적으로 분산되어 있는 형으로 넓은 대지를 이용할 수 있으며, 리조트 호텔에 적합하다.

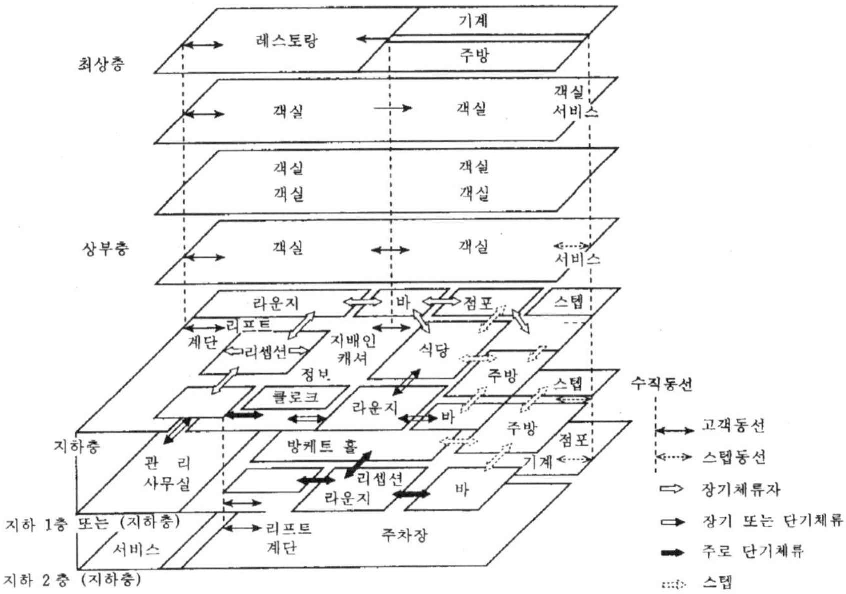

그림 3 객실 · 서비스부와의 수직동선 체계

④ 기준층의 한층당 객실수

	최소~최대	평 균
엘리베이터가 있을 때	35~85실	55실
엘리베이터가 없을 때	9~34실	19실

(3) 실별 세부계획

1) 현관 · 로비 · 라운지

① 현관

호텔의 외부 접객장소로서 프런트 데스크와의 접속이 원활하여야 하며, 기능적으로 로비, 라운지와 연속된다.

② 로비(lobby) · 라운지(lounge)

로비(lobby)는 고객이 현관에 도착하여 퍼블릭 스페이스(public space)의 중심으로서 지나가는 장소이며, 다목적으로 사용되는 만큼 그 개방성과 다른 공간과의 연계성의 중요하게 된다. 라운지(lounge)는 머무는 장소로서 휴식, 담화, 응접 등으로 사용하는 공간이다.

㉮ 현관, 로비, 라운지의 면적

중규모 이상 비즈니스 호텔의 경우 순수 라운지가 0.8~1.0m^2/실 정도가 되며, 로비와 라운지가 결합된 경우 0.9~1.5m^2/실 정도로 한다.

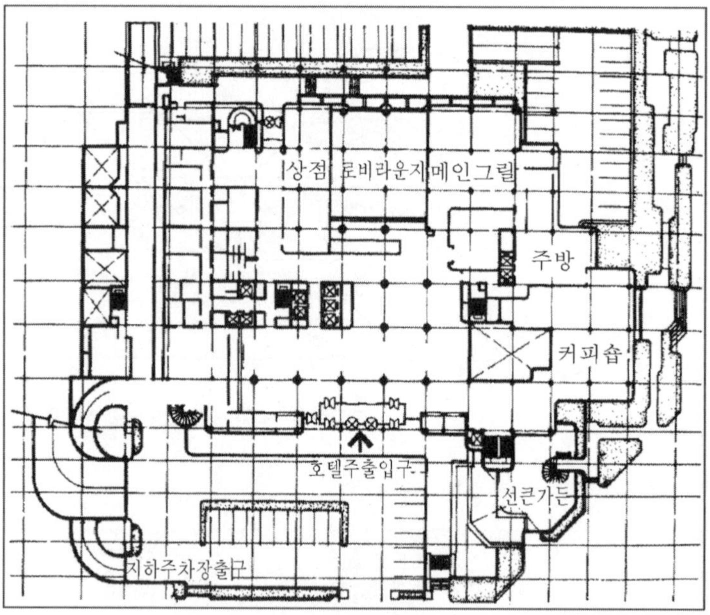

그림 4 로비의 예

그림 5 로비 공간의 예

2) 프런트 오피스(front office) · 지배인실 · 클로크 룸(cloak room)

① 프런트 오피스(front office)

호텔 운영의 중심부이므로 외래객이 알기 쉬운 장소로 자유롭게 출입할 수 있고 고객의 실내 동향을 쉽게 관찰할 수 있어야 한다. 프런트 데스크를 중심으로 하여 현관과 엘리베이터의 삼각관계에서 고객의 동선이 원활하여야 하며, 프런트 데스크의 높이는 1.0m 정도로 한다. 프런트 오피스의 업무공간은 다음과 같이 분류한다.

㉮ 안내계 : 고객의 확인, 통신, 우편, 연락

㉯ 객실계 : 접수, 실의 배정, 숙박료의 결정, 열쇠함

㉰ 회계계 : 계산, 현금 출납, 환금, 컴퓨터실

표 7 객실의 크기에 따른 카운터의 크기

객실 수	카운터의 길이(m)	프런트 데스크의 넓이(m^2)
50	3.0	5.5
100	4.5	9.5
200	7.5	18.5
400	10.5	30.0

② 지배인실

외래객이 알기 쉽고, 누구에게나 방해를 받지 않고 자유롭게 출입하고 대화할 수 있는 위치에 두며, 후문으로 통하게 한다.

③ 클로크 룸(cloak room)

㉮ 호텔, 극장, 식당, 카바레 등 외래객이 그 입구에서 일시 외투 등을 맡기는 방

㉯ 휴대품 보관소, front office 옆에 설치하는 외투 보관실(카운터 길이-일반식 : 1m/100명, 혼잡한 회의실 : 3m/100명, 연회장 : 5m/100명)

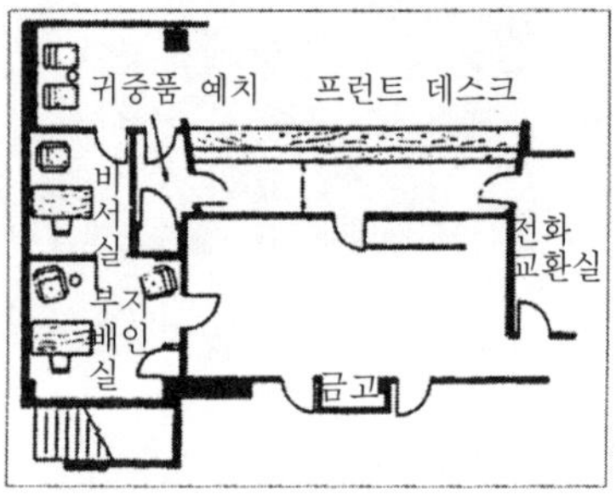

그림 6 프런트 오피스의 예

3) 객실(guest room)

① 크기

(단위 : m)

층 높이	실 폭	실 깊이	층 높이	출입문 폭
1인용실	2.0~3.6	3.0~6.0	3.3~3.5	0.85~0.9
2인용실	4.5~6.0	5.0~6.5		

(단위 : m^2)

실 종류	싱글(single)	더블(double)	트윈(twin)	스위트(suite)
1실의 평균 면적	18.55	22.41	30.43	45.89

② 객실의 형

가로, 세로의 비, 욕실, 벽장의 위치에 의해서 침대의 배치를 검토하여 결정한다.

㉮ 일반적인 형

$$\frac{b}{a} = 0.8 \sim 1.6$$

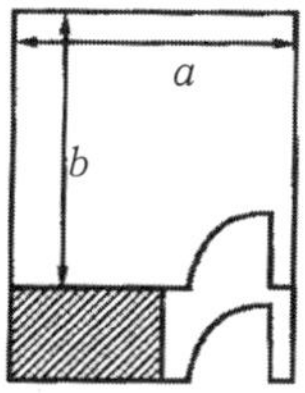

그림 7 객실의 형

㉯ 평면형의 결정 조건 : 침대의 위치, 욕실, 변소의 위치에 의해 결정한다.

③ 객실의 창

창문은 실의 축에 오지 않게 하여 가구의 배치상 한쪽으로 치우치는 것이 좋다.

④ 욕실의 크기

욕실 내 시설	A(최소)	B(최소)	A×B(최소)
세면기, 변기의 경우	125cm	75cm	$1.5m^2$
세면기, 변기, 샤워의 경우	150cm	120cm	$2.5m^2$
세면기, 변기, 욕조의 경우	114cm	190cm	$3.0m^2$

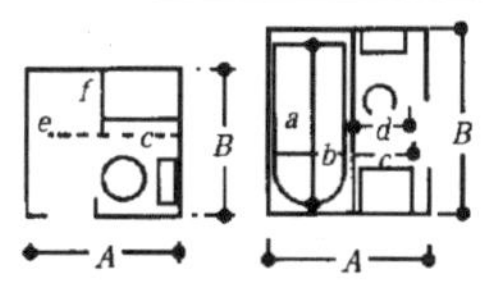

⑤ 가구

침대의 배치는 창과 평행으로 놓는 것이 일반적이다. 높이는 위치에 따라 달라질 수 있다.

그림 8 표준적인 객실의 layout(경주힐튼호텔)

4) 룸 서비스(room service)

① 숙박층의 각 층에서 코어에 인접하여 객실 150 베드당 리프트 1개, 25~30실당 1대씩 추가하며 간단한 음식과 침구 서비스 및 청소의 기능을 수행한다.

② 화물 및 손님의 트렁크 운반을 위해 별도의 엘리베이터와 트렁크실, 린넨실 규모에 따라서는 보이가 상주하는 보이실이 마련되기도 한다.

5) 식당(main dining room)

① 주식당은 숙박객 뿐만 아니라 외래객이 대상이므로 접근과 개방성이 좋은 위치이어야 한다. 규모와 서비스 되는 음식의 종류, 서비스 성격에 따라 여러 가지 식당을 특색 있게 갖춘다.

② 커머셜 호텔은 리조트 호텔의 1/2 정도이다.

㉮ 면적

㉠ 면적 구성비 : 식당과 주방의 관계에서 식당이 차지하는 면적은 70~80% 정도

㉡ 크기

- 1석당 면적 : 1.1~1.5m^2/석
- 1평당 수용인원 : 2.0~2.5인/평

6) 주방(kitchen)

① 호텔의 식사 서비스는 식당 이외에도 연회장, 바, 다방 및 룸서비스 등의 여러 계통이 있으므로 주방의 위치는 수직, 수평의 서비스 체계와 쉽게 연속되는 곳이어야 한다.

② 주주방이 전체 체계의 중심에 있게 하고, 규모에 따라 부주방이 각 부분에 배치되기도 한다.

③ 일반적으로 주방의 면적은 조리실 등의 주요 부분으로서 25~35%가 보통이나 최근 조리의 기계화로 면적이 절약되는 경향이 있다.

④ 주방 설계의 착안점은 다음과 같다.

㉮ 쓰레기 처리 및 수납의 단순화를 위한 서비스 코어에 집중 배치한다.

㉯ 각 요리공간은 직접 환기가 가능하도록 한다.

㉰ 효율적인 작업공간이 되기 위해 주위에 각종 보조공간을 배치한다.

㉱ 음식의 준비 - 조리 - 배선의 체계를 원활한 동선계획과 일치시킨다.

7) 연회장(ball room)

① 대·소규모의 연회 및 각종 쇼 또는 회의실로서도 활용되는 다목적 홀이다. 숙박부분과는 명확하게 구별하여 객실에 방해가 되지 않도록 출입구를 별도로 설치하는 것이 바람직하다.

② 1인당 소요 면적

수용인원과 가구배치의 유통성을 고려하여 다음과 같은 크기로 계획한다.

㉮ 대연회장 : 1.3m²/인

㉯ 중·소 연회장 : 1.5~2.5m²/인

㉰ 회의실 : 1.8m²/인

③ 테이블 배치

6~10인용 라운드 테이블과 10인용 이상의 대형 테이블 배열을 고려한다.

8) 종업원 관계 제실

① 종업원 수

객실수의 2.5배 정도의 인원으로 한다.

② 종업원의 숙박시설

종업원의 1/3 정도의 규모로 한다.

③ 보이실(boy room), 룸 서비스(room service)

㉠ 숙박시설이 있는 각층 코어에 인접하여 둔다.

㉡ 객실의 150베드(bed)당 리프트(lift) 1개를 매층에 설치하며, 25~30실당 1대씩 추가 설치한다.

㉢ 간단한 음식과 침구 서비스 및 청소 기능을 수행한다.

㉣ 화물 및 손님의 트렁크 운반을 위하여 별도의 엘리베이터와 트렁크실을 둔다.

㉤ 린넨실의 규모에 따라 보이가 상주하는 보이실을 둔다.

㉥ 보이실은 코어에 두어 감시가 편리하고 룸서비스가 인접하도록 하며, 휴식, 숙직용 침대를 둔다.

④ 린넨실(linen room)

객실 내부에서 사용하는 물건 등을 보관하는 실로 숙박객의 셔츠, 머플러 기타 의류 등의 세탁물도 수납, 보관한다.

⑤ 트렁크 룸(trunk room)

숙박객의 짐을 보관하는 장소로 화물용 엘리베이터 필요하다.

9) 화장실

① 공용 부분의 층에서는 60m 이내마다 설치한다.

② 종업원의 화장실은 따로 설치하여 고객과의 혼용을 방지한다.

③ 공통용 변기수는 25인에 대해 1개의 비율로 설치한다.(대 : 소 : 여 = 2 : 4 : 2)

(4) 환경계획

1) 호텔의 쾌적 조건

① 2C : convenience(쾌적성), comfort(안락성)

② 3S : sanitation(위생성), safety(안전성), speed(능률성)

2) 공기조화설비

냉·난방의 공기조화설비는 전부를 중앙에서 통합하여 조절하는 시스템과 객실, 식당 등을 개별적으로 조절하는 유닛시스템과 그리고 이를 병용하는 시스템이 있다. 객실, 사무소, 화장실은 20℃, 로비는 17℃, 식당은 18℃, 주방 및 세탁실은 15℃, 연회장은 21℃의 온도로 하고, 습도는 40~60% 정도이고, 기류는 0.3m/min 이하이다.

3) 엘리베이터

객용 엘리베이터는 객실수 49실당 1대(15~20인승), 연면적 1,500~2,000m^2당 1대 정도로 한다. 또한 화물용 및 요리용 리프트도 설치한다.

(5) 실예

1) 호텔롯데월드

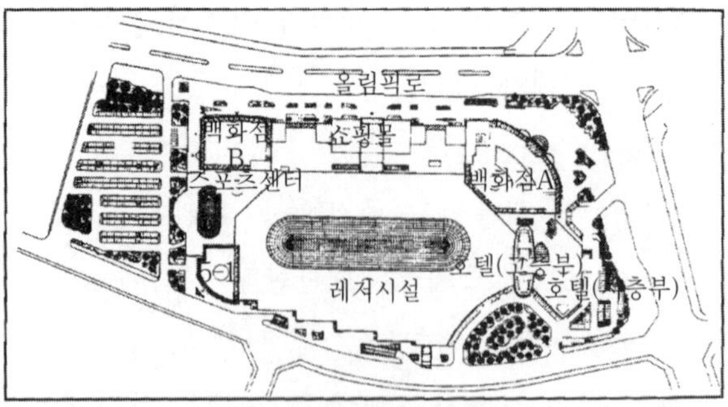

그림 9 호텔롯데월드배치도

대지위치 : 서울 송파구 잠실동 40-1
지역지구 : 도시설계구역, 상업지역, 제1종미관지구, 주차장정비지구
개관일자 : 1988. 8. 　　대지면적 : 128.246m²
건축면적 : 5,647m² 　　연 면 적 : 75,826m²
건 폐 율 : 4.4% 　　용 적 율 : 59.1%
규　　모 : 지하3층, 지상 33층 　　구　　조 : 철골철근콘크리트조
외부마감 : PC자기타일 　　객　　실 : 505실

객실타입	한실	더블	트윈	스위트	총계
객 실 수	4	87	372	42	505
구 성 비	1%	17%	74%	8%	100%

식음료시설 : 한식당, 일식당, 양식당, 중식당, 뷔페, 커피숍, 로비라운지, 나이트클럽, 연회장, 제과점
부대시설 : 체력단련장, 미용체조장, 실내수영장, 스쿼시, 라켓볼, 볼링장, 테니스, 사우나, 아케이드

2) 서귀포칼호텔

대지위치 : 제주도 서귀포시 토평동 486-3
지역·지구 : 자연녹지지구, 관광숙박시설지구
대지면적 : 130,169m²
건축면적 : 2,499m²
연 면 적 : 22,528m²
건 폐 율 : 1.92%
용 적 율 : 17.3%
구　　조 : 철근콘크리트조
객　　실 : 224실
식 음 료 : 한식당, 일식당, 양식당, 커피숍, 연회장
부대시설 : 실내·외수영장, 테니스장, 남자사우나, 미용실, 카지노

3) 르네상스 리조트오끼나와

대지면적 : 27,706m² 　　건축면적 : 7,226m²
공사기간 : ·기　초 : 1987. 2. 14~1987. 5. 1.
　　·골　조 : 1987. 5. 2~1988. 1. 9.
　　·마무리 : 1988. 1. 10~1988. 6. 30.
　　·준　공 : 1988. 6. 30
개관일자 : 1988. 7. 8. 　　연 면 적 : 38,954m²
건폐율 : 26.0% 　　용적률 : 140.5%
규　모 : 지하1층, 지상11층
기준객실층 면적 : 2,517m²
구　조 : SRC조(철골철근콘크리트조) 　객　실 : 392실
식음료 : 로비라운지(352m²/92석), 카페(313m²/172석) 바(136m²/66석), 양식당(526m²/200석), 일식당(386m²/134석), 스테이크하우스, 철판구이(300m²,142석), 바비큐(406m²/154석), 초밥(103m²/66석)
부대시설 : 실내 수영장, 실외 수영장, 교회

2. 레스토랑

(1) 종류

1) 요리에 의한 분류

㉠ 한국식

㉡ 중국식

㉢ 일본식

㉣ 양식

① 식사 위주의 음식점 종류

㉮ Restaurant

정시각에 정식을 제공하는 것을 원칙으로 배선을 통하여 웨이터 서비스를 받는다.

㉯ Lunch room

Self-service의 restaurant로 실용화한 것으로서, 배선실이 없는 형식의 가벼운 음식 위조 식당으로 카운터 안쪽에 조리장, 바깥 쪽에 객석이 마련되어 있다.

㉰ Grill

특징 있는 일품 요리를 파는 음식점을 카운터 서비스가 주가 된다.

㉱ Cafeteria

간단한 식사를 하려는 사람들의 요구에 따라 발전된 것으로 Self-service 형식이다.

㉲ Drive-in-restaurant

주차장에 부속되어 있으며 Self-service가 많고, 운전기사의 휴식, 식사 등을 위한 목적으로 시설

㉳ Snack bar

간단하게 단시간에 식사할 수 있는 카운터 서비스나 Self-service의 식당으로 카운터 내에서 조리 ・저장・준비・설거지가 되며, 창고도 필요하고 카운터와 조리 면적 포함 1인당 1.5~2.2m² 필요

㉳ Sandwich shop

㉴ Buffet(or Craving table restaurant)

고기를 썰어 나누어 주는 공간 포함 1인당 1.6m^{2}가 필요하며, 음식 진열 탁자는 더운 것과 찬 것을 구별하여 고기, 채소, 과자들을 지급하게 된다.

② 경식을 주로 하는 음식점

㉮ 다방(tea room, coffee shop)

㉯ 베이커리(bakery)

㉰ 캔디 스토어(candy store)

㉱ 프루트 파알러(fruit parlour)

㉲ 드러그 스토어(drug store)

③ 주류를 주로 한 음식점

㉮ 바(bar)

㉯ 비어 홀 (beer hall)

㉰ 카페(cafe)

㉱ 스탠드(stand)

④ 사교를 주로 하는 음식점

㉮ 카바레(cabaret)

㉯ 나이트클럽(night club)

㉰ 댄스 홀(dance hall)

2) 성격에 의한 분류

① 실용적 성격의 음식점

학생 식당, 외식권 식당, 직원 식당과 런치 룸, 치킨 정도의 실용적인 식사의 음식점을 말한다.

② 위안적 성격의 음식점

소요리점, 레스토랑, 중화요리점 등 가정요리 이외의 위안적 식사의 음식점을 말한다.

③ 유흥적 성격의 음식점

상담, 공용, 연회 등에 이용되는 음식점으로서 요정, 고급 레스토랑 등이 여기에 속한다.

(2) 평면계획

1) 동선계획

① 규모에 관계없이 객의 동선과 관리 부분 관계의 동선이 혼란되지 않게 계획한다. 특히 주방 관계 동선과 객의 동선은 확실히 구분한다.

② 배선실과 식당 간의 종업원 동선과 무관하게 하고, 바닥 고저차 없이 요리, 식기 출입이 별도로 되도록 한다.

③ 연회장, 집회장이 있는 경우 전용 clock room, 서비스 팬트리를 설치한다.

④ 화장실은 식당에서 직접 들어가지 않고 로비나 라운지에서 연결이 되게 하며, 객과 종업원을 구별하여 설치한다.

⑤ 바는 별실로 하는 것이 좋다.

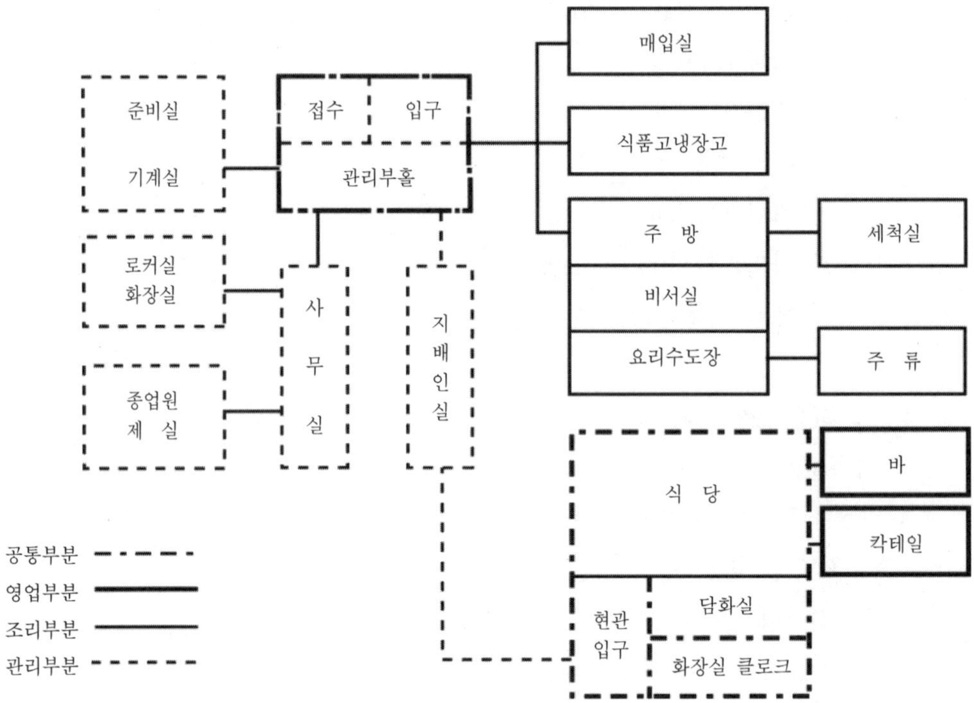

그림 10 레스토랑의 기능도

2) 평면형식

① Self-service

손님 자신이 서비스하는 것이므로 객의 동선 계획이 중요하다.

입 구 → 쟁반과 식기 준비대 → 서비스 카운터 → 계 산 대 → 식 탁 → 출 구

그림 11 셀프서비스 레스토랑에서의 객의 동선도

② Counter-service

㉠ 객의 앞에서 조리하게 되므로 서비스가 신속하며, 가벼운 기분으로 식사하는데 적당한다. 단, 조리장과 카운터 주변의 청결에 주의해야 한다.

㉡ 면적의 이용률이 높고 어떤 부지에도 자유로이 설치할 수 있으며, 객의 순환률도 좋다.

㉢ 시끄럽고 안정되지 못하다.

③ Table-service

㉠ 서비스는 신속하지 않지만 정중한 이용이 될 수 있도록 한다.

㉡ 인건비, 유지비, 객의 순환률도 다른 형식보다 비경제적이므로 객의 수준도 높고 값도 비싸다.

3) 면적비

① 1인당 소요 면적비

표 8 객 1인당에 대한 식당의 소요 면적(m^2)

식당의 종류	객석+카운터	객석 면적	주방 면적
카운터 서비스의 식당	1.4~2.60(1.7)	-	0.45~0.65(0.50)
카운터와 테이블의 식당	1.4~2.60(1.5)	-	0.45~0.65(0.50)
카페테리아	1.4~1.75(1.5)	-	0.45~0.65(0.50)
공장·학교용 식당	-	0.7~1.0(0.9)	0.32~0.50(0.40)
레스토랑 (일품)	-	1.1~1.5(1.3)	0.45~0.65(0.55)
레스토랑 (정식)	-	1.1~1.5(1.3)	0.26~0.40(0.28)
연회석	-	0.7~1.0(0.8)	0.26~0.40(0.35)

주 : 1. 카운터 서비스, 카운터와 테이블, 카페테리아의 주방 면적에는 카운터를 포함하지 않음.
2. 공장, 학교용 식당은 저장고를 포함한 것임.
3. 괄호 안의 숫자는 일반적으로 적당한 수치를 표시한 것.

4) 소요실

① 영업 부문

㉮ 현관, 로비

㈏ 클로크 룸
㈐ 프런트 오피스
㈑ 라운지
㈒ 바, 칵테일 라운지
㈓ 런치 룸
㈔ 화장실, 변소
㈕ 주식당
㈖ 크릴 룸
㈗ 특별실, 연회실, 집회실

② 관리 부문
㈎ 종업원실
㈏ 종업원 화장실
㈐ 변소
㈑ 사무실
㈒ 사용인 출입구
㈓ 지배인실
㈔ 전기실
㈕ 기계실
㈖ 보일러실

③ 조리 부문
㈎ 주방
㈏ 배선실
㈐ 창고
㈑ 냉장고

표 9 각부 간의 면적비

면 적	연면적에 대한 비(%)
영업 부문	50~85
조리 부문	5~50
영리 부문	0.2~30

(3) 세부계획

1) Front entrance

① 현관 입구는 직접 내부가 들여다보이지 않는 것이 좋다.

② 출입문은 자재문으로 하며, 통풍과 환기를 위해 2중문으로 한다.

2) 주방

① 기능성 준비, 조리 부분, 냉음식물 준비 부분, 디저트 준비 부분, 설거지 부분으로 구분한다.

② 식당 면적에 대한 주방 면적

식당 구분	식당 면적에 대한 비(%)
일반 식당	30
카페테리아(카운터 포함)	35~45
연회장(다른 위치에 주주방이 있는 경우)	25
여회장(다른 위치에 주주방이 없는 경우)	42

3) 배선실

① 주방의 1/5~1/3 정도

② 1일 사용의 식기류, 테이블 등의 보관실로 쓰이며, 식기를 깨끗이 놓을 수 있는 설비와 음식물을 식지 않게 보온대의 설비를 하는 것이 좋다.

4) 식탁 · 의자 배치

① 식탁 평행 배치

㉮ 각 식탁(4인용)의 요소 면적 : $2.20\times2.42m^2=5.32m^2$(통로 포함)

㉯ 객 1인당 소용 면적 : $1.33m^2$

㉠ $1.50m^2$(서비스, 해치, 여유 면적 포함시)

㉡ $1.07m^2$(객 10명인 경우)

㉰ 식탁 사이 공간은 폭 650~680mm 정도의 작은 식탁을 둘 수 있도록 고려

㉱ 식탁의 높이 : 75~78cm

㉲ 의자의 높이 : 45cm 정도

② 식탁 대각선 배치

㉮ 각 식탁의 소요 면적 : $1.70\times1.90m=3.31m^2$ 정도(통로 포함)

㉯ 객 1인당 소용 면적 : $0.88m^2$, $1.0m^2$(여유 면적 포함)

③ 카페 / 다방의 가구 배치

객 1인당 소요 면적 : $0.68m^2$, $0.75m^2$(여유 면적 포함)

④ 작은 커피 탁자 사용시

객 1인당 소요 면적 : $0.5m^2$, $0.6 \sim 0.7m^2$(여유 면적 포함)

5) 마감재료

㉮ 바닥 : 발길이 닿았을 때 좋은 느낌이 들도록 하며, 물건을 떨어뜨렸을 때 깨지지 않는 재료 사용

㉯ 벽 : 먼지가 잘 붙지 않고, 음이 반향 되지 않는 재료

㉮ 천장 : 흡음성, 건식 재료 사용

6) 내 · 외부 디자인

좋은 인상을 주며 기품 있고 신선한 느낌, 내부에서 쾌적감을 느끼도록 자연광과 인공조명의 적절한 선택

7) 종업원 관계 제실

실 명	설 계 방 침
갱의실	남녀별로서 면적 $0.85 \sim 1m^2$/명, 시설은 로커, 우산통, 신발장, 수세기 등
점원식당	면적 $0.7 \sim 0.8m^2$/명
변 소	남자 : 소변기 1개/25명, 대변기 1개/50명, 여자 : 변기 1개/25명

제8장 숙박시설 익 힘 문 제

1. 호텔의 종류 및 특성에 대하여 설명하라.
2. 시티 호텔(city hotel)의 종류는?
3. 리조트 호텔의 입지조건은?
4. 유스 호스텔(youth hostel)의 건축기준은?
5. 호텔 건축계획에서 그 기능을 분류하고 설명하라.
6. 호텔 건축의 기준층 계획에 대하여 간단히 설명하라.
7. 호텔 건축계획시 일반객실의 단위 폭을 정할 때 방법은?
8. 호텔의 소요실 중 퍼블릭 스페이스(Public space)에 속하는 부분은?
9. 연면적에 대한 퍼블릭 스페이스의 면적이 가장 큰 비율로 되어 있는 호텔은?
10. 호텔의 건축적 형식으로서 외관의 형태 결정요인으로 가장 크게 작용하는 부분은?
11. 호텔 중에서 숙박부분의 면적이 가장 많이 차지하는 호텔은?
12. 호텔 건축에서 린넨실의 용도는?
13. 호텔의 각 실에 대하여 설명하라.
    - ㉠ 트렁크실(trunk room)
    - ㉡ 클로크실(cloak room)
    - ㉢ 로비(lobby)
    - ㉣ 팬트리(pantry)
14. 셀프서비스(self-service) 레스토랑 객의 동선 순서는?
15. Self service가 주가 되는 형식의 음식점은?

제9장

산업건축

1. 공장
2. 창고
3. 주차시설

익힘문제

제9장 산업건축

1. 공장

(1) 개요

공장은 원료, 설비, 동력, 노동력을 일정한 곳에 모아서 생산, 가공, 조립 작업을 계속적이고 경제적으로 행하여 제품을 생산하는 시설이다.

1) 대지 선정 조건

① 국토계획·도시계획상 제약이 없을 것

② 재료 및 기후 작업에 대해 기후·풍토가 적합할 것

③ 평탄한 지형으로 정지비가 적게 드는 지형일 것

④ 지반이 견고하고 습윤(濕潤)하지 않고 급배수가 편리할 것

⑤ 원료 및 재료의 공급이 용이할 것

⑥ 교통이 편리할 것

⑦ 노동력의 공급이 용이할 것

⑧ 동력원(전기, 수도, 용수 등)이 이용이 용이할 것

⑨ 잔류물 및 폐수의 처리가 용이할 것

⑩ 유사 공업의 집단지이고 관련 공장과의 편리한 점이 있을 것

⑪ 지가가 저렴하여 토지 공급이 용이할 것

2) 배치계획 및 확장계획

① 작업장의 배치

㉮ 공장 작업장의 배치가 생산 능률에 주는 영향이 크므로 각 건물의 배치는 공장 작업 내용을 충분히 검토한 후 결정하는 것이 바람직하다.

㉯ 장래 계획, 확장 계획을 충분히 고려해서 배치 계획이다.

㉰ 이상적으로 대지 내의 전체 종합계획을 하고, 그 일부로서 현계획을 한다.

② 작업장의 배치시 고려사항

㉮ 원료 및 제품을 운반하는 방법, 작업 동선을 고려한다.

㉯ 동력의 종류에 따라 배치하는 계통을 합리화한다.

㉰ 생산, 관리, 연구, 후생 등이 각 부분별 시설을 명쾌하게 나누고 유기적으로 결합시킨다.

㉱ 견학자 동선을 고려한다.

㉲ 대규모 공장에서 여러 종류의 작업이 포함하는 경우 가장 중요한 작업에 대하여 가장 유리한 위치에 배치한다.

③ 확장계획

㉮ 공장 설계시 전체 종합계획(master plan)을 수립할 것

㉯ 입체적 환경이 예측될 경우 구조물 설계에 미리 고려할 것

㉰ 부대설비의 용량(capacity)을 확장 계획에 반영하도록 고려할 것

3) 공장 건축의 형식

① 분관식(pavilion type)

㉮ 건축 형식, 구조를 각기 다르게 할 수 있다.

㉯ 공장의 신설, 확장이 비교적 용이하다.

㉰ 배수, 물홈통 설치가 용이하다.

㉱ 통풍, 채광이 좋다.

㉲ 공장 건설을 병행할 수 있으므로 조기 완성이 가능하다.

㉳ 화학공장, 일반기계조립공장, 중층공장(重層工場)의 경우에 많다.

② 집중식(block type)

㉮ 내부 배치 변경에 탄력성이 있다.

㉯ 공간의 효율이 좋다.

㉰ 운반이 용이하고 흐름이 단순하다.

㉱ 건축비가 저렴하다.

㉲ 일반기계조립공장, 단층 건물이 많으며, 평지붕 무창공장에 적합하다.

③ APT형 공장

㉮ 토지를 효율적으로 이용하기 위해 동일 건물 내 다수의 중소기업을 집단화시키고, 이에 따른 부대시설을 공동 사용 및 활용할 수 있는 다층형, 공장용 복합건물을 말한다.

㉯ 종류

입주 구성에 따라 순수 APT형 공장과 혼합형 공장이 있으며, 구조 및 규모에 따라 저층형, 중층형, 고층형으로 구분할 수 있다.

(2) 평면계획

1) 소요 부문

① 경영 관계 제실

② 서무 관계 제실

③ 작업 관계 제실

④ 연구·조사 관계 제실

⑤ 정리 관계 제실

⑥ 위생 및 후생 관계 제실

2) 평면계획의 주안점

① 관리 부분과 생산 공정 부분을 구분하고, 동선이 혼란되지 않게 할 것

② 생산 공정은 원료, 제품, 폐품 또는 잉여품의 흐름을 구별할 것

3) 공장 건축의 레이아웃(layout) 형식

① 레이아웃(layout)의 개념

㉮ 공장 생산에 있어서 그 공정의 합리화로 위해 중심이 되는 기계나 설비의 배치 방법을 결정하는 것

㉯ 공장 사이의 여러 부분, 작업장 내의 기계 설비, 작업자의 작업 구역, 자재나 제품을 두는 곳 등 상호 관계의 검토가 필요하다.

㉰ 넓은 뜻으로는 생산 작업뿐만 아니라 사무 업무, 복리 후생, 보건 위생, 문화 관리 등 광장의 전반적 시설을 따른다. 현대는 작업 과정의 유동화, 자동화와 더불어 레이아웃도 한층 복잡해지고 있다.

㉱ 레이아웃은 공장 생산성에 미치는 영향이 크고, 공장 배치 계획, 평면 계획은 레이아웃을 건축적으로 종합한 것이 되어야 한다.

㉲ 레이아웃은 장래 공장 규모의 변화에 대응한 융통성(flexibility)이 있어야 한다.

② 레이아웃 형식

형　식	특　징
① 제품 중심의 레이아웃(연속 작업식)	① 생산에 필요한모든 공정, 기계 기구를 제품의 흐름에 따라 배치하는 방식 ② 장치 공업(석유, 시멘트), 가전제품 조립 공장 등 ③ 특징

	㉠ 대량 생산에 유리하고, 생산성이 높다. ㉡ 공정간의 시간적, 수량적 균형을 이룰 수 있고, 상품의 연속성이 유지된다.
② 공정 중심의 레이아웃(기계 설비 중심)	① 동종의 공정, 동일한 기계, 기능이 유사한 것을 하나의 그룹으로 집합시키는 방식 ② 다종 소량 생산으로 예상 생산이 불가능한 경우나 표준화가 행해지기 어려운 경우에 채용된다. ③ 특징 : 생산성이 낮으나 주문 생산 공장에 적합하다.
③ 고정식 레이아웃	① 주가 되는 재료나 조립 부분품이 고정되고, 사람이나 기계가 이동해 가며 작업을 하는 방식 ② 특징 : 선박, 건축 등과 같이 제품이 크고, 수량이 적은 경우에 적합하다.
④ 혼성식 레이아웃	위의 방식이 혼성된 형식[①과 ②, ①과 ③]

(3) 구조계획

1) 공장 건축의 구조계획

수송기기(crane), 채광 및 난방, 장래 확장성 등을 고려하여야 한다.

2) 공장의 형태

① 단층 공장

톱날모양의 지붕 및 천창이 있는 형태로 무거운 원료나 제품을 취급하는 공장에 적합하며 기계, 조선, 주물 공장 등에 적용된다.

② 중층 공장

층수가 많은 건물형태로 가벼운 원료나 제품을 취급하는 공장에 적합하며 제지, 제약, 제과, 제분, 방직 공장 등에 적용된다.

③ 단층·중층 병용 공장

단층공장과 중층공장을 병용한 건물형태로 양조, 방적 공장 등에 적용된다.

④ 특수 구조의 공장

제품에 따라 결정되는 경우로 제분, 시멘트 공장 등에 적용된다.

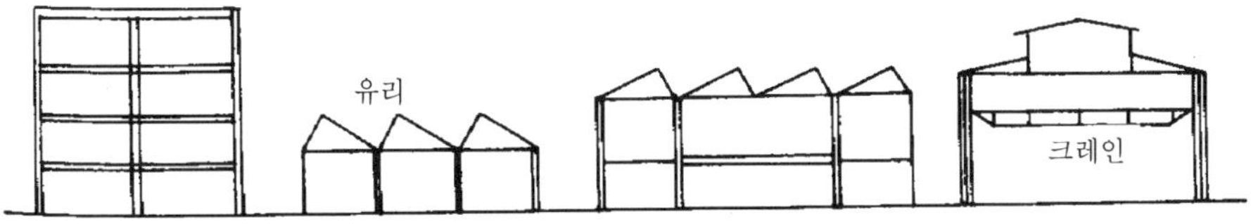

그림 1 공장의 형태

3) 지붕 형식

형 식	특 징	형 태
평지붕	• 중층식 건물의 최상층에 쓰인다.	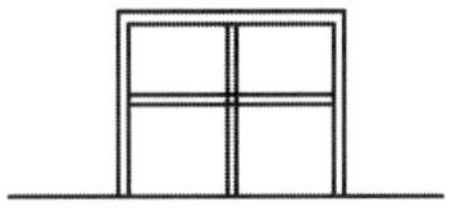
뾰족지붕	• 평지붕과 마찬가지의 동일면에 천장을 내는 방법 • 직사광선을 어느 정도 허용해야 하는 결점이 있다.	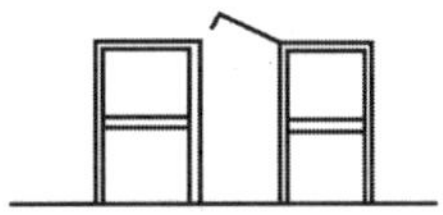
솟을지붕	• 채광 및 환기에 적합하다. • 채광창의 경사에 따라 채광이 조절되며, 상부 창의 개폐에 의하여 환기량도 조절된다.	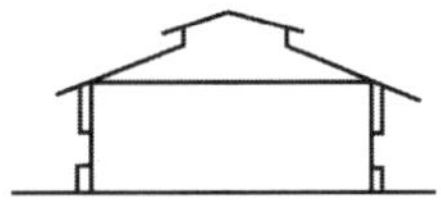
톱날지붕	• 북향으로 하루종일 변함없는 조도를 가진 약광선을 수용하며, 기둥이 많이 필요하므로 바닥면적이 많아진다. • 기둥 때문에 기계 배치의 융통성 및 작업능력의 감소를 초래한다.	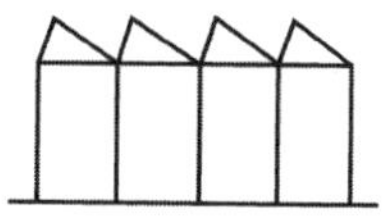
샤렌구조에 의한 지붕	• 기둥이 적게 소요되므로 상당한 이용 가치가 있다.	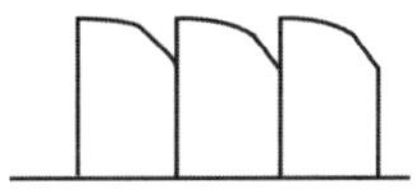

4) 구조 형식

① 목조

㉮ 소규모 단층 공장(바닥 면적 1,000m^2 이내) 또는 철골 사용시 녹이 생길 우려가 있을 때 사용된다.

㉯ 스팬 18m 이하, 천장 높이 6m 이내, 주행 크레인 2t 이하에 적합하다.

㉰ 내화, 내구에 난점이 있다.

② 철근 콘크리트 구조

㉮ 내풍, 내화, 내구적 구조로 중층 공장, 기밀형 공장에 적당하다.

㉯ 단층에서는 스팬 10m 이내가 경제적이고 스팬이 6~7m로 균등해야 한다.

③ 철골조

큰 스팬이 가능하여 대규모의 단층 공장, 처마 높이가 높은 것, 주행 크레인을 가잔 것 등에는 경제적이므로 많이 채용되고 있다.

④ 철골철근콘크리트 구조

철근 콘크리트 구조보다 스팬, 층 높이를 크게 할 수 있으나 고가이다.

⑤ 특수 구조

㉮ P.S 콘크리트 구조

공기를 단축할 수 있으며, 스팬이 길다. (15m 정도)

㉯ 셸 구조

큰 스팬의 지붕이 가능하며, 증기 배출 공장에서는 증기가 결로하는 대책으로 사용하고 있다.

5) 바닥 구조

작업장의 바닥은 사용재료의 종류에 따라 작업능률에 영향을 주게 되므로 충분히 검토하여 선정하도록 한다.

① 콘크리트 바닥

먼지와 소음이 많으며, 한냉하다. 파손되기 쉬운 물품을 생산하는 공장에서는 적합하지 못하다.

② 목조 바닥

내화성이 없고 먼지와 소음이 많다.

③ 콘크리트 바닥 위 나무 구조

콘크리트 바닥이나 목조 바닥보다 유효하나 먼지, 소음이 있다.

④ 콘크리트 바닥 위 나무 벽돌

모래와 혼합한 피치로 나무 벽돌을 깐다. 마멸시 교체가 용이하다.

⑤ 벽돌 바닥

미끄러지지 않는 장점이 있으며, 마멸 또는 훼손시 재시공이 용이하다.

⑥ 아스팔트 바닥

내수성이 있고 먼지가 없어 청결 유지가 가능하다. 탄력성이 있어 균열(crack)이 가지 않는다. 기름을 취급하는 경우에는 아스팔트를 유연하게 하므로 주의가 필요하다.

⑦ 흙바닥

위생상 다소 문제가 있지만, 주물 공장 등에서 사용된다.

(4) 세부계획

1) 관리시설

정문의 폭은 트럭이 출입할 수 있도록 5m 이상으로 하고, 한쪽에 통용문을 내고, 수위실 등을 부설해서 주야간의 출입을 체크한다.

2) 후생시설

① 식당

식당, 부엌의 소요 면적은 각각 $1.0m^2$/인, $0.4m^2$/인 정도이다.

② 의료시설

대규모 공장에서는 진료소 이상의 규모가 필요하다.

③ 위생시설

㉮ 욕실 및 갱의실

㉠ 이용자 수 : 전 근무자의 50~70%

㉡ 욕장 면적 : $1 \sim 2m^2$/인

㉢ 세면기수 : 15~20개/100인

㉣ 갱의실 : $0.5m^2$/인

㉯ 탈의시설

종업원이 작업 전후에 접근이 용이한 위치에 배치하고, 내부에는 락카(locker)를 설치한다.

㉰ 화장실

㉠ 변기수 산정

ⓐ 남자용 대변기 : 25~30인에 1대

ⓑ 남자용 소변기 : 20~25인에 1대

ⓒ 여자용 소변기 : 10~15인에 1대

㉡ 대규모 공장의 변소까지의 보행거리를 최대 50m 이내로 한다.

3) 무창공장

① 방적공장 또는 정밀기계공장에 적합하다.

② 특징

㉮ 외부로부터 자극이 적어 작업능률을 높이고, 제품의 품질이 향상된다.

㉯ 실내에서 발생하는 소음은 크다.

㉰ 공조시 냉난방 부하가 적게 걸리므로 온·습도 조정 유지비(동력비)가 절감된다.

㉱ 인공조명을 이용하므로 공장 내의 조도가 균일하다.

㉲ 배치계획에 있어서 방위를 고려할 필요가 없다.

4) 운반설비

① 공장설계를 위해서는 운반 설비에 관한 지식이 매우 중요하다. 최근 이것의 발달은 계속되어 인력을 대신하여 기계력의 시대로 바뀌었다.

② 설비의 종류

㉮ 기중기 또는 양중기 : 기중기에는 천장 이동 기중기가 있다.

㉯ 단알도양중기 : 물품을 들어올려 운반하는 기계로서 일반적으로 호이스트(hoist)라고 부른다.

㉰ 동력활도수송기

㉱ 동력전자수송기

㉲ 적반식 수송기(벨트 컨베이어 : belt conveyer)

㉳ 추진식 수송기(스크류 컨베이어 : screw conveyer)

㉴ 진공관식 수송기(pneumatic conveyer) : 파이프로 진공을 이용하여 운반하는 설비

㉵ 운반차 : 트랙터, 트롤리

5) 저장시설

① 창고구조

㉮ 매연, 가스, 전개, 직사광선에 의한 변질이 없는 구조

㉯ 채광, 통풍, 방습, 방충, 방서, 방도, 방화 고려

㉰ 물품의 형상, 중량, 격납 방식에 따른 바닥 구조, 천장 높이, 출입구의 크기, 운반시설 고려

② 저장장(貯藏場)의 면적

$$\frac{\text{전창고면적 혹은 노천창고면적}}{\text{전공장대지면적}} = 0.02 \sim 0.03$$

$$\frac{\text{전창고면적}}{\text{전공장작업장의 바닥면적}} = 0.09 \sim 0.10$$

(5) 환경계획

1) 채광 및 조명

공장 내의 채광상태는 생산능률, 제품의 품질, 화재예방, 위생 등에 영향을 주므로 충분한 채광과 적절한 채광방법을 선정하여야 한다.

① 주의사항

㉮ 충분한 채광이 될 것

㉯ 적당한 채광방법이 될 것

㉰ 자연채광과 인공조명을 적절히 혼용하여 조절하며, 인공조명은 자연채광에 비해 피로감을 많이 주므로 될 수 있는 대로 자연광을 받는 것이 좋다.

② 자연 채광

㉮ 적정 조도, 조도 분포, 시간적 변동 유무, 현휘 유무 등을 체크한다.

㉯ 건물의 폭이 클 경우는 측면창에 의한 채광만으로는 부족하므로 천창(top light)을 고려한다.

㉰ 기계류를 취급하므로 가능한 한 창을 크게 한다.

㉱ 톱날지붕의 채광방법을 이용하여 천창은 북향으로 하여 항상 일정한 광선을 얻도록 한다.

㉲ 입사되는 광선의 손실을 막기 위해 창유리는 빛을 확산시키는 유리(젖빛 유리, 프리즘 유리)를 사용한다.

㉳ 빛의 반사에 대한 벽 및 색채에 유의해야 한다

㉴ 채광의 기준

공 장 별	조도(lux)
창고	50~100
공작・조립공장	100~150
정밀기계공장	150~250

㉶ 필요한 조도와 소요 창 면적

$$창면적(m^2) = \frac{바닥면적(m^2) \times 조도(lux)}{380}$$

② 측면창에 의한 채광

㉮ 개구부를 가능한 한 크게 한다.

㉯ 창의 유효 면적을 크게 하기 위해서는 스틸 새시(steel sash)가 유리하다.

㉰ 창유리는 빛을 확산시켜 줄 수 있는 것을 사용한다.

㉱ 창의 설계는 가능한 한 동일 패턴의 창을 반복하는 것이 좋다.

③ 인공조명

공장 내에 인공조명을 이용하여 균일한 조도를 유지하면 눈의 피로감을 줄일 수 있다.

㉮ 일반조명 : 실내를 균일하게 조명한다.

㉯ 국부 일반조명 : 실내의 각 소요 부분을 균일하게 조명한다.

㉰ 국부조명 : 기계 또는 특수한 부분만을 채광하는 것이며, 정밀한 작업에는 꼭 필요하다.

이 경우 광원의 위치는 종업원의 왼쪽 62cm 이내에 두는 것이 좋다.

2) 환기

① 공장 내에서 제품 생산의 과정에서 인체에 유해한 기체나 먼지가 생기기 쉬우므로 환기를 충분히 고려해야 한다.

② 환기의 표준으로는 1시간에 6회 내지 7회 정도가 좋다.

③ 공장 내의 대량의 열, 수증기 또는 분진, 가스 등을 신속하게 옥외로 배출시키기 위한 환기법에는 전체 환기법과 국소 환기법이 있다.

㉮ 전체 환기법

㉠ 자연환기
- 측창, 천장, 환기통(풍력에 의한다.)
- 솟을 지붕, 환기통(온도차에 의한다.)

㉡ 기계환기
- 송풍설비
- 배풍설비

㉯ 국소 환기법
- 흡인식 : 나쁜 가스 또는 먼지의 배출
- 배출식 : 고온 또는 유해가스의 배출

학습 포인트

▸공장 건축의 기계 환기

공장에서의 배기가스는 일반적으로 공기보다 무겁기 때문에 배기구는 바닥면 가까이에 설치한다.

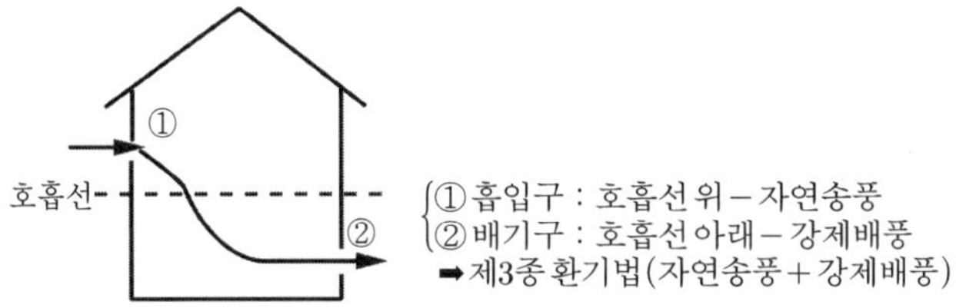

3) 냉난방 등 공조계획

① 난방

㉮ 직접 난방

㉠ 스토브(복사난방) : 천장 높이가 높은 개방형 공장

㉡ 방열기(증기난방 · 온수난방) : 천장 높이가 낮은 경우

㉯ 간접 난방

㉠ 온풍난방 : 천장 높이가 낮고 평면적이 큰 경우, 배기도 겸한다.

㉡ 단독식 난방(unit heater) : 바닥식, 천장 부착식

② 냉방

㉮ 중앙식 : 각 실의 온습도가일정할 경우에 유리

㉯ 유닛식 : 온습도 조건이 실마다 다른 경우에 유리

4) 소음방지

① 공장 내의 소음은 종업원의 능률, 정신 위생면에 큰 영향을 주는 요소이다.

② 소음방지 방법

㉮ 소음원인을 제거하는 방법

㉯ 소음원을 차음재, 흡음재로 둘러싸 소음을 차단하는 방법

㉰ 실내의 벽, 천장에 흡음재, 흡음체를 사용하여 소음을 저하시키는 방법

5) 색채계획

① 고려사항

작업환경 개선, 피로경감, 작업능률 향상을 위한 색채 및 의장 계획에 유의한다.

② 공장의 색채계획

공장 전체를 대상으로 하여야 하며, 피로감에 대한 고려를 한다. 단조로운 작업을 반복하는 경우는 변화 있는 색채계획을 하고, 위험한 기기는 식별을 인식하기 쉬운 표지색을 이용하여 재해 방지 등을 고려한다.

2. 창고

(1) 개요

1) 일반사항

창고는 화물을 비·바람으로부터 물품을 보호하고 장기간 보관 저장하며, 생산과 소비의 기간을 조절하기 위한 목적으로 건축된 건물이다. 창고는 수송을 조절하기 위해 화물을 일시 보관하는 장소로 사용하며, 장기간 보관하는 경우에는 생산과 소비의 기간을 조절하기 위하여 세워지고 화물의 생명을 연장하기도 한다.

2) 대지 선정조건

창고의 입지 조건으로는 물자의 집산에 대한 유효성을 도모하는 측면에서 주체시설인 공장, 시장 등의 유통관련시설, 일반소비 수요가 등의 위치와의 관련을 먼저 고려하여야 하며 다음으로 전기, 가스, 동력원의 확보와 수운, 육운의 교통관계가 편리하여야 한다. 그리고, 지반이 견고한 평탄지대가 가장 유리하다. 그러나 이러한 조건도 창고의 형태에 따라 다소 달라지게 된다.

① 지반

견고한 건조지라야 한다. 기초의 배치와 설계에 특히 유의한다.

② 수로

운하·하천·바다 등에 면하여 수상 교통의 요지이어야 한다. 수심은 간조시를 기준으로 한다.

③ 육로

대형 트럭의 진입이 가능한 대로변이어야 하며 공지가 확보되어 있어야 한다.

④ 철도

화물역 및 본선과 근접하고 전용 간선의 인입이 가능하여야 한다.

(2) 평면계획

입체화 및 자동화된 창고로는 선반식이 있는데, 이는 보관 작업의 생략을 목적으로 계획한 것으로서 인건비의 절감에 의해 보관 경비를 절감시키는 장점이 있다. 보통 저장 창고는 그 저장 능력이 단위 바닥면적당 1t/m²이며 대지면적당 0.5t/m²가 일반적인 수치이지만 선반식은 건축면적에 대하여 대체로 3t/m²이다.

1) 하역장 형식

하역장의 면적을 결정하는 것은 창고의 평면계획상 가장 중요한 것이다. 하역장의 위치에 따라 외주 하역장식, 중앙 하역장식, 분산 하역장식, 무인 하역장식으로 구분한다.

① 외주 하역장식

㉮ 외주 주위에 수·육운이 편리해야 한다.

㉯ 채광 조건이 좋은 장소에서 포장을 고칠 수 있다.

㉰ 해안부두 등 대규모 창고에 적당하다.

② 중앙 하역장식

㉮ 각 창고가 모두 하역장까지의 거리가 평준화되므로 짐의 처리, 판매가 비교적 빠르다.

㉯ 일기에 관계없이 하역할 수 있으나 채광상 불리하다.

③ 분산 하역장식

비교적 소규모 창고에 적합하다.

④ 무인 하역장식

㉮ 수용 면적이 가장 크고 직접 화물을 창고 내에 반입할 때 기계(호이스트, 크레인)의 수량도 비교적 많이 필요하다.

㉯ 일고 일기(一庫一其)가 고장일 때 가장 불편하다.

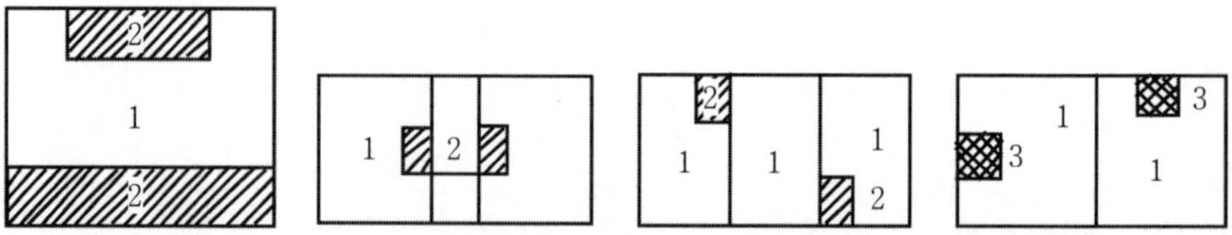

(a) 외주 하역장식 (b) 중앙 하역장식 (c) 분산 하역장식 (d) 무하역장식

창고는 보관실과 하역장과의 연락을 동시에 생각한다.
1. 보관실 2. 하역장 3. 화물엘리베이터

그림 2 평면의 형식

2) 창고 면적의 결정조건

창고의 면적은 화물의 성질, 대소, 다소, 빈도 등에 의해 결정된다.

① 화물의 성질 : 일반 화물, 특수 화물(식량 · 생사 · 식품 · 가구 등)

② 화물의 대소 : 포장이 큰 것과 잡화 종류와 같이 변화가 심한 것

③ 화물의 다소 : 대량 화물이 일시에 들어오는 것과 소량씩 출입하는 것

④ 화물의 빈도 : 입 · 출고가 빈번한 것과 비교적 장기 보관을 요하는 것

(3) 세부계획

1) 보관실

① 보관실의 적정 면적

구 분	적정 면적
대량화물	600m²
소량화물	150~300m²
고가품실	15~30m²

② 부대시설(계단, 엘리베이터, 사무실, 복도, 인부 대기실 등) 면적

창고 연면적의 20~25% 정도로 설정하며, 창고가 커질수록 이 비율은 낮아지는 것이 보통이다.

2) 바닥 높이

① 습기 방지를 위해 지반면에서 20~30cm 이상 높게 한다.

② 바닥면의 실의 중앙부는 주변보다 5~15cm 높여 바닥의 전체에 구배를 두어 배수가 용이하게 고려한다.

3) 기둥 간격

5.5~7m 정도 간격의 철근콘크리트조 하며, 기둥 배치는 정사각형이 유리하다.

4) 천장 높이

① 주요 화물의 적하고에 하역작업에 필요한 여유 60~90cm를 더한다.

② 단층 건물(중층 건물의 1층)은 3.6~9m 정도, 중층 건물의 기준층은 3~7m 정도, 최상층은 복사열 완화를 위해 기준층보다 0.3~0.6m 높게 한다.

5) 천개 창고의 바닥면적의 산정

산정 방법은 하딩(H. Mol. Harding)의 계산식을 참고하면 1t 화물의 용적은 $70ft^3(1,98m^3)$로 계산한다.

(4) 구조 및 설비계획

1) 구조계획

① 구조

블록조, 벽돌조, 석조, 목골조, 철골조, 철근콘크리트조, 철골철근콘크리트조 등 내화구조로 하여야 한다.

② 바닥

㉮ 바닥구조는 손수레, 대형 중량차의 통행으로 인한 소음 방지, 파괴 방지, 수세의 편리 등을 고려한다.

㉯ 일반적으로 아스팔트 블록, 아스팔트 모르타르 등이 적당하나 경비 관계상 철근콘크리트나 철판 등이 사용된다.

㉰ 통로에는 특히 마멸 방지를 위한 포장을 한다.

③ 벽

㉮ 함석, 슬레이트 등으로 사용한다.

㉯ 징두리 벽의 손상 방지를 위해 벽돌구조, 철근콘크리트구조, 철판 등을 사용한다.

④ 지붕

㉮ 면적이 넓으므로 물 처리에 유의한다.

㉯ 채광・환기・통풍상 뾰족지붕이 적당하다.

⑤ 각 부의 마무리

창고 내의 청결 유지를 고려하여 재료를 결정한다.

학습 포인트

▸창고 건축의 무량판식 구조(flat slab)

기둥에 보 없이 하중을 전달하는 slab로서 slab 두께 15cm 이상으로 한다.

특징 : ㉮ 실내의 이용률이 좋다.

㉯ 층고의 공간이 유리하게 이용된다.

㉰ 공사비가 저렴하다.

2) 설비계획

① 채광

㉮ 창은 화물에 의해 광선이 차단되므로 높은 위치에 두는 것이 좋으며 천창이 유리하다.

㉯ 직사광선에 의한 화물의 품질 변질에 대비하여 창에 차광장치가 필요하다.

② 환기와 밀폐

㉮ 환기구는 방화 문제를 고려한다.

㉯ 대부분 자연환기만으로 지장이 없으나 경우에 따라 환기장치에 의한 강제환기가 필요할 때도 있다.

㉰ 화물에 따라서는 독가스를 뿜을 필요가 있으므로 개구부 및 틈 사이를 완전히 밀폐할 수 있도록 한다.

③ 방화설비

창고에서는 방화설비가 중요하다고 할 수 있는데, 일반적으로 스프링클러 설비나 자동화재경보장치 등을 설치한다.

④ 하역설비

㉮ 화물용 엘리베이터 : 용량은 3~5t, 정격속도 45~60m/min 정도가 적당하다.

㉯ 기타 운반 설비 : 크레인, 컨베이어, 휩 호이스트, 트롤리 호이스트, 모노레일 호이스트, 포터블호이스트, 슈트, 파일링 머신, 포터블 윈치 등

⑤ 방재설비

㉮ 자동경보 도난예방장치

창고 내의 화물의 도난을 방지하기 위한 장치로 적외선을 응용하여 제작된 것이다. 적외선을 차단하면 전류가 변하여 계전기를 작동시키게 되어 벨이

울리고 경보등이 켜지게 된다.

㈏ 방서판(防鼠板) : 쥐의 침입을 막기 위한 출입문의 설비는 출입구 전면에 그 폭만큼 40~45cm 높이의 철판제 또는 철판을 입힌 널판을 바깥쪽으로 45~60°의 경사로 붙인다.

㈐ 방조설비 : 태풍 또는 해일로 인한 높은 파도가 창고의 벽면, 입구 등에 부딪힐 때의 재해 대책으로 창고의 개구부 전면에 방조 문짝을 설치한다.

3. 주차시설

(1) 개요

1) 주차장의 규모 산정

① 법규에 의한 산정

② 교통량에 의한 산정

③ 영업에 의한 산정

2) 주차시설

① 옥외 주차장

공지 건물의 piloty 부분을 주차장으로 쓰는 방식이다.

② 옥내 주차장

㈎ 지상층 또는 지하층에 설치된 주차장으로 경사로나 승강장치에 의해 주차장소에 이르는 방식

㈏ 지하, 옥상 주차 시설, 주차 전용 건물

3) 주차 이동 방식

① 자주식 주차 방식 : 운전자가 직접 차를 주차시키는 방식

② 기계식 주차 방식 : 기계를 이용하여 수직 또는 수평 이동 주차 시키는 방식

(2) 자주식 주차 방식

1) 개념

운전자 자신이 경사로에 의해 주차 장소까지 운전하여 주차하는 시스템

2) 특징

① 장점

㉮ 기계식 주차방식에 비해 경비가 적게 든다.

㉯ 고장에 의한 혼란이 없으므로 차량의 원활한 소통이 이루어진다.

② 단점

㉮ 수직 이동에 필요한 경사로의 점유면적이 크게 든다.

㉯ 기준층의 모듈계획에 의해 평면계획을 하기가 어렵다.

㉰ 소규모 건축물에서는 사용하기 어렵다.

3) 평면계획

① 주차구획

자동차 한 대당 주차면적은 2.3m×5.0m를 기본으로 하고, 평행주차 2.0m×6.0m 이상, 장애인전용주차 3.3m×5.0m 이상으로 하고 주차 차량의 크기에 따라 증가시킨다. 장애인전용 주차구획은 시설물과 건축물의 접근이 가깝고 용이한 위치에 배치한다.

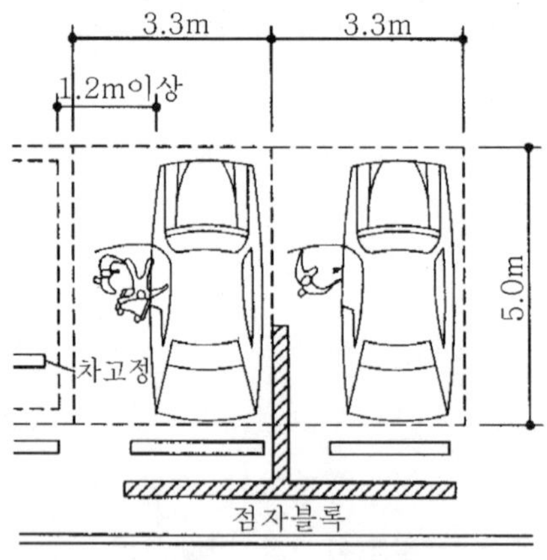

그림 3 장애인 주차구획

② 차로의 너비

차로의 너비는 2.5m 이상으로 하며, 일방통행 3.5m 이상, 왕복 5.5m 이상으로 하고,

주차단위 구획과 접해있는 차로는 너비는 주차 통로 형식에 따라 표 1과 같다.

표 1 주차 형식에 따른 차로의 너비

주차형식		평행주차	직각주차	
출입구	2개 이상	3.3m	6.0m	
	1개	5.0m	6.0m	
주차 형식의 도해		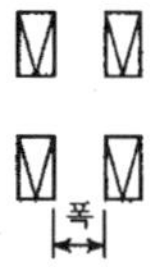	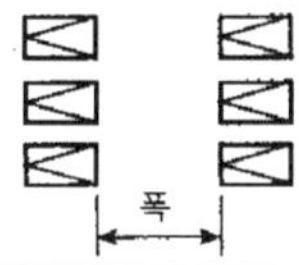	
주차 형식		교차 주차	대향주차	
			45°주차	60°주차
출입구	2개 이상	3.5m	3.5m	4.5m
	1개	5.0m	5.0m	5.5m
주차 형식 도해		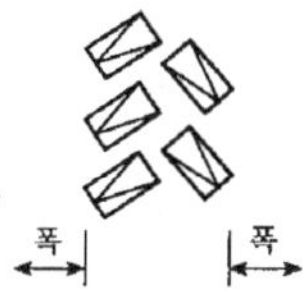	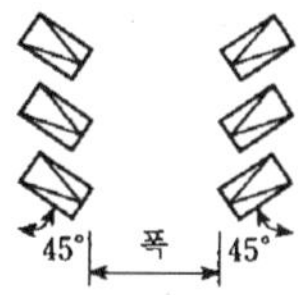	

4) 차고의 출입구

① 주차 대수가 많을 때는 출구와 입구를 분리한다.(주차장법에서는 주차 대수가 400대를 초과하는 경우 출구와 입구를 분리하도록 규정함)

② 출입구의 위치는 도로 교통에 지장이 없는 곳에 설치하되 운전자가 식별하기 쉬운 곳에 두거나 안내 표지를 설치하여야 한다.

③ 출구는 나오는 차의 운전자가 좌우를 쉽게 확인하여 보행자를 보호할 수 있도록 시선을 고려하여야 한다. 출구는 도로에서 2m 이상 후퇴한 곳으로 차로 중심 1.4m 높이에서 직각으로 좌우 60° 이상 범위가 보이는 곳으로 한다.

④ 도로의 교차점, 또는 모퉁이에서 5m 이상 떨어진 곳

⑤ 공원, 초등학교, 유치원의 출입구로부터 20m 이상 떨어진 곳

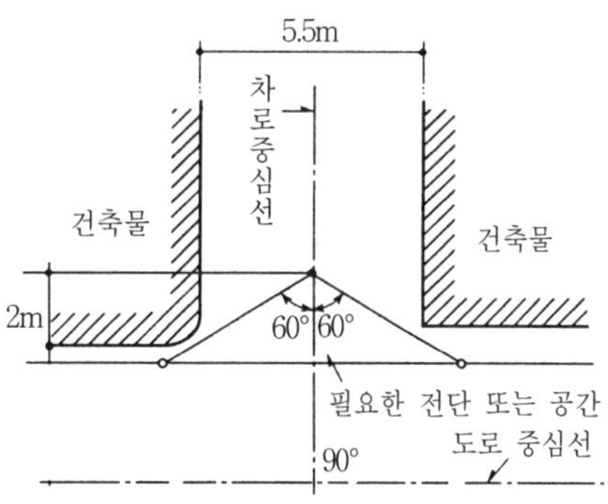

그림 4 자동차 출입구 전망도

5) 주차장의 구조 · 환경 및 설비

① 차로의 천장 높이는 2.3m 이상으로 하고, 굴곡부는 내측 반경 5m 이상으로 하되 주차 차종에 따라 증가시킬 것

② 주차 부분의 천장 높이는 2.1m 이상으로 할 것

③ 바닥은 표면에 내마모성 재료를 사용하고 방수 및 배수 계획을 할 것

④ 기둥 간격은 5.8~6.2m 정도(특대형차 : 6.35m)로 하고 주차장 규격에 따라 적절한 module을 선택할 것

표 2 기둥간격

변경 차량형	대형	중형	소형
회전 반지름	7.8m	5.5m	4.6m

⑤ 주차 후 운전자의 통로를 고려할 것

⑥ 배기가스 배출 및 신선한 공기 도입을 충분히 고려한 환기 시설을 할 것(1시간 동안 10회 이상 환기, 일산화탄소 50ppm 이하)

⑦ 차량 소음을 대비한 흡음 시설을 할 것

⑧ 적절한 규모의 방화구획과 화재에 대비한 방화, 소화 시설을 할 것(1,000m^2 이내마다 방화구획)

⑨ 적절한 조도와 특히 출입구 부분에서는 옥내외의 조도차를 울이도록 하고 광원의 위치는 운전자에게 눈부심이 없도록 고려할 것

⑩ 장애물(기둥, 벽)을 쉽게 식별할 수 있도록 표시할 것

⑪ 부대시설인 매점, 휴게실, 대기실 및 통제실의 면적은 전체 면적의 10% 이하로 한다.

6) 경사로

① 직선, 선회 또는 혼합식이 있으며, 부지 형상이나 건물 평면에 따라 적합한 방법을 택한다.

② 경사로는 그 구배가 1/6 이하(17%)이어야 한다.

③ 바닥은 조면으로 하여 미끄럼을 방지하여야 한다.

④ 겨울에 바닥 표면의 동결을 막기 위해 외기에 노출된 경사로의 바닥에 스팀 파이프를 매설하는 등 결빙 대책을 마련해야 한다.

⑤ 경사로의 차로 폭은 직선형은 3.3배 이상(2차선은 6.0m), 곡선형은 3.6m 이상(2

차선은 6.5m)으로 한다.

⑥ 굴곡부의 반경은 5.0m 이상으로 한다.

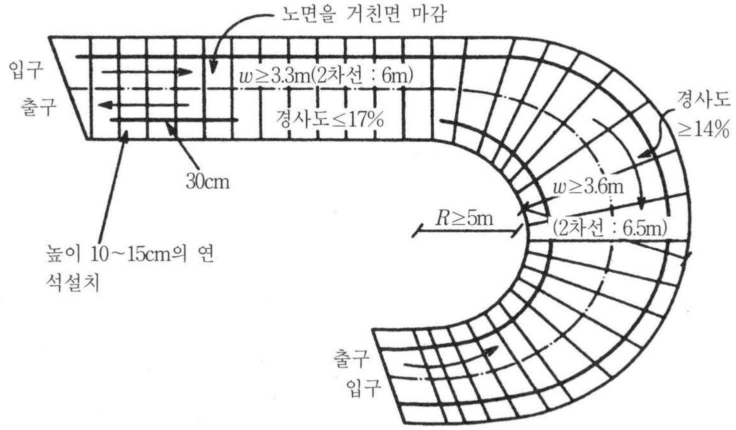

그림 5 주차장 차로의 구조

7) 동선 계획

① 입구에서부터 주차 위치까지, 다시 출구까지 차량 동선을 고려할 것

② 동선은 극도로 단순화시키고 명확한 안내 표지를 설치할 것

③ 주차 후 운전자의 통로 동선을 고려할 것

학습 포인트

① 직각 주차(27.2m²/대)
가장 경제적이 주차 방법으로 지하주차에 적당하다. 주차 대수가 가장 크다.

② 60° 주차(29.8m²/대)
직각 주차를 하기에는 통로 폭이 좁을 때 쓰이는 형식으로 운전에는 편리하다.

③ 45° 주차(32.2m²/대)
데드 스페이스(dead space)가 많아지는 등 불리한 점이 많아 지하 주차에서는 거의 쓰이지 않는다.

④ 평행 주차(32.81m²/대)
주차장 폭이 좋을 때 쓰이는 방법으로 1대당 소요 면적이 가장 크므로 주차 대수가 가장 적다.

(3) 기계식 주차 방식

1) 개념

기계를 이용하여 수직 또는 수평 이동 주차시키는 방식으로서 전자동식과 반자동식의 방법이 있다.

2) 특징

① 장점

㉮ 차고 내에 사람이 들어가지 않아도 되므로 안전상 좋다.

㉯ 입체적으로 최저의 높이로 공간의 이용률을 높일 수 있으므로 대지면적에 비해 고밀도인 건축물에 유용하다.

㉰ 소규모 주차장의 경우 수직 동선인 경사로의 면적을 절약할 수 있다.

② 단점

㉮ 자주식에 비해 설비비나 유지비가 많이 든다.

㉯ 내부의 배기가스 문제가 자주식보다 크다.

㉰ 비상시의 피난문제나 기계의 고장이 발생할 수 있다.

㉱ 차를 관리자에게 맡겨야 하므로 불안감 등 프라이버시에 문제가 있다.

3) 주차 방식

① 수직 순환 방식

수직면 내료 배열된 다수의 운반기가 수직 순환 이동하는 방식

② 수평 순환 방식

다수의 운반기를 2열 또는 그 이상으로 배열하는 수평 순환 이동하는 방식

③ 다층 순환 방식

다수의 운반기를 다층으로 된 공간에 상하 및 수평으로 순환 이동하는 방식

④ 2단 주차 방식

고정된 주차 구획 내의 승강 장치에 의하여 2단으로 주차시키는 방식

⑤ 승강기 방식

다층의 주차실과 승강기가 결합되어 있는 주차 방식

⑥ 승강기 슬라이드 방식

승강기 방식의 운반 기기가 각층에서 수평 이동하여 주차시키는 방식

⑦ 평면 왕복 방식

평면으로 배치되어 있는 주차 구획에 수평 운반기기에 의해 왕복 이동하여 주차시키는 방식

표 3 기계식 주차 방식의 예

방 식	개 요	방 식	개 요
수직순환방식	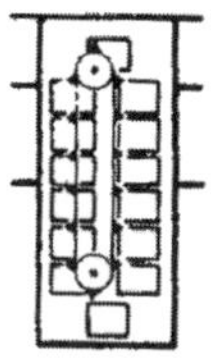	엘리베이터방식	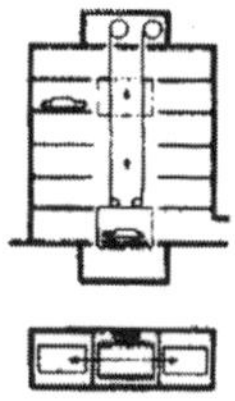
수평순환방식	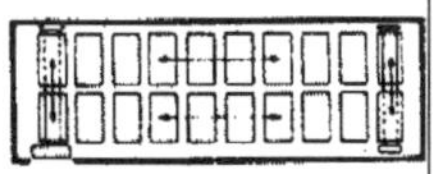	엘리베이터 슬라이드방식	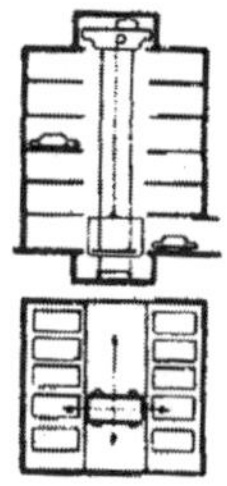
다층순환방식	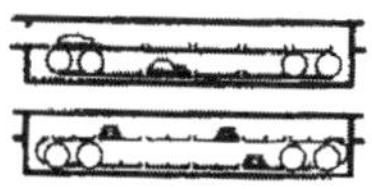		
2단방식	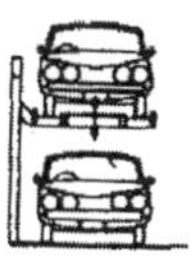	평면왕복방식	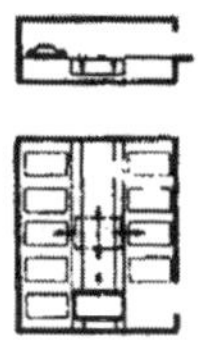

4) 고려 사항

① 입고하는 차가 대기할 장소를 확보할 것

② 입구와 출구는 분리시키는 것이 좋다.

③ 입·출구 전면에 차량 회전에 필요한 공지를 충분히 확보할 것

④ 정전 또는 전기 고장에 대비하여 자가 발전시설 또는 수동 조작시설을 설치할 것

⑤ 외부 미관을 고려할 것

5) 기계식 주차장치의 설치기준(주차장법 제19조의 5)

① 기계식 주차장치 출입구의 전면공지 및 방향전환장치 : 기계식 주차장 출입구 전면에는 자동차 회전을 위하여 다음 기준에 따른 전면공지 또는 방향전환장치

를 설치하여야 한다.

주차장 종류	길이×너비×높이	전면공지(너비×길이)	방향전환장치
중형기계식주차장	5.05m×1.85m×1.55m (무게 1,850kg 이하)	8.1m×9.5m 이상	직경 4m 이상 및 이에 접한 너비 1m 이상의 여유공지
대형기계식주차장	5.75m×2.15m×1.55m (무게 2,200kg 이하)	10m×11m 이상	직경 4.5m 이상 및 이에 접한 너비 1m 이상의 여유공지

[예외] 기계식 주차장치의 내부에 방향전환장치를 설치한 경우 2층 이상으로 주차구획이 배치되어 있고 출입구가 있는 층의 모든 주차구획을 기계식 주차장치 출입구로 사용할 수 있는 경우는 제외

② 주차 대기를 위한 정류장의 설치 : 도로에서 기계식 주차장까지의 진입로 또는 전면공지에 접하는 장소에 자동차가 대기할 수 있는 정류장을 다음과 같이 설치하여야 한다.

정류장 확보	주차대수가 20대를 초과하는 매 20대마다 1대분의 정류장 확보
정류장 규모	중형기계식 주차장 : 5.05m(길이)×1.85m(너비)
	대형기계식 주차장 : 5.3m(길이)×2.15m(너비)
완화규정	• 주차장의 출구와 입구가 따로 설치되어 있거나 • 종단구배가 6% 이하인 진입로의 너비가 6m 이상인 경우 진입로 6m 마다 1대분의 정류장을 확보하는 것으로 본다.

③ 기타 설치기준은 노외주차장의 구조 및 설비기준을 준용한다.(제4장 노외주차장에서 노외주차장의 구조 및 설비기준 참조, 단, 4.의 ③, ⑦, ⑧은 제외)

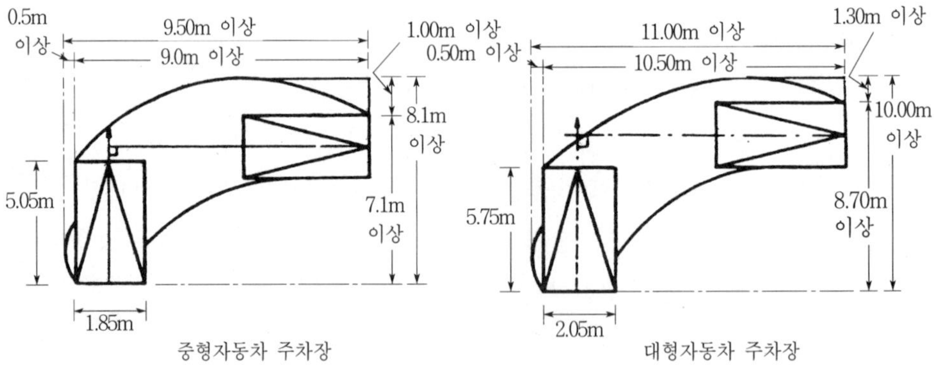

그림 6 기계식 주차장치 출입구의 전면공지

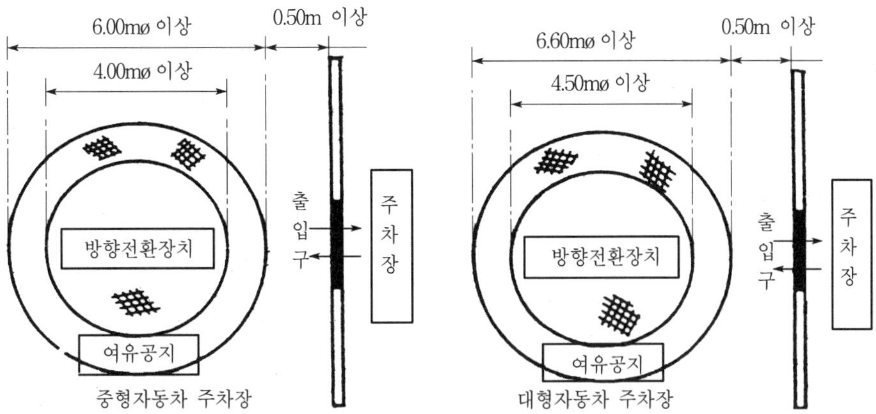

그림 7 기계식 주차장의 방향전환장치

제9장 산업건축 익 힘 문 제

1. 공장 배치계획에서 고려할 사항은?
2. 공장 건축의 건물형식 중에서 분관식(Pavillion type)과 집중식(Block type)에 관하여 설명하라.
3. 공장 건축에서 파빌리온 타입에 대하여 설명하라.
4. 공장 건축의 레이아웃(Lay out)에 관하여 설명하라.
5. 공장의 작업장 Layout의 계획시 다품종 소량생산이나 주문생산의 경우와 표준화가 행해지기 어려운 경우 채용되는 형식은?
6. 공장 건축에서 레이아웃(layout)의 형식 중 제품이 크고, 생산수량이 극히 적은 경우에 알맞는 방식은?
7. 공장 건축의 지붕형태에 따른 특징을 설명하라.
8. 기계공장에서 지붕의 형식을 톱날지붕으로 하는 가장 주된 이유는?
9. 공장 지붕의 종류 중 채광 및 환기에 적합한 것으로 채광창의 경사에 따라 채광이 조절되며, 상부창의 개폐에 의해 환기량이 조절되는 것은?
10. 방적공장계획에서 무창공장이 채용되고 있는데 이 무창공장의 특징은?
11. 작업상 온・습도 조정을 필요로 하는 방적공장들은 무창공장으로 설계되는데 그 이유는 ?
12. 공장 건축의 환경계획에 대하여 설명하라.
13. 공장 건축에서 자연채광에 관한 유의사항은?
14. 실내공기를 오염시키는 물질 가운데 부유입자와 에어졸을 일정량 이하로 억제하여 유해가스, 금속이온 등이 그 실의 사용 목적에 따라 관리되고 있는 실은?
15. 남자 300명과 여자 150명을 수용하는 공장의 작업장에서 대변기와 소변기의 수는?
16. 창고의 하역장 형식에 대하여 설명하라.
17. 창고 건축의 무량판식 구조(flat slab)에 대하여 설명하라.
18. 주차시설의 주차 방법의 종류를 들고 간단히 설명하라.

제10장

스포츠시설

1. 체육관
2. 육상경기장

제10장 스포츠시설

1. 체육관

(1) 개요

1) 체육관의 종류와 특성

종 류	종 류	고 려 사 항	사 례
학교체육관	• 학생들의 체력 향상과 학교생활의 레크리에이션 시설의 제공 • 체육학과와 각종 체육부의 경기력 향상과 스포츠 과학화에 기여 • 학원 내의 의례적인 대집회, 대단위 공개강좌 공연을 위한 강당으로 사용 • 지역사회의 집회 및 문화행사와 경기 관련시설 제공	• 체육수업의 구성과 학급 인원 • 집회시의 강당으로서의 역할 • 옥외체육시설과의 관련성 • 학생의 체력과 체위 고려 • 보조체육관의 유무 • 일반 공개시의 빈도와 이용 예상수	• 체육 교육시설(연세대, 경희대) • 다목적 체육관(홍익대, 단국대, 서강대) • 영동고, 숙명여고, 서울고
지역체육관	• 지역의 住區규모에 따른 편의시설로서 커뮤니티 중심에 설치 • 레저 및 레크리에이션에 따른 간단한 경기를 위주로 행한다. • 사교 및 집회 등의 다양한 요구에 대응 • 최근에는 체력단련의 선호가 높다.	• 도시계획과의 관계(지리적조건, 스포츠 인구, 사용자층, 교통사정) • 공개의 내용 • 관리방법 • 특별설비	종로 YMCM(유료) 잠실 YMCA(유료)
기업 · 단체의 부속체육관	• 기업 및 단체의 경기팀을 위한 시설로서 주로 훈련을 위주로 한다. • 직원의 편의시설로서 기능 확충	• 공개 경기의 개최 여부 • 직원의 복지시설로서의 이용 • 경기팀의 합숙시설	현대체육관 선경체육관 이천실내야구장(OB) 삼성종합체육관 한국화장품체육관
경기용 대체육관 (국공립시설)	• 공식경기(각종 대회, 전국체전, 아시안 게임, 올림픽)에 대비한 대규모 체	• 공식경기를 하지 않는 경우 일반인에게 개방의 문제 • 유지관리 및 이용상의 문제	장충체육관 서울종합운동장실내체육관 학생체육관

	육시설 • 각종의 규정에 적합하여야 한다. • 대집회에 대비한 시설의 확보	• 피난 및 대중교통수단에 연계	인천 선인체육관
영리체육관	• 레저 및 건강을 위한 수영장과 사우나, 체력단련실이 위주	• 영리를 위주로 한 경영이 무엇보다도 중요하기 때문에 회원제 등의 채택으로 고정 이용객의 확보 • 호텔 및 쇼핑시설 등과의 연계	남송체육관 각종 호텔 부대시설

2) 배치계획

① 관람자의 출입구는 주위 여건과 상황을 고려하여 결정하여야 하며, 경기자, 관람자, 서비스 등 각각 편리하게 활용될 수 있도록 충분히 주차장을 갖추어야 한다.

② 체육관의 범위는 체육관의 장축을 동서로 배치하여 창의 장변 쪽으로부터 남북의 채광을 고려하는 것이 이상적이다. 만약 단변의 개구부를 통해서 채광을 받을 경우는 경기자의 눈부심에 대한 장해를 받지 않는 시설을 하여야 한다. 통풍은 자연 환기를 고려하여 환풍이 되는 것이 좋다.

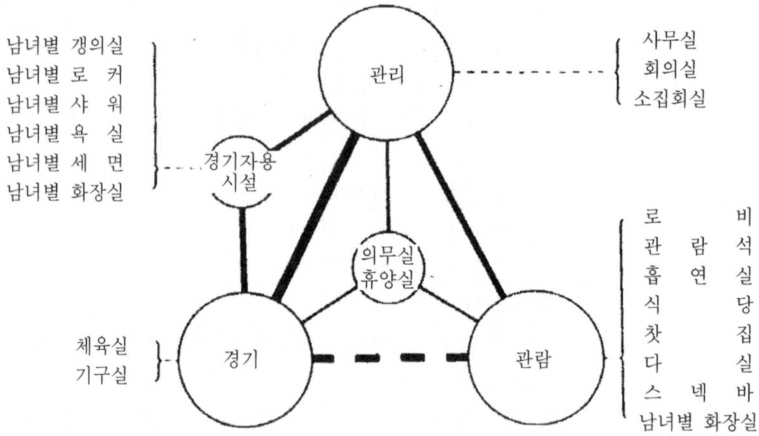

그림 1 체육관의 구성도

(2) 일반계획

1) 기능 및 동선 계획

① 기능

㉮ 경기 부분

경기장, 임원실, 휴식 · 대기실, 운동장 창고, 로커, 샤워, 세면 및 변소 등 경기자의 이용시설

㉯ 관람 부분

현관 출입구, 홀, 관람석, 변소, 매점 등 관람자의 이용시설

③ 관리 부분

관장실, 운영, 관리 관계실, 전기, 기계실 등 서비스 관계시설

체육관의 기능은 경기장(arena) 중심으로 경기자, 임원, 관람자, 관리·운영 등의 시설로서 공간이 구성되며, 이에 따라 합리적인 동선 계획에 의한 각 소요실을 배치하여야 한다.

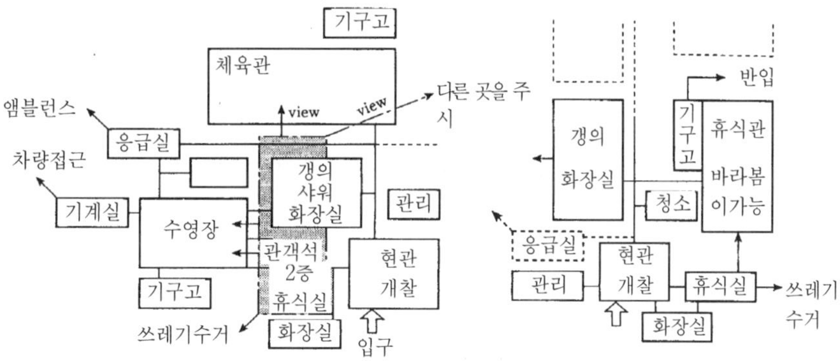

(a) 수영장이 있는 체육관의 기능 (b) 수영장이 없는 체육관의 기능

그림 2 체육관의 기능도

② 동선

① 경기자의 동선 계획은 현관 입구에서 착화 통로를 통과하여 갱의실에 이르며, 여기에서 갱화(更靴)한 뒤 경기장에 입장한다.

② 착화 통로, 갱화 통로, wet zone 통로(갱의실과 샤워실의 연결)의 3가지는 위생적인 측면에서 절대로 교차해서는 안 된다.

③ 평면의 유형

체육관의 평면 유형은 코트와 부속시설의 위치 관계에 따라 그림 3과 같이 3가

지의 유형이 있다.

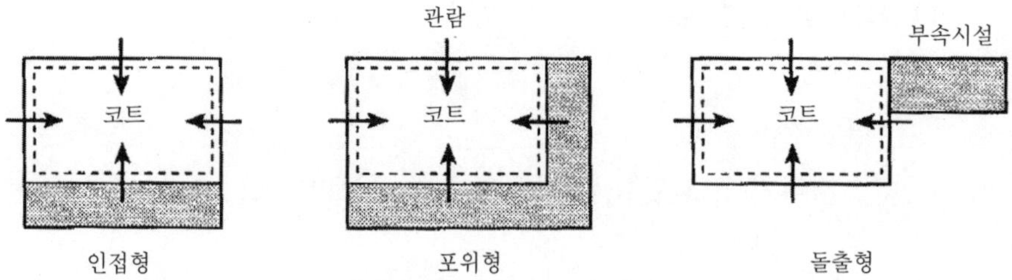

그림 3 체육관의 평면 유형

(3) 경기장 각부의 고려사항

1) 경기장(arena)

① 경기장은 건식 경기를 중심으로 이루어지는 코트 바닥(court floor)부분을 말한다.

② 경기장을 이용하는 경기 종목은 농구, 배구 핸드볼, 배드민턴 등 구기 종목과 체조, 권투, 레슬링, 펜싱, 역도 등 구기 외의 종목으로 구분된다.

2) 경기장의 규모

① 경기장의 규모는 경기 내용, 목적, 관람객의 계층을 고려하여야 하며, 평면적으로는 공식 경기의 코트 크기와 안전역(safety area)을 고려한다.

② 단면적으로는 경기 종별에 따라 천장 높이를 적절하게 감안하여야 한다.

③ 종래에는 배구와 농구 코트를 몇 면으로 설치하는가에 따라서 개략적인 크기를 결정했으나, 최근에는 테니스, 핸드볼을 포함하는 경우가 많다.

④ 일반적인 경기장의 크기는 농구 코트 1면과 배구 코트 2면으로 15m×28m(올림픽 규격)가 되며, 코트 바깥쪽에 3m 이상의 안전역을 확보하여야 한다. 그러나 국제 경기 등 공식경기를 위한 임원 및 심판석의 설치를 포함하여 길이 방향의 측면에는 5m를 확보하도록 「서울올림픽조직위」에서 권고하고 있다. 이외에 여자·남자 고등학교용 26.5m×15.0m, 체조 경기장은 12.0m×20.0m의 넓이를 필요로 한다.

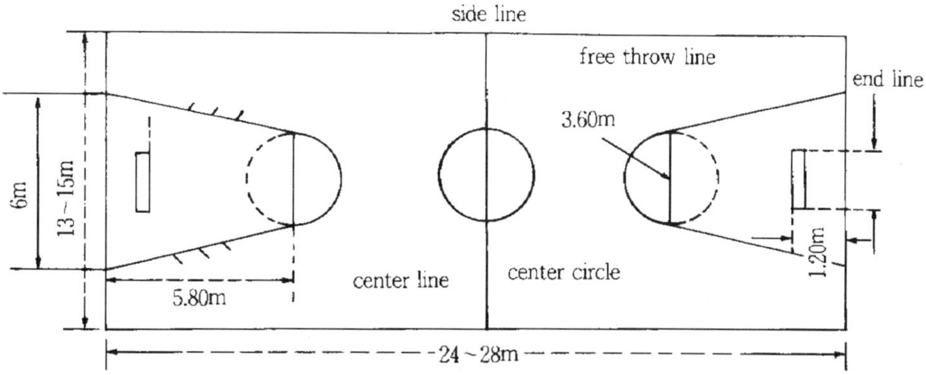

그림 4 고정식 백보드

3) 천장 높이

① 탁구 경기장의 천장 높이 최저 4m에서 농구 경기장 7m, 배구, 배드민턴 경기장 12.5m의 천장 높이가 필요하다.

② 이밖에 실내 디자인적인 면과 환기, 채광 및 조명, 쾌적성, 음향 계획, 관람석에서 가시선 등을 고려한 경기장 전체의 벽면을 결정하여야 한다.

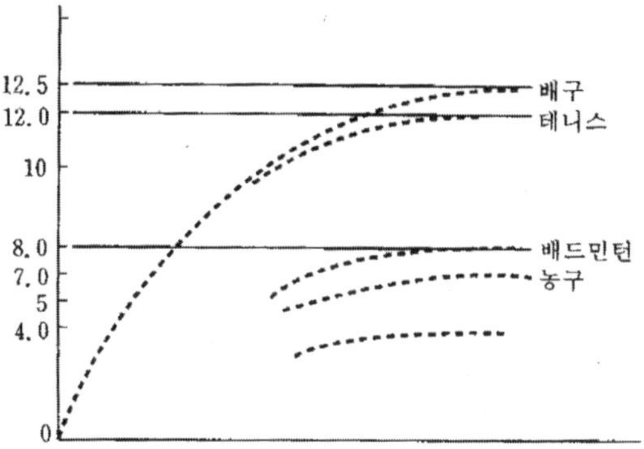

그림 5 경기 종목별 소요 천장높이

4) 바닥 구조

① 경기장의 바닥은 체육관의 가장 중요한 부분으로서 탄력성, 강도(견고성, 내구성), 평활(平滑) 등에 세심한 주의를 요하며, 경기에 의해서 발생되는 진동과 음이 다른 방향으로 전달되지 않도록 흡수시켜야 한다.

② 바닥 구조는 목조 바닥과 탄성고무계 바닥, 타탄 등이 있으나 일반적으로 목조

바닥을 대부분 사용하고 있다. 이 경우 마루를 하부에 충분한 여유 공간을 두어 통기(자연식 또는 기계식 환기시설)가 잘 이루어지도록 하여 습기를 방지하여야 한다.

③ 마루속 공간은 바닥면을 기준으로 300~1,500mm의 간격을 필요로 하며, 이것은 제습(除濕)뿐만 아니라 마루의 보수가 용이하고, 경기시의 진동음을 방지하는 역할을 한다. 지층에 코트를 설치하는 경우 750~1,500mm의 공간을 두고 있으나 중층인 경우는 층고를 낮추기 위해서 300~600mm까지도 가능하나, 이 경우 진동음을 방지하기 위한 다공철판(多孔鐵板, punching plate)을 바닥에 설치하거나 벽 저부에 배음구를 철저히 설치하여야 한다.

④ 마루널은 폭 60mm 이하의 나무를 코트의 장변 방향으로 깔아 주며, 재료는 벚나무, 캐나다 단풍나무, 나왕, 노송나무 등을 사용한다. 마감은 셸락 바니시(shellac varnish)로 2~3회 도장한 후 아마인유를 칠한다.

5) 벽

경기자가 충돌하거나 용구(경기용 볼)가 부딪쳐도 이겨낼 수 있는 강도와 탄성이 요구된다. 벽의 고려 사항은 다음과 같다.

① 흡착 효과를 지녀야 한다.

② 2.4m까지는 돌기물을 피해야 한다.

③ 각종 기구(농구팀, 네트)의 부착이 용이하여야 한다.

④ 개구부의 유리, 블라인드의 보호와 경기자의 안전을 위해 방호 네트를 설치하여야 한다. 재료로서는 목질계의 유공판을 사용하는 경우가 많으며, 집회에 이용하는 시설에서는 관계 건축법규에 따라 불연재를 사용하여야 한다.

6) 천장

단면 계획에 결정되는 천장재는 음향 계획상 흡음·확산을 고려하여 형과 재료를 선택하여야 한다. 지붕의 슬래브면 하부에 단열재가 기계 환기에 의한 공기의 흐름으로 날리는 경우가 없도록 재질, 경도의 선정에 유의하여야 한다.

(4) 관람시설 및 부대시설

1) 관람시설

관람시설은 체육관의 성격에 따라 다양한 경기 및 집회 등에서 파생되는 예기치 않은 현상이 일어나기 때문에 많은 고려를 하여야 한다.

관람시설은 다음 사항을 고려하여야 한다.

① 관람을 할 때 수동적으로 임하는 것과 관람석과 경기장의 동선상의 연결을 하지 않는 것이 보통이다.

② 건축 면적 · 구조 등의 제약으로 기구고와 갱의실, 화장실 등이 부속 기능을 기기장과 같은 면에 두고, 그 상부에 관람석을 설치하여 평면적인 거리가 멀어지지 않게 한다.

③ 착화 및 갱화에서 오는 문제, 사용자의 문제, 관리상의 문제 등을 구분하여 건축적인 파악이 있어야 한다. 이상 최근에 이르러 「가동 수납식」 관람석의 보급으로 경기장 바닥을 효율적으로 사용할 수 있다.

④ 가동 수납식 관람석의 장점으로는 경기장 바닥면에 직접 끌어내기가 용이하고, 관람자가 갱화한 뒤에 경기자와의 교류가 자유롭고 벽 1면에만 가동 수납식 관람석의 설치가 가능하며, 좁은 경기장 코트의 충분한 면적 확보와 관람석에서 경기와 일체감을 느낄 수도 있다.

⑤ 관람석에서의 가시선(sight line)은 앉은 위치에서 눈높이 125cm와 전후열의 머리 높이차 15cm를 고려하여 앙각 30° 이내가 되도록 계획하여야 한다.

⑥ 1객석당 소요 면적은 깊이 60~100cm, 폭 40~55cm로 관람석 1석당 0.27m^{2}이며, 통로를 포함하는 경우 0.45~0.60m^2 정도이다.

2) 부대시설

① 기구고 : 일반적으로 경기장(arena) 면적의 15%에서 ±3% 정도를 차지한다.

② 갱의실

③ 화장실 : 관객용 화장실과 경기자용 화장실을 구분하여 설치하며, 관객용 변기수는 극장 · 영화관 경우보다 적게 산정한다.

2. 육상경기장

(1) 부지 및 배치

육상 경기 종합 경기장의 부지 선정은 도시 녹지 공원 및 휴식시설의 기능을 감안하여 도시 계획적 측면에서 선정되어야 하며, 특히 관람자들이 이용하는 대량 교통시설과 대규모 주차장 등과 관련된 교통 계획을 수립하여야 한다. 아울러 옥외 체육을 위해서는 경기장의 방위 및 풍향의 자연 조건이 큰 영향을 미치게 되므로 신중히 고려해야 한다. 운동장은 대개 장축을 남북 방향으로 배치하고 오후의 서향 일광을 고려하여 메인 스타디움(main stadium)을 서편에 둔다.

(2) 트랙(Track)

1) 트랙의 경기 종목

트랙 경기는 중거리, 장거리 달리기, 이어달리기, 장애물 경기로 나누어진다.

2) 트랙의 형태

트랙의 형태는 곡선 부분을 설계하는 방법에 따라서 단심원형, 2심원형, 순 3심원형 예(銳) 3심원형으로 구분된다.

① 공인 경기장으로 지정되려면 거리 공차가 1/10,000 이하이어야 한다.

② 단심원형은 설계, 시공 등이 간단하고 계측이 용이하며 거리 공차가 적다.

③ 2심원형은 필드를 넓게 사용할 수 있는 이점이 있으나, 소규모인 경우 트랙을 사용하기에 불편하다.

④ 3심원형은 필드를 넓게 사용할 수 있는 반면에 계측하기가 어려우며, 주로 구미에서 비교적 많이 채택되고 있다.

3) 트랙의 크기

트랙의 크기는 400m 트랙이 일반적이며, 이 경우 19,800m^2 정도이다. 이외에 350m, 300m, 250m, 200m 트랙이 있다. 거리는 트랙의 일주로서 거리 계측은 트랙 안쪽(필드와 경계선)에서 30cm 바깥쪽에 있는 선상에서 측정한다.

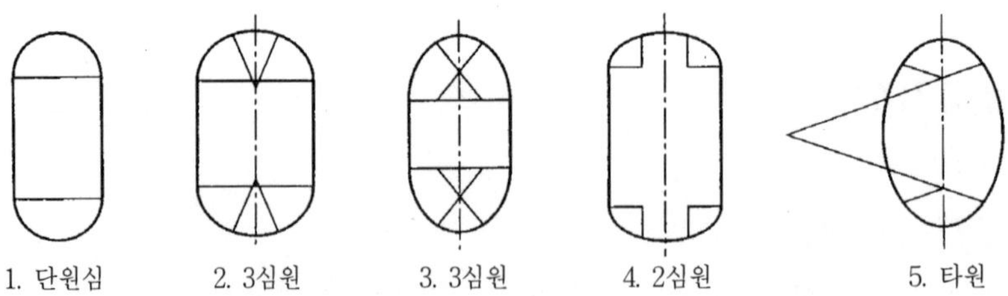

그림 6 트랙의 형태

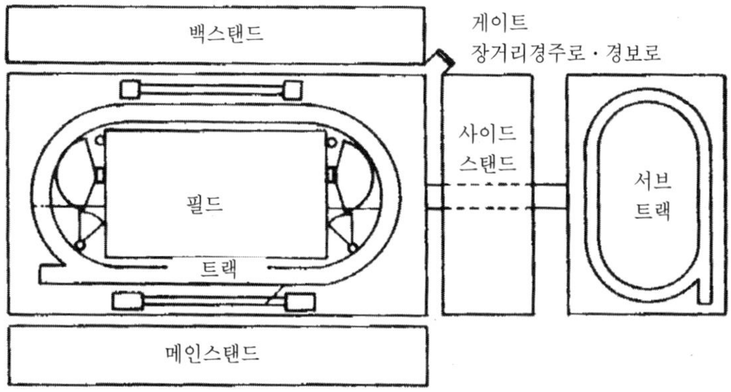

그림 7 트랙의 구조

4) 코스(Course)

① 육상연맹의 표준은 최소폭 7.32m(1코스의 폭은 1.22m 이상으로서), 코스의 안쪽(필드와의 경계선)은 높이 5cm로 시멘트나 적당한 재료로써 경계를 한다.

② 국제 경기용은 최소 6코스를 필요로 한다.

③ 허용 경사도는 폭에서 1/100, 달리는 방향에서 1/1,000 이상으로 한다.

④ 달리는 방향은 왼손이 안쪽으로 오도록 한다.

5) 트랙의 구조

경기장의 구조는 다음과 같은 목표로 한다.

① 배수가 잘 되도록 한다.

② 적당한 탄력성을 갖도록 하여야 한다. 아울러 습도와 점성을 유지하여야 하며, 다음과 같이 3개 층으로 구성한다.

㉮ 기층 : 잡석 또는 자갈을 15~20cm 두께로 깐다.

㉯ 중층 : 코크스를 굵은 것과 잔 것으로 15~20cm 두께로 나누어 깔고 다진다.

㉰ 표층 : 신더(cinder)를 6cm 깐 경우와 인공토인 앙투카(entoutcas)를 까는 등 두 방법이 있다.

(3) 필드(Field)

1) 필드의 경기

필드의 경기는 도약 경기(jumping events), 던지기 경기(throwing events), 혼성 경

기(com-bined competitions), 축구, 하키, 단체 체조로 나누어진다.

2) 필드 경기의 배치

① 필드 경기의 배치는 경기 조건, 관객 조건, 획지 조건 등에 따라 정해질 수 있으나 축구, 하키 등은 필드의 중앙부를 이용하고 반원의 양단에는 도약 경기, 던지기 경기 등을 배치한다.

② 트랙의 안쪽에 여지가 있을 경우에는 넓이뛰기, 3단 뛰기, 장대높이뛰기 등을 마련하여 관객과 친근감을 높여 준다.

③ 여지가 없을 때는 구기장에 덧붙여 배치할 수 있다.

3) 필드의 구조

① 필드는 잔디를 까는 경우가 많다. 필드의 표면이 평탄하여 빗물이 흐르기 어렵고 도압에 의해 굳어져 빗물이 고이기 쉬우므로 배수가 잘 될 수 있도록 기층에는 석탄이나 잡석 또는 자갈층을 두어야 한다.

② 필드는 도압 때문에 지표로부터 10cm 내외의 범위가 과도하게 굳어지므로 잔디 바닥 흙이 20cm 이상 필요하다. 바닥 흙은 사질토가 좋으며, 토양 개량이 되고 영양이 좋은 약한 산성의 흙으로 하여야 한다.

③ 필드의 표면 처리는 다음과 같다.

㉮ 필드의 트랙면보다 5cm 높게 한다.

㉯ 표층은 잔디를 덮고, 각종 경기의 보주로(補走路)는 트랙에 준한다.

㉰ 수평 허용 오차는 1/1,000로 한다.

(4) 관람석

1) 평면형

① 관람석의 평면형은 가시선의 대상이 큰 공간이라는 점을 고려하여 관람자가 전방과 좌우 양편을 자유롭게 관람할 수 있게 결정되어야 한다.

② 트랙과 평행된 직선형의 관람석도 바깥쪽을 구부려서 장원형(長圓形)이나 타원, 곡선형으로 결정하는 이유도 여기에 있다.

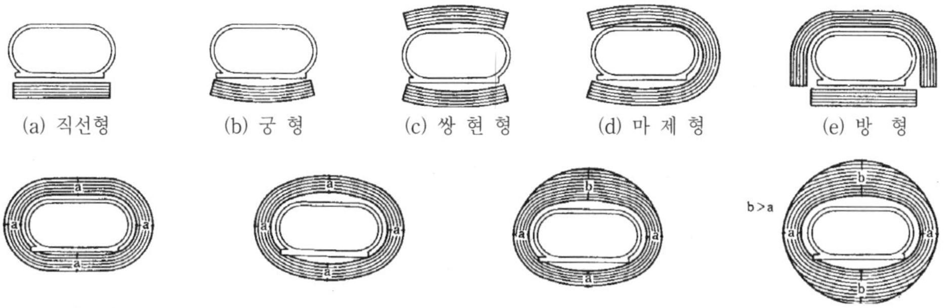

(a) 직선형 (b) 궁 형 (c) 쌍 현 형 (d) 마 제 형 (e) 방 형

(f) 단심원형 (g) 근타원형 (h) 복 합 형 (i) 근 원 형

그림 8 경기장 관람석의 평면형

2) 단면형

관람석의 단면 구배는 가시선에 의하여 산출되며, 작도에 의해서 간단하게 구하는 방법도 있다. 이 경우 작도의 전제 조건은 다음과 같다.

① 좌석의 높이는 발 밑에서 최고 45cm로 하고, 좌석의 너비는 45~50cm로 한다.

② 최전열 관람석의 바닥은 경기장 레벨보다 1.0m 정도 높게 하여 트랙으로부터 최소 4m 정도의 거리를 둔다.

③ 관람석의 가시선 초점은 트랙의 안쪽 50cm, 높이 50cm의 위치에 잡는다.

④ 입석

⑤ 좌석

(a) 입석의 치수 (b) 좌석의 치수

그림 9 관람석

⑥ 단면의 결정 : 보통 시선의 초점이 직각인 경우

$$d/e = \frac{t}{r-c}$$

여기서 d : 각 시점으로부터 여러 초점까지 수평거리

e : 초점과 시점의 수직거리

t : 좌석의 전후거리

r : 좌석의 단높이

c : 제 n열과 (n-1)열 사이의 관객시점의 격차(clearance)일 때

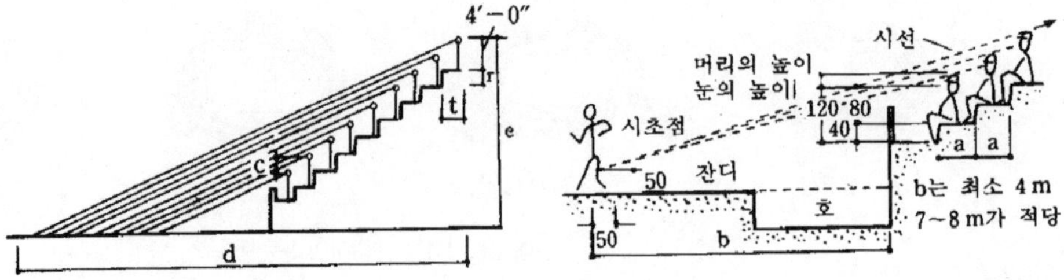

(a) 단면 (b) 가시선

그림 10 관람석

3) 통로

① 좌석의 통로 및 출입구는 관객의 퇴장 시간을 기준으로 계획한다. 대규모 경기장의 퇴장 시간은 10~15분에 이루어져야 하며, 통로폭은 1.2m 이상, 간격은 9~15m 정도이어야 한다.

② 표준 수치 : 1인당 전후 거리는 80cm, 폭은 50cm, 1인당 면적은 0.4m²/명, 관람석의 폭은 20m(25열), 통로 사이 좌석수의 최대는 24석, 보속(步速)은 1m/sec로 한다.

4) 면적

① 입석의 넓이는 1인당 0.2~0.4m²(50m×40m)가 필요하며, 물매는 1/6 이하로 계단식과 사면 등 두 방식이 있다.

② 좌석식은 1인당 0.3~0.4m²(폭 40~75cm, 앞뒤 깊이 50~80cm)이나 통로를 포함하면 1인당 0.5~0.6m²가 필요하다.

③ 잔디석은 계단식이 아닌 잔디로 된 물매 1/6 이하의 사면석(斜面席)으로, 넓이는 통로를 포함하여 1인당 0.4~0.6m²가 필요하다.

종교시설

제11장

1. 교회건축
2. 불사건축

제11장 종교시설

1. 교회건축

(1) 개요

1) 개설

기독교는 예수 그리스도를 교주로 하여 그의 사상과 교훈을 따르며, 그의 부활을 믿는 세계 최대의 종교이다.

교회란 이러한 기독교의 예배 의식이 이루어지고, 신자들의 여러 가지 활동이 행해지는 모임의 장소로서 예배, 친교, 전도, 봉사, 교육의 기능에 필요한 공간 계획이 적절하게 이루어져야 한다.

2) 교회 건축 양식

① 초기기독교 양식 교회(4~12세기)

㉮ 이 시대는 고대가 중세로 옮겨가는 과도기로서 건축 양식상 로마 건축을 계승하여 그리스도교 정신 밑에서 새로운 건축 양식을 창조하게 된다.

㉯ 여기에 속하는 것으로서는 바실리카식 교회와 바실리카식이 발전된 형식이 있다.

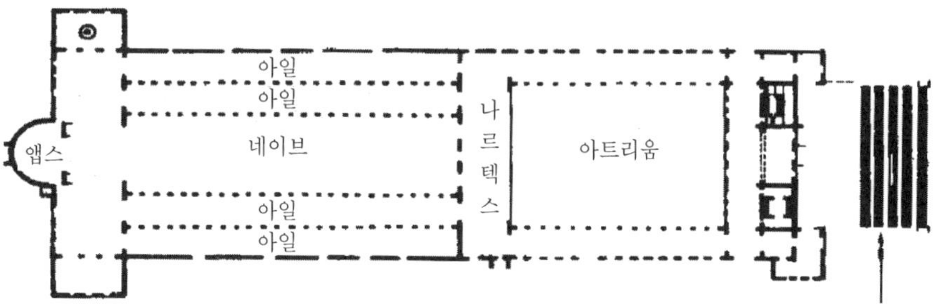

그림 1 바실리카식 교회당

② 비잔틴 양식 교회(3~15세기)

㉮ 비잔틴 교회의 특징은 4각형의 평면위에 펜던티브(pendentive)라는 3각형

곡면부를 도입하여 구성하는 새로운 방식의 돔(dome)이다.

㉯ 이러한 돔은 형태상으로 내부에 집중적이고 통일된 공간을 만들고 있으며, 평면 형태는 정4각형에 가깝게 되어 있다.

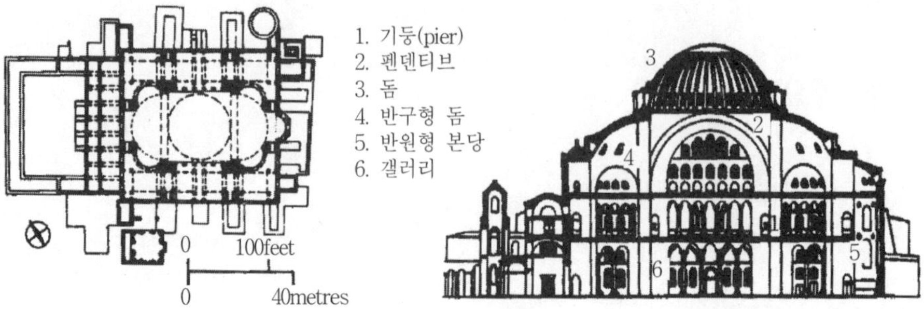

(a) 평면도 (b) 단면도

그림 2 성소피아 성당

③ 로마네스크 양식 교회(8~12세기)

㉮ 평면 형식은 초기 기독교 시대와 같으나 아치의 발달과 교회 세력의 확장으로 규모가 커지고 변화가 풍부하여졌다.

㉯ 평면형은 라틴 십자형을 사용하여 이 시기에 종탑이 창안되었다.

그림 3 피사의 대성당

④ 고딕 양식 교회(12~16세기)

㉮ 교회 건축의 완성 단계로서 양식상의 특징은 첨두형 아치(pointed arch)의 사용이다.

㈏ 구조와 의장과 재료의 합일치를 추구한 고딕 건축은 플라잉 버트레스(flying buttress), 첨탑, 첨두형 아치로써 신앙심의 상징으로 받아들여지고 있다.

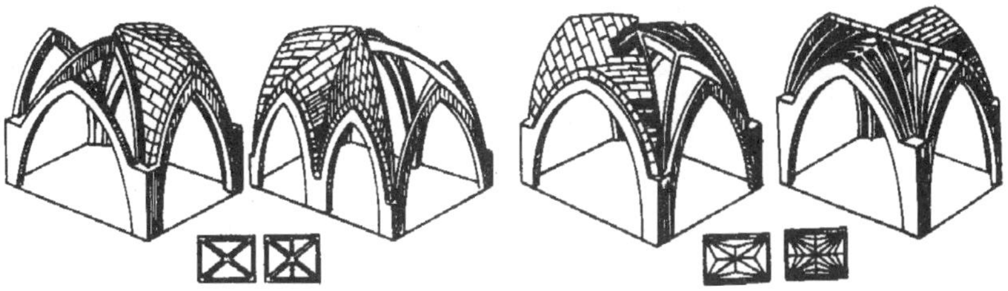

그림 4 고딕 리브 볼트

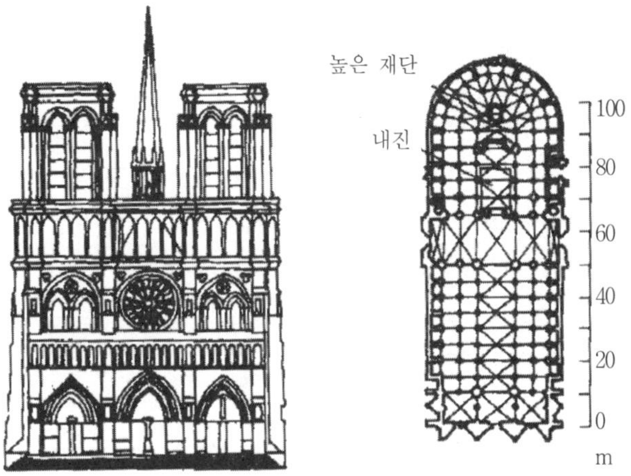

(a) 서측 평면도 (b) 평면도

그림 5 파리의 노틀담 사원

⑤ 르네상스 양식 교회

㈎ 고대 로마 건축 양식을 모방하여 수평선을 강조한 회고주의 양식의 건축이다.

㈏ 차츰 변천하여 바로크(baroque) 교회 양식과 로코코(rococo) 교회 양식을 발생하게 한다.

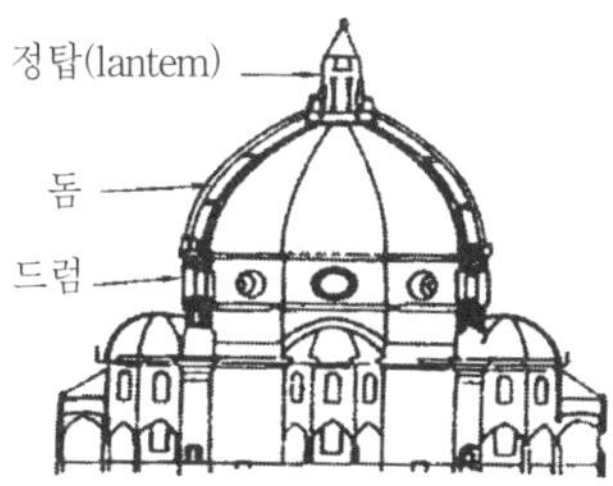

그림 6 플로렌스 대성당의 돔

그림 7 로마의 캐피털

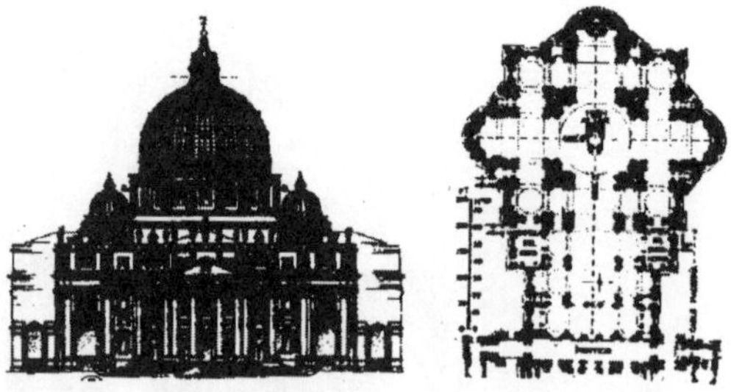

(a) 외관 정면도 (b) 평면도

그림 8 로마의 성 피터 사원

3) 교회 건축의 분류

① 구교

㉮ 천주교회(Catholic church)

㉯ 그리스 정교회(Greek orthodox church)

② 신교

㉮ 성공회(Angrican church)

㉯ 신교 각종 교회(Protestant churches)

(2) 평면 계획

평면의 기본적인 결정 요소는 제단부와 회중석간의 관계이다. 따라서 예배 의식 속에 몰입할 수 있도록 예배 공간 내에 시각적 접촉을 저해하는 요소는 배제해야 한다. 평면형을 분류하면 다음과 같다.

1) 장방형(Rectangular type)

가장 일반적으로 사용되는 평면형으로써 제단이 한쪽 끝에 있고 회중석은 하나의 중심점을 향하도록 배열되어 있다. 좌석수가 500석을 초과하게 되면 시계(視界)가 과도하게 길어지는 문제점이 생긴다.

2) 십자형(Cruciform)

대개 상징적 의미를 가지며 제단부는 십자가의 위쪽에 있거나 교차부에 높이나 좌석이 삽자로 배치되므로 통일감이 저해되기도 한다.

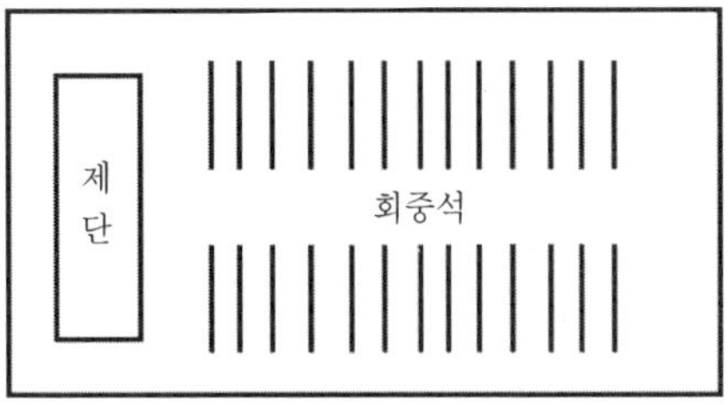

그림 9 장방형

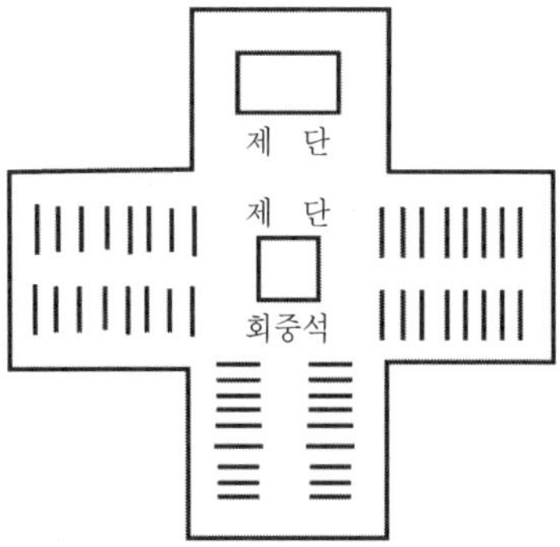

그림 10 십자형

3) 중심형(Central type)

회중석이 제단부를 둘러싸는 형태로써 시각적 접촉, 영화 상영시의 문제가 있으나 회중석 내의 친밀감과 일체감은 매우 훌륭하다.

4) 복합형(Multiform)

제단 주위의 회중석에 융통성을 주기 위해 회중석을 각각의 그룹으로 분절시킨다.

5) 부채꼴형

회중석의 수용 인원이 1,000명 이상인 경우에 용이하나 주의할 점은 좌석 중심각을 90° 이내로 하고 가청 거리를 23m 이내로 하는 것이 좋다.

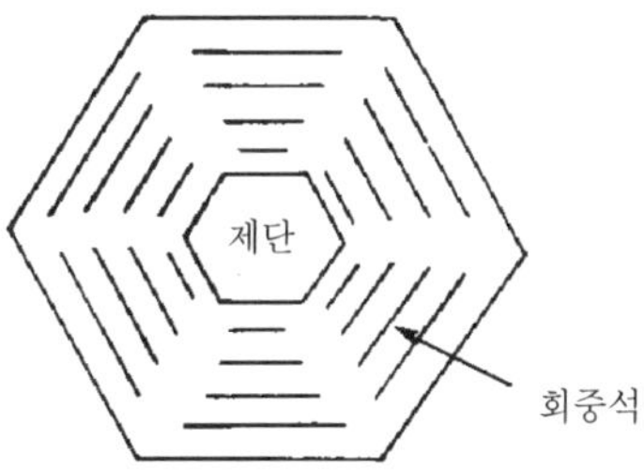

그림 11 중심형

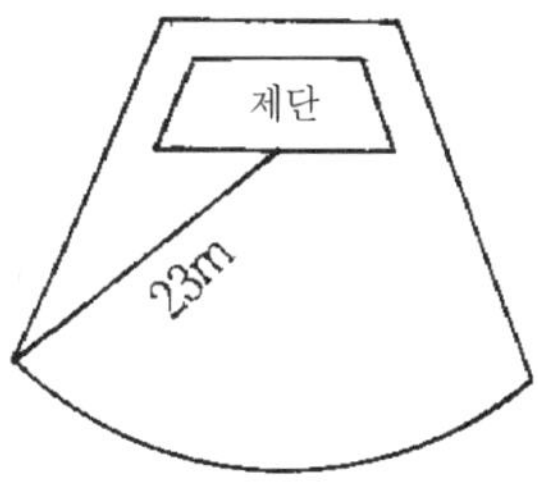

그림 12 부채꼴형

(3) 세부 계획

1) 부분별 계획

① 교회의 종탑은 상징적인 가치와 조각적 표현에 그 의의를 둔다. 현관은 옥외와 예배실 간의 연결 및 로비의 역할을 담당하고 회중석의 규모와 연관되어 크기를 정해야 한다.

② 회중석은 장엄한 실내 디자인 및 stained-glass로 된 pointed arch 창을 많이 사용하고, 소요 면적은 예비 공간을 고려할 경우는 1인당 0.9~1.1m^2, 단지 좌석 면적만을 고려하면 1인당 0.72m^2 정도가 필요하다.

③ 지성소(至聖所) 또는 설교단은 구교의 경우 회중석에서 제단에 이르는 사이에 2~3개소의 계단이 있으며, 좌측 전면에는 고정적인 설교대(pulpit)를 설치하고, 신교의 경우는 전면 1단 높은 곳에 설교단을 설치하고, 제단 전면 좌측에는 선교대를 우측 전면에는 성서대(聖書臺)를 설치하는 경우가 일반적이다.

2) 천주교회 계획

내부는 회중석과 지성소가 중심을 이루고 이 사이에 성찬란(聖餐欄, communion rail)을 60~75cm 높이로 설치하고, 회중석의 후면 또는 측면 구석에 세례반과 고해대를 배치하는 것이 일반적이다.

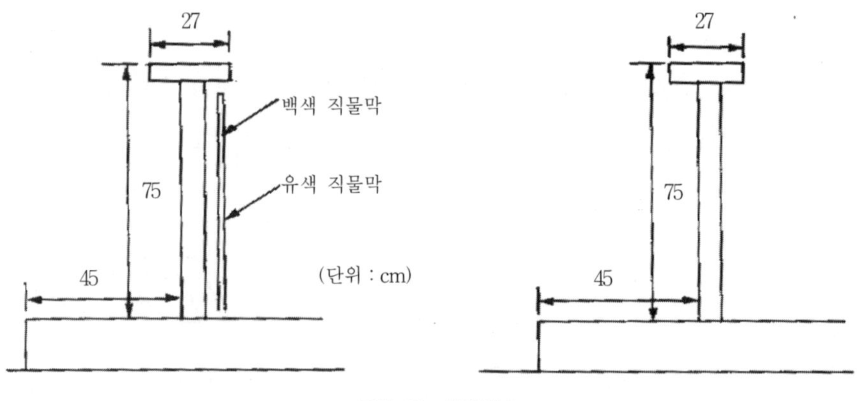

그림 13 성찬란

3) 신교 건축 계획

① 그리스도의 조상을 사용하지 않으며, 로마 교황의 권한을 인정하지 않는다.

② 구교가 예식주의인데 비하여 신교는 비예식주의이며 설교를 위주로 한다.

③ 신교 건축은 강당에 가까울 정도로 형식을 찾지 않고 실용 위주이다.

4) 기타 고려 사항

① 교회 음향계획시 고려 사항은 약간의 잔향 효과를 내도록 하고, 이때 회중석 벽면과 후면벽에는 흡음 효과를 내도록 한다.

② 600석 이상일 때는 반향과 난청 지대에 대한 배려가 있어야 한다.

③ 공조설비 계획에는 설비 장치에서 발생하는 소음에 대한 고려가 중요하다.

④ 채광은 자연 채광의 경우 예배 공간에 신비함을 불러 넣으며, 특히 제단부 뒤쪽의 채광시 skylight를 이용한 간접 채광을 통해 성스러운 분위기를 제공하고, 인공조명의 경우는 대개 30~50 foot/candle이면 적당하다.

2. 불사건축

(1) 개요

1) 개설

불사는 불교의 사원으로서 예배와 수양의 기능을 동시에 갖는 종교 건물이다. 불교 발생 이후 불교는 소승 불교와 대승 불교로 분류되는데, 소승 불교는 석가모니불만을 모시게 되어 단불전 형식을 갖게 되지만, 대승 불교는 석가불을 모시는 대웅전 이외에 아미타불, 비로자나불을 모시므로 다불전의 형식을 갖게 된다.

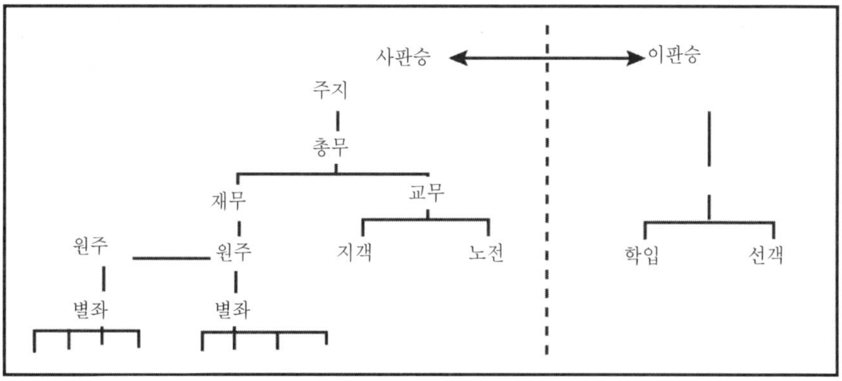

그림 14 사찰 기구도

2) 사찰 배치 · 평면의 역사적 전개

① 3금당 1탑식 배치

㉮ 금당이 3개에 탑이 하나인 배치로서 탑이 이미지의 중심이 된다.

㉯ 실례로는 고구려의 청암리사지, 정릉사지 등이 있다.

② 일탑식 배치

㉮ 중국 육조 칠당 가람 배치의 영향을 받아서 점차 금당 중심으로 바뀌어가는 형태이다.

㉯ 실례로는 백제의 정림사지, 군수리사지 등이 있다.

③ 쌍탑식 배치

㉮ 탑의 비중이 금당에 비해 축소되어 탑은 장식화 되어 규모가 축소된 배치 형식이다.

㉯ 실례로는 통일 신라의 감은사, 불국사, 실상사 등이 있다.

(2) 전각의 종류

1) 불전(佛殿)

불사에서 제일 중요한 건물인 불전에도 여러 가지 종류가 있으나, 공통적으로 요구되는 계획상의 내용을 간추리면 다음과 같다.

① 구조

㉮ 건물의 크기는 다양하나 일반적으로 정면으로 3칸문(間) 이상의 홀수칸으로 하며, 측면은 2·3·4칸이 많이 보인다.

㉯ 지붕은 주로 팔작지붕이나 맞배지붕이며, 실내는 우물반자에 우물마루가 많이 쓰인다.

㉰ 큰 사찰의 주요 불전은 대부분 포작집이지만 소규모 불전의 경우 간혹 익공집을 사용하는 경우도 있다.

② 불단(佛壇)

㉮ 불단은 불상을 모시는 단으로 불전의 가장 중요한 신앙적 구심점이 되는 곳이다. 그 불전에 가장 중요하게 모시는 주불단이 정면 중앙에 놓이게 되고, 그 좌우에 다른 불상 또는 정화(幀畫)를 모시는 것이 보통이다.

㉯ 불상이 석각(石刻) 또는 철각(鐵刻) 등의 중량적일 때는 별도로 불대좌(佛臺座)를 설치한다.

㉰ 주불단의 높이는 대개 1.5m 전후가 많으나 큰 규모의 불전에서는 2m를 넘는 것도 있으며, 폭도 1.5m 정도에서 3m 이상 되는 경우도 있다.

③ 부제단(副祭壇)

㉮ 주불단의 좌우로 벽에 붙여서 설치하여 주불 이외의 불상이나 정화(幀畫) 등을 모시는 단을 부제단이라 하며, 일반적으로 주불단의 우측은 신중단(神衆壇), 좌측은 영단(靈壇)으로 한다.

㉯ 부제단이 없는 경우도 있으나 있는 것이 일반적이며, 주불단보다 높이와 폭을 작게 한다.

④ 불전의 명칭

㉮ 불전의 봉안하는 불상에 따라 명칭이 달라진다.

㉯ 석가모니불(대웅전), 비로자나불(대적광전), 지장보살(명부전), 미륵불(용화전), 아미타불(극락전), 무량수불(무량수전), 관세음보살(원통전)

2) 기타 전각

① 당(堂), 방(房)

승려의 기거 및 구법(求法), 수행(修行) 등을 위한 장소로서 좌선(座禪)을 위한 선당(禪堂), 교육을 위한 강당(講堂), 승려의 기거를 위한 승방(僧房) 등이 있다.

② 문(門), 루(樓), 고(庫)

불사의 진입시 통과하게 되는 문으로서 일주문(一柱門), 천왕문(天王門), 불이문(不二門) 등이 있으며, 경(經)을 보관하는 경고(經庫), 종(鍾)이나 북을 보관하는 종루(鐘樓), 고루(鼓樓) 또는 기타 물품보광용 창고가 있다.

③ 탑(塔), 등(燈)

불사의 종교적 상징물로 대단히 중요한 위치를 차지하던 구조물로서 현존하는 우리나라의 탑은 대부분 돌로 만들어진 석탑(石塔)이다. 석탑 이외에 사리의 안치를 위한 부도(浮屠)가 있으며 또한 석등(石燈)이 있는 곳이 많다.

④ 기타

불사의 주요 구조물이 아닌 부수적인 구조물로서 불사의 위치를 알리는 당간지주(幢竿支柱), 각종 비(碑)를 안치하는 비각(碑閣), 이 외에 석상(石床), 석조(石槽), 석교(石橋), 못(池) 등이 있다.

(3) 현대 불사건축 계획

불교 건축은 기존의 불사 형식을 파악하는 것이 불사 계획의 간이 되어야 하며 최근의 경향은 다음과 같다.

1) 배치계획

① 여러 불들의 기능을 하나로 묶은 단불전 형식을 취하고 있다.

② 도시의 좁은 대지에 건립되지 때문에 배치 형식도 일정한 규칙을 갖고 있지 않다.

③ 토착 신앙과 불교의 연결을 나타내던 신각 등이 설치되지 않는 경우가 많다.

2) 불전의 평면형식

① 전통적인 불전이 일자형인데 비하여 현대 사찰은 신재료를 이용하여 다양한 형태를 갖고 있다.

② 전통적 사찰의 불전 평면이 횡적으로 길게 배치되는 반면에, 현대의 불전 평면은 종적으로 길게 배치되어 신도들의 예불 공간의 깊이가 깊어지고 있다.

3) 부속시설

① 현대 사찰은 현대 생활의 욕구를 충족시켜 주기 위한 합리적이고 적극적인 개념들이 도입 되고 있다.

② 사찰의 여건과 필요성에 따라 도서관, 신도 및 청년 불자를 위한 불교 회관, 회식 공간, 부속 유치원, 주차장 등이 설치되고 있다.

찾아보기

【ㄴ】

【ㄷ】

【ㅅ】

【ㅇ】

【ㅈ】

【ㅊ】

참 고 문 헌

- 건축계획, 이광로 외 4인, 문운당
- 건축계획, 윤천근 외 3인, 기문당
- 건축계획, 권영민 외 8인, 기문당
- 건축계획, 이종석, 한솔
- 건축계획각론, 김영수, 서우
- 건축계획론, 안영배 외 4인, 기문당
- 건축계획, 남재호, 세진사
- 건축계획, 남재호, 예문사
- 건축계획, 남재호 · 이기동, 세진사
- 건축학요설, 대한건축학회
- 건축계획총론, 조용구, 세진사
- 건축설계론1, 조용구, 세진사
- 사무소건축, 산업도서출판공사
- 백화점건축계획, 전병직, 세진사
- 병원건축, 김광문, 세진사
- 호텔건축계획, 주장건, 세진사
- 호텔의 건축계획, 전병직, 세진사
- 주차장계획과 설계, 김경호 외 2인, 산업도서출판공사
- 실내디자인총론, 황세옥, 세진사
- 실내건축, 남재호, 한솔
- 건축설비, 남재호, 세진사
- 건축관계법규해설, 남재호, 세진사

건축계획 정가 20,000원

저 자 남 재 호
발행인 문 형 진

판 권
검 인

2009년 3월 6일 인쇄
2009년 3월 16일 발행

발행처 도서출판 세 진 사
136-087 서울특별시 성북구 보문동 7가 112-8
(세진빌딩)
TEL : 922-6371~3, 923-3422 · 7224 / FAX : 927-2462
〈1976. 9. 21 / 등록 · 서울 제6-28호 / 등록번호〉

※ 파본은 구입하신 서점에서 교환해 드립니다.